"十二五"普通高等教育本科国家级规划教材　 全国电力行业"十四五"规划教材

 河南省"十四五"普通高等教育规划教材

U0161539

MODERN
POWER
SUPPLY
TECHNOLOGY

现代供电技术

（第四版）

主编　张　展　孙　抗　王玉梅
参编　许　丹　杜少通　赵铁英

中国电力出版社
CHINA ELECTRIC POWER PRESS

内 容 提 要

本书为"十二五"普通高等教育本科国家级规划教材。

全书共分为九章,主要内容包括供电系统、负荷计算与功率因数补偿、短路电流计算、高压电气设备选择、电力线路及选择、继电保护与自动装置、过电压及其保护、现代供电新技术和特殊行业的安全供电。本书内容精练、重点突出、理论密切联系实际,内容自成体系。

本书可作为高等院校电气类专业的本科教材,也可作为高职高专和函授教材,同时可供相关工程技术人员参考。

图书在版编目(CIP)数据

现代供电技术/张展,孙抗,王玉梅主编. —4 版. —北京:中国电力出版社,2023.11
ISBN 978 - 7 - 5198 - 8337 - 9

Ⅰ.①现… Ⅱ.①张…②孙…③王… Ⅲ.①供电—技术—高等学校—教材 Ⅳ.①TM72

中国国家版本馆 CIP 数据核字(2023)第 232006 号

出版发行:中国电力出版社
地 址:北京市东城区北京站西街 19 号(邮政编码 100005)
网 址:http://www.cepp.sgcc.com.cn
责任编辑:罗晓莉(010 - 63412547)
责任校对:黄 蓓 常燕昆
装帧设计:赵姗姗
责任印制:吴 迪

印 刷:三河市百盛印装有限公司
版 次:2008 年 1 月第一版 2015 年 10 月第三版 2023 年 11 月第四版
印 次:2023 年 11 月北京第一次印刷
开 本:787 毫米×1092 毫米 16 开本
印 张:18.75
字 数:451 千字
定 价:56.00 元

前　言

　　"十二五"普通高等教育本科国家级规划教材《现代供电技术（第三版）》自 2015 年 10 月出版以来，得到兄弟院校、电气工程领域同仁及广大读者的充分肯定，入选中国电力出版社成立 70 周年 70 种经典教材，获评首届河南省教材建设特等奖。

　　为满足新时期电气、自动化、机电类工程专业人才培养的需求，教材编写组在广泛征求有关院校和读者使用意见的基础上，结合近年来的教学研究、实践成果，启动《现代供电技术（第四版）》修订工作，已获得"十四五"河南省规划教材立项支持。本次修订工作总的指导思想是，保留第三版教材的结构体系，同时，坚持问题导向、目标驱动，完善配套信息化教学资源，满足教学模式多样化需求。积极引入新技术、新设备、新系统和新标准规范，支撑电气类、自动化类专业新工科内涵建设，培养新时期高素质工程人才，满足现代工矿企业对人才的需求。

　　具体修订内容如下：

　　（1）供电一次部分，更新了负荷统计方法、无功补偿电容器接线方法，对变压器、断路器、电缆、避雷器等主设备进行重新选型，适当采用成套设备以及智能设备，相应全面更新了设计实例中的计算数据；

　　（2）供电二次部分，在继电保护与自动装置章节中体现微机保护的特点，增加变压器微机保护的内容，增加相应的设计实例并采用新型保护装置及其技术参数；

　　（3）根据最新版的《煤矿安全规程》《煤矿井下供配电设计规范》等规程规范以及《矿用隔爆型低压交流真空馈电开关》等煤炭行业标准，重新编写了第九章主要内容，引入新技术、新设备的同时，删除国家明令淘汰的设备，如 DW80 系列矿用隔爆空气馈电开关，QC8、QC10、QC12 系列电磁启动器等。

　　本书由河南理工大学张展副教授、孙抗副教授、王玉梅教授担任主编。张展编写第一、五章并进行统稿，许丹编写第二章和第三章，赵铁英编写第四、七章，杜少通编写第六章，孙抗编写第八章和第九章，王玉梅编写附录并进行统稿。华北电力大学刘连光教授对全书进行仔细地审阅，并提出了许多宝贵意见，河南理工大学电气学院电力系的全体教师为本书的编写提供了诸多帮助，在此一并致以衷心的感谢。

　　限于编者水平，书中难免有不足甚至谬误之处，诚挚地希望广大读者予以批评指正，并发送电子邮件至 zhangzhan@hpu.edu.cn。

编者

2023 年 6 月

第二版前言

《现代供电技术》是高等学校电气工程及其自动化专业的通用教材（参考学时为 45～54 学时），也可作为自动化、机电工程等专业的教材和教学参考书。

本书本着内容精练、重点突出、面向工程实际、自成体系的原则编写，以工矿企业、城乡 35kV 及以下供电系统的设计与运行为主要内容，它与 110kV 及以上电力系统相关课程的内容形成互补。本书主要内容有供电系统、负荷计算与功率因数补偿、短路电流计算、高压电气设备选择、电力线路及选择、继电保护与自动装置、过电压及其保护、现代供电新技术和特殊行业的安全供电等。全书内容自成系统，强调理论联系实际，应用范围广泛，适合现代社会的要求。

根据现代供电的要求，教材以 35kV 变电站的供电设计为主线来进行编排，使全书内容的纵向顺序系统化，并在第二～六章的章末均安排一节设计计算实例，将教材的主要内容与计算方法，通过一个大型工矿企业的 35kV 变电站设计有机地联系在一起，学生学完后具有独立设计 35kV 变电站的能力。此外，本书还包括影响供电质量的因素分析与解决方法、35kV 变电站供电系统运行方式和过流保护系统的设计与优化、微机保护原理、智能化开关设备、定制电力技术与快速断电技术、特殊行业的安全供电等供配电新技术。

本书由河南理工大学王福忠教授、王玉梅教授、邹有明教授担任主编，并进行统稿工作。其中，蒋智化讲师编写第一、二章，王玉梅教授编写第三、八章，高彩霞讲师编写第四章，张展讲师编写第五、九章，许丹讲师编写第六、七章，王福忠教授编写附录。华北电力大学刘连光教授对全书进行仔细的审阅，并提出了许多宝贵意见，河南理工大学电气学院电力系的全体教师为本书的编写提供了诸多帮助，在此一并致以衷心的感谢。

编　者

2011 年 7 月

第三版前言

本书为"十二五"普通高等教育本科国家级规划教材，在《现代供电技术（第二版）》的基础上修订而成，主要目标是为了适应新时期电气工程及其自动化专业、自动化、机电工程等专业的人才培养需求。

第三版教材继续本着内容精练、重点突出、面向工程实际的原则编写，以工矿企业、城乡 110kV 及以下供电系统的设计与运行为主要内容，并与 220kV 及以上电力系统相关课程的内容形成互补。根据我校及全国兄弟院校多年的使用经验，第三版教材内容体系基本保持不变，主要章节有供电系统、负荷计算与功率因数补偿、短路电流计算、高压电气设备选择、电力线路及选择、继电保护与自动装置、过电压及其保护、现代供电新技术和特殊行业的安全供电等。全书内容自成系统，强调理论联系实际，应用范围广泛，适合现代社会的要求。

根据现代供电的要求，教材以 35kV 变电站的供电设计为主线来进行编排，使全书内容的纵向顺序系统化；与此相呼应，教材在第二～六章的章末均安排一节设计计算实例，将课程主要内容与计算方法，通过一个大型工矿企业的 35kV 变电站设计有机地联系在一起，充分体现了实践指导性原则。学生仅通过课堂学习即可基本具备独立设计 35kV 变电站电气部分的能力。

随着我国电力工业的快速发展，第二版部分内容稍显陈旧，已不能适应当前人才培养的要求。因此，第三版进行了修订并适度引入了部分新标准、新技术与新设备等内容，主要有：①更新了教材中涉及的国家标准和行业标准，全部依据最新版标准编写或修改原有相关内容，如将 GB 50052—1995《供配电系统设计规范》替换为 GB 50052—2009《供配电系统设计规范》等。②在无功补偿部分，扩充原有静止无功补偿装置的内容，增加静止无功发生器（SVG）等新技术，同时删除实际应用较少的进相机等。③第八章新增智能变电站，完善智能开关等内容。另外，与第三版教材配套，将出版《现代供电技术学习指导》，以便学生更好地巩固所学知识。

本书由河南理工大学王福忠教授、王玉梅教授、张展副教授担任主编。孙抗讲师编写第一、二章，王玉梅教授编写第三、八章，高彩霞副教授编写第四章，张展副教授编写第五、九章，许丹讲师编写第六、七章，王福忠教授编写附录并进行统稿。

华北电力大学刘连光教授对全书进行仔细的审阅，并提出了许多宝贵意见，河南理工大学电气学院电力系的全体教师为本书的编写提供了诸多帮助，在此一并致以衷心的感谢。

限于编者水平，书中难免有不足甚至谬误之处，诚挚地希望广大读者予以批评指正，并发送电子邮件至 fzhwang@hpu. edu. cn。

编　者

2015 年 9 月

目　录

第一章 供 电 系 统

供电系统是电力系统的一个重要环节，由电气设备及配电线路按一定的接线方式所组成。它从电力网络取得电能，通过其变换、分配、输送与保护等功能，将电能安全、可靠、经济地送到每一个用电设备的装设场所，再利用电气控制设备来决定用电设备的运行状态，最终使电能为国民经济和人民生活服务。

第一节 电 力 系 统 概 述

由发电厂、电力网与电能用户（电力负荷）所组成的整体，叫电力系统，它的任务是生产、变换、输送、分配与消费电能。在现代，电能的利用已远远超出作为机器动力的范围，电力工业已成为国民经济现代化的基础，世界上按人口平均的用电量是反映一个国家现代化水平的主要指标之一。

一、电力系统

为了充分利用资源，国家在动力资源比较丰富的地方建立发电厂。它是电力系统的核心，通过发电机把各种形式的能转变为电能，经升压变换后送入电力网，目前以火力发电厂和水力发电厂为主。其他类型的发电厂有核电厂、风力发电厂、潮汐发电厂、地热发电厂和太阳能发电厂等。

为了使供电可靠、经济、合理，几个大的发电厂或变电站之间，用超高压输电线路连接起来，再向城乡及工矿区供电，形成电力网。电力网起到输送、变换和分配电能的作用，由变电站和各种不同电压等级的电力线路组成，是联系发电厂和电能用户的中间环节。根据电压等级的高低，将电力网（简称电网）分成低压、高压、超高压和特高压 4 种。电压在 1kV 以下的电网为低压电网；3~220kV 的电网为高压电网，330~500kV 的电网为超高压电网，750kV 以上的电网为特高压电网。

在工程实际中，常把电力系统中的发电、输变电与供配电等环节叫做一次系统。一个电能用户往往有多组用电设备，每一组又有多台电动机及其他用电器。因此，电能用户必须设置总开关、分开关、用户电网、分组开关、启动器等，才能使各用电设备按照生产工艺或工作生活的需要运行，这就是供配电。

电力系统中的二次系统包括继电保护、测量和调度等环节。继电保护主要是对系统中出现的各种故障，如短路、过电流、断相、接地等，将电源切断或发出声响报警等信号。测量是对电力系统的运行参数，如电压、电流、功率、功率因数等，进行在线测定和显示。调度主要包括负荷分配、功率平衡、电压调整、线路的投入与切除等工作。

典型的电力系统如图 1-1 所示。

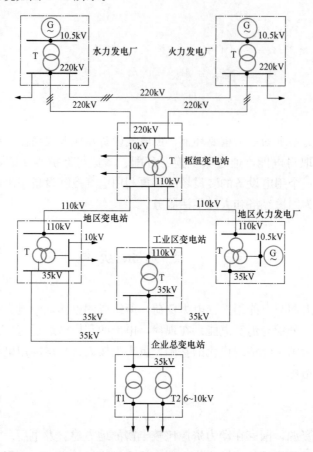

图 1-1 典型的电力系统

从发电厂发出的电能，除了供给附近用户直接配电外，一般都经升压变电站将其变换为 110kV 及以上的高压或超高压电能，采用高压输电线路进行电力传输。输送同样功率的电能若采用高压，可相应地减少输电线路中的电流，从而减少了电路的电能损耗和电压损失，提高了输电效率和供电质量；同时，导线截面也随电流的减小而减小，节省了有色金属。

利用电力网中的大型枢纽变电站可向较远的城市和工矿区输送电能，在城郊或工业区再设降压变电站，将降压后的 35～110kV 电能配给附近的市内降压变电站或企业总降压变电站。对中小型电力用户，一般采用 10kV 供电，用户内设 10kV 变、配电站。

对于用电量较大的企业，例如大型化工企业、冶金联合企业、特大型矿井及铝厂等，我国已采用高压深入负荷中心的供电方式，用 110kV 直接供电，这对于减少电力网的电能损耗和电压损失，保证高质量的电力供应有着重要的意义。

变电站有升压和降压之分，根据它在电力网中所处的地位不同，又分为枢纽、地区、企业变电站及车间变电站等，主要由电力变压器和开关控制设备等组成。重要的变电站常设置两台及以上电力变压器，枢纽及地区变电站常设置两台及以上三绕组变压器，以提高供电的可靠性和适应不同用户的需要。

变电站的主要设备有变压器 T、母线 WB、断路器 QF、隔离开关 QS 等（它们的电气图形符号如图 1-2 所示），其他的还有保护和测量装置以及站用电操作电源等设备。母线是汇集受电电源和配出负荷线路的设备，常用的母线材料是钢芯铝绞线和矩形铝板。断路器用作线路主开关，有性能较好的灭弧装置，用来切、合负荷及事故电流，决定线路的运行状态。隔离开关因没有灭弧装置，不能切断负荷电流和事故（短路等）电流，故主要在检修等情况下用来隔离电源，通过其明显的断口结构，保证操作人员的安全。

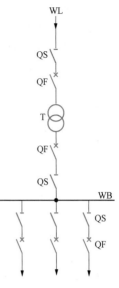

图 1-2　变电站主要设备的电气图形符号

二、电力负荷及其对供电可靠性的要求

（一）电力负荷

电力负荷是电力系统中所有用电设备消耗功率的总和。对于某一用电企业，它所设置的用电设备包括电源线路都是电力负荷。用电设备可分为电动机、电热电炉、整流设备、照明及家用电器等若干类。在不同的行业中，各类用电设备消耗功率占总负荷的比例也不同。例如：异步电动机消耗功率在纺织工业中占总负荷的 95％以上，在大型机械厂和综合性中小企业中则占总负荷的 80％左右，矿山企业占总负荷的 90％左右；电热电炉消耗功率在钢铁工业中约占总负荷的 70％；整流设备消耗功率在电解铝、电解铜等电化行业中约占总负荷的 85％；同步电动机消耗功率在化肥厂、焦化厂等企业约占总负荷的 44％。

将各工业部门消耗的电功率与农业、交通运输业、通信业和市政生活等所消耗的电功率相加即为电力系统的综合用电负荷。该负荷再加上电力网中损耗的功率就是系统中各发电厂应提供的功率，称为电力系统的供电负荷。供电负荷再加上各发电厂本身消耗的功率（厂用电），就是系统中各发电机应发出的功率，称为电力系统的发电负荷。

（二）电力负荷分级及其对供电的要求

在用电单位中，各类负荷的运行特点和重要性不一样，它们对供电的可靠性和电能质量的要求程度也不相同。为了正确地反映各类负荷对供电可靠性要求的界限，以便恰当地选择符合实际水平的供电方式，提高投资的经济效益，保护人员生命安全，GB 50052—2009《供配电系统设计规范》规定，电力负荷应根据对供电可靠性的要求及中断供电对人身安全、经济损失上所造成的影响程度进行分级，并应符合下述这些规定。

1. 一级负荷

符合下列情况之一时，应视为一级负荷：

（1）中断供电将造成人身伤亡时。

（2）中断供电将在经济上造成重大损失时。

（3）中断供电将影响重要用电单位的正常工作。

中断供电将造成重大设备损坏或发生中毒、爆炸和火灾等情况的负荷，以及特别重要场所的不允许中断供电的负荷，应视为一级负荷中特别重要的负荷。

一级负荷是按中断供电将在经济上造成损失的程度来确定的。例如：使生产过程或生产装备处于不安全状态、重大产品报废、用重要原料生产的产品大量报废、生产企业的连续生产过程被打乱需要长时间才能恢复等将在经济上造成重大损失，则其负荷为一级负荷。大型银行营业厅的照明，一般银行的防盗系统，大型博物馆、展览馆的防盗信号电源和珍贵展品室的照明电源，一旦中断供电可能会造成珍贵文物和珍贵展品被盗等重大损失，因此其负荷特性为一级负荷。在民用建筑中，重要的交通枢纽、重要的通信枢纽以及经常用于重要活动的大量人员集中的公共场所等，由于电源突然中断造成正常秩序严重混乱的用电负荷为一级负荷。

对于中断供电将会造成人身伤害及危及生产安全的用电负荷视为特别重要负荷。在生产连续性较高的行业，当生产装置工作电源突然中断时，为确保安全停车、避免引起爆炸、火灾、中毒、人员伤亡，而必须保证的负荷，为特别重要负荷，例如中压及以上的锅炉给水泵，大型压缩机的润滑油泵等；或者事故一旦发生能够及时处理，防止事故扩大，保证工作人员的抢救和撤离，而必须保证的用电负荷，亦为特别重要负荷。如在工业生产中，正常电源中断时处理安全停产所必需的应急照明、通信系统，保证安全停产的自动控制装置等；民用建筑中，大型金融中心的关键电子计算机系统和防盗报警系统；大型国际比赛场馆的记分系统以及监控系统等均属特别重要负荷。

一级负荷应由双重电源供电，当一电源发生故障时，另一电源不应同时受到损坏。双重电源是指分别来自不同电网的电源，或来自同一电网但在运行时电路互相之间联系很弱，或者来自同一电网但其间的电气距离较远，一个电源系统任意一处出现异常运行时或发生短路故障时，另一个电源仍能不中断供电。一级负荷中特别重要负荷的供电除由双重电源供电外，尚需增加应急电源，并不得将其他负荷接入应急供电系统。应急电源一般有独立于正常电源的发电机组、蓄电池、干电池，供电网络中独立于正常电源的专用的馈电线路。

2. 二级负荷

符合下列情况之一时，应视为二级负荷：

（1）中断供电将在经济上造成较大损失时。

（2）中断供电将影响较重要用电单位的正常工作。

中断供电使得主要设备损坏、大量产品报废、连续生产过程被打乱需较长时间才能恢复、重点企业大批减产等将在经济上造成较大损失，则其负荷为二级负荷。中断供电将影响较重要单位的正常工作，如交通枢纽、通信枢纽等用电单位中的重要电力负荷，以及中断供电将造成大型影剧院、大型商场等较多人员集中的重要的公共场所秩序混乱，因此其负荷为二级负荷。

二级负荷的供电系统，宜由两回线路供电，两回线路应尽可能引自不同的变压器或母线段。在负荷较小或地区供电条件困难时，二级负荷可由一回 6kV 及以上专用的架空线路供电。

3. 三级负荷

不属于一级和二级负荷者应为三级负荷。三级负荷对供电无特殊要求，允许较长时间停电，可用单回线路供电。

在一个区域内，当用电负荷中一级负荷占大多数时，本区域的负荷作为一个整体可以认为是一级负荷；在一个区域内，当用电负荷中一级负荷所占的数量和容量都较少时，而二级负荷所占的数量和容量较大时，本区域的负荷作为一个整体可以认为是二级负荷。在确定一个区域的负荷供电可靠性要求时，应分别统计特别重要负荷及一、二、三级负荷的数量和容量，并研究在电源出现故障时需向该区域保证供电的程度。如果区域负荷为一级负荷，则应该按照一级负荷的供电要求对整个区域供电；如果区域负荷为二级负荷，则对整个区域按照二级负荷的供电要求进行供电，对其中少量的特别重要负荷按照规定供电。

（三）用户对供电的基本要求

1. 保证供电安全可靠

安全是指不发生人身触电事故和因电气故障而引起的爆炸、火灾等重大灾害事故。尤其是在一些高粉尘、高湿、有易爆和有害气体的特殊环境中，为确保供电安全，必须采取防触电、防爆、防潮、抗腐蚀等一系列技术措施，正确选用电气设备、拟定供电方案，并设置可靠的继电保护，使之不易发生电气事故，一旦发生，也能迅速切断电源，防止事故的扩大并避免人员伤亡。

供电可靠性是指供电系统不间断供电的可能程度。为了保证供电系统的可靠性，必须保证系统中各电气设备、线路的可靠运行，为此应经常对设备、线路进行监视、维护，定期进行试验和检修，使之处于完好的运行状态。此外，对一、二级负荷采用两独立电源或双回线路供电，则是最重要的保证供电可靠性的措施之一。

2. 保证供电电能质量

对于用户，良好的电能质量是指电压偏移不超过额定值的$\pm5\%$、频率偏移不超过$\pm0.2\sim0.5Hz$、正弦交流电的波形畸变极限值在$3\%\sim5\%$的允许范围之内。在电能的质量指标中，除频率一项用户本身不能控制外，其余两项指标都可以在供电企业和用户的共同努力下，采用各种技术措施加以改善并达到在允许范围之内。

3. 保证供电系统的经济性

该项要求供电系统的一次投资要少、运行费用要低，在满足前两项要求的前提下尽可能节约电能和减少有色金属的消耗量。

总之，要在保证安全可靠的前提下使用户得到具有良好质量的电能，并且在保证技术经济合理的同时，使供电系统结构简单、操作灵活、便于安装和维护。

三、电力系统的电压

1. 额定电压（U_N）

能使受电器（电动机、白炽灯等）、发电机、变压器等正常工作的电压，称为电气设备的额定电压。当电气设备按额定电压运行时，可使其技术性能和经济效果为最好。

2. 额定电压等级

电气设备的额定电压在我国已经统一标准化，发电机和用电设备的额定电压分成若干标准等级，电力系统的额定电压也与电气设备的额定电压相对应，它们统一组成了电力系统的标准电压等级。

标准电压等级是根据国民经济发展的需要，考虑技术经济上的合理性，以及发电机、电器的制造技术水平和发展趋势等一系列因素而制定的。GB/T 156—2007《标准电压》规定的3kV以下电气设备与系统（电力网）额定电压等级如表1-1所示，三相交流3kV及以上的设备与系统额定电压和与其对应的设备最高电压如表1-2所示。3kV及以上的高压主要用于发电、配电及高压用电设备，110kV及以上高压和超高压主要用于远距离的电力输送。

表 1-1　　　　　3kV 以下电气设备与系统（电力网）额定电压等级（V）

直　　流		单 相 交 流		三 相 交 流	
受电设备	供电设备	受电设备	供电设备	受电设备	供电设备
1.5	1.5	—	—	—	—
2	2	—	—	—	—
3	3	—	—	—	—
6	6	6	6	—	—
12	12	12	12		
24	24	24	24		
36	36	36	36	36	36
		42	42	42	42
48	48	—	—	—	—
60	60				
72	72				
110	115	100$^+$	100$^+$	100$^+$	100$^+$
220	230	127*	133*	127*	133*
		220	230	220/380	230/400
400$^\Delta$, 440	400$^\Delta$, 460	—	—	380/660	400/690
800$^\Delta$	800$^\Delta$			1140**	1200**
1000$^\Delta$	1000$^\Delta$				

注　1. 电气设备和电子设备分为供电设备与受电设备两大类，受电设备的额定电压也是电力系统的额定电压。
　　2. 直流电压为平均值，交流电压为有效值。
　　3. 在三相交流栏下，斜线"/"之上为相电压，斜线之下为线电压，无斜线者都是线电压。
　　4. 带"$+$"号者为只用于电压互感器、继电器等控制系统的电压，带"Δ"号者为用于单台供电的电压，带
　　　"$*$"号者为只用于煤矿井下、热工仪表和机床控制系统的电压，带"$**$"号者为只限于煤矿井下及特殊场
　　　合使用的电压。

在表 1-2 中，供电设备额定电压为发电机和变压器二次绕组的额定电压，受电设备与系统额定电压为变压器一次绕组和用电设备的额定电压。国家标准规定，供电设备额定电压应高出电网和受电设备额定电压 5%～10%，用以补偿正常负荷时的线路电压损失，从而使受电设备获得近于额定值的电压。

表 1-2　　　　　　　三相交流 3kV 及以上的设备与系统额定电压和
与其对应的设备最高电压（kV）

受电设备与系统额定电压	供电设备额定电压	设备最高电压
3	3.15（3.3）	3.5
6	6.3（6.6）	6.9
10	10.5（11）	11.5

受电设备与系统额定电压	供电设备额定电压	设备最高电压
—	13.8*，15.75*，18*，20*，22*，24*，26*	—
35	38.5	40.5
63	69	72.6
110	121	126
220	242	252
330	363	363
500	550	550
750	800	800

注 1. 带"*"号者只用作发电机电压。

2. 括号内的数据只用于电力变压器。

表1-2中的"设备最高电压"是根据设备的绝缘性能和一些其他有关性能（如变压器的磁化电流、电容器的损耗等）而确定的最高运行电压，通常不超过该级系统额定电压的1.15倍。

电力变压器常接在电力系统的末端，相当于电网的负荷，故规定其一次绕组额定电压与用电设备相同。当变压器离发电机很近时（如发电厂的升压变压器等），则规定其一次绕组的额定电压与发电机相同。同理，当变压器靠近用户，配电距离较近时，可选用二次绕组额定电压比用电设备额定电压高出5%的变压器；否则，应选用二次绕组额定电压高出10%的变压器。电力变压器二次绕组额定电压均指空载电压，高出的10%电压用来补偿正常负荷时变压器内部阻抗和线路阻抗所造成的电压损失。

电压等级的确定是否合理直接影响供电系统设计的技术经济指标，因为电压等级的高低影响着有色金属消耗量、电能损耗、电压损失、建设投资费用以及企业今后的发展等。所以，电网及企业供电系统的电压等级选择一般应考虑多种方案，当经济指标相差不大时，应优先采用电压等级较高的方案。

对于110kV及以下的配电线路，其输电容量与距离的参考值如表1-3所示。

表1-3　　　　　　　　　配电线路输电容量与距离的参考值

电网电压 (kV)	架 空 线 路		电 缆 线 路	
	输电容量 (MW)	输电距离 (km)	输电容量 (MW)	输电距离 (km)
0.22	<0.06	<0.15	<0.1	<0.20
0.38	<0.1	<0.25	<0.175	<0.35
3.0	<1.0	1～3	<1.5	<1.8
6.0	<2.0	5～10	<3.0	<8
10	<3.0	8～15	<5.0	<10
35	<10	20～70	—	—
60	<30	30～100	—	—
110	<50	50～150	—	—
220	<500	100～300	—	—

在有总降压变电站（35～110kV 受电）的工矿企业中，经验证明当 6～10kV 用电设备的负荷占企业总负荷的 40％以上时，企业内部的高压配电电压采用 6～10kV 为宜。矿山企业的井下高压配电正在推广使用 10kV 级。

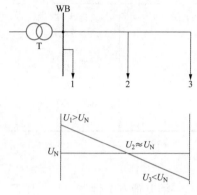

图 1-3　供电线路上电压的变化

3. 平均额定电压

工程实际中，线路由始端到末端的各处电压是不一样的，离电源越远的电压越低，并且随用户负荷的变化而变化。供电线路上电压的变化如图 1-3 所示。它表示由一台变压器通过配电线路对三个用户供电，电网的额定电压为 U_N，由于线路上有电压损失，必然出现 $U_1 > U_N$、$U_3 < U_N$ 及 $U_2 \approx U_N$ 的情况，即该线路各处电压都不相等。在供电设计尤其是在短路电流计算时，为了简化计算且使问题的处理在技术上合理，习惯上用线路的平均额定电压（U_{av}）来表示电力网的电压。U_{av} 是指电网始端的最大电压（变压器最大空载电压）和末端受电设备额定电压的平均值。例如，额定电压为 10kV 的电网，其平均额定电压为

$$U_{av} = \frac{11 + 10}{2} = 10.5(kV)$$

在电力系统中，各种标准电压等级的平均额定电压分别为 0.23、0.4、6.3、10.5、37、115、230kV 等。

4. 额定电流

电气设备的额定电流是指在一定的基准环境下，允许连续通过设备的长时最大工作电流，在该电流的作用下，设备的载流部分与绝缘的最高温度不超过规定的允许值。我国采用的基准环境温度为

电力变压器和电器（周围空气温度）　　　　　40℃
发电机（冷却空气温度）　　　　　　　　　35～40℃
裸导线、绝缘导线和裸母线（周围空气温度）　25℃
电力电缆：空气中敷设　　　　　　　　　　30℃
　　　　　直埋敷设　　　　　　　　　　25℃

对于发电机和变压器等，还规定了它们的额定容量，其条件与额定电流的相同。由于发电机由原动机拖动，只提供有功功率，所以发电机的额定容量用有功功率（kW 或 MW）与功率因数来表示。

电力变压器作为供电设备其容量若用有功功率表示，则不能反映其针对不同功率因数的供电能力，显然，负荷功率因数低时其有功输出降低，要维持一定的有功功率则必须增大总电流，所以电力变压器的额定容量常用视在功率表示，这样便于各种设计参数的确定。计算或使用时，在一定的功率因数条件下，它允许的有功功率输出也就被限定了。

四、电压偏移及调整

（一）电压降与电压损失

当三相交流电流（或功率）在线路中流过时，线路上会产生电压降。线路上电压降和

电压损失的计算如图 1-4 所示。设图 1-4（a）所示电路的各相负荷平衡，则可以终端相电压 $\dot{U}_2$ 为基准，作出一相的电压相量图，如图 1-4（b）所示。

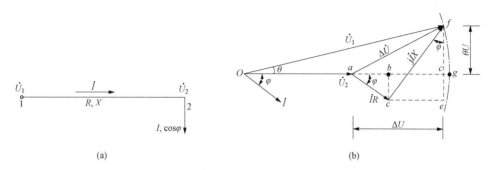

图 1-4　线路上电压降和电压损失的计算

(a) 电路图；(b) 相量图

图 1-4（b）中始端电压 $\dot{U}_1$ 与终端电压 $\dot{U}_2$ 的相量差称为电压降，用 $\Delta\dot{U}$ 表示。取 $\Delta\dot{U}$ 在 $\dot{U}_2$ 水平方向的投影 ΔU 为电压降的水平分量，$\Delta\dot{U}$ 在 $\dot{U}_2$ 垂直方向上的投影 θU 为电压降的垂直分量，则有

$$\Delta U = \overline{ab} + \overline{bc} = IR\cos\varphi + IX\sin\varphi$$
$$\theta U = \overline{ef} - \overline{ce} = IX\cos\varphi - IR\sin\varphi$$

因此，该系统的电压关系式为

$$\dot{U}_1 = \dot{U}_2 + \Delta\dot{U}$$

或
$$U_1 = (U_2 + \Delta U) + \mathrm{j}\theta U \tag{1-1}$$

$$U_1^2 = (U_2 + \Delta U)^2 + \theta U^2 = (U_2 + IR\cos\varphi + IX\sin\varphi)^2 + (IX\cos\varphi - IR\sin\varphi)^2 \tag{1-2}$$

若以功率的形式表示，则为

$$U_1^2 = \left(U_2 + \frac{PR}{U} + \frac{QX}{U}\right)^2 + \left(\frac{PX}{U} - \frac{QR}{U}\right)^2 \tag{1-3}$$

$$P = UI\cos\varphi, \quad Q = UI\sin\varphi$$

式中　U——相电压。

式（1-3）同样适用于三相对称系统，此时凡电压均为线电压，凡功率均为三相功率。

电压降两个分量的表达式分别为

$$\Delta U = \frac{PR + QX}{U} \tag{1-4}$$

$$\theta U = \frac{PX - QR}{U} \tag{1-5}$$

在工程实际中，特别是在工矿企业的供电系统中，一般只注重电压幅值的大小，而电压相角 θ 只在讨论系统稳定性时才予以重视。从图 1-4（b）中可以看出，由于 θ 角很小，$\overline{ac} \approx \overline{ag}$，以 ac 代替 ag 所引起的误差一般达不到 $\overline{ag}$ 的 5%，在实际应用中也是如此，这样，式（1-1）就简化为

$$U_1 = U_2 + \frac{PR + QX}{U} \tag{1-6}$$

在高压供电系统中，线路电阻相对较小。如果忽略电阻的影响，即令 $R \approx 0$，则式（1-6）可进一步简化为

$$U_1 = U_2 + \frac{QX}{U} \tag{1-7}$$

由式（1-4）、式（1-5）可以得出，当 $R \approx 0$ 时，电压降的水平分量 ΔU 只与线路无功功率有关，电压降的垂直分量只与有功功率有关，这是高压电网的重要特点。所以，改善系统的无功功率分布、减少企业配电线路中的无功功率输送，可以减少系统电压降，提高企业供电系统的电压质量。

将上述电压降的概念推广，电压降即线路两端电压的相量差 $\Delta \dot{U} = \dot{U}_1 - \dot{U}_2$，而线路两端电压的幅值差 $\Delta U = U_1 - U_2$ 称为电压损失，它近似等于电压降的水平分量。电压损失常用它对额定电压 U_N 的百分比来表示，称为电压损失百分值。其表达式为

$$\Delta U = \frac{U_1 - U_2}{U_N} \times 100\% \tag{1-8}$$

（二）电压偏移及危害

电力负荷的大小是变动的，当最大负荷时，电网内电压损失增大，使用电设备的端电压降低；反之则升高。因此，用电设备的端电压是随电力负荷的变化而变化的。这种缓慢变化的实际电压 U 与额定电压之差称为电压偏移 δU，即

$$\delta U = U - U_N \tag{1-9}$$

$\delta U > 0$ 为正偏移，$\delta U < 0$ 为负偏移。与电压损失一样，电压偏移一般也用它对额定电压的百分比来表示，称为电压偏移百分值。其表达式为

$$\delta U = \frac{U - U_N}{U_N} \times 100\% \tag{1-10}$$

用电设备所受的实际电压若偏离其额定电压，运行特性即恶化。对于白炽灯，若在 $90\% U_N$ 下运行，其使用期限有所增加，但光通量降为额定电压时的 68% 左右；反之，在 $110\% U_N$ 下运行时，其光通量会增加 40%，但使用期限大大缩短。对于感应电动机，其转矩与电压的平方成正比，当电压降低 10%，转矩则降低到 81%，使电动机难以带负荷启动。电焊机的电压偏移也仅允许在有限的 5%～10% 范围内，否则将影响焊接质量。

按照 GB 50052—2009《供配电系统设计规范》规定，正常运行情况下，用电设备端子处电压偏移的允许值如下：

（1）电动机：±5%。

（2）照明灯：一般工作场所为±5%；在视觉要求较高的室内场所为+5%、−2.5%；在远离变电站的小面积一般工作场所，难以满足上述要求时为+5%、−10%，如应急照明、道路照明和警卫照明等。

（3）其他无特殊规定的用电设备为±5%。

（三）电压调整措施

1. 正确选择供电变压器的变比和电压分接头

变压器一次绕组额定电压应合理选择，离电源很近的用户变压器可选用 10.5kV 或 6.3kV 的，离电源远的用户变压器则可选用 10kV 或 6kV，以使其二次电压接近额定值。

一般变压器高压侧电压分接头可调整的总范围是 10%，按±5%、±2×2.5%或+0%、−2×5%等制造，利用电压分接头改变变压器的变比，调整其二次绕组电压，保证用电设备的端电压不超过允许值。

2. 合理减少供配电系统的阻抗

系统阻抗是造成电压偏移的主要因素之一，合理选择导线及截面以减少系统阻抗，可在负荷变动的情况下使电压水平保持相对稳定。由于高压电缆的电抗远小于架空导线的电抗，故在条件允许时，应采用电缆线路供电。

3. 均衡安排三相负荷

在设计和用电管理中应尽量使三相负荷平衡，三相负荷分布不均匀将产生不平衡电压，从而加大了电压偏移。

4. 合理调整供电系统的运行方式

对于一班制或两班制生产的企业：在工作班时负荷大，往往电压偏低，此时可将供电变压器高压绕组的分接头设置在−5%的位置；在非工作班时为了防止电压过高，可切除部分变压器，改用低压联络线供电。对于两台主变压器同时运行的变电站，在负荷轻时切除一台变压器，同样可以起到降低过高电压的作用，并可与变压器的经济运行综合考虑。

5. 采用无功功率补偿装置

由于用户存在大量的感性负荷，使供电系统产生大量的相位滞后的无功功率，降低功率因数，增加系统的电压降。采用并联电容器可以产生相位超前的无功功率，减小了线路中的无功输送，也就减小了系统的电压降。

6. 采用有载调压变压器

利用有载调压变压器可以根据负荷的变动及供电电压的实际水平实现有效的带负荷调压，在技术上有较大的优越性，但一般只应用于大型枢纽变电站，它可使一个地区内大部分用户的电压偏移符合规定。对于个别电压质量要求高的重要负荷，可考虑设置小型有载调压变压器作局部调压。

五、负荷对供电质量的影响

（一）电压波动和闪变

1. 电压波动和闪变的概念

供电系统中的电压有效值快速变化的现象叫做电压波动。电压波动是由于负荷急剧变动引起系统的电压损耗快速变化，从而使电气设备的端电压出现快速变化而产生的。例如电焊机、电磁炉、轧钢机等间歇性负荷和大容量电动机的启动等都会引起电压波动。电压波动值用电压波动过程中相继出现的电压有效值的最大值与最小值之差对额定电压的百分值来表示，其变化速率一般应不低于每秒 0.2%。

电压波动会影响电动机的正常启动，可以使同步电动机转子振动，使电子设备特别是计算机无法正常工作。电压波动对照明的影响最为明显，可使照明灯发生明显的闪烁，故称为"闪变"。电压闪变对人眼有刺激作用，甚至使人无法正常工作和学习，因此，GB/T 12326—2008《电能质量　电压波动和闪变》规定了系统由冲击性负荷产生的电压波动允许值和闪变电压允许值。

2. 电压波动和闪变的抑制

（1）采用专线或专用变压器供电，选用短路容量较大或电压等级较高的电网供电。该措施能有效地降低大容量冲击性负荷和电弧炉、轧钢机等所引起的电压波动。

（2）降低线路阻抗。当冲击性负荷与其他负荷共用供电线路时，应设法降低供电线路的阻抗，例如将单回线路供电改为双回线路供电，或者将架空线路供电改为电缆线路供电等，从而减少冲击性负荷引起的电压波动。

（3）采用静止补偿装置。对大容量电弧炉及其他大容量冲击性负荷，在采取以上措施尚达不到要求时，可装设能"吸收"冲击性无功功率的静止补偿装置 SVC（Static Var Compensator）。SVC 的形式有多种，而以自饱和电抗器型（SR 型）的效能最好，其电子元件少、可靠性高、维护方便，但价格较高。

（二）谐波干扰

1. 高次谐波的概念

高次谐波是指对周期性非正弦波形按傅里叶方法分解后所得到的频率为基波频率整数倍的所有高次分量，而基波频率是 50Hz。高次谐波简称"谐波"。

电力系统中的发电机发出的电压，一般可认为是 50Hz 的正弦波。但是由于系统中有各种非线性元件存在，因而在系统中和用户处的线路中出现了高次谐波，使电压或电流波形发生一定程度的畸变。

系统中产生高次谐波的非线性元件很多，例如荧光灯、高压汞灯、高压钠灯等气体放电灯及交流电动机、电焊机、变压器和感应电炉等，都要产生高次谐波电流。最为严重的是晶闸管等大型整流设备和大型电弧炉，它们产生的高次谐波电流最为突出，是造成电力系统中谐波干扰最主要的"谐波源"。

高次谐波电流通过变压器，可使变压器的铁芯损耗明显增加，从而使变压器出现过热，缩短使用寿命。高次谐波电流通过交流电动机，不仅会使电动机铁芯损耗明显增加，而且还会使电动机转子发生振动，严重影响机械加工的产品质量。高次谐波对电容器的影响更为突出，含有高次谐波的电压加在电容器两端时，由于电容器对高次谐波的阻抗很小，因此电容器极易因过负荷而烧坏。此外，高次谐波电流可使输电线路的能耗增加，使计算电费的感应式电能表计量不准确，还可能使电力系统发生电压谐振，引起过电压击穿线路设备的绝缘。高次谐波的存在，还可能使系统的继电保护和自动装置误动或拒动，并可能对附近的通信设备和线路产生干扰。

因此，GB/T 14549—1993《电能质量　公用电网谐波》规定了公用电网中谐波电压限值和谐波电流允许值。

2. 高次谐波的抑制

（1）大容量的非线性负荷由短路容量较大的电网供电。电网的短路容量越大，它承受的非线性负荷的能力越强。

（2）三相整流变压器绕组采用 Yd 或 Dy 连接。这种连接可以消除 3 的整数倍的高次谐波。由于电力系统中的非正弦交流电对横轴（时间轴）对称，不含直流分量和偶次谐波分量，故此时系统中只剩下影响较小的 5、7、11…奇次谐波分量。

（3）增加整流变压器二次侧的相数。整流变压器二次侧的相数增多，整流脉冲数也随之增多，其次数较低的谐波分量被消去的也越多。例如整流相数为 6 相时，出现的 5

次谐波电流为基波电流的 18.5％，7 次谐波电流为基波电流的 12％；如果整流相数增加为 12 相，则出现的 5 次谐波电流降为基波电流的 4.5％，7 次谐波电流降为基波电流的 3％。

（4）装设分流滤波器。分流滤波器又称调谐滤波器，由能对需要消除的各次谐波进行调谐的多组 RLC 串联谐振电路所组成。由于串联谐振时支路阻抗很小，因而可使有关次数的谐波电流被各谐振支路分流（吸收）而不至于注入到电网中去。

（5）装设静止补偿装置（SVC）。对大型电弧炉和可控硅整流拖动设备，可装设 SVC 来吸收高次谐波，以减小这些用电设备对系统产生的谐波干扰。

六、电力系统的运行特点

电能的生产、输送与消费是一个动态的工业生产过程，它与其他工业系统相比较有其明显的特点。例如供电中断会造成严重后果，其他行业则可以按计划轮休甚至停工。再如电力系统中的过渡过程非常迅速，容易产生过电压，损坏设备的绝缘，而其他行业则具有较大的机械惯性。还有电能目前尚不能大量储存，只能随产随用，只能输送和变换，不能直接库存。实际上是用户用多少电，发电机就发多少电，用户不断变化的用电量决定着发电机的欠负荷、满负荷和过负荷三种运行状态。因此，优化负荷分配、保持负荷平衡，对保证发电机的安全运行及提高整个电力系统的经济效益有重要作用。

第二节　供电系统的接线方式

供电系统的接线方式按网络接线布置方式，可分为放射式、干线式、环式及两端供电式等接线系统；按网络接线运行方式，可分为开式和闭式网络接线系统；按对负荷供电可靠性的要求，可分为无备用和有备用接线系统。在有备用接线系统中，其中单回路发生故障时，其余回路能保证全部供电的称为完全备用系统；如果只能保证对重要用户供电的，则称为不完全备用系统。备用系统的投入方式可分为手动投入、自动投入和经常投入等几种。

一、供电系统接线方式的要求

1. 安全可靠

供电系统接线应符合国家标准和有关技术规范的要求，充分保证人身和设备的安全。例如：在高压断路器的电源侧及可能反馈电能的负荷侧，必须装设高压隔离开关；架空线路末端及变配电站的高压母线上，必须装设避雷器以防护过电压等。此外，还应根据负荷等级的不同采取相应的接线方式来保证其不同的安全性和可靠性要求，不可片面强调其安全可靠性而造成不应有的浪费。在设计时，一般不考虑双重事故。

2. 操作方便，运行灵活

供电系统的接线应保证工作人员在正常运行和发生事故时，便于操作和维修，以及运行灵活，倒闸方便。为此，应简化接线，减少供电层次和操作程序。

3. 经济合理

供电系统的接线方式在满足生产要求和保证供电质量的前提下应力求简单，以减少设备投资和运行费用。提高经济性的有效措施之一就是高压线路尽量深入负荷中心。

4. 便于发展

接线方式应保证便于将来发展，同时能适应分期建设的需要。

二、供电系统的接线方式

（一）无备用系统接线

无备用系统接线如图1-5所示。无备用系统接线简单、运行方便、易于发现故障，缺点是供电可靠性差。所以这种接线主要用于对三级负荷和一部分次要的二级负荷供电。

图1-5（a）所示单回线路放射式的主要优点是供电线路独立、线路故障互不影响、故障停电范围小、易于实现自动化、继电保护设置整定简单、保护动作时间短等。其缺点是电源出线回路数较多，设备和投资也多。

图1-5（b）所示直接连接的干线式的主要优点是线路总长度较短，造价较低，可节约有色金属；由于最大负荷一般不同时出现，系统中的电压波动和电能损失较小；电源出线回路数少，可节省设备。缺点是前段线路公用，增多了故障停电的可能性。

图1-5（c）所示串联型干线式因干线的进出侧均安装隔离开关，当发生事故时，可在找到故障点后，拉开与故障点距离最近的隔离开关，之前电路可继续供电，从而缩小停电范围。串联型干线式接线为了有选择性地切除线路故障，各段需设置断路器和继电保护装置，使投资增加，而且保护整定时间增长，延长了故障的存在时间，增加了电气设备故障时的负担。

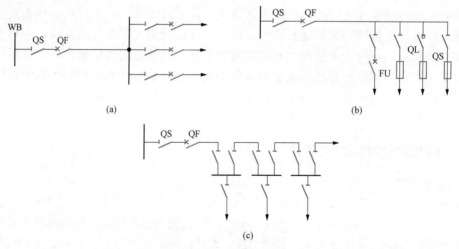

图1-5 无备用系统接线

（a）单回线路放射式接线；（b）直接连接的干线式；（c）串联型干线式接线

以上接线方式的优缺点，根据系统具体条件而有所不同。在确定供电系统接线方案时，主要取决于起主导作用的优缺点。

（二）有备用系统的接线

有备用系统的接线方式有双回线路放射式、环式和双回线路干线式和两端供电式等，如图 1-6～图 1-8 所示。

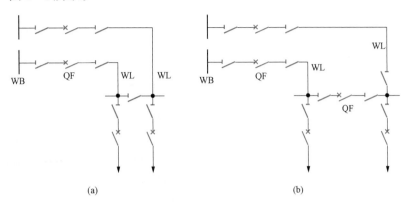

图 1-6　双回线路放射式接线

(a) 一般接线；(b) 母线用断路器分段的接线

它们的主要优点是供电可靠性高，正常时供电电压质量好，但是设备多、投资大。

1. 双回线路放射式接线

由于每个用户用双回线路供电，故线路总长度长，电源出线回路数和所用开关设备多，投资大；如果负荷不大，常会造成有色金属的浪费。其优点是当双回线路同时工作时，可减少线路上的功率损耗和电压损失。这种接线适用于负荷大或独立的重要用户。

对于容量大而且特别重要的用户，可采用如图 1-6（b）所示的母线用断路器分段的接线，从而可以实现自动切换，提高供电系统的可靠性。

2. 环式接线

环式接线所用设备少，各线路途径不同，不易同时发生故障，故可靠性较高且运行灵活；因负荷由两条线路负担，故负荷波动时电压比较稳定。其缺点是故障时线路较长，电压损失大（特别是靠近电源附近段故障）。因环式线路的导线截面应按故障情况下能担负环网全部负荷考虑，所以有色金属消耗量增加（如图 1-7 所示），两个负荷大小相差越悬殊，其消耗就越大。故这种系统适于负荷容量相差不大、所处地位离电源都较远而彼此较近及设备较贵的用户。

两端供电式网络和环式接线具有大致相同的特点，比较经济，但必须具有两个以上独立电源且与各负荷点的相对位置合适。

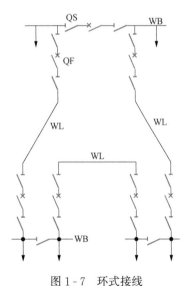

图 1-7　环式接线

3. 双回线路干线式接线

双回线路干线式接线如图 1-8（a）所示。它较双回线路放射式线路短，而比环式长，所需设备较放射式少，但继电保护较放射式复杂。

应该指出，供电系统的接线方式并不是一成不变的，可根据具体情况在基本类型接线的基础上进行改进演变，以期达到技术经济指标最为合理。图 1-8（b）所示为公共备用干线式接线，即为双回线路干线式的演变。

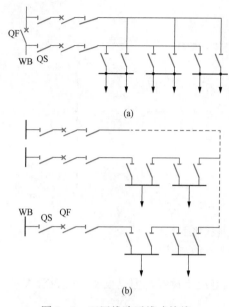

图 1-8 双回线路干线式接线

（a）干线式接线；（b）公共备用干线式接线

低压供电系统接线方式的基本类型与高压供电系统相似。

在大中型工矿企业供电系统中的有备用系统接线，一般多采用双回线路放射式或环式接线。

三、变电站主接线的基本形式

变电站的主接线由各种电气设备（变压器、断路器、隔离开关等）及其连接线组成，用以接受和分配电能，是供电系统的组成部分。它与电源回路数，电压和负荷的大小、级别以及变压器的台数、容量等因素有关，所以变电站的主接线有多种形式。确定变电站的主接线对变电站电气设备的选择、配电装置的布置及运行的可靠性与经济性等都有密切的关系，是变电站设计的重要任务之一。

（一）线路—变压器组接线

当供电电源只有一回线路，变电站装设单台变压器时，宜采用线路—变压器组接线，如图 1-9 所示。

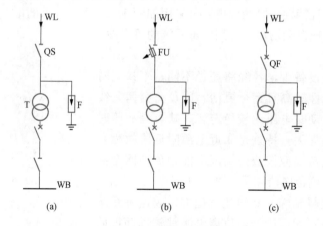

图 1-9 线路—变压器组接线

（a）进线装设隔离开关；（b）进线装设跌落式熔断器；（c）进线装设断路器

变电站变压器的高压侧可以装设隔离开关 QS、高压跌落式熔断器 FU 或高压断路器 QF 受电，装设哪种设备合适视具体情况而定。

线路—变压器组接线的优点是接线简单，使用的设备少，基建投资省；缺点是供电可靠性低，当主接线中任一设备（包括供电线路）发生故障或检修时，全部负荷将停电。所以这种接线多用于仅有二、三级负荷的变电站，如大型企业的车间变电站和小型用电单位的 10kV 变电站等。

（二）桥式接线

为了保证对一、二级负荷进行可靠供电，在企业变电站中广泛采用由两回电源线路受电和装设两台变压器的桥式主接线。桥式接线分为外桥、内桥和全桥三种，如图 1 - 10 所示。

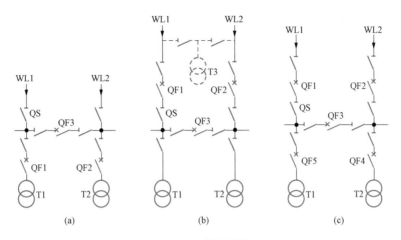

图 1 - 10　桥式接线

(a) 外桥接线；(b) 内桥接线；(c) 全桥接线

在图 1 - 10 (a)、(b) 中，WL1 和 WL2 为两回电源线路，经过断路器 QF1 和 QF2 分别接至变压器 T1 和 T2 的高压侧，向变电站送电。断路器 QF3 犹如桥一样将两回线路连在一起，由于断路器 QF3 可能位于线路（或变压器）断路器 QF1、QF2 的内侧或外侧，故又分为内桥和外桥接线。

在图 1 - 10 (c) 中，线路与变压器均设有断路器，称之为全桥接线。全桥接线适应性强，对线路、变压器的操作均方便，运行灵活，且易于扩展成单母线分段式接线（适用于高压有穿越负荷的中间变电站）。其缺点是设备多、投资大，变电站占地面积较大。

外桥接线对变压器的切换方便，比内桥少两组隔离开关，继电保护简单，易于过渡到全桥或单母线分段接线，且投资少，占地面积小；缺点是倒换线路时操作不方便，变电站一侧无线路保护。所以这种接线适用于进线短而倒闸次数少的变电站，或变压器采取经济运行需要经常切换的终端变电站，以及可能发展为有穿越负荷的变电站。

内桥接线一次侧可设线路保护，倒换线路时操作方便，设备投资与占地面积均较全桥接线少。其缺点是操作变压器和扩建成全桥接线或单母线分段接线不如外桥接线方便。所以它适用于进线距离长，变压器切换少的终端变电站。

对于内桥接线，为了在检修线路断路器 QF1 或 QF2 时不使供电中断，可在线路断路器的外侧增设由两组隔离开关构成的跨条，并且在跨条上连接站用电变压器 T3，如图 1 - 10 (b) 虚线所示。

在内桥接线中，主变压器一次绕组由隔离开关与母线连接，对环形供电的变电站，在操作时常被迫用隔离开关切、合空载变压器。当主变压器电压为 35kV、容量在 7500kVA 及以上，电压 60kV、容量在 10000kVA 及以上，电压 110kV、容量在 31500kVA 以上时，其空载电流就超过了隔离开关的切、合能力。此时，必须改用由 5 个断路器组成的全桥接线，才能满足要求。

（三）单母线分段式接线

有穿越负荷的两回电源进线的中间变电站的受、配电母线以及桥式接线变电站主变压器二次侧的配电母线，多采用单母线分段式接线，如图 1-11 所示。

当某回受电线路或变压器因故障及检修停止运行时，该接线可通过母线分段断路器的联络，保证继续对两段母线上的重要负荷供电，所以多用于具有一、二级负荷，且进、出线较多的变电站。

母线采用断路器分段比用隔离开关操作方便、运行灵活，可实现自动切换以提高供电的可靠性。一般只在出线较少、供电可靠性要求不高时，为了经济才采用隔离开关作为母线的联络开关。

单母线分段接线的不足之处是，当其中任一段母线需要检修或发生故障时，接于该段母线的全部进、出线均停止运行。因此，该接线中的一、二级负荷必须由接在两段母线上的环形线路或双回线路供电，以便互为备用。

单母线分段接线比双母线接线所用设备少，系统简单、经济，操作安全。

（四）双母线接线

双母线接线如图 1-12 所示。这种接线有两组母线 WB1 和 WB2，两组母线之间用断路器 QF 联络，每一回线路都通过一台断路器和两台隔离开关分别接到两组母线上，不论哪一回线路电源与哪一组母线同时发生故障，都不影响对用户的供电，故可靠性高、运行灵活。双母线接线的缺点是设备投资多、接线复杂、操作安全性较差。这种接线主要用于负荷容量大，可靠性要求高，进、出线回路多的重要变电站。

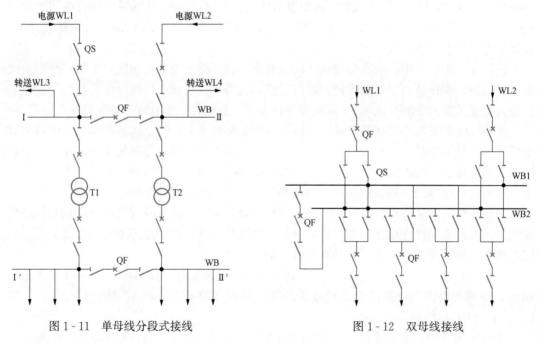

图 1-11　单母线分段式接线　　　　　图 1-12　双母线接线

第三节　典型企业供配电站接线形式

企业的受电电源一般为电力系统中的地区或工业区变电站，受电电压视企业的负荷大小、性质及上级变电站的供电电压而定，一般为 6、10、35kV 不等。大型且具有一、二级负荷的工矿企业常采用 35kV 双电源受电，总降压变电站与高压配电线路按一定的接线方式连接，组成企业的 35/(6~10) kV 高压供电系统，为各车间及高压用电设备供电。各车间变电站与低压配电线路按一定的接线方式，组成企业的 (6~10)/0.4kV 低压供电系统。城市各单位及中小型一般企业，常采用 10kV 单电源受电。

一、大型企业 35/(6~10)kV 总降压变电站主接线形式

大型企业的一、二级负荷占有相当的比重，负荷总量也较大，其 35/(6~10)kV 总降压变电站的主接线图如图 1-13 所示。

变电站受电于两回 35kV 架空线路或电缆线路，35kV 侧为具有两台主变压器（T3、T4）的全桥接线。站内 35kV 母线由断路器 QF7 分段。所有 35kV 级断路器，一般都装有套管式电流互感器（TA）6~12 台，为计量与保护提供二次电流，作为计量用的其精度为 0.5 级，作为保护用的精度为 B 级（3 级）。

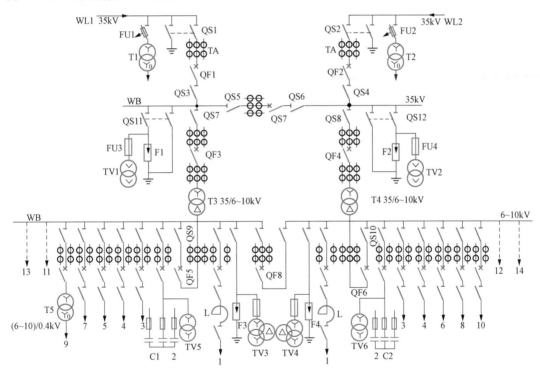

图 1-13　大型企业 35/(6~10)kV 总降压变电站主接线图

1—需限制短路电流的一、二级负荷；2—高压静电电容器；3、4—企业一、二级负荷组；5~8—企业各三级负荷；
9—站内低压动力变压器；10—其他三类负荷；11~14—备用出线柜

在电源进线处设置两台 35/0.4kV 小容量站用变压器（T1、T2），供变电站直流操作电源等用。FU1、FU2 为 35kV 高压跌落式熔断器，作为两站用变压器停送电和短路保护之用。跌落式熔断器串接于线路中，正常运行时利用绝缘钩棒（俗称令克棒）将熔断器管上动触头推入上静触头内，并靠熔断器的张力锁紧，同时下动触头与下静触头也相互压紧，使电路接通。当保护设备或线路发生短路时，熔体熔断，锁紧机构因失去熔体张力而释放，在触头弹力及熔管自重的作用下，熔管以下部静触头为轴回转跌开，在上部静、动

触头之间造成明显可见的断开间隙，实现保护功能。

为了防止雷电入侵波的危害和提供测量信号，在两段 35kV 母线上分别设置有避雷器（F1、F2）和电压互感器（TV1、TV2）。此外，在 35kV 进线和避雷器处，均设置有带接地开关的隔离开关（QS1、QS2 及 QS11、QS12），以满足停电检修时安全作业的要求。带接地开关的隔离开关实际上是由两组联动的三相隔离开关组成，在一组闭合的同时，另一组必然打开。如图 1-13 中的 QS1，当需要停电检修 35kV 电源线进线门架上的绝缘金具或导线连接处时，需在上级变电站停电后，操作打开隔离开关 QS1，同时 QS1 左边的三相触头短接接地，一方面可将线路对地电容上残存的电荷泄放入地，另一方面也防止检修操作时上级误送电而造成人身触电事故。

主变压器二次侧 6~10kV 采用单母线分段，用成套配电装置配电，其中分段用断路器 QF8。企业的一、二级负荷，如图 1-13 中 1、3、4 等均由接在不同母线上的双回线路供电，以保证可靠性。三相电抗器 L 主要用来限制超过规定的短路电流，但正常工作时有一定的电压损失，常用于矿井地面变电站的下井回路上，一般地面企业很少使用。

T5 为站内低压动力变压器，其二次侧提供 0.4kV 电能，供变电站附近生产设施或管理区的低压负荷用电。若此类负荷中有一、二级负荷，则应设置两台同样的变压器，分别接于左、右两段母线上。

F3、F4 为 6~10kV 级避雷器，用来防止沿 6~10kV 架空线路侵入的雷电过电压的危害，两段母线上各设一组。与之同设于两个配电柜内的三相五柱式电压互感器 TV3、TV4，其一组二次绕组供测量与保护用，另一组二次绕组各相串接成开口三角形，为监视与接地保护装置提供零序电压信号。

大型企业的 35kV 总降压变电站，无功补偿常采用高压集中补偿方式，即在两段 6~10kV 母线上集中设置电容补偿装置 C1、C2，以提高本企业电力负荷的功率因数，TV5、TV6 是专为电容器停电时放电用的三相电压互感器。高压电容器组常采用三角形接法连于 6~10kV 母线，较之星形接法，可防止因电容器组容量不对称而出现的过电压，并在发生一相断线故障时，只是使各相的补偿容量减少，不至于出现严重的不平衡现象。

具有一、二级负荷的 35kV 企业变电站，还应在 6~10kV 母线上设置一定数量的备用配电装置（配电柜），如图 1-13 中的 11~14，以便在设备故障时能及时地替补，确保供电的可靠性。

各 6~10kV 出线，可采用架空线路或电缆线路，以一定的接线方式向各车间及高压负荷点的变配电站供电。

二、具有一、二级负荷（6~10）/0.4kV 车间变电站主接线形式

这种车间变电站主接线形式类似于 35/(6~10)kV 总降压变电站主接线形式，为了保证供电的可靠性，必须采用双回线路受电，并设置两台（6~10）/0.4kV 低压动力变压器，具有一、二级负荷（6~10)/0.4kV 的车间变电站主接线如图 1-14 所示。

同样，6~10kV 电源可以是架空线路或电缆线路，变压器高压侧根据需要也可采用桥式接线。图 1-14 中为高压侧无母线接线，当任一变压器或任一电源停电检修或发生故障时，该变电站可通过闭合低压母线分段开关 QF5，迅速恢复对整个变电站的供电。低压系统采用三相四线制 380/220V 供电，重要的一、二级负荷，则由左、右两段低压母线

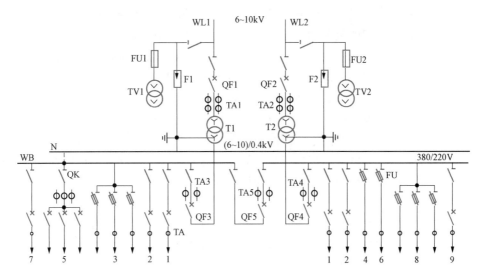

图 1-14 具有一、二级负荷（6~10）/0.4kV 的车间变电站主接线图
1、2—车间一、二级低压负荷；3、4、6、8—各低压动力负荷；
5—低压照明负荷；7、9—低压补偿电容器

分别引出的双回线路供电。容量较大的负荷可单独占用一个低压配电柜（如负荷 4，6），容量较小的负荷可集中由一、二个低压配电柜控制（如负荷 3，8），低压照明一般单独设一配电柜。变电站各低压出线因仅有测量的需要，故只设单相式具有一个二次绕组的电流互感器，而高压断路器因还有保护的需要，故应设两相（或三相）式具有两个二次绕组的电流互感器组。

为了提高车间变电站负荷的功率因数，可设置低压电容器室，分两组接于左、右两段低压母线上，并由断路器控制（图 1-14 中负荷 7、9）。

其他无一、二级负荷的车间及小型用电单位，一般采用单回路 6~10kV 电压受电，设置简单的（6~10）/0.4kV 终端变电站，其接线方式有多种多样，但都可以根据具体的情况由图 1-14 简化得出。同样，具有一、二级负荷并设置两台变压器的车间变电站，其主接线也有其他的形式，如高压单母线接线（带低压联络线）、高压单母线分段式接线、高压桥式接线等。这些接线方式的变电站主接线图也可由图 1-14 变化得出。

三、供电系统的运行方式

供电系统的运行方式是指系统中的线路、设备在运行中的电器开关连接关系，如两台变压器并联运行，两台变压器分列运行，两台变压器一台使用、一台备用运行等。在供电设计中，供电系统的运行方式涉及大部分设计内容，如电费计算、设备选择、短路计算、保护设置与整定等。

（一）各种运行方式的概念

1. 按电气设备运行分

（1）并联运行。这里各电气设备或线路同时带电运行，且电气上符合并联关系的运行方式。

（2）分列运行。这里各电气设备或线路同时带电运行，但电气上不构成并联关系的运

21

行方式。两台设备或两回线路采用分列运行，其电源侧通过上级变电站直到大电力网一般是连接在一起的，但它们的负荷侧则无直接的电联系因而不构成并联关系。

（3）一台（路）使用、一台（路）备用。这里部分设备或线路带电运行、部分作备用的运行方式。例如两台主变压器可以采用一台投入运行、另一台停电备用的运行方式。对于有一、二级负荷的变电站，其两回路电源线路若采用一路使用、一路备用的方式，则要求备用线路必须采用带电备用方式。带电备用的目的是尽可能缩短因运行线路故障而造成的全站停电时间。带电备用线路电源侧的断路器处于合闸状态，而负载侧的断路器处于分闸状态，线路中有电压无电流，当运行线路故障跳闸断电后，倒闸送电可以在变电站内进行，不必通过电力调度系统向上级申请，因而快捷方便，有利于安全。

2. 按系统运行分

（1）长时运行方式。正常情况下，用电户供电系统的长时运行方式，可以是全并联、全分列、部分并联、部分分列等各种组合下的运行方式。

（2）故障运行方式。这里系统出现故障时、切除部分设备或线路后继续供电以维持生产或保安负荷需要的运行方式。

3. 按短路电流计算分

（1）最大运行方式。从短路点向电源方向计算，运行阻抗最小，使该点短路电流为最大的运行方式。电力系统及电力网中有众多发电机、变压器、输电线路等，它们的容量大小、截面、长度等各不相同，串并联组合方式也不相同，能产生最小运行阻抗的组合方式就是针对该短路点的最大运行方式。一般情况下，并联运行会使总的运行阻抗降低，串联运行会使总的运行阻抗增大。

（2）最小运行方式。从短路点向电源方向计算，运行阻抗最大，使该点短路电流为最小的运行方式。

不同地点的最大、最小短路电流是选择校验电气设备和系统继电保护整定校验的重要参数。

（二）用户 35kV 变电站运行方式优化分析

1. 35kV 电源线路

对于两回 35kV 电源线路，若采用并联运行方式则有利于负荷分配和降低线损，但由于线路不独立，保护设置复杂，一般的电流、电压保护不起作用，采用纵差保护要沿线路架设控制线，采用横差保护当线路不长时有较大死区，难以整定；此外，系统短路电流较大，对所选设备的短路承受能力要求高。故一般不宜采用该方案，实际上极少应用。

一路使用、一路带电备用的方案，线路独立，保护设置方便、简单、容易整定，运行较为灵活，短路电流相对较小，但由于一回线路承担用户全部负荷，线路电压损失和功率损失都较大。故在一定条件下可采用此方案。

两回线路采用分列运行的方案，同样线路独立，保护设置方便、简单、容易整定，而且运行灵活、短路电流相对较小，负荷电流近似为用户总电流的一半，故电压损失和功率损耗都较小，等于集中了前两种方案的优点，所以是较优的运行方式。此时 35kV 母联断路器 QF7（见图 1-13）应处于分闸状态。

2. 主变压器

两台主变压器若采用并联运行，虽有负荷分配容易、损耗低等优点，但运行上不独立，保护设置困难，6kV 母线上的短路电流大，对设备的短路承受能力要求高。此外对并联运行的变压器参数性能要求较高，必须满足以下三个条件：

（1）两台变压器一、二次侧的额定电流应分别相等，即两台变压器的变比相等，其允许误差不应超过 0.5%。

（2）两台变压器的短路电压百分值应相等，其允许差值不应超过 10%。

（3）两台变压器的接线组别相同。

因此，两台变压器不宜采用并联运行方式。

如果两台变压器采用一台使用一台备用的方式，则变压器独立运行，保护设置方便，容易整定，运行较灵活，短路电流较小，但变压器负荷率高，功率损耗大，不能实行经济运行，故仅在一定条件下或不得已时采用。

两台变压器采用分列运行的方式是较优的方案，兼顾了前两种运行方式的优点，避免了其缺点，变压器独立运行，保护设置整定方便、运行灵活，短路电流较小，每台变压器的负荷率为 50% 左右，正在变压器的经济负荷范围内，功率损耗小、温升低，可延长变压器的使用寿命。

3. 6~10kV 单母线

由于两台主变压器采用分列运行，故 6~10kV 母线必须采用分段运行，也就是分列运行，此时分段断路器 QF8（见图 1 - 13）或 QF5（见图 1 - 14）处于分闸状态。

在这种运行方式下，两段母线分别接有电源和馈出线，重要的一、二类负荷可由两段母线分别引线供电，当其中一路电源或母线或馈出线发生故障时，该负荷仍可从另一路获得电源。正常运行时，两段母线相互独立、运行灵活、保护设置简单；一路电源故障时，可将分段断路器合闸，形成单母线不分段运行，使一些由单回线路供电的三类负荷也不至于长期断电。

4. 运行方式的优化方案

由以上分析可确定，对于大中型工矿企业及重要的城区 35kV 变电站，其最佳运行方式为全分列运行，即 35kV 电源线路、主变压器、6~10kV 母线均为分列运行的方案。该方案无论从经济运行与节约设备初期投资的角度，还是从供电性能与过流保护设置的角度，都优于一路（台）使用、一路（台）备用以及并联运行的方案。

第四节　供电系统中性点运行方式

在电力系统中，作为供电电源的发电机和变压器的中性点有三种运行方式：第一种是中性点不接地方式，又称中性点绝缘方式；第二种是中性点经消弧线圈接地的方式；第三种是中性点直接接地的方式。前两种可合称为中性点非有效接地方式，属小接地电流系统。后一种称为中性点有效接地方式，属大接地电流系统。

在电力系统中还少量应用有中性点经电阻接地的运行方式，其按接地电阻的大小又分为高阻接地和低阻接地两种。中性点经高阻接地方式属于小接地电流系统，而中性点经低阻接地的方式属于大接地电流系统。

中性点的不同运行方式，在电网发生单相接地时对电网的影响有明显的不同，因而决定着系统保护与监测装置的选择与运行。各种接地方式都有其优缺点，对不同电压等级的电网亦有各自的适用范围。

一、中性点不接地方式

我国 3～10kV 电网，一般采用中性点不接地方式。这是因为在这类电网中，单相接地故障占的比例很大，采用中性点不接地方式可以减少单相接地电流，从而减轻其危害。中性点不接地电网，单相接地电流基本上由电网对地电容决定。其电路与相量关系如图 1-15 所示。

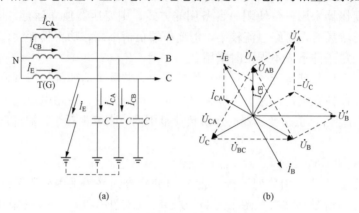

图 1-15　发生单相接地时中性点不接地方式的电力系统
(a) 电路图；(b) 相量图

系统正常运行时，三相电压对称，三相经对地电容入地的电流相量和为零，没有电流在地中流动。各相对地电压就等于相电压 $\dot{U}_A$、$\dot{U}_B$ 和 $\dot{U}_C$。

系统发生单相接地时，例如 C 相接地，如图 1-15（a）所示。此时 C 相对地电压为零，而 A 相对地电压 $\dot{U}'_A = \dot{U}_A + (-\dot{U}_C) = \dot{U}_{AC}$，B 相对地电压 $\dot{U}'_B = \dot{U}_B + (-\dot{U}_C) = \dot{U}_{BC}$，如图 1-15（b）所示。这表明，中性点不接地电网当发生单相接地时，其余两非故障相相电压将升高到线电压，因而易使电网绝缘薄弱处击穿，造成两相接地短路。这是中性点不接地方式的缺点之一。

C 相接地时，电网的接地电流（电容电流）$\dot{I}_E$ 应为 A、B 两相对地电容电流之和。取电源到负荷为各相电流的正方向，可得

$$\dot{I}_E = -(\dot{I}_{CA} + \dot{I}_{CB})$$

由图 1-15（b）可知，$\dot{I}_E$ 相位超前 $\dot{U}_C$ 90°，在量值上，由于 $I_E = \sqrt{3} I_{CA}$，而 $I_{CA} = U'_A / X_C = \sqrt{3} U_A / X_C = \sqrt{3} I_{C0}$，故得

$$I_E = 3I_{C0} \tag{1-11}$$

即单相接地的电容电流为正常运行时每相对地电容电流 I_{C0} 的 3 倍。

对于短距离、电压较低的输电线路，因对地电容小，接地电流小，瞬时性故障往往能自动消除，故对电网的危害小，对通信线路的干扰也小。对于高电压、长距离输电线路，单相接地电流一般较大，在接地处容易发生电弧周期性的熄灭与重燃，出现间歇电弧，引起电网产生高频振荡，形成过电压，可能击穿设备绝缘，造成短路故障。为了避免发生间

歇电弧，要求 3～10kV 电网单相接地电流小于 30A，35kV 及以上电网单相接地电流小于 10A。因此，中性点不接地方式对高电压、长距离输电线路不适宜。

应该指出，中性点不接地电网发生单相接地时，三相用电设备的正常工作并未受到影响。从图 1-15（b）可以看出，电网线电压的相位和量值均未发生变化，因此三相用电设备仍可照常运行。按我国规程规定，中性点不接地电网发生单相接地故障时，允许暂时继续运行 2h，如企业有备用线路，应将负荷转移到备用线路上去；经 2h 后接地故障仍未消除时，就应该切除此故障线路。

对于危险易爆场所，当中性点不接地电网发生单相接地故障时，应立即跳闸断电，以确保安全。

二、中性点经消弧线圈接地方式

当电网单相接地电流超出上述要求时，可采用中性点经消弧线圈接地的运行方式，如图 1-16 所示。消弧线圈实际上就是铁芯线圈式电抗器，其电阻很小、感抗很大、利用电抗器的感性电流补偿电网的对地电容电流，可使总的接地电流大为减少。设电网 C 相发生单相接地，则流过接地点的电网电容电流 $\dot{I}_{\mathrm{E}}$［见图 1-15（b）］为

$$\dot{I}_{\mathrm{E}} = -(\dot{I}_{\mathrm{CA}} + \dot{I}_{\mathrm{CB}}) = -\mathrm{j}\omega C(\dot{U}_{\mathrm{AC}} + \dot{U}_{\mathrm{BC}}) = 3\mathrm{j}\omega C\dot{U}_{\mathrm{C}}$$

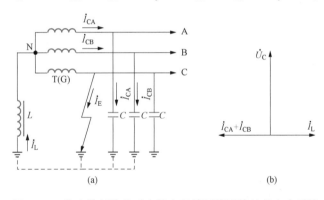

图1-16　发生单相接地时中性点经消弧线圈接地的电力系统
(a) 电路图；(b) 相量图

消弧线圈的电感为 L，其流过的电流为

$$\dot{I}_{\mathrm{L}} = \frac{\dot{U}_{\mathrm{C}}}{X_{\mathrm{L}}} = -\mathrm{j}\frac{\dot{U}_{\mathrm{C}}}{\omega L}$$

因 $\dot{I}_{\mathrm{E}}$ 与 $\dot{I}_{\mathrm{L}}$ 相位差 180°，如果选择消弧线圈使 $\dot{I}_{\mathrm{E}}$ 和 $\dot{I}_{\mathrm{L}}$ 的量值相等，则可达到完全补偿，其条件为

$$\dot{I}_{\mathrm{E}} + \dot{I}_{\mathrm{L}} = 0$$

故得

$$L = \frac{1}{3\omega^2 C} \tag{1-12}$$

完全补偿对熄灭接地电弧非常有利。但由于电网中具有线路电阻、对地绝缘电阻、接地过渡电阻及变压器和消弧线圈的有功损耗等，即使电容电流被完全补偿，故障点还是会

流过一个不大的电阻电流。

这种接地方式在正常运行时，如果三相对地分布电容不对称或发生一相断线或正常切除部分线路时，可能出现消弧线圈与对地分布电容的串联谐振，这时变压器中性点将出现危险的高电位。因此，消弧线圈一般采用过补偿运行，即选择参数使电感电流大于电容电流，这是该接地方式的缺点之一。此外，因要根据运行电网的长短来决定消弧线圈投入的数量或调节其电感值，故系统运行较复杂、设备投资较大、实现选择性接地保护也比较困难。

目前电力系统中已广泛应用了具有自动跟踪补偿功能的消弧线圈装置，避免了人工调节消弧线圈的诸多不便，不会使电网的部分或全部在调谐过程中暂时失去补偿，并有足够的调谐精度。自动跟踪补偿装置一般由驱动式消弧线圈和自动测控系统配套构成，自动完成在线跟踪测量和跟踪补偿。当被补偿的电网运行状态改变时，装置自动跟踪测量电网的对地电容，将消弧线圈调谐到合理的补偿状态，或者当电网发生单相接地故障时，迅速将消弧线圈调谐到接近谐振点的位置，使接地电弧变得很小而快速熄灭。

与中性点不接地方式一样，中性点经消弧线圈接地方式当发生单相接地时，其他两相对地电压也要升高到线电压，但三相线电压正常，也允许继续运行 2h 用于查找故障。

三、中性点直接接地方式

图 1-17 是中性点直接接地的电力系统在发生单相接地时的电路。这种单相接地，实际上就是单相短路，用符号 $k^{(1)}$ 表示。由于变压器和线路的阻抗都很小，故所产生的单相短路电流 $I_k^{(1)}$ 比线路中正常的负荷电流大得多。因而保护装置动作使断路器跳闸或线路熔断器熔断，将短路故障部分切除，其他部分则恢复正常运行。

该类电网在发生单相接地时，其他两相对地电压不会升高，因此电网中供用电设备的绝缘只需按相电压考虑，这对于 110kV 及以上的高压、超高压系统有较大的经济技术价值。高压电器特别是超高压电器，其绝缘是设计和制造的关键，绝缘要求的降低，实际上就降低了造价，同时也改善了高压电器的性能。因此，我国 110kV 及以上的高压、超高压电力系统均采取中性点直接接地的运行方式。

对于 380/220V 低压配电系统，我国广泛采用中性点直接接地的运行方式，而且引出有中性线 N 和保护线 PE。中性线 N 的功能：一是用于需要 220V 相电压的单相设备，二是用来传导三相系统中的不平衡电流和单相电流，三是减少负荷中性点的电压偏移。保护线 PE 的功能是防止发生触电事故，保证人身安全。通过公共的 PE 线将电气设备外露的可导电部分连接到电源的接地中性点上，当系统中设备发生单相接地（碰壳）故障时，便形成单相短路，启动保护动作，断路器跳闸，切除故障设备，从而防止人身触电。这种保护称保护接零。

按国家标准规定，凡含有中性线的三相系统，通称为三相四线制系统，即"TN"系统。若中性线与保护线共用一根导线——保护中性线 PEN，则称为"TN−C"系统；若中性线与保护线完全分开，备用一根导线，则称为"TN−S"系统；若中性线与保护线在前段共用，而在后段又全部或部分分开，则称为"TN−C−S"系统。

四、电网单相接地电流计算

图 1-18 所示为各种接地方式下电网单相接地电流计算图。设电网中性点通过电阻和

电感接地，电网对地有分布电容和漏电导，以 A 相为参考相，发生 A 相接地，接地处有接地电导 G_E。

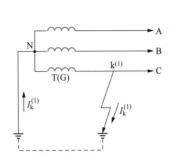

图 1-17　中性点直接接地的电力系统

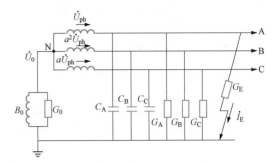

图 1-18　电网单相接地电流计算图

设接地前各相对地电压对称，分别为 $\dot{U}_{ph}$、$a^2\dot{U}_{ph}$ 和 $a\dot{U}_{ph}$，其中 a 为相量算子，即

$$a = -\frac{1}{2}+j\frac{\sqrt{3}}{2}, \quad a^2 = -\frac{1}{2}-j\frac{\sqrt{3}}{2}$$

电网发生 A 相接地后破坏了对地的对称性，故中性点 N 出现电压 $\dot{U}_0$（零序电压），此时三相对地电压分别为

$$\left.\begin{array}{l} \dot{U}'_A = \dot{U}_0 + \dot{U}_{ph} \\ \dot{U}'_B = \dot{U}_0 + a^2\dot{U}_{ph} \\ \dot{U}'_C = \dot{U}_0 + a\dot{U}_{ph} \end{array}\right\}$$

根据节点电流定律，如以大地为一节点，则流过大地的电流为

$$\dot{U}_0(G_0 - jB_0) + (\dot{U}_0 + \dot{U}_{ph})(G_E + G_A + j\omega C_A) + (\dot{U}_0 + a^2\dot{U}_{ph})(G_B + j\omega C_B)$$
$$+ (\dot{U}_0 + a\dot{U}_{ph})(G_C + j\omega C_C) = 0$$

故

$$\dot{U}_0 = -\dot{U}_{ph}\frac{(G_E + G_A + a^2 G_B + aG_C) + j\omega(C_A + a^2 C_B + aC_C)}{(G_0 + G_E + G_A + G_B + G_C) + j\omega(C_A + C_B + C_C) - jB_0} \quad (1\text{-}13)$$

其中

$$G_0 = \frac{1}{R_0}, \quad B_0 = \frac{1}{\omega L_0}, \quad G_E = \frac{1}{R_E}$$

式中　G_A、G_B、G_C——分别为三相对地漏电导，S；

$\quad\quad$ C_A、C_B、C_C——分别为三相对地分布电容，F；

$\quad\quad$ G_0、B_0——分别为中性点接地电导和电感电纳，S；

$\quad\quad$ G_E——接地点的电导，S。

设各相对地电容和电导相等，即

$$G = G_A = G_B = G_C$$
$$C = C_A = C_B = C_C$$

则式（1-13）可化简为

$$\dot{U}_0 = \frac{-\dot{U}_{ph}G_E}{(G_E + G_0 + 3G) + (j3\omega C - jB_0)} \quad (1\text{-}14)$$

故流过接地点的电流 $\dot{I}_E$ 为

$$\dot{I}_E = (\dot{U}_0 + \dot{U}_{ph})G_E = \dot{U}_{ph}G_E \frac{G_0 + 3G + j3\omega C - jB_0}{G_E + G_0 + 3G + j3\omega C - jB_0} \tag{1-15}$$

式（1-15）为接地电流的综合计算式，当在不同接地方式及电网参数下发生单相接地时，各接地电流有更简洁的计算式。

（一）消弧线圈方式发生金属性单相接地

此时 $G_E=\infty$，$G_0=0$，对绝缘正常的电网漏电流可忽略，即 $G=0$，而 $B_0=1/\omega L_0$，其接地电流为

$$\dot{I}_{E1} = \dot{U}_{ph} \frac{j3\omega C - j1/(\omega L_0)}{1 + \frac{j3\omega C - j1/(\omega L_0)}{G_E}} = j\left(3\omega C - \frac{1}{\omega L_0}\right)\dot{U}_{ph} \tag{1-16}$$

式（1-16）与前述消弧线圈接地方式分析中的结论一致。

（二）中性点不接地方式经接地电阻 R_E 发生单相接地

此时的条件是 $G_0=0$，$B_0=0$，其接地电流为

$$\dot{I}_{E2} = \dot{U}_{ph}G_E \frac{3G + j3\omega C}{G_E + 3G + j3\omega C} \tag{1-17}$$

如令

$$Z = \frac{1}{Y} = \frac{1}{G + j\omega C}, \ R = \frac{1}{G}, \ R_E = \frac{1}{G_E}$$

则式（1-17）变为

$$\dot{I}_{E2} = \frac{3\dot{U}_{ph}}{3R_E + Z} \tag{1-18}$$

其有效值为

$$I_{E2} = \frac{U_{ph}}{R_E \sqrt{1 + \frac{R(R + 6R_E)}{9R_E^2(1 + \omega^2 C^2 R^2)}}} \tag{1-19}$$

当电网绝缘水平较高时，$G=0$，接地电流为

$$\dot{I}_{E3} = \dot{U}_{ph}G_E \frac{j3\omega C}{G_E + j3\omega C} \tag{1-20}$$

其有效值为

$$I_{E3} = \frac{3G_E\omega C U_{ph}}{\sqrt{G_E^2 + 9\omega^2 C^2}} = \frac{3\omega C U_{ph}}{\sqrt{1 + 9\omega^2 C^2 R_E^2}} \tag{1-21}$$

对于低压短线路，电网对地电容可忽略，则式（1-17）变为

$$\dot{I}_{E4} = \dot{U}_{ph} \frac{3GG_E}{G_E + 3G} = \frac{3\dot{U}_{ph}}{3R_E + R} \tag{1-22}$$

其有效值为

$$I_{E4} = \frac{3U_{ph}}{3R_E + R} \tag{1-23}$$

（三）中性点经电阻接地方式发生金属性单相接地

此时 $G_E=\infty$，$B_0=0$，对绝缘正常的电网漏电流可忽略，即 $G=0$，其接地电流为

$$\dot{I}_{E5} = \dot{U}_{ph}(G_0 + j3\omega C) \tag{1-24}$$

中性点经电阻接地的方式，在某些国家的煤矿井下电网中被采用，它能将接地电流限

制在一定范围之内，由于设置了相应的接地保护装置，也可满足安全要求。此外，这种接地方式在防止过电压方面比不接地方式好，但在我国未被采用。

由于电网对地电容的量值不易确定，所以对于中性点不接地系统的单相接地电流（主要是电容电流），工程上常采用经验公式来计算，即

$$I_E = \frac{K_{in}(L_{ch} + 35L_{ca})U_N}{350} \tag{1-25}$$

式中　I_E——电网单相接地电流，A；

　　　K_{in}——因电气设备而引起的电容电流增值系数，对于 6kV 电网，$K_{in}=1.18$，对于 10kV 电网，$K_{in}=1.16$；

　　　L_{ch}——在 U_N 下具有电联系的架空线路总长度，km；

　　　L_{ca}——在 U_N 下具有电联系的电缆线路总长度，km；

　　　U_N——电网额定电压，kV。

习题与思考题

1-1　电力系统为什么要采用多种电压等级并设置多级变电站？

1-2　什么叫电力负荷？为什么对电力负荷要划分等级？

1-3　为什么供电变压器二次额定电压要高出同级电网额定电压的 5%～10%？

1-4　电力系统中的升压变压器能否反过来作降压变压器用？为什么？

1-5　用电设备在高于或低于其额定电压下工作会出现什么问题？

1-6　用电单位可以采取哪些措施来防止电压偏移？

1-7　试标出图 1-19 所示的电力系统，各变压器一、二次侧的额定电压（均为较长距离、重负荷线路）。

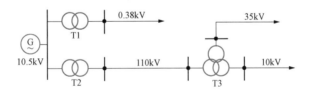

图 1-19　习题 1-7 图

1-8　什么条件下适合采用双回线路或者环形电网供电系统？当变电站 35kV 电源取自环形电网时，其主接线采用哪种方式较为合适？

1-9　什么叫桥式接线？试述各种桥式接线的优缺点及其应用范围。

1-10　怎样将全桥接线的 35kV 终端变电站扩展为单母线分段的中间变电站？

1-11　绘制两种具有一级负荷并设置两台变压器的车间变电站主接线图。

1-12　中性点接地方式有哪几种类型？各有何特点？

1-13　在中性点经消弧线圈接地的系统中，为什么三相线路对地分布电容不对称？当出现一相断线，或正常切除部分线路时，就可能出现消弧线圈与分布电容的串联谐振？为什么一旦系统出现这种串联谐振，变压器的中性点就可能出现危险的高电位？

1-14　为什么我国 380/220V 低压配电系统采用中性点直接接地的运行方式？

1-15　某企业 35/10kV 总降压变电站的 10kV 单母线用断路器分段，其中左段母线连有 10kV 架空线路 20km、10kV 电缆线路 10km，右段母线连有 10kV 架空线路 15km、10kV 电缆线路 14km。试求该 10kV 系统的最大和最小单相接地电流（变电站 10kV 母线上未装设消弧线圈）。

第二章　负荷计算与功率因数补偿

为一个企业或用电户供电，首先要解决的是企业要用多少电，或选用多大容量变压器等问题，这就需要进行负荷的统计和计算，为正确地选择变压器容量与无功补偿装置、选择电气设备与导线，以及继电器保护的整定等提供技术参数。

第一节　负　荷　曲　线

表示电力负荷随时间而变化的图形叫做负荷曲线。在直角坐标上，纵坐标表示电力负荷 P、Q、S 等，横坐标表示对应的时间，小时、日、月、年等，对应的函数关系是 $P=f(t)$。负荷曲线按负荷对象分，有企业的、车间的或是某用电设备组的负荷曲线；按负荷的功率性质分，有有功和无功负荷曲线；按所表示负荷变动的时间分，有年负荷曲线、月负荷曲线、日负荷曲线或工作班的负荷曲线。日负荷曲线代表用户一昼夜（24h）实际用电负荷的变化情况。最重要的负荷曲线是日有功负荷曲线和年有功负荷曲线。

一、日有功负荷曲线

图 2-1 是某企业的日有功负荷曲线。图 2-1（a）是依点连成的负荷曲线。通常，为了使用方便，曲线绘制成如图 2-1（b）所示的阶梯形负荷曲线。

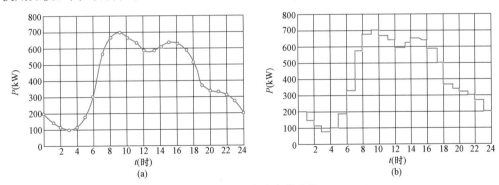

图 2-1　日有功负荷曲线

（a）点负荷曲线；（b）阶梯形负荷曲线

日负荷曲线可用测量的方法来绘制。绘制的方法是：先将横坐标按一定时间间隔（一般为 0.5h）分格，再根据电能表读数，将每一时间间隔内功率的平均值，对应横坐标相应的时间间隔绘在图上，即得阶梯形负荷曲线。其时间间隔取得越短，则该负荷曲线越能反映负荷的实际情况。日负荷曲线与坐标所包围的面积代表全日所消耗的电能量。

对于不同性质的用户，负荷曲线是不相同的。例如三班制和两班制企业的负荷曲线比较平缓，而住宅区的负荷曲线前半夜与后半夜则差距很大。

从负荷曲线上，可以直观地了解负荷变化的情况，掌握它的变化规律，对企业的生产计划、负荷调整有重要意义。例如0时到7时是用电低峰时期，可以把一些上午8时到下午4时的生产班级调整到后半夜，结果压低了日最大负荷，对企业电网和整个电力系统的安全经济运行都较为有利。

二、年有功负荷曲线

年有功负荷曲线又叫做有功负荷全年持续时间曲线。它表示用户在一年内（8760h）各不同大小的负荷所持续的时间，在排列上不分日、月界线，从0h到8760h，以有功负荷的大小和实际使用时间累积从左向右阶梯绘出。

企业的年有功负荷曲线可以根据企业一年中具有代表性的冬季和夏季的日有功负荷曲线来绘制。图2-2表示这种年有功负荷曲线的绘制方法。图2-2（a）表示某企业具有代表性的夏季日负荷曲线，图2-2（b）表示该企业具有代表性的冬季日负荷曲线，图2-2（c）是由此绘制的该企业的年负荷曲线。年负荷曲线的横坐标用一年365天的总时数8760h来分格。绘制年负荷曲线时，冬季日和夏季日所占的天数，应视当地的地理位置和气温情况而定。在我国北方，一般可近似地认为夏日165天，冬日200天，而在我国南方，则可以近似地认为夏日200天，冬日165天。图2-2（c）是我国南方某企业的年负荷曲线。

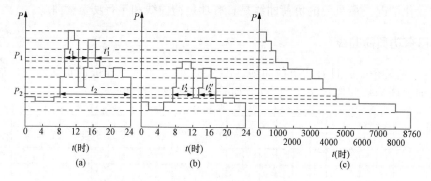

图2-2　年有功负荷曲线的绘制

(a) 夏季日负荷曲线；(b) 冬季日负荷曲线；(c) 年负荷曲线

三、年每日最大负荷曲线

该曲线按全年每日的最大负荷（一般取为每日最大负荷的半小时平均值）绘制的，称为年每日最大负荷曲线，如图2-3所示。横坐标依次以全年十二个月份的日期来分格。这种年每日最大负荷曲线，可用来确定拥有多台电力变压器的企业变电站在一年内不同时期宜于投入几台变压器运行，即所谓经济运行方式，以降低电能损耗，提高供电系统的经济效益。

四、有关负荷计算的几个物理量

(一) 年最大负荷和年最大负荷利用小时

年最大负荷就是全年中负荷最大的工作班内消耗电能最大的 0.5h 平均功率，并分别用符号 $P_{\max}$、$Q_{\max}$ 和 $S_{\max}$ 表示年有功最大负荷、年无功最大负荷和年视在功率最大负荷。

年最大负荷又称最大 0.5h 平均负荷，有时用 P_{30} 表示。P_{30} 是一个很重要的参数，负荷计算的正确与否就需要用它来衡量。P_{30} 由相应的最大负荷工作班日有功负荷曲线得出。它不是指全年偶然出现的最大负荷工作班，而是指一个月至少出现 3 次的最大负荷工作班。

年最大负荷利用小时是一个假想时间，在此时间内，电力负荷按年最大负荷 $P_{\max}$ 持续运行所消耗的电能恰好等于该电力负荷全年实际消耗的电能。年最大负荷利用小时用符号 $T_{\max}$ 表示。如图 2-4 所示，年最大负荷 $P_{\max}$ 延伸到 $T_{\max}$ 的横线与两坐标轴所包围的矩形面积恰好等于年负荷曲线与两坐标轴所包围的面积，即全年实际消耗的电能 A_p。因此，年最大负荷利用小时数为

$$T_{\max} = A_p / P_{\max} (\text{h}) \tag{2-1}$$

式中 A_p——全年消耗的有功电能，kWh。

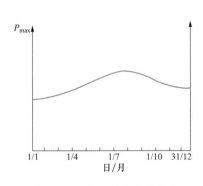

图 2-3 年每日最大负荷曲线

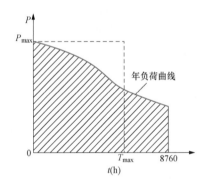

图 2-4 年最大负荷和年最大负荷利用小时

年最大负荷利用小时是反映企业电力负荷是否均匀的一个重要指标。这一概念在计算电能损耗和电气设备选择中均要用到。$T_{\max}$ 与企业的生产班制有较大的关系。例如一班制企业 $T_{\max} \approx 1000 \sim 3000\text{h}$，两班制企业 $T_{\max} \approx 3000 \sim 5000\text{h}$，三班制企业 $T_{\max} \approx 5000 \sim 8000\text{h}$。表 2-1 给出了各种工厂的有功年最大负荷利用小时。

表 2-1 各种工厂的有功年最大负荷利用小时 (h)

工 厂 类 别	$T_{\max}$	工 厂 类 别	$T_{\max}$
化工厂	6000～7000	仪器制造厂	3000～4000
石油提炼工厂	7000	车辆修理厂	4000～4500
重型机械制造厂	4000～5000	电机、电器制造厂	4500～5000
煤矿企业	4000～6000	纺织厂	5000～6000
工具厂、机床厂	4000～4500	纺织机械厂	4500

续表

工 厂 类 别	T_{max}	工 厂 类 别	T_{max}
滚珠轴承厂	5000	铁合金厂	7000～8000
起重运输设备厂	4000～4500	钢铁联合企业	6000～7000
汽车拖拉机厂	5000	光学仪器厂	4500
农业机械制造厂	5300	动力机械厂	4500～5000
建筑工程机械厂	4500	氮肥厂	7000～8000

（二）平均负荷和负荷系数

平均负荷是电力负荷在一定时间 t 内消耗功率的平均值，分别用符号 P_{av}、Q_{av} 和 S_{av} 表示平均有功负荷、无功负荷和视在负荷。平均有功负荷也就是有功负荷在时间 t 内消耗的有功电能 A_t 除以时间 t，即

$$P_{av} = A_t/t \qquad (2-2)$$

对于年平均有功负荷，t 取 8760（h）。因此，年平均有功负荷为

$$P_{av} = A_t/8760 \qquad (2-3)$$

负荷系数 K_{lo} 是平均有功负荷 P_{av} 与最大有功负荷 P_{max} 的比值，即

$$K_{lo} = P_{av}/P_{max} \qquad (2-4)$$

负荷系数也称负荷率，又叫负荷曲线填充系数，它是表征负荷变化规律的一个参数。其值越大，负荷曲线越平坦，负荷波动越小。从发挥整个供电系统的效能来说，应尽量设法使企业不平坦的负荷曲线"削峰填谷"，这就是企业供电系统在运行中应该实行的负荷调整。

对用电设备来说，负荷系数就是设备在最大负荷时的输出功率 P 与设备额定容量 P_N 的比值，即

$$K_{lo} = P/P_N \qquad (2-5)$$

（三）需用系数和利用系数

需用系数 K_d 是用电设备组实际从电网吸收的最大负荷与该用电设备组的额定总容量的比值，即

$$K_d = P_{max}/\sum P_N \qquad (2-6)$$

式中 $\sum P_N$——用电设备组的额定总容量。

利用系数 K_c 是用电设备组实际从电网吸收负荷的平均值与该用电设备组额定容量的比值，即

$$K_c = P_{av}/\sum P_N \qquad (2-7)$$

对各类型企业的负荷曲线进行观察发现，同一类型的用电设备组、车间或企业，其负荷曲线是大致相同的。这表明，对于同一用电设备组，其需用系数和利用系数的值是很接近的。我国工矿企业和设计研究部门经过长期的调查研究，并参考一些国外资料，已统计出一些用电设备组的典型需用系数 K_d 和利用系数 K_c 数据，可供企业负荷计算时参考。表 2-2 所示为工业企业常见用电设备组的需用系数 K_d、功率因数 $\cos\varphi$ 和 $\tan\varphi$。

表 2 - 2 用电设备的 K_d、$\cos\varphi$ 和 $\tan\varphi$

用电设备组名称	K_d	$\cos\varphi$	$\tan\varphi$
单独传动的金属加工机床：			
小批生产冷加工	0.12～0.16	0.5	1.73
大批生产冷加工	0.17～0.2	0.5	1.73
小批生产热加工	0.2～0.25	0.55～0.6	1.33～1.51
大批生产热加工	0.25～0.28	0.65	1.17
锻锤、压床、剪床及其他锻工机械	0.25	0.6	1.33
木工机械	0.2～0.3	0.5～0.6	1.33～1.73
生产用通风机	0.75～0.85	0.8～0.85	0.62～0.75
卫生用通风机	0.65～0.7	0.8	0.75
泵、活塞型压缩机、电动发电机组	0.75～0.85	0.8	0.75
球磨机、破碎机、筛选机、搅拌机等	0.75～0.85	0.8～0.85	0.62～0.75
电阻炉（带调压器或变压器）：			
非自动装料	0.6～0.7	0.95～0.98	0.22～0.33
自动装料	0.7～0.8	0.95～0.98	0.22～0.33
干燥箱、加热器等	0.4～0.7	1	0
工频感应炉（不带无功补偿）	0.8	0.35	2.67
高频感应炉（不带无功补偿）	0.8	0.6	1.33
焊接与加热用高频加热设备	0.5～0.65	0.7	1.02
熔炼用高频加热设备	0.8～0.85	0.8～0.85	0.62～0.75
表面淬火电炉（带无功补偿）：			
电动发电机	0.65	0.7	1.02
真空管振荡器	0.8	0.85	0.62
中频电炉（中频机组）	0.65～0.75	0.8	0.75
氢气炉（带调压器或变压器）	0.4～0.5	0.85～0.9	0.48～0.62
真空炉（带调压器或变压器）	0.55～0.65	0.85～0.9	0.48～0.62
电弧炼钢变压器	0.9	0.85	0.62
电弧炼钢辅助设备	0.15	0.5	1.73
一般交流弧焊机	0.35～0.5	0.35～0.6	1.33～2.67
单头直流弧焊机	0.35	0.6	1.33
多头直流弧焊机	0.7	0.7	1.02
铸造车间用起重机（ε＝25%）	0.15～0.3	0.5	1.73
金属、机修、装配、锅炉房用起重机（ε＝25%）	0.1～0.15	0.5	1.73
煤矿企业：			
主通风机	0.85～0.9	0.85～0.92	0.42～0.62
主提升机	0.85～0.95	0.75～0.85	0.62～0.88
压风机	0.85～0.9	0.85～0.9	0.48～0.62
地面低压设备	0.7～0.75	0.75～0.8	0.75～0.88
机修厂	0.55～0.65	0.65～0.7	1.02～1.17
综采车间	0.65～0.7	0.75～0.8	0.75～0.88
洗煤厂	0.7～0.78	0.75～0.85	0.62～0.88
工人村	0.7～0.8	0.75～0.85	0.62～0.88
井下主排水泵	0.75～0.9	0.8～0.86	0.59～0.75
井下低压设备	0.65～0.75	0.75～0.8	0.75～0.88

注 ε 为负荷持续率。

（四）计算负荷

计算负荷是按发热条件选择导体和电器设备时所使用的一个假想负荷。"计算负荷"持续运行所产生的热效应，与按实际变动负荷持续运行所产生的最大热效应相等。换言之，当导体持续流过"计算负荷"时所产生的恒定温升，恰好等于导体持续流过实际变动负荷时所产生的平均最高温升，从发热效果来看，两者是等效的。

通常规定取最大半小时平均负荷 P_{max}、Q_{max} 和 S_{max} 作为该用户的"计算负荷"，分别用 P_{ca}、Q_{ca} 和 S_{ca} 表示。这是因为截面一般 $16mm^2$ 以上的导线，其发热时间常数 $\tau = 10min$ 以上，因此，时间很短的尖峰负荷不是造成导线达到最高温度的主要原因。因为导线还来不及升到其相应的温度以前，这个尖峰负荷就已消失了。理论分析和实验证明，导线达到稳定温升的时间约为 $3\tau = 3 \times 10 = 30(min)$。因此，只有持续时间在 30min 以上的负荷值，才有可能构成导线的最大温升。这就是规定选取"最大半小时平均负荷"的理论依据。

从以上定义可见，虽然年最大负荷 P_{max} 和计算负荷 P_{ca} 定义不同，但其物理意义很相近。因此，基本满足以下关系

$$\left. \begin{array}{l} P_{max} = P_{ca} \\ Q_{max} = Q_{ca} \\ S_{max} = S_{ca} \end{array} \right\} \tag{2-8}$$

计算负荷 P_{ca} 是设计阶段经计算而得到的一个稳定负荷，它等效了实际变动负荷和最大 0.5h 平均负荷 P_{max}。企业投产后，可以用从实际负荷曲线中得出 P_{max} 来检验在作供电设计时所确定的各级计算负荷是否正确。

第二节 负 荷 计 算 方 法

供电设计常采用的电力负荷计算方法有需用系数法、二项系数法、利用系数法和单位产品电耗法等。需用系数法计算简便，对于任何性质的企业负荷均适用，且计算结果基本上符合实际，尤其对各用电设备容量相差较小且用电设备数量较多的用电设备组，因此，这种计算方法采用最广泛。二项系数法主要适用于各用电设备容量相差大的场合，如机械加工企业、煤矿井下综合机械化采煤工作面等。利用系数法以平均负荷作为计算的依据，利用概率论分析出最大负荷与平均负荷的关系，这种计算方法目前积累的实用数据不多，且计算步骤较繁琐，故工程应用较少。单位产品电耗法常用于方案设计。

一、设备容量的确定

用电设备铭牌上标出的功率（或称容量）称为用电设备的额定功率 P_N，该功率是指用电设备（如电动机）额定的输出功率。

各用电设备，按其工作制分，有长期连续工作制、短时工作制和断续周期工作制三类。因而，在计算负荷时，不能将其额定功率简单地直接相加，而需将不同工作制的用电设备额定功率换算成统一规定的工作制条件下的功率，称之为用电设备功率 $P_{N\mu}$。

（一）长期连续工作制

这类工作制的用电设备长期连续运行，负荷比较稳定，如通风机、空气压缩机、水

泵、电动发电机等。机床电动机，虽一般变动较大，但多数也是长期连续运行的。对长期工作制的用电设备有

$$P_{N\mu} = P_N \tag{2-9}$$

（二）短时工作制

这类工作制的用电设备工作时间很短，而停歇时间相当长，如煤矿井下的排水泵等。对这类用电设备也同样有

$$P_{N\mu} = P_N \tag{2-10}$$

（三）断续周期工作制

这类工作制的用电设备周期性地时而工作，时而停歇，如此反复运行，而工作周期一般不超过 10min，如电焊机、吊车电动机等。断续周期工作制设备，可用"负荷持续率"来表征其工作性质。

负荷持续率为一个工作周期内工作时间与工作周期的百分比值，用 ε 表示。其计算式为

$$\varepsilon = \frac{t}{T} \times 100\% = \frac{t}{t + t_0} \times 100\% \tag{2-11}$$

式中　T——工作周期，s；

t——工作周期内的工作时间，s；

t_0——工作周期内的停歇时间，s。

断续周期工作制设备的设备容量，一般是对应于某一标准负荷持续率的。

应该注意：同一用电设备，在不同的负荷持续率工作时，其输出功率是不同的。因此，不同负荷持续率的设备容量（铭牌容量）必须换算为同一负荷持续率下的容量才能进行相加运算。并且，这种换算应该是等效换算，即按同一周期内相同发热条件来进行换算。由于电流 I 通过设备在 t 时间内产生的热量为 I^2Rt，因此，在设备电阻不变而产生热量又相同的条件下，$I \propto 1/\sqrt{t}$，而在同电压下，设备容量 $P \propto I$。由式（2-11）可知，同一周期的负荷持续率 $\varepsilon \propto t$。因此，$P \propto 1/\sqrt{\varepsilon}$，即设备容量与负荷持续率的平方根值成反比。假如设备在 ε_N 下的额定容量为 P_N，则换算到 ε 下的设备容量 P_ε 为

$$P_\varepsilon = P_N \sqrt{\varepsilon_N / \varepsilon} \tag{2-12}$$

式中　ε——负荷的持续率；

ε_N——与铭牌容量对应的负荷持续率；

P_ε——负荷持续率为 ε 时设备的输出容量，kW。

1. 电焊机组

电焊机的铭牌负荷持续率 ε_N 有 50%、60%、75% 和 100% 四种，为了计算简便可查表求需用系数，一般要求统一换算到 $\varepsilon = 100\%$。因此，其设备的输出容量为

$$P_\varepsilon = P_N \sqrt{\frac{\varepsilon_N}{\varepsilon_{100}}} = S_N \cos\varphi \sqrt{\frac{\varepsilon_N}{\varepsilon_{100}}} = S_N \cos\varphi \sqrt{\varepsilon_N} \tag{2-13}$$

式中　P_N——电焊机铭牌上的有功容量，kW；

S_N——电焊机铭牌上视在容量，kVA；

ε_{100}——其值为 100% 的负荷持续率（计算中取 1）；

$\cos\varphi$——铭牌的额定功率因数，见表 2-2。

2. 吊车电动机组

吊车电动机的铭牌负荷持续率 ε_N 有 15%、25%、40% 和 50% 四种，为了计算简便可查表求需用系数，一般要求统一换算到 $\varepsilon=25\%$。因此，其设备的输出容量为

$$P_\varepsilon = P_N \sqrt{\frac{\varepsilon_N}{\varepsilon_{25}}} = 2P_N \sqrt{\varepsilon_N} \tag{2-14}$$

式中　ε_{25}——其值为 25% 的负荷持续率（计算中为 0.25）；

　　　P_N——吊车电动机铭牌上的有功容量，kW；

　　　ε_N——与铭牌容量对应的负荷持续率。

例 2-1　有一电焊变压器，其铭牌上给出：额定容量 $S_N=42\mathrm{kVA}$，负荷持续率 $\varepsilon_N=60\%$，功率因数 $\cos\varphi=0.62$。试求该电焊变压器的设备容量 P_ε。

解　电焊装置的设备功率统一换算到 $\varepsilon=100\%$，所以设备的输出容量为

$$P_\varepsilon = S_N \cos\varphi \sqrt{\frac{\varepsilon_N}{\varepsilon_{100}}} = 42 \times 0.62 \times \sqrt{0.6} = 20.2(\mathrm{kW})$$

例 2-2　某车间有一台 10t 桥式起重机，设备铭牌上给出：额定功率 $P_N=39.6\mathrm{kW}$，负荷持续率 $\varepsilon_N=40\%$。试求该起重机的设备的输出容量。

解　起重机应换算到 $\varepsilon=25\%$，因此设备的输出容量为

$$P_\varepsilon = 2P_N \sqrt{\varepsilon_N} = 2 \times 39.6 \times \sqrt{0.4} = 50(\mathrm{kW})$$

二、需用系数法

对于用电户或一组用电设备，当在最大负荷运行时，所安装的所有用电设备（不包括备用）不可能全部同时运行，也不可能全部以额定负荷运行，再加之线路在输送电力时必有一定的损耗，而用电设备本身也有损耗，故不能将所有设备的额定容量简单相加来作为用电户或设备组的最大负荷，必须要对相加所得到的总额定容量 $\sum P_N$ 打一个折扣。

所谓需用系数法就是利用需用系数来确定用电户或用电设备组计算负荷的方法。其实质是用一个小于 1 的需用系数 K_d 对用电设备组的总额定容量 $\sum P_N$ 打一定的折扣，使确定出来的计算负荷 P_{ca} 比较接近该组设备从电网中取用的最大 $0.5\mathrm{h}$ 平均负荷 P_{max}。其基本计算公式为

$$P_{ca} = K_d \sum P_N \tag{2-15}$$

（一）需用系数的含义

一个用电设备组的需用系数可表示为

$$K_d = \frac{K_{si}K_{lo}}{\eta_{av}\eta_l} \tag{2-16}$$

式中　K_{si}——设备同时系数；

　　　K_{lo}——设备加权平均负荷系数；

　　　η_{av}——设备组的各用电设备的加权平均效率；

　　　η_l——供电线路的平均效率。

K_{si} 指设备组在最大负荷运行时，工作设备总额定容量 $\sum P_{N.g}$ 与该组安装设备总额定容量 $\sum P_N$ 之比，即 $K_{si}=\sum P_{N.g}/\sum P_N$。

$\sum P_N$ 不包括已经安装但作为备用的设备。例如某企业泵房共安装了 18 台功率相同的电动机，其中 4 台备用，最大负荷时有 12 台水泵运行，则该组设备的同时系数 $K_{si} = 12P_N/(18-4)P_N = 0.86$。

K_{lo} 指设备组在最大负荷运行时，工作设备总的实际负荷 $\sum P_g$ 与其总额定容量之比，即 $K_{lo} = \sum P_g/\sum P_{N.g}$。对于每一台用电设备，所谓实际负荷 P_g，就是电动机所带机械设备所需要的实际电功率，即电动机轴上输出的机械功率，一般要经过实际测定才能得到。

n 台设备 K_{lo} 的数学表达式为

$$K_{lo} = \frac{\sum_{i=1}^{n} K_{lo.i}P_{Ni}}{\sum_{i=1}^{n} P_{Ni}} = \frac{K_{lo.1}P_{N1} + K_{lo.2}P_{N2} + \cdots + K_{lo.n}P_{Nn}}{P_{N1} + P_{N2} + \cdots + P_{Nn}} \qquad (2-17)$$

η_{av} 表示在最大负荷时，设备组工作设备总的实际负荷，即电动机的输出功率 $\sum P_g$ 与从线路中取用的电功率 $\sum P_{cg}$ 之比，即 $\eta_{av} = \sum P_g/\sum P_{cg}$。

n 台用电设备 η_{av} 的数学表达式为

$$\eta_{av} = \frac{\sum_{i=1}^{n} \eta_{av.i}P_{Ni}}{\sum_{i=1}^{n} P_{Ni}} \qquad (2-18)$$

加权的含义是：容量较大的设备，其效率或负荷在整个设备组的平均效率或平均负荷系数中占的分量就大。

η_l 为该组设备的供电线路在最大负荷时的末端功率（也就是设备组的取用功率 $\sum P_{cg}$）与线路首端所提供的功率（也就是计算功率 P_{ca}）之比，即 $\eta_l = \sum P_{cg}/P_{ca}$。

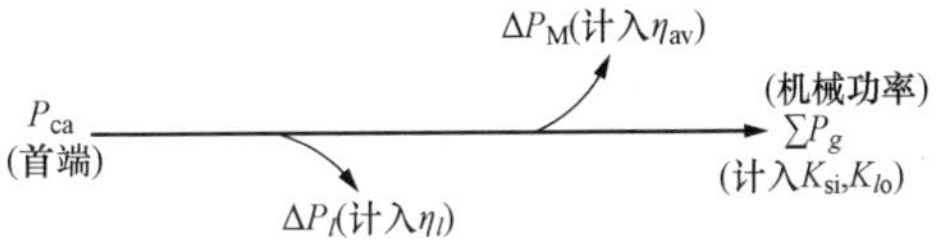

需用系数与计算负荷的物理意义可用图 2-5 所示的功率图来表示。

图 2-5　需用系数与计算负荷的物理意义

所谓计算负荷 P_{ca}，实际上是用电设备组在最大负荷时要输出一定机械功率 $\sum P_g$，而必须向线路首端取用的电功率。在功率输送的过程中有线路损失 ΔP_l，对应于线路效率 η_l，同时各用电设备本身也有功率损失 ΔP_M，对应于设备加权平均效率 η_{av}，因此有 $P_{ca} = \Delta P_l + \Delta P_M + \sum P_g$。在各个阶段分别考虑了 η_l、η_{av}、K_{si} 和 K_{lo} 等参数后，计算功率 P_{ca} 就可以通过一个综合性需用系数 K_d 与用电设备组的安装设备总额定容量 $\sum P_N$ 联系起来，即

$$K_d = \frac{K_{si}K_{lo}}{\eta_{av}\eta_l} = \frac{\dfrac{\sum P_{N.g}}{\sum P_N}\dfrac{\sum P_g}{\sum P_{N.g}}}{\dfrac{\sum P_g}{\sum P_{cg}}\dfrac{\sum P_{cg}}{P_{ca}}} = \frac{P_{ca}}{\sum P_N}$$

此即前面所列出的基本式（2-15）。

需用系数 K_d 小于 1。各工业企业用电设备组、车间需用系数值见表 2-2。

（二）用需用系数法计算电力负荷

在确定了设备容量之后，可分别按下列情况用需用系数法确定计算负荷。

1. 用电设备组计算负荷的确定

用电设备组是由工艺性质相同、需用系数相近的一些设备合并成的一组用电设备。在

一个车间中，可根据具体情况将用电设备分为若干组，再分别计算各用电设备组的计算负荷。其计算公式为

$$
\left.\begin{aligned}
P_{ca} &= K_d \sum P_N \\
Q_{ca} &= P_{ca}\tan\varphi \\
S_{ca} &= \sqrt{P_{ca}^2 + Q_{ca}^2} \\
I_{ca} &= S_{ca}/(\sqrt{3}U_N)
\end{aligned}\right\} \tag{2-19}
$$

式中 P_{ca}、Q_{ca}、S_{ca}——分别为该用电设备组的有功、无功、视在功率计算负荷，kW、kvar、kVA；

$\sum P_N$——该用电设备组的设备总额定容量，kW；

U_N——额定电压，V；

$\tan\varphi$——功率因数角的正切值，见表2-2；

I_{ca}——该用电设备组的计算负荷电流，简称计算电流，A；

K_d——需用系数，由表2-2查得。

例2-3 已知机修车间的金属切削机床组拥有电压为380V的三相电动机7.5kW 3台，4kW 8台，3kW 17台，1.5kW 10台。试求该用电设备组的计算负荷。

解 此机床电动机组的总容量为

$$\sum P_N = 7.5\times3 + 4\times8 + 3\times17 + 1.5\times10 = 120.5(kW)$$

查表2-2中"小批生产的金属冷加工机床"项，得 $K_d=0.12\sim0.16$（取0.15），$\cos\varphi=0.5$，$\tan\varphi=1.73$，因此得

有功计算负荷 $\qquad P_{ca} = 0.15\times120.5 = 18.1(kW)$

无功计算负荷 $\qquad Q_{ca} = 18.1\times1.73 = 31.3(kvar)$

视在计算负荷 $\qquad S_{ca} = 18.1/0.5 = 36.2(kVA)$

计算电流 $\qquad I_{ca} = \dfrac{36.2}{\sqrt{3}\times0.38} = 55(A)$

需要指出：需用系数值与用电设备组的类别和工作状态有很大的关系，因此，在计算时首先要正确判明用电设备组类别和工作状态，否则将造成错误。例如机修车间的金属切削机床应该属于"小批生产的冷加工机床"，因为机修不可能是大批生产的，而金属切削属冷加工。又如压塑机、拉丝机和锻锤等应属热加工机床。再如起重机、行车、电葫芦应属吊车类设备。

2. 多个用电设备组的计算负荷

在配电干线上或车间变电站低压母线上，常有多个用电设备组同时工作，而各个用电设备组的最大负荷也非同时出现，因此在求配电干线或车间变电站低压母线的计算负荷时，应再计入一个同时系数 K_{si}。具体计算式为

$$
\left.\begin{aligned}
P_{ca} &= K_{si}\sum_{i=1}^{m}(K_{di}\sum P_{Ni}) \\
Q_{ca} &= K_{si}\sum_{i=1}^{m}(K_{di}\sum P_{Ni}\tan\varphi_i) \\
S_{ca} &= \sqrt{P_{ca}^2 + Q_{ca}^2} \\
I_{ca} &= S_{ca}/(\sqrt{3}U_N)
\end{aligned}\right\} \tag{2-20}
$$

式中 P_{ca}、Q_{ca}、S_{ca}——分别为配电干线或变电站低压母线的有功、无功、视在计算
负荷；

　　　　　K_{si}——组间同时系数，其值如表 2-3 所示；

　　　　　m——该配电干线或变电站低压母线上所接用电设备组总数；

K_{di}、$\tan\varphi_i$、$\sum P_{Ni}$——分别对应于某一用电设备组的需用系数、功率因数角正切值，总
设备容量；

　　　　　I_{ca}——该干线或变电站低压母线上的计算电流，A；

　　　　　U_N——该干线或低压母线上的额定电压，V。

表 2-3　　　　　　　　　　　工矿企业各级组间同时系数 K_{si}

应 用 范 围	K_{si}
确定车间变电站低压母线上的计算负荷时，所采用的有功负荷同时系数	
(1) 冷加工车间	0.7～0.8
(2) 热加工车间	0.7～0.9
(3) 动力站	0.8～1.0
(4) 煤矿井下	0.8～0.9
确定变、配电站高压母线上的计算负荷时，所采用的有功负荷同时系数	
(1) 计算负荷小于 5000kW	0.9～1.0
(2) 计算负荷为 5000～10000kW	0.85
(3) 计算负荷大于 10000kW	0.8

　　注　无功负荷同时系数一般采用与有功负荷同时系数相同的数据。

在计算多组用电设备组的总计算负荷时，为了简化和统一，一般各组设备的台数不论
多少，各组的计算负荷均按表 2-2 所列 K_d 和 $\cos\varphi$ 的值来计算，而不必考虑设备台数多少
而改变 K_d、$\tan\varphi$ 和 $\cos\varphi$ 值的问题。

例 2-4　某机加工车间 380V 线路上，接有金属切削机床电动机 30 台共 100kW，通
风机 4 台共 6kW，电阻炉 4 台共 8kW。试确定此线路上的计算负荷。

　　解　求各组的计算负荷。

（1）金属切削机床组：

查表 2-2，取 $K_d=0.2$，$\cos\varphi=0.5$，$\tan\varphi=1.73$，即

$$P_{ca.1} = 0.2 \times 100 = 20 (\text{kW})$$

$$Q_{ca.1} = 20 \times 1.73 = 34.6 (\text{kvar})$$

（2）通风机组：

查表 2-2，取 $K_d=0.8$，$\cos\varphi=0.8$，$\tan\varphi=0.75$，则

$$P_{ca.2} = 0.8 \times 6 = 4.8 (\text{kW})$$

$$Q_{ca.2} = 4.8 \times 0.75 = 3.6 (\text{kvar})$$

（3）电阻炉：

查表 2-2，取 $K_d=0.7$，$\cos\varphi=1$，$\tan\varphi=0$，则

$$P_{ca.3} = 0.7 \times 8 = 5.6 (\text{kW})$$

查表 2-3，取 $K_{si}=0.8$，得总计算负荷

$$P_{ca} = K_{si} \sum_{i=1}^{3} P_{cai} = 0.8 \times (20 + 4.8 + 5.6) = 24.32(\text{kW})$$

$$Q_{ca} = K_{si} \sum_{i=1}^{3} Q_{cai} = 0.8 \times (34.6 + 3.6) = 30.56(\text{kvar})$$

$$S_{ca} = \sqrt{P_{ca}^2 + Q_{ca}^2} = \sqrt{24.32^2 + 30.56^2} = 39.1(\text{kVA})$$

$$I_{ca} = S_{ca}/(\sqrt{3}U_N) = \frac{39.1}{\sqrt{3} \times 0.38} = 59.48(\text{A})$$

3. 对需用系数法的评价

（1）公式简单，计算方便，只用一个原始公式 $P_{ca} = K_d \sum P_N$ 就可以表征普遍的计算方法。该公式对用电设备组、车间变电站乃至一个企业变电站的负荷计算都适用。

（2）对于不同性质的用电设备、不同车间或企业的需用系数值，经过几十年的统计和积累，数值比较完整和准确，查取方便，因而为我国设计部门广泛采用。

（3）需用系数法没有考虑大容量电动机对整个计算负荷 P_{ca}、Q_{ca} 的影响，尤其是当用电设备组内设备台数较少时，影响更大。在这种情况下，采用二项系数法更为准确。

三、二项系数法

（一）基本公式及含义

从图 2-1 所示的企业日负荷曲线看出，其最大有功负荷 P_{ca} 可以表示成

$$P_{ca} = P_{av} + \Delta P \tag{2-21}$$

式中　P_{av}——企业日负荷曲线的平均负荷；

ΔP——日负荷曲线的尖峰部分。

大量的考察和统计证明，产生企业"尖峰负荷"的主要原因是企业内 X 台最大容量的电动机在某一生产时间内较密集地处于高负荷运行状态。如果已知 X 台最大容量的电动机总容量为 P_X，则式（2-21）可表示为

$$P_{ca} = b\sum P_N + cP_X \tag{2-22}$$

式中　P_{ca}——用电设备组的计算负荷，kW；

$\sum P_N$——用电设备组的总额定容量，kW；

P_X——X 台最大容量用电设备的总容量，kW；

X——该用电设备组中取最大用电设备的台数，对于不同工作制、不同类型的用电设备，X 取值也不同，如金属冷加工机床 $X=5$ 等，具体如表 2-4 所示；

b、c——系数，其值如表 2-4 所示。

式（2-22）即为二项系数法的基本公式。

与需用系数法相比较，由于二项系数法不仅考虑了用电设备组的平均最大负荷，而且还考虑了容量最大的少数用电设备运行时对总计算负荷的额外影响，所以，这种计算方法比较适合于确定用电设备台数较少，而其容量差别又较大的用电设备组的负荷计算。但是，二项系数 b、c 和 X 的值缺乏足够的理论根据，历史上积累的数据也较少，因而其应用受到一定的局限。

部分工业企业用电设备组的二项系数、功率因数及功率因数角的正切值如表 2-4 所示。

表 2-4 二项系数、功率因数及功率因数角的正切值

负荷种类	用电设备组名称	二项系数		X	$\cos\varphi$	$\tan\varphi$
		b	c			
金属切削机床	小批及单件金属冷加工	0.14	0.4	5	0.5	1.73
	大批及流水生产的金属冷加工	0.14	0.5	5	0.5	1.73
	大批及流水生产的金属热加工	0.26	0.5	5	0.65	1.16
长期运转机械	通风机、泵、电动发电机	0.65	0.25	5	0.8	0.75
铸工车间连续运输及整砂机械	非连锁连续运输及整砂机械	0.4	0.4	5	0.75	0.88
	连锁连续运输及整砂机械	0.6	0.2	5	0.75	0.88
反复短时负荷	锅炉、装配、机修的起重机	0.06	0.2	3	0.5	1.73
	铸造车间的起重机	0.09	0.3	3	0.5	1.73
	平炉车间的起重机	0.11	0.3	3	0.5	1.73
	压延、脱模、修整间的起重机	0.18	0.3	3	0.5	1.73
电热设备	定期装料电阻炉	0.5	0.5	1	1	0
	自动连续装料电阻炉	0.7	0.3	2	1	0
	实验室小型干燥箱、加热器	0.7			1	0
	熔炼炉	0.9			0.87	0.56
	工频感应炉	0.8			0.35	2.67
	高频感应炉	0.8			0.6	1.33
焊接设备	自动弧焊变压器	0.5			0.5	1.73
	各种交流焊机	0.35			0.65	1.16
电镀	硅整流装置	0.5	0.35	3	0.75	0.88

按二项系数法确定计算负荷时，如果设备总台数少于表 2-4 中规定的最大容量设备台数的 2 倍时，则其最大容量设备台数 X 也宜相应减少。建议取 $X=n/2$，并按"四舍五入"取整规则。如果用电设备组只有 1~2 台用电设备，就可以认为 $P_{ca}=P_N$。

（二）用电设备组计算负荷的确定

当已知各用电设备的设备容量后，确定计算负荷的公式为

$$\left.\begin{array}{l} P_{ca} = b\sum P_N + cP_X \\ Q_{ca} = P_{ca}\tan\varphi \\ S_{ca} = \sqrt{P_{ca}^2 + Q_{ca}^2} \\ I_{ca} = S_{ca}/(\sqrt{3}U_N) \end{array}\right\} \tag{2-23}$$

例 2-5 试用二项系数法确定例 2-3 所列机床组的计算负荷。

解 由表 2-4 查得 $b=0.14$，$c=0.4$，$X=5$，$\cos\varphi=0.5$，$\tan\varphi=1.73$。

设备总容量 $\sum P_N = 120.5(kW)$

X 台最大容量的设备总容量为

$$P_X = 7.5\times3 + 4\times2 = 30.5(kW)$$

故得

$$P_{ca} = 0.14 \times 120.5 + 0.4 \times 30.5 = 29.1(kW)$$

$$Q_{ca} = 29.1 \times 1.73 = 50.3(kvar)$$

$$S_{ca} = \sqrt{29.1^2 + 50.3^2} = 58.2(kVA)$$

$$I_{ca} = 58.2/(\sqrt{3} \times 0.38) = 88.4(A)$$

比较例 2-3 和例 2-5 的计算结果看出，一般按二项系数法计算的结果比按需用系数法计算的结果大。

（三）多组用电设备计算负荷的确定

采用二项系数法确定干线上或变电站母线上的计算负荷时，同样应考虑各组用电设备的最大负荷不同时出现的因素。因此，在确定总计负荷时，只能在各组用电设备中取其中一组最大的附加负荷 cP_X，再加上所有各组的平均负荷 $b\sum P_N$。计算公式为

$$
\left.
\begin{aligned}
P_{ca} &= \sum_{i=1}^{m} b_i \sum P_{Ni} + (cP_X)_{max} \\
Q_{ca} &= \sum_{i=1}^{m} b_i \tan\varphi_i \sum P_{Ni} + (cP_X)_{max} \tan\varphi_X \\
S_{ca} &= \sqrt{P_{ca}^2 + Q_{ca}^2} \\
I_{ca} &= S_{ca}/(\sqrt{3}U_N)
\end{aligned}
\right\}
\tag{2-24}
$$

式中 b_i、$\tan\varphi_i$、$\sum P_{Ni}$——对应 i 组用电设备的 b 系数、功率因数正切值和设备功率；

$(cP_X)_{max}$——各用电设备组中最大的一个有功附加负荷，kW；

$\tan\varphi_X$——与 $(cP_X)_{max}$ 相对应的功率因数正切值。

例 2-6 试用二项系数法确定例 2-4 所述机加工车间 380V 线路上的计算负荷。设其金属切削机床组有 10kW 电动机 3 台，7.5kW 电动机 5 台等，其余电动机均小于 7.5kW。

解 先求各组的 $b\sum P_{Ni}$ 和 cP_{Xi}。

（1）金属切削机床组：

查表 2-4，取 $b_1 = 0.14$，$c_1 = 0.4$，$X = 5$，$\cos\varphi = 0.5$，$\tan\varphi = 1.73$，即

$$b_1 \sum P_{N.1} = 0.14 \times 100 = 14(kW)$$

$$c_1 P_{X.1} = 0.4 \times (10 \times 3 + 7.5 \times 2) = 18(kW)$$

（2）通风机组：

查表 2-4，取 $b_2 = 0.65$，$c_2 = 0.25$，$X = 5$，$\cos\varphi = 0.8$，$\tan\varphi = 0.75$，则

$$b_2 \sum P_{N.2} = 0.65 \times 6 = 3.9(kW)$$

$$c_2 P_{X.2} = 0.25 \times 1.5 \times 2 = 0.75(kW)$$

（3）电阻炉（按定期装料）：

查表 2-4，取 $b_3 = 0.5$，$c_3 = 0.5$，$X = 1$，$\cos\varphi = 1$，$\tan\varphi = 0$，则

$$b_3 \sum P_{N.3} = 0.5 \times 8 = 4(kW)$$

$$c_3 P_{X.3} = 0.5 \times 2 = 1(kW)$$

因 $c_1 P_{X.1}$ 为最大的附加负荷，计算得

$$P_{ca} = (14 + 3.9 + 4) + 18 = 39.9(kW)$$
$$Q_{ca} = (14 \times 1.73 + 3.9 \times 0.75) + 18 \times 1.73 = 58.3(kvar)$$
$$S_{ca} = \sqrt{39.9^2 + 58.3^2} = 70.6(kVA)$$
$$I_{ca} = 70.6/(\sqrt{3} \times 0.38) = 107.3(A)$$

四、单位产品电耗法

当已知企业年生产量为 m，其单位电产品的电能消耗量为 a，如表 2-5 所示，则年电能需要量与计算负荷的计算式为

$$A = am \tag{2-25}$$
$$P_{ca} = A/T_{max} \tag{2-26}$$

式中 T_{max}——年最大负荷利用小时数（见表 2-1），h。

表 2-5 单位电产品的电能消耗量 a

标准产品	产品单位	单位产品耗电量(kWh)	标准产品	产品单位	单位产品耗电量(kWh)
有色金属铸造	1t	600~1000	变压器	1kVA	2.5
铸铁件	1t	300	电动机	1kW	14
锻钢件	1t	30~80	量具刃具	1t	6300~8500
拖拉机	1台	5000~8000	工作母机	1t	1000
汽车	1辆	1500~2500	重型机床	1t	1600
轴承	1套	1~2.5~4	纱	1t	40
电能表	1只	7	橡胶制品	1t	250~400
静电电容器	1kvar	3	煤炭	1t	15~50

这种方法的缺点是无法确定企业内各级母线和各用电设备组的计算负荷，只能得到一个企业组的总结果，故只能用于供电方案设计。

五、单相负荷计算法

当单相用电设备的总容最小于三相设备总容量的15%时，不论单相设备如何分配，均可直接按三相平衡负荷计算；若单相用电设备的总容量大于三相用电设备总容量的15%时，则需将其转换算成三相等效负荷后，再参与负荷计算。单相用电设备换算为三相等效设备容量的方法如下：

（1）单相设备接于相电压时，将三相线路中单相用电设备容量最大的一相乘以 3 作为三相等效设备容量。

（2）单相设备接于线电压时，首先应将接于线电压的单相设备容量换算为接于相电压的设备容量，然后再分相计算各相的设备容量。取最大负荷相的设备容量的 3 倍来作为等效的三相负荷容量。接于线电压的单相设备容量换算为接于相电压的设备容量时，换算公式如下：

$$\begin{cases} P_A = p_{AB-A}P_{AB} + p_{CA-A}P_{CA} \\ Q_A = q_{AB-A}P_{AB} + q_{CA-A}P_{CA} \\ P_B = p_{BC-B}P_{BC} + p_{AB-B}P_{AB} \\ Q_B = q_{BC-B}P_{BC} + q_{AB-B}P_{AB} \\ P_C = p_{CA-C}P_{CA} + p_{BC-C}P_{BC} \\ Q_C = q_{CA-C}P_{CA} + q_{BC-C}P_{BC} \end{cases} \quad (2-27)$$

式中　P_{AB}、P_{BC}、P_{CA}——接于 AB、BC、CA 相间的有功负荷（kW）；

$\quad\quad$ P_A、P_B、P_C——换算为 A、B、C 相的有功负荷（kW）；

$\quad\quad$ Q_A、Q_B、Q_C——换算为 A、B、C 相的无功负荷（kvar）；

$\quad\quad$ p_{AB-B}、$q_{AB-A}\cdots$——换算系数，如表 2-6 所示。

表 2-6　　　　　　　相间负荷换算为相负荷的有功无功换算系数

功率换算系数	负荷功率因数								
	0.35	0.4	0.5	0.6	0.65	0.7	0.8	0.9	1.0
p_{AB-A}、p_{BC-B}、p_{CA-C}	1.27	1.17	1.0	0.89	0.84	0.8	0.72	0.64	0.5
p_{AB-B}、p_{BC-C}、p_{CA-A}	−0.27	−0.17	0	0.11	0.16	0.2	0.28	0.36	0.5
q_{AB-A}、q_{BC-B}、q_{CA-C}	1.05	0.86	0.58	0.38	0.3	0.22	0.09	−0.05	−0.29
q_{AB-B}、q_{BC-C}、q_{CA-A}	1.63	1.44	1.16	0.96	0.88	0.8	0.67	0.53	0.29

第三节　企业负荷的计算与电能损耗

针对一个用电户或企业的负荷计算，首先要作负荷统计，并按电压高低、负荷性质及分布位置等条件进行分组，然后从低压用电设备组开始，逐级向低压母线、高压母线直到电源母线进行计算，在此过程中还须进行低压动力变压器和企业 35kV 主变压器的选择计算及无功功率补偿计算，最后应算出企业年电力消耗和单位产品电力消耗等指标。

一、功率损耗及电能损耗计算

电流通过导线和变压器时，要引起有功功率和无功功率的损耗，这部分功率损耗也需要由电力系统供给。因此，在确定企业的计算负荷时，应把这部分功率损耗加进去。

（一）供电线路的功率损耗

三相供电线路的三相有功功率损耗 ΔP 和三相无功功率损耗 ΔQ 的计算式为

$$\left.\begin{array}{l} \Delta P = 3I_{ca}^2 R \times 10^{-3} \\ \Delta Q = 3I_{ca}^2 X \times 10^{-3} \end{array}\right\} \quad (2-28)$$

其中　　　　　　　　　　$R = R_0 L, \quad X = X_0 L$

式中　R——线路每相电阻，Ω；

$\quad\quad$ X——线路每相电抗，Ω；

$\quad\quad$ L——线路计算长度，km；

R_0、X_0——分别为线路单位长度的交流电阻和电抗，Ω/km。

式（2-28）中的 I_{ca} 用 P_{ca}、Q_{ca} 和 S_{ca} 来表示，可得三相有功功率损耗 ΔP 和无功功率损耗 ΔQ 的另一计算式为

$$\left.\begin{aligned}\Delta P &= \frac{S_{ca}^2}{U_N^2}R \times 10^{-3} = \frac{P_{ca}^2 + Q_{ca}^2}{U_N^2}R \times 10^{-3} \\ \Delta Q &= \frac{S_{ca}^2}{U_N^2}X \times 10^{-3} = \frac{P_{ca}^2 + Q_{ca}^2}{U_N^2}X \times 10^{-3}\end{aligned}\right\} \quad (2-29)$$

式中　P_{ca}、Q_{ca}、S_{ca}——分别为线路有功、无功和视在计算功率，kW、kvar、kVA；

　　　　U_N——线路线电压，V。

例 2-7　试计算从电力系统的某地区变电站到一个企业总降压变电站的 35kV 送电线路的有功功率损耗和无功功率损耗。已知该线路长度为 12km，采用 LGJ-70 型钢芯铝绞线，其单位电阻和电抗分别为 $R_0 = 0.46\Omega/\text{km}$，$X_0 = 0.397\Omega/\text{km}$，输送计算负荷 $S_{ca} = 4917\text{kVA}$。

解　由式（2-29）得有功功率损耗为

$$\Delta P = \frac{S_{ca}^2 R}{U_N^2} \times 10^{-3} = \frac{4917^2}{35^2} \times 0.46 \times 12 \times 10^{-3} = 109(\text{kW})$$

无功功率损耗为

$$\Delta Q = \frac{S_{ca}^2 X}{U_N^2} \times 10^{-3} = \frac{4917^2}{35^2} \times 0.397 \times 12 \times 10^{-3} = 94(\text{kvar})$$

（二）变压器的功率损耗

1. 有功功率损耗

变压器的有功功率损耗由两部分组成：其一是空载损耗，又称铁耗。它是变压器主磁通在铁芯中产生的有功损耗。因为变压器主磁通仅与外施电压有关，当外施电压 U 和频率 f 恒定时，铁损是常数，与负荷大小无关。另一部分是短路损耗，又称铜耗。它是变压器负荷电流在一次绕组和二次绕组电阻中产生的有功损耗，其值与负荷电流的平方成正比。因此，双绕组变压器有功功率损耗的计算式为

$$\Delta P_T = \Delta P_0 + \Delta P_k \left(\frac{S_{ca}}{S_{N.T}}\right)^2 = \Delta P_0 + \beta^2 \Delta P_k \quad (\text{kW}) \quad (2-30)$$

式中　ΔP_0——变压器空载有功功率损耗，kW；

　　　　ΔP_k——变压器的短路电流等于额定电流时的有功功率损耗，kW；

　　　　S_{ca}——计算负荷，kVA；

　　　　$S_{N.T}$——变压器的额定容量，kVA；

　　　　β——变压器的负荷率，$\beta = S_{ca}/S_{N.T}$。

2. 无功功率损耗

同样，变压器的无功功率损耗也有两部分：一部分是变压器空载时，由产生主磁通的励磁电流造成的无功功率损耗；另一部分是由变压器负荷电流在一次绕组和二次绕组电抗上产生的无功功率损耗。因此，变压器的无功功率损耗的计算式为

$$\Delta Q_T = \Delta Q_0 + \Delta Q_k \left(\frac{S_{ca}}{S_{N.T}}\right)^2 (\text{kvar}) \quad (2-31)$$

其中　　　　　　　$\Delta Q_0 = \frac{I_0\%}{100}S_{N.T}, \quad \Delta Q_k = \frac{U_k\%}{100}S_{N.T}$

式中　ΔQ_0——变压器空载无功功率损耗，kvar；

$I_0\%$——变压器空载电流占额定电流 I_N 的百分数；

ΔQ_k——变压器额定短路无功功率损耗，kvar；

$U_k\%$——变压器短路电压占额定电压的百分数。

故得

$$\Delta Q_T = S_{N.T}\left(\frac{I_0\%}{100} + \frac{U_k\%}{100}\beta^2\right)(\text{kvar}) \tag{2-32}$$

ΔP_0、ΔP_k、$I_0\%$、$U_k\%$ 均可以由变压器产品目录中查得。

在负荷计算中，变压器的有功功率损耗和无功功率损耗还可按下列简化公式近似计算。

$$\left.\begin{array}{l}\Delta P_T \approx 0.01 S_{ca}\\ \Delta Q_T \approx 0.05 S_{ca}\end{array}\right\} \tag{2-33}$$

例 2-8　某车间装一台 SJL1-1000/10 型变压器，电压为 10/0.4kV，$\Delta P_0 = 2.0$kW，$\Delta P_k = 13.7$kW，$I_0\% = 1.7$，$U_k\% = 4.5$。并已知变压器的计算负荷 $S_{ca} = 800$kVA。试求该变压器的有功功率损耗和无功功率损耗。

解　变压器的有功功率损耗为

$$\Delta P_T = \Delta P_0 + \Delta P_k\left(\frac{S_{ca}}{S_{NT}}\right)^2 = 2.0 + 13.7 \times \left(\frac{800}{1000}\right)^2 = 10.8(\text{kW})$$

变压器的无功功率损耗为

$$\Delta Q_T = \left(\frac{I_0\%}{100} + \frac{U_k\%}{100}\beta^2\right)S_{NT} = \left(\frac{1.7}{100} + \frac{4.5}{100}\times\frac{800^2}{1000^2}\right)\times 1000 = 45.8(\text{kvar})$$

（三）企业年电能损耗计算

企业每年所消耗的电能，主要是用于企业生产和生活，即动力和照明。但企业供电系统中的设备（如线路和变压器）也要消耗一部分电能。

1. 供电线路电能损耗

三相供电线路中有功功率损耗 ΔP 的计算式为

$$\Delta P = \frac{S_{ca}^2}{U_N^2}R\times 10^{-3} = \frac{P_{ca}^2 R}{U_N^2\cos^2\varphi}\times 10^{-3} \tag{2-34}$$

式中　$\cos\varphi$——供电线路负荷功率因数。

式（2-34）中，如果企业按 P_{ca} 持续运行一年，那么供电线路一年内的有功电能损耗为

$$\Delta A_{p.ca} = \frac{R\times 10^{-3}}{U_N^2\cos^2\varphi}P_{ca}^2\times 8760$$

但实际上，企业的半小时平均负荷是变动的，一般都比 P_{ca} 低，因此，供电线路一年内实际损耗的有功电能应该为

$$\Delta A_p = \int_0^{8760}\Delta P\,\mathrm{d}t = \frac{R\times 10^{-3}}{U_N^2\cos^2\varphi}\int_0^{8760}P^2\,\mathrm{d}t \tag{2-35}$$

由年负荷曲线［见图 2-6（a）］可以画出 $P^2 = f(t)$ 曲线［见图 2-6（b）］，ΔA_p 正比于 $P^2 = f(t)$ 曲线下的面积。它可以用一个面积相等的矩形 $P_{ca}^2\tau$ 来代替，即

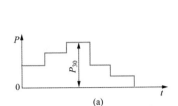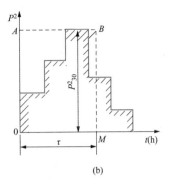

图 2-6 τ 的物理意义

（a）年负荷曲线；（b）$P^2 = f(t)$ 曲线

$$\Delta A_p = \frac{R \times 10^{-3}}{U_N^2 \cos^2 \varphi} \int_0^{8760} P^2 \mathrm{d}t = \frac{R \times 10^{-3}}{U_N^2 \cos^2 \varphi} P_{ca}^2 \tau \qquad (2-36)$$

式中　τ——最大负荷损耗小时，h。

最大负荷损耗小时的物理意义是：如果供电线路按年 0.5h 最大负荷 P_{ca} 持续运行，则在 τ 时间内损耗的电能恰好等于实际变化负荷在 8760h 内损耗的电能。

从式（2-36）不难得出

$$\tau = \int_0^{8760} \left(\frac{P}{P_{ca}}\right)^2 \mathrm{d}t = \int_0^{8760} \beta^2 \mathrm{d}t \qquad (2-37)$$

式中　β——线路的负荷系数，$\beta = P/P_{ca}$。

由式（2-37）可见，τ 与负荷曲线的形状有关，显然也与 T_{max} 有关，同时，它还与 $\cos\varphi$ 有关。τ 与 T_{max} 的关系如图 2-7 所示。依据图 2-7，由 T_{max} 查得 τ 值后，便可由式（2-36）求得供电线路一年内实际损耗的有功电能。

2. 变压器的电能损耗

变压器的有功电能损耗包括两个部分：一部分是变压器铁耗 ΔP_0，引起的电能损耗，也即空载有功电能损耗。它只与外施电压高低和频率有关，因此，这部分电能损耗是固定不变的，则

$$\Delta A_{T1} = \Delta P_0 \times 8760 \qquad (2-38)$$

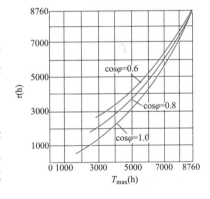

图 2-7 $\tau = f(T_{max})$ 曲线

另一部分是变压器的铜耗 ΔP_{Cu} 引起的电能损耗。这部分损耗与负荷电流的平方成正比，也即与变压器的负荷率 β 的平方成正比，因此这部分的全年电能损耗为

$$\Delta A_{T2} = \Delta P_k \beta^2 \tau \qquad (2-39)$$

故得变压器年有功电能损耗为

$$\Delta A_T = \Delta A_{T1} + \Delta A_{T2} = \Delta P_0 \times 8760 + \Delta P_k \beta^2 \tau \qquad (2-40)$$

二、企业计算负荷的确定

企业计算负荷可以按逐级计算法来确定。以图 2-8 所示的企业供电系统示意图为例：

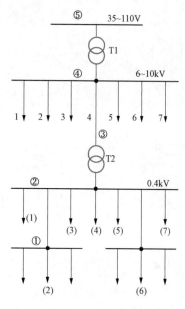

图2-8　企业供电系统示意图

企业的总计算负荷应该是6~10kV高压配电线计算负荷之和乘以同时系数，再加上企业总降压变电站变压器的功率损耗。各高压配出线的计算负荷应该是车间低压各配出线的计算负荷之和乘以同时系数，再加上车间变电站变压器的功率损耗和高压配电线路的功率损耗。各低压配出线的计算负荷便是各用电设备组的计算负荷，再加上低压配出线上的功率损耗。不过，在企业内部，无论是高压线路还是低压线路都不很长，线路功率损耗不很大，因此，在计算负荷时往往可以忽略不计。用逐级计算方法确定企业计算负荷，可按以下步骤进行：

（1）求用电设备组的计算负荷。先将车间用电设备按工作制的不同分为若干组，求各用电设备组的设备容量，再视具体情况选用需用系数法或二项系数法确定各用电设备组的计算负荷，如图2-8中的①点。

（2）求车间低压变压器侧的计算负荷。如图2-8中②点，将低压各用电设备组的计算负荷的总和乘以同时系数。用该计算负荷可选择所需车间变压器的容量及低压导线的截面。在求计算负荷总和时应注意将各设备组的有功计算负荷与无功计算负荷分别相加，再乘以组间同时系数，视在计算功率是不能相加的，以下各步亦应同样处理。

（3）求车间变压器高压侧计算负荷。变压器低压侧计算负荷加上该变压器的功率损耗便得变压器高压侧的计算负荷，如图2-8中③点。该值可用于选择车间变电站高压侧进线导线的截面。

（4）总降压站6~10kV侧的计算负荷。由总降压站各配出线计算负荷的总和乘以一个同时系数，再加上各高压配出线的功率损耗（如各高压配出线不长，其功率损耗可以忽略），如图2-8中④点。该值可以用来选择总降压站主变压器的容量及台数。

（5）企业总计算负荷的确定。首先计算出主变压器的功率损耗，企业计算负荷便是总降压站6~10kV侧的计算负荷与主变压器功率损耗之和，如图2-8中⑤点。该值可以用来选择35~110kV电源进线的截面。

前已述及，各级负荷计算的结果，不仅是为选择供电导线截面和变压器的容量提供依据，而且是选择高低压电气设备和继电保护整定的重要依据。对企业无功功率补偿的设计计算，也是基本的设计前提参数之一。

第四节　变压器的选择

变压器是变电站中最关键的一次设备，其型式和容量应根据使用环境条件、电压等级及计算负荷来选择。从供电可靠性出发，变压器台数越多越好。但变压器台数增加，开关电器等设备以及变电站的建设投资都要增大。所以，变压器台数与容量的确定，应全面考虑技术经济指标，合理选择。

一、变压器型式的选择

电力变压器按相数分，有单相和三相两大类。企业变电所通常采用三相变压器。

电力变压器按调压方式分，有无载调压和有载调压两大类。企业变电站大多采用无载调压变压器。但在用电负荷对电压水平要求较高的场合，也采用有载调压变压器。

电力变压器按绕组型式分，有双绕组变压器、三绕组变压器和自耦变压器。企业变电站一般采用双绕组变压器。在具有三级高压的大型企业变电站，若通过主变压器各侧的功率均达到该变压器容量的 15% 以上，宜采用三绕组变压器。

电力变压器按绕组绝缘及冷却方式分，有油浸式和干式两大类。其中油浸式变压器，又有油浸自冷式、油浸风冷式、油浸水冷式和强迫油循环冷却式等。企业变电所大多采用油浸自冷式变压器。

为了降低电能损耗，变压器应首选低损耗节能型变压器。

二、变压器台数的选择

1. 确定车间变电站变压器台数的原则

（1）对于一般性生产车间，尽量装设一台变压器。

（2）如车间有一、二级负荷，必须有两个电源供电时，则应装设两台变压器，且每台变压器均应能承受全部一、二级负荷供电任务。但如与相邻车间有联络线时，当车间变电站故障，其一、二级负荷能通过联络线继续供电，则可只选一台变压器。

（3）当车间负荷昼夜变化较大时，或由公用变电站向几个负荷曲线相差悬殊的车间供电时，如选用一台变压器在技术经济上显然不合理，则装设两台变压器。

（4）特殊场合可选用多台变压器。如井下变电站，因考虑电网过大，接地电流增大，对人身及设备安全不利，为限制接地电流和人身触电电流，应选用多台小容量变压器。

2. 确定企业总降压变电站变压器台数的原则

（1）当企业绝大多数负荷属三级负荷，有少量一、二级负荷或由邻近企业可取得备用电源时，可以装设一台变压器。

（2）如企业的一、二级负荷较多，必须装设两台变压器，两台互为备用，并且当一台出现故障时，另一台应能承担全部一、二级负荷。

（3）特殊情况下可装设两台以上变压器。例如分期建设的大型企业，其变电站个数及变压器台数均可分期投建，从而台数可能较多。再如对有引起电网电压严重波动的设备（如电弧炉、矿井电力电子传动的大型提升机）的企业，其变电站可装设专用变压器。

3. 两台变压器互为备用的方式

在供电设计时，选择变压器的台数和容量，实质上就是确定其合理的备用容量的问题。对两台变压器来说，有以下两种备用方式：

（1）明备用。两台变压器，每台均按承担 100% 负荷来选择，其中一台工作，另一台备用。

（2）暗备用。正常运行时，两台变压器同时投入工作，每台变压器承担 50% 计算负荷，一般每台容量按计算负荷的 70%～80% 选择，故变压器正常运行时的负荷率为

$$\beta = (50/80)\% \sim (50/70)\% \approx 62.5\% \sim 71\%$$

基本上满足经济运行要求。在故障情况下，暗备用不用考虑变压器过负载能力就能承担全部一、二级负荷的供电，这是一种比较合理的备用方式。

三、变压器容量的选择

1. 只装一台变压器的变电站

变压器的额定容量应满足全部用电设备总计算负荷的需要。即

$$S_{N.T} \geqslant S_{ca}$$

2. 装两台变压器的变电站

每台变压器的额定容量应同时满足以下两个条件：

（1）任一台变压器单独运行时，应满足总计算负荷的 $70\%\sim80\%$ 的需求，即

$$S_{N.T} \geqslant (0.7 \sim 0.8)S_{ca}$$

（2）任一台变压器单独运行时，应满足全部一、二级负荷的需要，即

$$S_{N.T} \geqslant S_{ca(I+II)}$$

变压器容量的选择除必须满足上述基本要求外，还应考虑今后 $5-10$ 年的负荷的增长，留有 $15\%\sim25\%$ 的裕量。由于变压器的负荷是变动的，大多数时间是欠负荷运行，因此必要时可以适当过负荷，并不会影响其使用寿命。油浸式变压器，户外可正常过负荷 30%，户内可正常过负荷 20%。但干式变压器一般不考虑正常过负荷。

计算出 $S_{N.T}$ 的数值后，可查有关变压器产品样本或电力设计手册，选用额定容量$\geqslant$ $S_{N.T}$ 的变压器标准规格，35kV 电力变压器标准容量规格一般为 4000、5000、6300、8000、10000、12500、16000、20000、25000kVA 等。

四、供电变压器的经济运行

使自身与电力系统的有功损耗最小而获得最佳经济效益的运行方式称为电力设备的经济运行。对于供电变压器，经济运行就是指在多大的负荷率下运行最经济的问题。

（一）无功功率经济当量 K_q

电力系统的有功损耗，不仅与各用电设备的有功损耗有关，而且与它们的无功损耗也有关。因为设备所损耗的无功功率也要由电力系统供给，这使得电网线路在输送一定的有功电流的同时，也要输送一定的无功电流，结果总的视在电流就增大了，而线路有功损耗是用视在电流根据式（2-28）来计算的。所以，由于各设备无功损耗的存在，使电力系统的有功损耗增加了一定的数值。

为了计算设备无功损耗所引起电力系统有功损耗的增加量而定义的换算系数称无功功率经济当量，用 K_q 表示，它表示电力系统多输送 1kvar 的无功功率，将使电力系统中增加有功功率损耗的千瓦数。

K_q 的值与电力系统的容量、结构及计算点的具体位置等多种因素有关，对于工矿企业变、配电站，$K_q=0.02\sim0.1$；对由发电机直配的负荷，$K_q=0.02\sim0.04$；对经两级变压的负荷，$K_q=0.05\sim0.07$；对经三级以上变压的负荷，$K_q=0.08\sim0.1$。

（二）单台变压器的经济运行条件

变压器既有有功损耗，又有无功损耗，这些损耗都要引起电力系统有功损耗的增加，但由于变压器的有功损耗比无功损耗小，因此在考虑电力系统有功损耗增量时，可以忽略

变压器有功损耗的影响。

要确定变压器经济运行的条件，可以采用数学分析中求极值的方法。将变压器本身的有功损耗再加上变压器的无功损耗在电力系统中引起的有功损耗增量，两者之和称为变压器有功损耗换算值，然后对电力系统单位容量负荷的有功损耗换算值求导数，并令导数为零，就可以得到变压器的经济负荷。

设某变压器额定容量为 $S_{N.T}$，实际负荷为 S_S，则其有功损耗换算值为

$$\Delta P = \Delta P_T + K_q \Delta Q_T$$
$$= \Delta P_0 + \beta^2 \Delta P_k + K_q \Delta Q_0 + K_q \beta^2 \Delta Q_k$$
$$= \Delta P_0 + K_q \Delta Q_0 + \beta^2 (\Delta P_k + K_q \Delta Q_k) \tag{2-41}$$

式中 β——变压器的负荷率，$\beta = S_S / S_{N.T}$。

要使变压器运行在经济负荷下，就必须满足负荷单位容量的有功损耗换算值 $\Delta P/S_S$ 为最小的条件。

令 $d(\Delta P/S_S)/dS_S = 0$，就可以得到变压器的经济负荷为

$$S_{ec.T} = S_{N.T} \sqrt{\frac{\Delta P_0 + K_q \Delta Q_0}{\Delta P_k + K_q \Delta Q_k}} \tag{2-42}$$

变压器的经济负荷与其额定容量之比称为变压器的经济负荷系数，即

$$K_{ec.T} = \sqrt{\frac{\Delta P_0 + K_q \Delta Q_0}{\Delta P_k + K_q \Delta Q_k}} \tag{2-43}$$

（三）两台变压器的经济运行方案

设某变电站有两台同型号、同容量的主变压器，变电站总负荷为 S_S。所谓两台变压器的经济运行方案，就是应确定在多大负荷时宜于一台运行，在多大负荷时宜于两台同时运行的方案。方案的依据是两台变压器经济运行的临界负荷（经济负荷临界值）。

当一台变压器运行时，它承担总负荷 S_S，故由式（2-41）得其有功损耗换算值为

$$\Delta P_I = \Delta P_0 + K_q \Delta Q_0 + (\Delta P_k + K_q \Delta Q_k)\left(\frac{S_S}{S_{N.T}}\right)^2$$

两台变压器同时运行时，每台承担负荷约为 $S_S/2$，而总的有功损耗换算值为此时一台换算值的两倍，即

$$\Delta P_{II} = 2\left[\Delta P_0 + K_q \Delta Q_0 + (\Delta P_k + K_q \Delta Q_k)\left(\frac{S_S/2}{S_{N.T}}\right)^2\right]$$
$$= 2(\Delta P_0 + K_q \Delta Q_0) + \frac{1}{2}(\Delta P_k + K_q \Delta Q_k)\left(\frac{S_S}{S_{N.T}}\right)^2$$

根据以上两式以 ΔP 和 S_S 为坐标可画出两条曲线，表示两种情况下有功损耗换算值对总负荷 S_S 的关系。两曲线的交点 a 所对应的负荷 S_{ec} 就称为两台变压器经济运行时的临界负荷，如图 2-9 所示。

当 $S_S = S' < S_{ec}$ 时，因 $\Delta P_I' < \Delta P_{II}'$，故宜于一台运行。当 $S_S = S'' > S_{ec}$ 时，因 $\Delta P_I'' > \Delta P_{II}''$，故宜于两台同时运行。

当 $S_S = S_{ec}$ 时，$\Delta P_I = \Delta P_{II}$，即

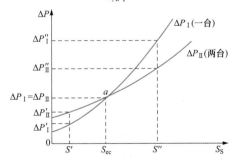

图 2-9 两台变压器经济运行时的临界负荷

$$\Delta P_0 + K_q \Delta Q_0 + (\Delta P_k + K_q \Delta Q_k) \left(\frac{S_S}{S_{N.T}} \right)^2$$

$$= 2(\Delta P_0 + K_q \Delta Q_0) + \frac{1}{2}(\Delta P_k + K_q \Delta Q_k) \left(\frac{S_S}{S_{N.T}} \right)^2$$

由此可求得两台变压器经济运行时的临界负荷为

$$S_{ec} = S_{N.T} \sqrt{2 \frac{\Delta P_0 + K_q \Delta Q_0}{\Delta P_k + K_q \Delta Q_k}} \qquad (2-44)$$

对于 n 台与 $(n-1)$ 台同型同容变压器经济运行时的临界负荷，同样可以推导出其表达式为

$$S_{ec} = S_{N.T} \sqrt{n(n-1) \frac{\Delta P_0 + K_q \Delta Q_0}{\Delta P_k + K_q \Delta Q_k}} \qquad (2-45)$$

变压器的经济运行方案，除与变压器本身损耗有关外，还与两部电价制的收费方式有很大的关系。目前我国实行的两部电价制，实际上对用户有不同的收费方式，即固定电费按最高负荷收费和按变压器接用容量收费两种。对于后一种收费方法，实行变压器的经济运行方案就有较大困难。因在这种情况下，供电设计上常选用两台变压器一台运行，一台备用的运行方式，以减少固定电费支出。

第五节 功率因数补偿技术

功率因数是用电户的一项重要电气指标。提高负荷的功率因数可以使发、变电设备和输电线路的供电能力得到充分的发挥，并能降低各级线路和供电变压器的功率损失和电压损失，因而具有重要意义。目前用户高压配电网主要采用并联电力电容器组来提高负荷功率因数，即所谓集中补偿法，部分用户已采用自动投切电容补偿装置；低压电网，已推广应用功率因数自动补偿装置。对于大中型绕线式异步电动机，利用自励式进相机进行的单机就地补偿来提高功率因数，节电效果显著。

一、功率因数概论

（一）功率因数的定义

在交流电路中，有功功率与视在功率的比值称为功率因数，用 $\cos\varphi$ 表示。交流电路中由于存在电感和电容，故建立电感的磁场和电容的电场都需要电源多供给一部分不作机械功的电流，这部分电流叫做无功电流。无功电流的大小与有功负荷即机械负荷无关，相位与有功电流相差 $90°$。

三相交流电路功率因数的数学表达式为

$$\cos\varphi = \frac{P}{S} = \frac{P}{\sqrt{P^2 + Q^2}} = \frac{P}{\sqrt{3}UI} \qquad (2-46)$$

式中　P——有功功率，kW；

　　　Q——无功功率，kvar；

　　　S——视在功率，kVA；

　　　U——线电压有效值，kV；

I——线电流有效值，A。

随着电路的性质不同，$\cos\varphi$ 的数值在 $0\sim1$ 之间变化，其大小取决于电路中电感、电容及有功负荷的大小。当 $\cos\varphi=1$ 时，表示电源发出的视在功率全为有功功率，即 $S=P$，$Q=0$；当 $\cos\varphi=0$ 时，则 $P=0$，表示电源发出的功率全为无功功率，即 $S=Q$。所以负荷的功率因数越接近 1 越好。

（二）企业供电系统的功率因数

1. 瞬时功率因数

瞬时功率因数由功率因数表（相位表）直接读出，或分别由功率表、电压表和电流表读得功率、电压、电流并按式（2-46）求出，即

$$\cos\varphi = P/\sqrt{3}UI$$

式中　P——功率表读出的三相功率读数，kW；

　　　U——电压表读得的线电压读数，kV；

　　　I——电流表读得的电流读数，A。

瞬时功率因数只用来了解和分析工厂或设备在生产过程中无功功率变化情况，以便采取适当的补偿措施。

2. 平均功率因数

平均功率因数指某一规定时间内功率因数的平均值，也称加权平均功率因数。平均功率因数的计算式为

$$\cos\varphi = \frac{A_P}{\sqrt{A_P^2+A_Q^2}} = \frac{1}{\sqrt{1+\left(\frac{A_Q}{A_P}\right)^2}} \tag{2-47}$$

式中　A_P——某一时间内消耗的有功电能，kWh；

　　　A_Q——某一时间内消耗的无功电能，kvarh。

我国供电企业每月向企业收取电费，就规定电费要按每月平均功率因数的高低来调整。

（三）提高负荷功率因数的意义

由于一般企业采用了大量的感应电动机和变压器等用电设备，特别近年来大功率电力电子拖动设备的应用，企业供电系统除要供给有功功率外，还需要供给大量无功功率，使发电和输电设备的能力不能充分利用，并增加输电线路的功率损耗和电压损失，故提高用户的功率因数有重大意义。

1. 提高电力系统的供电能力

在发电和输、配电设备的安装容量一定时，提高用户的功率因数相应减少了无功功率的供给，则在同样设备条件下，电力系统输出的有功功率可以增加。

2. 降低网络中的功率损耗

输电线路的有功功率损耗计算公式为

$$\Delta P = \frac{RP^2}{\cos^2\varphi U_N^2} \times 10^{-3} \tag{2-48}$$

由该式可知，当线路额定电压 U_N 和线路传输的有功功率 P 及线路电阻 R 恒定时，则线路中的有功功率损耗与功率因数的平方成反比。故功率因数提高，可降低有功功率损耗。

55

3. 减少网络中的电压损失，提高供电质量

由于用户功率因数的提高，使网络中的电流减少，因此，网络的电压损失减少，网络末端用电设备的电压质量提高。

4. 降低电能成本

从发电厂发出的电能有一定的总成本。提高功率因数可减少网络和变压器中的电能损耗。在发电设备容量不变的情况下，供给用户的电能就相应增多了，每千瓦时电的总成本就会降低。

（四）供电企业对用户功率因数的要求

国家与电力企业对用户的功率因数有明确的规定，要求高压供电（6kV 及以上）的工业及装有带负荷调整电压设备的用户功率因数应为 0.9 以上，要求其他电力用户的功率因数应为 0.85 以上，农业用户要求为 0.8 以上。供电企业将根据用户对这个规定的执行情况，在收取电费时分别作出奖、罚处理。

一般重要的用电大户，在设计和实际运行中都使其总降压变电站 6～10kV 母线上的功率因数达 0.95 以上，以保证加上变压器与电源线路的功率损耗后，仍能保证在上级变电站测得的平均功率因数大于 0.9。

二、提高功率因数的方法

提高功率因数的关键是尽量减少电力系统中各个设备所需用的无功功率，特别是减少负荷从电网中取用的无功功率，使电网在输送有功功率时，少输送或不输送无功功率。

（一）正确选择电气设备

（1）选择气隙小、磁阻 R_a 小的电气设备。如选电动机时，若没有调速和启动条件的限制，应尽量选择鼠笼式电动机。

（2）同容量下选择磁路体积小的电气设备。如高速开启式电动机，在同容量下，体积小于低速封闭和隔爆型电动机。

（3）电动机、变压器的容量选择要合适，尽量避免轻载运行。

（4）对不需调速、持续运行的大容量电动机，如主扇、压风机等，有条件时尽量选用同步电动机。同步电动机过激磁运行时，可以提供容性无功，提高供电系统的功率因数。

（二）电气设备的合理运行

（1）消除严重轻载运行的电动机和变压器，对于负荷小于 40％额定功率的感应电动机，在能满足启动、工作稳定性等要求条件下，应以小容量电动机更换或将原为三角形接法的绕组改为星形接法，降低激磁电压。对于变压器，当其平均负荷小于额定容量的 30％时，应更换变压器或调整负荷。

（2）合理调度安排生产工艺流程，限制电气设备空载运行。

（3）提高维护检修质量，保证电动机的电磁特性符合标准。

（4）进行技术改造，降低总的无功消耗。如改造电磁开关使之无压运行，即电磁开关吸合后，电磁铁合闸电源切断仍能维持开关合闸状态，减少运行中无功消耗，以及绕线式感应电动机同步化，使之提供容性无功功率等。

（三）人工补偿提高功率因数

人工补偿提高功率因数的做法就是采用供应无功功率的设备来就地补偿用电设备所需

要的无功功率，以减少线路中的无功输送。当用户在采用了各种"自身提高"措施后仍达不到规定的功率因数时，就要考虑增设人工补偿装置。人工补偿提高功率因数一般有 3 种方法。

1. 并联电力电容器组

利用电容器产生的无功功率与电感负载产生的无功功率进行交换，从而减少负载向电网吸取无功功率。并联电容器补偿法具有投资省、有功功率损耗小、运行维护方便、故障范围小、无振动与噪声、安装地点较为灵活的优点；缺点是只有有级调节而不能随负载无功功率需要量的变化进行连续平滑的自动调节。

2. 采用同步调相机

同步调相机实际上就是一个大容量的空载运行的同步电动机，其功率大都在 5000kW 以上，在过励磁时，它相当于一个无功发电机。其显著的优点是可以无级调节无功功率，但也有造价高，有功损耗大，需要专人进行维护等缺点。因而它主要用于电力系统的大型枢纽变电站，来调整区域电网的功率因数。

3. 采用静止无功补偿装置

一般而言，静止无功补偿装置（Static Var Compensator，SVC）是专指使用晶闸管的静止无功补偿装置，"静止"两个字是与同步调相机的旋转相对应的。目前广泛应用的主要有晶闸管控制电抗器（Thyristor Controlled Reactor，TCR）和晶闸管投切电容器（Thyristor Switched Capacitor，TSC）两种。TCR 的基本结构包括一组固定并联在线路中的电容器和一组并联在线路中用晶闸管控制的电抗器。由于电抗器是用晶闸管控制的，其感性无功电流或者说补偿量随导通角连续可变。TCR 结构复杂，损耗大，但其具有补偿量连续快速可调的优点。TSC 是一种利用晶闸管作为无触点开关的无功补偿装置，它根据晶闸管能够精确触发的特性，快速平稳地投入或切除补偿电容器。TSC 可快速跟踪冲击负荷的突变，对最佳功率因数进行闭环反馈，实现动态无功补偿。与 TCR 相比，TSC 只能分组投切，不能连续补偿无功，且只能输出容性无功，但如果级数分的够细，基本上可以实现无级调节。

近年来发展的静止无功发生器（Static Var Generator，SVG），又称静止同步补偿器（Static Synchronous Compensator，STATCOM），是一种采用自换相变流电路的静止无功补偿装置。它能够提供超前和滞后的无功，进行无功补偿。与 TCR 和 TSC 相比，其调节速度更快且不需要大容量的电容、电感等储能元件，谐波含量小，同容量占地面积小；缺点是控制系统复杂且技术成熟度不高。

三、并联电力电容器组提高功率因数

（一）电容器并联补偿的工作原理

在工厂企业中，大部分是电感性和电阻性的负载，因此总的电流 $\dot{I}$ 将滞后电压一个角度 φ。如果装设电容器，并与负载并联，则电容器的电流 $\dot{I}_C$ 将抵消一部分电感电流 $\dot{I}_L$，从而使无功电流由 $\dot{I}_L$ 减小到 $\dot{I}'_L$，总的电流由 $\dot{I}$ 减小到 $\dot{I}'$，功率因数则由 $\cos\varphi$ 提高到 $\cos\varphi'$，如图 2 - 10 所示。

从图 2 - 10（b）所示相量图可以看出，由于增装并联电容器，使功率因数角发生了变

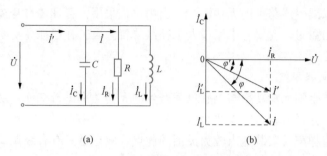

图 2-10　并联电容器的补偿原理

（a）接线图；（b）相量图

化，所以该并联电容器又称移相电容器。如果电容器容量选择得当，可使 φ 减小到 0 而 $\cos\varphi$ 提高到 1。这就是电容器并联补偿的工作原理。

（二）电容器并联补偿的电容器组的设置

在供电系统中采用并联电力电容器组或其他无功补偿装置来提高功率因数时，需要考虑补偿装置的装设地点，不同的装设地点，其无功补偿区及补偿效益有所不同。对于用户供电系统，电力电容器组的设置有高压集中补偿、低压成组补偿和分散就地补偿三种方式。它们的装设地点与补偿区的分布如图 2-11 所示。

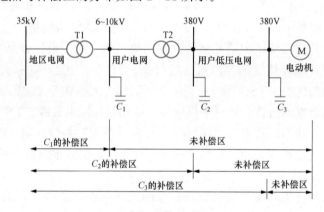

图 2-11　无功补偿的装设地点与补偿区

1. 高压集中补偿

这种方式是在地面变电站 6～10kV 母线上集中装设移相电容器组，如图 2-11 中的 C_1。高压集中补偿一般设有专门的电容器室，并要求通风良好及配有可靠的放电设备。它只能补偿 6～10kV 母线前（电源方向）所有向该母线供电的线路上的无功功率，而该母线后（负荷方向）的用户电网并没有得到无功补偿，因而经济效果较差（针对用户）。

高压集中补偿的初期投资较低，由于用户 6～10kV 母线上无功功率变化比较平稳，因而便于运行管理和调节，而且利用率高，还可提高供电变压器的负荷能力。它虽然对本企业的技术经济效益较差，但从全局上看改善了地区电网，甚至区域大电网的功率因数，所以至今仍是城市及大中型工矿企业的主要无功补偿方式。

2. 低压成组补偿

这种方式是把低压电容器组或无功功率自动补偿装置装设在车间动力变压器的低压母

线上，如图 2 - 11 中的 C_2。它能补偿低压母线前的用户高压电网、地区电网和整个电力系统的无功功率，补偿区大于高压集中补偿，用户本身也获得相当技术经济效益。低压成组补偿投资不大，通常电容器安装在低压配电室内，运行维护及管理也很方便，因而正在逐渐成为无功补偿的主要方式。

3. 分散就地补偿

这种方式是将电容器组分别装设在各组用电设备或单独的大容量电动机处，如图 2 - 11 中的 C_3。它与用电设备的停、运相一致，但不能与之共用一套控制设备。为了避免送电时的大电流冲击和切断电源时的过电压，要求电容器投运时迟于用电设备，而停运时先于用电设备，并应设有可靠的放电装置。

分散就地从补偿效果上看是比较理想的，除控制开关到用电设备的一小段导线外，其余直到系统电源都是它的补偿区。但是，分散就地补偿总的投资较大，其原因主要有二：一是分散就地补偿多用于低压，而低压电容器的价格要比同等补偿容量的高压电容器高；二是要增加开关控制设备。此外，分散就地补偿也增加了管理上的不便，而且利用率较低，所以它仅适用于个别容量较大且位置单独的负荷的无功补偿。

对负荷较稳定的 6～10kV 高压绕线式异步电动机最理想的分散就地补偿措施是在电动机处就地安装进相机，其补偿区从电动机起一直覆盖到电源，功率因数可补偿到 1，节电效果显著，一般数月就能收回增置设备的全部费用，是一种很有发展前途的补偿方式。

（三）补偿电容器组的接线方式

补偿电容器组的基本接线有三角形和星形两种。在实际工程中，高压系统的补偿电容器组常按星形接线，主要原因如下：

（1）三角形接线的电容器直接承受线间电压，任何一台电容器因故障被击穿时，就形成两相短路，故障电流很大，如果故障不能迅速切除，故障电流和电弧将使绝缘介质分解产生气体，使油箱爆炸，并波及邻近的电容器。而星形接线的电容器组发生同样故障时，只是非故障相电容器承受的电压由相电压升高为线电压，故障电流仅为正常电容电流的 3 倍，远小于短路电流。

（2）星形接线的电容器组可以选择多种保护方式。少数电容器故障击穿短路后，单台的保护熔断器可以将故障电容器迅速切除，不致造成电容器爆炸。

（3）星形接线的电容器组结构比较简单、清晰，建设费用经济，当应用到更高电压等级时，这种接线更为有利。

采用三角形接线可以充分发挥电容器的补偿能力。电容器的补偿容量与加在其两端的电压有关，即

$$Q_C = UI = U^2/X_C = \omega CU^2 (\text{kvar}) \tag{2 - 49}$$

电容器采用三角形接线时，每相电容器承受线电压，而采用星形接线时，每相电容器承受相电压，所以有

$$Q_{C.Y} = \omega C(U/\sqrt{3})^2 = \omega CU^2/3 = Q_{C.\triangle}/3 (\text{kvar}) \tag{2 - 50}$$

式（2 - 50）表明，具有相同电容量的三个单相电容器组，采用三角形接法时的补偿容量是采用星形接线的 3 倍。因此，补偿用低压电容器或电容器组一般采用三角形接线方式。

四、高压集中补偿提高功率因数的计算

1. 确定用户 6～10kV 母线上的自然功率因数

在设计阶段，自然功率因数 $\cos\varphi_1$ 的计算式为

$$\cos\varphi_1 = P_{ca.6}/S_{ca.6} \tag{2-51}$$

式中　$P_{ca.6}$——用户 6～10kV 母线上的计算有功功率，kW；

　　　$S_{ca.6}$——用户 6～10kV 母线上的计算视在功率，kVA。

在已正常生产的用户中，$\cos\varphi_1$ 的计算式为

$$\cos\varphi_1 = \frac{A_P}{\sqrt{A_P^2 + A_Q^2}} \tag{2-52}$$

式中　A_P——用户月（年）的有功耗电量，kWh；

　　　A_Q——用户月（年）的无功耗电量，kvarh。

2. 计算使功率因数从 $\cos\varphi_1$ 提高到 $\cos\varphi_2$ 所需的补偿容量

$$Q_C = K_{lo}P_{ca}(\tan\varphi_1 - \tan\varphi_2) \tag{2-53}$$

式中　　　Q_C——所需电容器组的总补偿容量，kvar；

　　　　　K_{lo}——平均负荷系数，计算时取 0.7～0.85；

　　　　　P_{ca}——用户 6～10kV 母线上的计算有功负荷，kW；

$\tan\varphi_1$、$\tan\varphi_2$——补偿前、后功率因数的正切值。

3. 计算三相所需电容器的总台数 N 和每相电容器台数 n

查表 2-7，选择补偿电容器型号和单台容量。

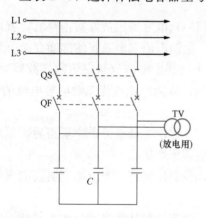

图 2-12　电容器接入电网的示意图

如图 2-12 所示为电容器接入电网的示意图。

单相电容器总台数 N 为

$$N = \frac{Q_C}{q_C\left(\dfrac{U}{U_{N.C}}\right)^2} \tag{2-54}$$

式中　Q_C——三相所需总电容器容量，kvar；

　　　q_C——单台（柜）电容器容量，kvar；

　　　U——电网工作电压（电容器安装处的实际电压，星形接法时为相电压，三角形接法时为线电压），V；

　　　$U_{N.C}$——电容器额定电压，V。

每相电容器的台数为

$$n = N/3 \tag{2-55}$$

表 2-7　　　　　　　　　　常用电力电容器技术数据

型号	额定电压（kV）	标称容量（kvar）	标称电容（μF）	相数	重量（t）
YY0.4-12-1	0.4	12	240	1	21
YY0.4-24-1	0.4	24	480	1	40
YY0.4-12-3	0.4	12	240	3	21

型　　号	额定电压（kV）	标称容量（kvar）	标称电容（μF）	相　数	重量（t）
YY0.4-24-3	0.4	24	480	3	40
YY6.3-12-1	6.3	12	0.962	1	21
YY6.3-24-1	6.3	24	1.924	1	40
YY10.5-12-1	10.5	12	0.347	1	21
YY10.5-24-1	10.5	24	0.694	1	40

注　第一个字母 Y 表示电"容"器，第二个字母 Y 表示矿物"油"浸渍。

4. 选择实际台数

算出 N 值后，考虑高压为单相电容器，故实际取值应为 3 的倍数（6～10kV 接线为单母线不分段），对于 6～10kV 为单母线分段的变电站，由于电容器组应分两组安装在各段母线上，故每相电容器台数应取双数，所以单相电容器的实际总台数 N' 应为 6 的整数倍。

例 2-9　某矿变电站 6kV 母线月有功耗电量为 4×10^6 kWh，月无功耗电量为 3×10^6 kvarh，半小时有功最大负荷 $P_{30} = 1 \times 10^4$ kW，平均负荷率为 0.8。求把功率因数提高到 0.95 所需电容器的容量及电容器的数目。

解　（1）按式（2-52）求全矿的自然功率因数

$$\cos\varphi_1 = \frac{A_P}{\sqrt{A_P^2 + A_Q^2}} = \frac{4 \times 10^6}{\sqrt{(4 \times 10^6)^2 + (3 \times 10^6)^2}} = 0.8$$

（2）计算所需电容器的容量：

将功率因数由 0.8 提高到 0.95 所需电容器的容量可由式（2-53）求得

$$Q_C = K_{lo}P_{30}(\tan\varphi_1 - \tan\varphi_2) = 0.8 \times 1 \times 10^4 \times (0.75 - 0.33) = 3360(\text{kvar})$$

式中，$\cos\varphi_1 = 0.8$，$\tan\varphi_1 = 0.75$，$\cos\varphi_2 = 0.95$，$\tan\varphi_2 = 0.33$。

按电网电压查表 2-7，选额定电压为 6.3kV、额定容量为 12kvar 的 YY6.3-12-1 型单相油浸移相电容器。

（3）确定电容器的总数量和每相电容器数：

按三角形接线，所需电容器的总台数 N，按式（2-54）计算得

$$N = \frac{Q_C}{q_C\left(\frac{U}{U_{N.C}}\right)^2} = \frac{3360}{12 \times \left(\frac{6}{6.3}\right)^2} \approx 310(\text{台})$$

每相电容器台数 n 为

$$n = N/3 = 310/3 = 103.3(\text{台})$$

若按星形接线，电容器台数将为三角形接线的 3 倍。

（4）选择实际台数：

考虑大型用户变电站 6kV 均为单母线分段，故取实际每相电容器数为 $n' = 104$ 个，则实际电容器的台数取为 $N' = 312$ 台。

在工程实际中，常将多台电容器按相按组装在一起，构成电容器柜，如 GR-1C 系列高压电容器柜及放电柜，其技术参数如表 2-8 所示。选用电容器柜时，式（2-54）中的 q_C 就是单柜的补偿容量。

表 2-8   高压电容器柜及放电柜技术参数

型号规格	电压 (kV)	每柜容量 (kvar)	重量 (t)	外形尺寸（m） 宽×厚×高
GR-1C-07	6，10	12×18=216	0.7	1.0×1.2×2.8
GR-1C-08	6，10	15×18=270	0.7	1.0×1.2×2.8
GR-1C-03	6，10	放电柜	0.7	0.8×1.2×2.8

GR-1C 系列电容器柜用于工矿企业 3～10kV 变配电站，作为改善电网功率因数的户内成套装置，由电容器柜、测量及放电柜两种柜型组成。

GR-1C 系列电容器柜为横差保护型，即当柜内某一电容器发生过流时，依靠接成横差线路的电流互感器驱动主电路开关跳闸。其中一次方案为 07 的内装 BW10.5-18 型电容器 12 台，一次方案为 08 的电容器 15 台，补偿容量分别为 216kvar 和 270kvar；一次方案为 03 的为放电柜，内装 JDZ-10/100V 电压互感器两台，电压表、转换开关各一个，信号灯三个。

第六节   设 计 计 算 实 例

本节列举一、二级负荷所占比重较大的煤矿企业地面 35/6kV 变电站初步设计实例，来说明前两章内容的综合应用。

例 2-10   某年产 90 万 t 原煤的煤矿，其供电设计所需的基本原始数据如下：

矿年产量：90 万 t；

服务年限：75 年；

矿井沼气等级：煤与沼气突出矿井；

立井深度：0.36km；

冻土厚度：0.35m；

矿井地面土质：一般黑土；

两回 35kV 架空电源线路长度：$l_1 = l_2 = 6.5$km；

两回 35kV 电源上级出线断路器过流保护动作时间：$t_1 = t_2 = 2.5$s；

本站 35kV 电源母线上最大运行方式下的系统电抗：$X_{s.max} = 0.12(S_d = 100MVA)$；

本站 35kV 电源母线上最小运行方式下的系统电抗：$X_{s.min} = 0.22(S_d = 100MVA)$；

井下 6kV 母线上允许短路容量：$S_{al} = 100$MVA；

电费收取办法：两部电价制，固定部分按最高负荷收费；

本站 35kV 母线上补偿后平均功率因数要求值：$\cos\varphi'_{35.a} \geqslant 0.9$；

地区日最高气温：$\theta_m = 44$℃；

最热月室外最高气温月平均值：$\theta_{m.o} = 42$℃；

最热月室内最高气温月平均值：$\theta_{m.i} = 32$℃；

最热月土壤最高气温月平均值：$\theta_{m.s} = 27$℃。

全矿负荷统计分组及有关需用系数、功率因数等如表 2-9 所示。

表 2-9　　　　　　　　　　　　全矿负荷统计分组表

序号	设备名称	负荷等级	电压(V)	线路类型	电动机类型	单机容量(kW)	安装台数/工作台数	工作设备总容量(kW)	需用系数 K_d	功率因数 $\cos\varphi$	离 35kV 变电站的距离(km)
1	2	3	4	5	6	7	8	9	10	11	12
1	主井提升	2	6000	C	Y	1000	1/1	1000	0.95	0.85	0.28
2	副井提升	1	6000	C	Y	630	1/1	630	0.94	0.84	0.20
3	扇风机 1	1	6000	K	T	800	2/1	800	0.88	−0.91	1.5
4	扇风机 2	1	6000	K	T	800	2/1	800	0.88	−0.91	1.5
5	压风机	1	6000	C	T	250	4/2	500	0.9	−0.89	0.36
6	地面低压设备	1	380	C				870	0.72	0.78	0.05
7	机修厂	3	380	C				750	0.6	0.7	0.20
8	洗煤厂	2	380	K				920	0.75	0.78	0.46
9	工人村	3	380	K				480	0.76	0.85	2.0
10	支农	3	380	K				360	0.75	0.85	2.7
11	主排水泵	1	6000	C	X	500	7/5	2500	0.88	0.86	0.65
12	井下低压设备	2	660	C	X			2378	0.7	0.76	

注　1. 线路类型：C 表示电缆线路；K 表示架空线路。

　　2. 电动机类型：Y 表示绕线异步电动机；X 表示鼠笼异步电动机；T 表示同步电动机。

试对该矿地面 35/6kV 变电站初步设计中的负荷计算、主变压器选择、功率因数补偿及供电系统拟定等各内容进行设计计算。

解题思路

工矿企业负荷计算，首先需收集必要的负荷资料，按如表 2-10 所示的格式做成负荷统计计算表，计算或查表求出各负荷的需用系数和功率因数（例题已给出），然后由低压到高压逐级计算各组负荷，在进行负荷归总时，应计入各低压变压器的损耗，考虑组间同时系数后，就可求得矿井 6kV 母线上的总计算负荷，作为初选主变压器台数、容量的主要依据。

功率因数的补偿计算与主变压器的容量、负荷率及运行方式密不可分，题意要求将 35kV 母线的功率因数提高到 0.9 以上，故应将主变压器的功率损耗也计入总的负荷中，在计算过程中将会存在估算与最后验算的反复。

拟定供电系统，主要是综合考虑矿井负荷性质，主变压器的台数、容量及电源线的情况来决定矿井地面 35/6kV 变电站的主接线方式，并绘制供电系统一次接线图。

本题可按以下 8 步求解。

（1）计算各组负荷并填入表 2-10 中 12～14 各列。

（2）选择各低压变压器并计算其损耗。

（3）计算 6kV 母线上补偿前的总负荷并初选主变压器。

（4）功率因数补偿计算与电容器柜选择。

（5）主变压器校验及经济运行。

（6）全矿电耗与吨煤电耗计算。

（7）拟定并绘制矿井地面供电系统一次接线图。

（8）设计计算选择结果汇总。

解 （1）计算各组负荷与填表。

利用表 2-9 中 8～11 各列的数据和式（2-19），分别算出各设备或设备组的 P_{ca}、Q_{ca} 及 S_{ca}，并填入表 2-10 中 12～14 列。

例如，对于主井提升机有

$$P_{ca.1} = K_{d1}P_{N1} = 0.95 \times 1000 = 950(\text{kW})$$

$$Q_{ca.1} = \tan\varphi P_{ca.1} = 0.62 \times 950 = 589(\text{kvar})$$

$$S_{ca.1} = \sqrt{P_{ca.1}^2 + Q_{ca.1}^2} = \sqrt{950^2 + 589^2} = 1118(\text{kVA})$$

又如，对于扇风机 1，由同步电动机拖动，表 2-9 中其 $\cos\varphi$ 标出负值，其原因是：同步电动机当负荷率＞0.9，且在过励磁的条件下，其功率因数超前，向电网发送无功功率，故为负值。此时同步电动机的无功补偿率为 40%～60%，近似计算取 50%，故其补偿能力可按下式计算

$$P_{ca.3} = K_{d3}P_{N3} = 0.88 \times 800 = 704(\text{kW})$$

$$Q_{ca.3} = 0.5(P_{ca.3}\tan\varphi_3) = 0.5 \times [704 \times (-0.46)] = -162(\text{kvar})$$

$$S_{ca.3} = \sqrt{P_{ca.3}^2 + Q_{ca.3}^2} = \sqrt{704^2 + (-162)^2} = 722(\text{kVA})$$

同理可得其余各组数据见表 2-10。

在表 2-10 的合计栏中，合计有功负荷 9591kW 和无功负荷 5357kvar 是表中 12 列和 13 列的代数和，而视在负荷 10986kVA，则是据上述两个数值按式（2-19）计算得出，视在容量的代数和无意义。

（2）各低压变压器的选择与损耗计算。

因采用高压 6kV 集中补偿功率因数，故对各低压变压器均无补偿作用，选择时据表 2-10 中的计算视在容量按 $S_{N.T} \geqslant S_{ca}$ 的原则进行。

1）机修厂、工人村与支农变压器。查附表 B 分别选用 6/0.4kV S13-800 型、6/0.4kV S13-500 型、6/0.4kV S13-400 型三相油浸自冷式铜线电力变压器各 1 台。

2）地面低压动力变压器。选用两台 6/0.4kV S13-800 型铜线电力变压器。

3）洗煤厂变压器。选用两台 6/0.4kV S13-800 型铜线电力变压器。

4）各变压器功率损耗计算。单台变压器的功率损耗按式（2-30）、式（2-31）计算。两台变压器一般为分列运行，其功率损耗应为按 0.5β 运行的单台变压器损耗的两倍。对于井下低压负荷，因表 2-10 中未作分组，故不选变压器，其损耗按近似式（2-33）计算。

例如，对于 500kVA 工人村变压器，据附表 13 中的有关参数，可算得

$$\Delta P_T = \Delta P_0 + \Delta P_k\left(\frac{S_{ca}}{S_{N.T}}\right)^2 = 0.48 + 5.15 \times \left(\frac{429}{500}\right)^2 = 4.3(\text{kW})$$

$$\Delta Q_T = S_{N.T}\left(\frac{I_0\%}{100} + \frac{U_k\%}{100}\beta^2\right) = 500 \times \left(\frac{0.9}{100} + \frac{4}{100} \times \frac{429^2}{500^2}\right) = 19.2(\text{kvar})$$

表 2 - 10

例 2 - 10 的全矿负荷统计计算表

编号	设备名称	电压 (kV)	线路类型	电动机类型	电机容量 (kW)	安装台数/工作台数	工作设备总容量 (kW)	需用系数 (Kd)	功率因数 cosφ	tanφ	计算容量			离35kV变电站的距离 (km)	备注
											有功 (kW)	无功 (kvar)	视在 (kVA)		
1	2	3	4	5	6	7	8	9	10	11	12	13	14	15	16
1	主井提升	6	C	Y	1000	1/1	1000	0.95	0.85	0.62	950	589	1118	0.28	
2	副井提升	6	C	Y	630	1/1	630	0.94	0.84	0.65	592	385	706	0.2	
3	扇风机1	6	K	T	800	2/1	800	0.88	−0.91	−0.46	704	−162	722	1.5	cosφ超前
4	扇风机2	6	K	T	800	2/1	800	0.88	−0.91	−0.46	704	−162	722	1.5	cosφ超前
5	压风机	6	C	T	250	4/2	500	0.9	−0.89	−0.51	450	−115	465	0.36	cosφ超前
6	地面低压设备	0.38	C				870	0.72	0.78	0.8	626	501	802	0.05	T在所内
7	机修厂	0.38	C				750	0.6	0.7	1.02	450	459	643	0.2	三级负荷
8	洗煤厂	0.38	K				920	0.75	0.78	0.8	690	552	884	0.46	
9	工人村	0.38	K				480	0.76	0.85	0.62	365	226	429	2.0	三级负荷
10	支农	0.38	K				360	0.75	0.85	0.62	270	167	317	2.7	三级负荷
11	主排水泵	6	C	X	500	7/5	2500	0.88	0.86	0.59	2125	1475	2587	0.65	
12	井下低压设备	0.66	C	X			2378	0.7	0.76	0.866	1665	1442	2203		
合　计											$\sum P_{ca}$ 9591	$\sum Q_{ca}$ 5357	$S_{ca\Sigma}$ 10986		

注：1. 线路类型：C表示电缆线路；K表示架空线路。
2. 电动机类型：Y表示绕线式异步电动机；X表示鼠笼式异步电动机；T表示同步电动机。

又如，对于地面低压两台 800kVA 变压器，同样可算得

$$\Delta P_{\mathrm{T}} = 2\left[\Delta P_0 + \Delta P_{\mathrm{k}}\left(\frac{1}{2}\times\frac{S_{\mathrm{ca}}}{S_{\mathrm{N.T}}}\right)^2\right] = 2\times\left[0.7 + 7.5\times\left(\frac{802}{2\times800}\right)^2\right] = 5.2(\mathrm{kW})$$

$$\Delta Q_{\mathrm{T}} = 2S_{\mathrm{N.T}}\left(\frac{I_0\%}{100} + \frac{U_{\mathrm{k}}\%}{100}\beta^2\right) = 2\times800\times\left[\frac{0.8}{100} + \frac{4.5}{100}\times\left(\frac{802}{2\times800}\right)^2\right] = 30.9(\mathrm{kvar})$$

井下低压负荷的变压器损耗，按近似式（2-33）计算，即

$$\Delta P_{\mathrm{T}} = 0.01 S_{\mathrm{ca}} = 0.01\times2203 = 22(\mathrm{kW})$$

$$\Delta Q_{\mathrm{T}} = 0.05 S_{\mathrm{ca}} = 0.05\times2203 = 110(\mathrm{kvar})$$

同理可得其他各低压变压器功率损耗计算结果如表 2-11 所示。

表 2-11　　　　　　　　　　　各低压变压器功率损耗计算结果

负荷名称	地面低压设备	机修厂	洗煤厂	工人村	支农	井下低压设备
$S_{\mathrm{T.N}}(\mathrm{kVA})$	2×800	800	2×800	500	400	2203
$\Delta P_{\mathrm{T}}(\mathrm{kW})$	5.2	5.5	5.9	4.3	3.1	22
$\Delta Q_{\mathrm{T}}(\mathrm{kvar})$	30.9	29.7	34.8	19.2	14.0	110
合　　　计	$\sum\Delta P_{\mathrm{T}}=46\mathrm{kW}$，$\sum\Delta Q_{\mathrm{T}}=239\mathrm{kvar}$					

（3）计算 6kV 母线上补偿前的总负荷并初选主变压器。

各组低压负荷加上各低压变压器的功率损耗后即为其高压侧的负荷，因 $\sum P_{\mathrm{ca}}=9591\mathrm{kW}$，故查表 2-3 得 $K_{\mathrm{si}}=0.85$，忽略矿内高压线路的功率损耗，变电站 6kV 母线补偿前的总负荷为

$$P_{\mathrm{ca.6}} = K_{\mathrm{si}}\left(\sum P_{\mathrm{ca}} + \sum\Delta P_{\mathrm{T}}\right) = 0.85\times(9591 + 46) = 8191(\mathrm{kW})$$

$$Q_{\mathrm{ca.6}} = K_{\mathrm{si}}\left(\sum Q_{\mathrm{ca}} + \sum\Delta Q_{\mathrm{T}}\right) = 0.85\times(5357 + 239) = 4757(\mathrm{kvar})$$

$$S_{\mathrm{ca.6}} = \sqrt{P_{\mathrm{ca.6}}^2 + Q_{\mathrm{ca.6}}^2} = \sqrt{8191^2 + 4757^2} = 9473(\mathrm{kVA})$$

补偿前功率因数

$$\cos\varphi_6 = P_{\mathrm{ca.6}}/S_{\mathrm{ca.6}} = 8191/9473 = 0.8647$$

因为矿井一、二级负荷占的比重大，可初选两台主变压器，其型号容量按附表 C 选为 35/6.3kV SZ13-10000 型，由于固定电费按最高负荷收费，故可采用两台同时分列运行的方式，当一台因故停运时，另一台也能保证全矿一、二级负荷的供电，并留有一定的发展余地。

（4）功率因数补偿与电容器柜选择。

题意要求 35kV 侧的平均功率因数为 0.9 以上，但补偿电容器是装设连接在 6kV 母线上，而 6kV 母线上的总计算负荷并不包括主变压器的功率损耗，这里需要解决的问题是，6kV 母线上的功率因数应补偿到何值才能使 35kV 侧的平均功率因数为 0.9 以上？

分析解决此问题的思路如下：先计算无补偿时主变压器的最大功率损耗，由于无功损耗与负荷率的平方成正比，故出现变压器最大功率损耗的运行方式应为一台使用、一台因故停运的情况。据此计算 35kV 侧的补偿前负荷及功率因数，并按式（2-53）求出当功率因数提至 0.9 时所需要的补偿容量，该数值就可以作为 6kV 母线上应补偿的容量。考虑到矿井 35kV 变电站的 6kV 侧均为单母线分两段接线，故所选电容器柜应为偶数，据此再算出实际补偿容量，最后重算变压器的损耗并校验 35kV 侧补偿后的功率因数。

1）无补偿时主变压器的损耗计算。按一台运行、一台因故停运计算，则负荷率为

$$\beta = S_{ca.6} / S_{N.T} = 9473 / 10000 = 0.9473$$

$$\Delta P_T = \Delta P_0 + \beta^2 \Delta P_k = 6.96 + 0.9473^2 \times 48.05 = 50 (kW)$$

$$\Delta Q_T = S_{N.T} [I_0\% / 100 + (U_k\% / 100)\beta^2]$$

$$= 10000 \times (0.004 + 0.075 \times 0.9473^2) = 713 (kvar)$$

以上 ΔP_0、ΔP_K、$I_0\%$、$U_k\%$ 等参数由附表 C 查得。

2）35kV 侧补偿前的负荷与功率因数为

$$P_{ca.35} = P_{ca.6} + \Delta P_T = 8191 + 50 = 8241 (kW)$$

$$Q_{ca.35} = Q_{ca.6} + \Delta Q_T = 4757 + 713 = 5470 (kvar)$$

$$S_{ca.35} = \sqrt{P_{ca.35}^2 + Q_{ca.35}^2} = \sqrt{8241^2 + 5470^2} = 9891 (kVA)$$

$$\cos\varphi_{35} = P_{ca.35} / S_{ca.35} = 8241 / 9891 = 0.83$$

$$\tan\varphi_{35} = \frac{\sqrt{1 - \cos^2\varphi_{35}}}{\cos\varphi_{35}} = 0.672$$

3）计算选择电容器柜与实际补偿容量。设补偿后功率因数提高到 $\cos\varphi'_{35} = 0.9$，则 $\tan\varphi'_{35} = 0.4843$，取平均负荷系数 $K_{lo} = 0.8$，据式（2-53）可得

$$Q_c = K_{lo} P_{ca.35} (\tan\varphi_{35} - \tan\varphi'_{35}) = 0.8 \times 8241 \times (0.672 - 0.4843) = 1238 (kvar)$$

按表 2-8 选用 GR-1C-08 型，电压为 6kV 每柜容量 $q_C = 270kvar$ 的电容器柜，则柜数

$$N = Q_C / q_C = 1238 / 270 = 4.6$$

取偶数得 $N_f = 6$

实际补偿容量：$Q_{C.f} = N_f q_C = 6 \times 270 = 1620 (kvar)$

折算到计算补偿容量为

$$Q_{C.ca} = Q_{C.f} / K_{lo} = 1620 / 0.8 = 2025 (kvar)$$

4）补偿后 6kV 侧的计算负荷与功率因数为

$$Q'_{ca.6} = Q_{ca.6} - Q_{c.ca} = 4757 - 2025 = 2732 (kvar)$$

因补偿前后有功计算负荷不变，故有

$$S'_{ca.6} = \sqrt{P_{ca.6}^2 + Q'^2_{ca.6}} = \sqrt{8191^2 + 2732^2} = 8636 (kVA)$$

$$\cos\varphi'_6 = P_{ca.6} / S'_{ca.6} = 8191 / 8636 = 0.948$$

5）补偿后主变压器最大损耗计算。补偿后一台运行的负荷率略有减小

$$\beta' = S'_{ca.6} / S_{N.T} = 8636 / 10000 = 0.8636$$

$$\Delta P'_T = \Delta P_0 + \beta'^2 \Delta P_k = 6.96 + 0.8636^2 \times 48.05 = 43 (kW)$$

$$\Delta Q'_T = S_{N.T} + [I_0\% / 100 + (U_k\% / 100)\beta'^2]$$

$$= 10000 \times (0.004 + 0.075 \times 0.8636^2) = 599 (kvar)$$

6）补偿后 35kV 侧的计算负荷与功率因数校验

$$P'_{ca.35} = P_{ca.6} + \Delta P'_T = 8191 + 43 = 8234 (kW)$$

$$Q'_{ca.35} = Q'_{ca.6} + \Delta Q'_T = 2732 + 599 = 3331 (kvar)$$

$$S'_{ca.35} = \sqrt{P'^2_{ca.35} + Q'^2_{ca.35}} = \sqrt{8234^2 + 3331^2} = 8882 (kVA)$$

$$\cos\varphi'_{35} = P'_{ca.35} / S'_{ca.35} = 8234 / 8882 = 0.927 > 0.9$$

合乎要求。

（5）主变压器校验及经济运行方案。

由表 2-10 负荷统计计算表可知，全矿三级负荷约占总负荷的 15%，故可取负荷保证系数 $K_{gu}=0.85$，则有

$$S_{N.T} \geqslant K_{gu} S'_{ca.35} = 0.85 \times 8882 = 7550(kVA) < 10000(kVA)$$

合乎要求。

按此参数也可选容量为 8000kVA 的主变压器，但设计上为了留有余地并考虑发展，选 10000kVA 为宜。

两台主变压器经济运行的临界负荷可由式（2-44）求出，即

$$S_{ec} = S_{N.T} \sqrt{2 \times \frac{\Delta P_0 + K_q \Delta Q_0}{\Delta P_k + K_q \Delta Q_k}}$$

对于工矿企业变电站，可取 $K_q=0.06$，上式 ΔQ_0、ΔQ_k 由式（2-31）求得，临界负荷为

$$S_{ec} = 10000 \times \sqrt{2 \times \frac{6.96 + 0.06 \times 0.004 \times 10000}{48.05 + 0.06 \times 0.075 \times 10000}} = 4485(kVA)$$

得经济运行方案为：当实际负荷 $S_s < 4485kVA$ 时，宜于一台运行，当 $S_s \geqslant 4485kVA$ 时，宜于两台同时分列运行。

（6）全矿电耗与吨煤电耗计算。

T_{max} 查表 2-1，一般大型矿井取上限，中小矿井取下限。在此取年最大负荷利用小时 $T_{max}=4500h$，故全矿年电耗

$$A_P = T_{max} P_{max} = T_{max} P'_{ca.35} = 4500 \times 8234 = 37.1 \times 10^6 (kWh)$$

吨煤电耗为

$$A_t = A_P/m = 37.1 \times 10^6 / 9 \times 10^5 = 41.2(kWh/t)$$

（7）拟定绘制矿井地面供电系统一次接线图。

拟定矿井地面供电系统图，应从 35kV 电源线开始，参考图 1-13，依次确定电源进线回路、35kV 和 6kV 主接线，再考虑各 6kV 负荷的分配与连接来构思。至于下井电缆的回路数，主要由负荷电流和井下开关最大额定电流，并兼顾是否设置限流电抗器来统筹考虑。最后绘制地面供电系统一次接线图。

1）电源进线与主接线。按已知原始数据，上级变电站提供两回 35kV 架空电源线路，故电源进线回路为 2。对于煤矿企业，因一、二级负荷占总负荷的 2/3 以上，故 35kV 侧宜用全桥接线，6kV 则可采用单母线分两段的接线方式。

2）负荷分配。考虑一、二级负荷必须由连于不同母线段的双回路供电，而主、副井提升机因相距较近（80m），可采用环形供电。将下井电缆与地面低压等分配于两段母线上，力图在正常生产时两段 6kV 母线上的负荷接近相等。具体分配方案如图 2-13 所示。

3）下井电缆回数确定。由表 2-10 中 11、12 行，考虑 0.96 的同时系数得井下总负荷为

$$P_{ca} = 0.96 \times (2125 + 1665) = 3684(kW)$$

$$Q_{ca} = 0.96 \times (1475 + 1442) = 2800(kvar)$$

$$S_{ca} = \sqrt{P_{ca}^2 + Q_{ca}^2} = \sqrt{3684^2 + 2800^2} = 4627(kVA)$$

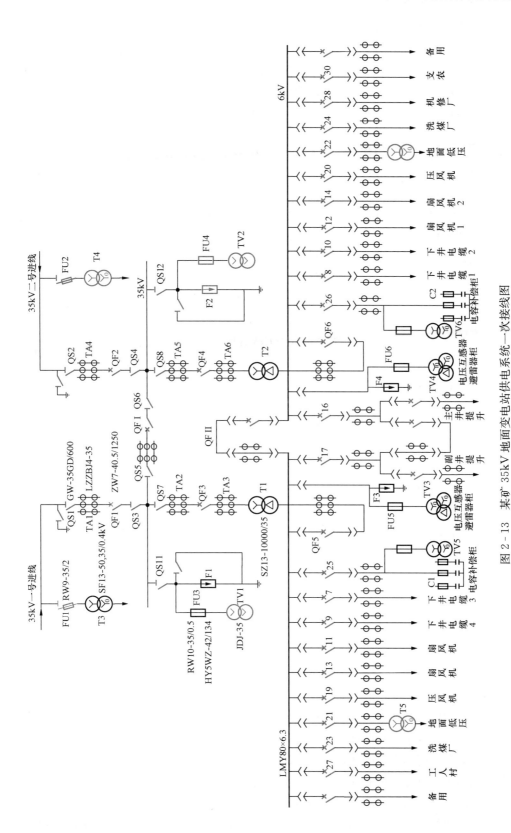

图 2-13　某矿 35kV 地面变电站供电系统一次接线图

井下最大长时负荷电流（计算电流）

$$I_{lo.m} = I_{ca} = S_{ca}/\sqrt{3}U_N = 4627/(\sqrt{3}\times 6) = 445(A)$$

根据井下开关的额定电流最大为 400A，而《煤矿安全规程》规定：下井电缆至少两回，当一回因故停止供电时，其他电缆应能满足井下全部负荷的供电。所以，本例至少应选用三回，考虑到负荷分配和运行的灵活性，最后确定 4 回下井电缆，两两并联后分列运行。

至于下井电缆上是否串接限流电抗器，应在短路计算完成后，根据井下 6kV 母线上的短路容量是否超出原始资料中不大于 100MVA 的要求来决定。经粗略估算，本例可以不设置限流电抗器。

4）绘制供电系统图。据以上的计算分析比较，可绘得该矿井 35kV 地面变电站供电系统一次接线图如图 2-13 所示。

（8）设计计算选择结果汇总。

1）补偿后 6kV 侧负荷与功率因数为

$$P'_{ca.6} = P_{ca.6} = 8191(kW)$$
$$Q'_{ca.6} = 2732(kvar)$$
$$S'_{ca.6} = 8636(kVA)$$
$$\cos\varphi'_6 = 0.948$$

2）补偿后 35kV 侧负荷与功率因数为

$$P'_{ca.35} = 8234(kW)$$
$$Q'_{ca.35} = 3331(kvar)$$
$$S'_{ca.35} = 8882(kVA)$$
$$\cos\varphi'_{35} = 0.927$$

3）主变压器选择。

35/6.3kV SZ13-10000 型，两台。

4）电容器柜与放电柜：6kV GR-1C-08 型，270kvar，六台；6kV GR-1C-03 型放电柜，两台。

5）两主变压器经济运行临界负荷

$$S_{ec} = 4485(kVA)$$

6）全矿年电耗

$$A_p = 37.1\times 10^5(kWh)$$

7）吨煤电耗

$$A_t = 41.2(kWh/t)$$

解后

（1）在将低压负荷功率归算到高压侧时不可引入电压折算，但应加上变压器损耗。

（2）由本例功率因数补偿计算可以看出，补偿前后主变压器的功率损耗计算值相对变电站总负荷而言差距不大，因此在工程实际中可以直接按补偿前的损耗值计算。

（3）因为电力电容器在 6kV 母线上是相对长时稳定投运的，起的是平均无功补偿的作用，即发出的是平均无功功率，而不是计算无功功率，所以在用 35kV 侧计算有功功率 $P_{ca.35}$ 由式（2-53）来计算所需的电容器柜容量 Q_C 时，应将 $P_{ca.35}$ 乘以平均负荷系数 K_{lo}，换算成平均功率；而求得实际的补偿容量 $Q_{C.f}$ 后，欲求其计算补偿容量 $Q_{C.ca}$，则应将 $Q_{C.f}$ 再除以 K_{lo}，否则将得出错误的结果。

（4）在有功平均负荷系数与无功平均负荷系数近似相等的条件下，平均功率因数就近似等于计算功率因数。

习题与思考题

2-1 企业用电设备按工作制分哪几类？各有什么特点？

2-2 什么叫负荷持续率？它表征哪类设备的工作特性？

2-3 什么叫负荷曲线？什么叫年最大负荷和年最大负荷利用小时？

2-4 什么叫计算负荷？正确确定计算负荷有什么意义？

2-5 确定计算负荷的需用系数法和二项系数法各有什么特点，各适用哪些场合？

2-6 什么叫最大负荷损耗小时？它与最大负荷利用小时的区别在哪里？两者又有什么联系？

2-7 什么叫平均功率因数和瞬时功率因数？各有什么用途？

2-8 进行无功补偿，提高功率因数对电力系统有哪些好处？对企业本身又有哪些好处？

2-9 电力变压器的有功功率损耗包括哪两部分？如何确定？与负荷各有什么关系？

2-10 有一进行大批生产的机械加工车间，其金属切削机床的电动机容量共 800kW，通风机容量共 56kW，供电电压 380V。试分别确定各组用电设备和车间的计算负荷 P_{ca}、Q_{ca}、S_{ca} 和 I_{ca}。

2-11 有一机修厂车间，拥有冷加工机床 52 台，共 200kW；行车 1 台，5.1kW($\varepsilon=$15%)；通风机 4 台，共 5kW；点焊机 3 台，共 10.5kW($\varepsilon=65$%)。车间采用三相四线制供电。试确定车间的计算负荷 P_{ca}、Q_{ca}、S_{ca} 和 I_{ca}。

2-12 有一 380V 的三相线路，供电给 35 台小批生产的冷加工机床，电动机有 7.5kW 1 台，4kW 3 台，3kW 12 台。试分别用需用系数法和二项系数法确定计算负荷 P_{ca}、Q_{ca}、S_{ca} 和 I_{ca}，并比较两种方法的计算结果，说明两种方法各适用什么场合？

2-13 有一条长 4km 的高压线路供电给某 10kV 变电站的两台分列运行的电力变压器。高压线路采用 LJ-70 型铝绞线。已知 $R_0=0.46\Omega/km$，$X_0=0.358\Omega/km$。两台电力变压器均为 10/0.4kV S9-1600 型，承担的总计算负荷为 2000kW，$\cos\varphi=0.86$，T_{max} 取为 4500h。试分别计算此高压线路和电力变压器的功率损耗和年电能损耗。

2-14 某厂的有功计算负荷为 2400kW，功率因数为 0.65，计划在变电站 10kV 母线（单母线不分段）上采用集中补偿，使功率因数提高到 0.9。试计算所需电容器的总容量和补偿后的视在计算容量。

第三章 短路电流计算

研究供电系统的短路并计算各种情况下的短路电流,对供电系统的拟定、运行方式的比较、电气设备的选择及继电保护整定都有重要意义。本章研究短路故障暂态过程、短路电流计算和短路电流的力、热效应等内容。

第一节 短路的基本概念

在供电系统中,最严重的故障是短路。所谓短路是指供电系统中不等电位的导体在电气上被短接。

一、短路的种类

在供电系统中,可能发生的主要短路种类有 4 种,即三相短路、两相短路、两相接地短路和单相短路,如表 3-1 所示。

表 3-1　　　　　　　　　　短路的种类

短路种类	示意图	代表符号	性质
三相短路		$k^{(3)}$	三相同时在一点短接,属于对称短路故障
两相短路		$k^{(2)}$	两相同时在一点短接,属于不对称短路故障
两相接地短路		$k^{(1,1)}$	两相同时与地短接,属于不对称短路故障
单相短路		$k^{(1)}$	在中性点直接接地系统中,一相与地或与中性线短接,属于不对称短路故障

三相短路是指供电系统中三相导体间的短路，用 $k^{(3)}$ 表示。两相短路是指供电系统中任意两相导体间的短路，用 $k^{(2)}$ 表示。单相短路是指供电系统中任意一相导体经大地与中性点或与中性线发生的短路，用 $k^{(1)}$ 表示。两相接地短路是指任意两相地而产生的短路，$k^{(1,1)}$ 表示。

在供电系统中，出现单相短路故障的几率最大，但由于三相短路所产生的短路电流最大，危害最严重，因而短路电流计算的重点是三相短路电流的计算。

二、短路的原因和危害

产生短路故障的主要原因是电气设备的载流部分绝缘损坏所致。绝缘损坏是由于绝缘老化、过电压或机械损伤等原因造成的。其他如运行人员带负荷拉、合隔离开关或者检修后未拆除接地线就送电等误操作而引起的短路。此外，鸟兽在裸露的导体上跨越以及风雪等自然现象也能引起短路。

发生短路时，因短路回路的总阻抗非常小，故短路电流可能达到很大的数值。强大的短路电流所产生的热和电动力效应会使电气设备受到破坏，短路点的电弧可能烧毁电气设备，短路点附近的电压显著降低，使供电受到严重影响或被迫中断。若在发电厂附近发生短路，还可能使全电力系统运行解列，引起严重后果。此外，接地短路故障所造成的零序电流会在邻近的通信线路内产生感应电动势，干扰通信，亦可能危及人身和设备的安全。

三、计算短路电流的目的

短路产生的后果极为严重，为了限制短路的危害和缩小故障影响的范围，在供电系统的设计和运行中，必须进行短路电流计算，以解决下列技术问题：

（1）选择电气设备和载流导体，必须用短路电流校验其热稳定性和机械强度。

（2）设置和整定继电保护装置，使之能正确地切除短路故障。

（3）确定限流措施，当短路电流过大造成设备选择困难或不够经济时，可采取限制短路电流的措施。

（4）确定合理的主接线方案和主要运行方式等。

第二节　无限大容量供电系统三相短路分析

本节分析无限大容量供电系统中发生三相短路时短路电流的变化规律，以及有关短路参数的物理意义和计算方法。

一、无限大容量供电系统和有限大容量供电系统概念

所谓无限大容量供电系统是指电源的内阻抗为零，在短路过程中电源的端电压恒定不变，短路电流周期分量恒定不变的供电系统。事实上，真正无限大容量电源系统是不存在的，通常将电源内阻抗小于短路回路总阻抗 10% 的电源看作无限大容量供电系统。一般工矿企业供电系统的短路点离电源的距离足够远，满足以上条件，可作为无限大容量供电系

统进行短路电流计算和分析。

所谓有限容量供电系统是指电源的内阻抗不能忽略，且是变化的，在短路过程中电源的端电压是衰减的，短路电流的周期分量幅值是衰减的供电系统。通常将电源内阻抗大于短路回路总阻抗 10% 的供电系统称为有限大容量供电系统。

有限大容量供电系统短路电流的周期分量幅值衰减的根本原因是由于短路回路阻抗突然减小和同步发电机定子电流激增，使发电机内部产生电磁暂态过程，即发电机的端电压幅值和同步电抗大小出现变化过程。由其产生的短路电流周期分量是变化的，所以，有限容量供电系统的短路电流周期分量的幅值是变化的，历经从次暂态短路电流（I''）→暂态短路电流（I'）→稳态短路电流（I_∞）的衰减变化过程。

二、无限大容量电源供电系统三相短路暂态过程

当突然发生短路时，供电系统总是由原来的工作状态，经过一个暂态过程，然后进入短路稳定状态。供电网路中的电流也由正常负荷电流突然增大，经过暂态过程达到新的稳定值。

图 3 - 1 所示是无限大容量供电系统三相短路图。R、L 为短路点前的线路电阻和电感，R_{lo}、L_{lo} 为负荷的电阻和电感。

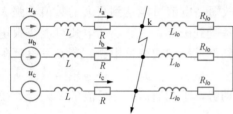

图 3 - 1　无限大容量供电系统三相短路图

1. 正常运行

由于三相电路对称，只取一相讨论。设电源相电压为

$$u_{ph} = U_{phm}\sin(\omega t + \theta) \tag{3 - 1}$$

正常运行电流为

$$i = I_{phm}\sin(\omega t + \theta - \varphi) \tag{3 - 2}$$

其中　　　　　　　$I_{phm} = U_{phm}/\sqrt{(R+R_{lo})^2 + (\omega L + \omega L_{lo})^2}$

$$\varphi = \arctan[(\omega L + \omega L_{lo})/(R+R_{lo})]$$

式中　U_{phm}——相电压幅值，kV；

　　　I_{phm}——短路前电流幅值，kA；

　　　φ——短路前阻抗角。

2. 短路暂态过程分析

当图 3 - 1 的 k 点发生三相短路时，电路被分为两个独立回路。短路点的右侧是被短接负荷回路，失去电源，其电流由原来数值衰减到零。短路点的左侧是一个与电源相连的短路回路，由于回路阻抗突然减少，电流要由原来的负荷电流增大为短路电流 i_k，但电路内存在电感，电流不能发生突变，从而产生一个非周期分量电流，因非周期分量电流没有外加电压的维持，要不断衰减，当非周期分量衰减到零后，短路的暂态过程结束，此时短路进入稳定短路状态，短路电流达到稳态短路电流。短路电流 i_k 应满足微分方程

$$L\frac{di_k}{dt} + Ri_k = U_{phm}\sin(\omega t + \theta) \tag{3 - 3}$$

该方程为一阶非齐次常系数微分方程，其解为

$$i_k = i_{pe} + i_{ap} \tag{3-4}$$

即
$$i_k = I_{pm}\sin(\omega t + \theta - \varphi_k) + i_{ap.0}\, e^{-\frac{R}{L}t} \tag{3-5}$$

其中
$$I_{pm} = U_{phm}/\sqrt{R^2 + (\omega L)^2}$$

$$\varphi_k = \arctan(\omega L/R)$$

式中　i_{pe}——微分方程的特解，是短路后的稳态短路电流值，称周期分量；

$\quad\quad i_{ap}$——微分方程的齐次方程的解，称非周期分量；

$\quad\quad I_{pm}$——周期分量幅值；

$\quad\quad \varphi_k$——短路回路的阻抗角；

$\quad\quad i_{ap.0}$——非周期分量的初始值。

$i_{ap.0}$ 由初始条件决定。电感电路中的电流不能突变，即在短路发生前的一瞬间，电路中的电流值（即负荷电流，以 i_{0-} 表示）必须与短路后一瞬间的电流值（以 i_{0+} 表示）相等。如将短路发生的时刻定为时间起点，将 $t=0$ 代入式（3-2）和式（3-5），求得短路前和短路后的电流为

$$i_{0-} = I_m\sin(\theta - \varphi) \tag{3-6}$$
$$i_{0+} = I_{pm}\sin(\theta - \varphi_k) + i_{ap.0} \tag{3-7}$$

因 $i_{0-} = i_{0+}$，则得
$$i_{ap.0} = I_m\sin(\theta - \varphi) - I_{pm}\sin(\theta - \varphi_k) \tag{3-8}$$

则得短路的全电流表达式为
$$i_k = I_{pm}\sin(\omega t + \theta - \varphi_k) + [I_m\sin(\theta - \varphi) - I_{pm}\sin(\theta - \varphi_k)]e^{-\frac{t}{T_k}} \tag{3-9}$$
式中　T_k——短路回路的时间常数，$T_k = L/R$。

式（3-9）所对应的短路电流波形如图3-2所示。

式（3-9）和图3-2都是表明一相（如a相）的短路电流，其他两相的短路电流只是在相位上相差120°。

3. 最大三相短路电流

最大三相短路电流是指最大短路电流瞬时值。由式（3-9）可知，短路电流瞬时值最大条件也就是短路电流非周期分量初始值最大的条件。

短路电流各分量之间的关系也可用相量图表示。图3-3所示为某相短路电流的相量图，图中表示 $t=0$ 时各相量的位置。各相量对纵轴的投影是它的瞬时值。短路前电流相量 $\dot{I}_m$ 对纵轴的投影为 $I_m\sin(\theta - \varphi)$，短路后周期分量电流 i_{pm} 的投影为 $I_{pm} = I_m\sin(\theta - \varphi_k)$。非周期分量

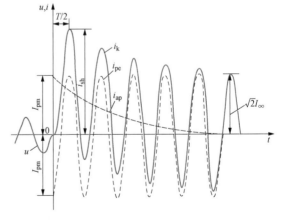

图3-2　无限大容量系统三相短路时短路电流波形图

电流的初始值 $i_{ap.0}$ 等于短路瞬间相量差（$\dot{I}_m - \dot{I}_{pm}$）在纵轴上的投影。当相量差（$\dot{I}_m - \dot{I}_{pm}$）与纵轴成平行状态时，其在纵轴上的投影最大，$i_{ap.0}$ 的值最大。

由此可见，短路电流非周期初始值 $i_{ap.0}$ 最大，既与短路前的负载情况有关，又与短

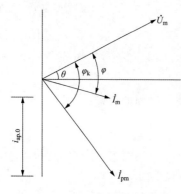

图 3-3 某相短路电流的相量图

路发生时刻（θ 角）、短路后回路性质有关。因此，当供电回路为空载状态 $I_m=0$ 或 $\cos\varphi=1$ 时，I_m 与横轴重合。电源电压过零（电源电压与横轴重合）时短路，而且短路回路为纯电感性质，短路电流非周期初始值 $i_{ap.0}$ 最大。

综上所述，产生最大三相短路电流的具体条件如下：

（1）短路前供电回路空载或 $\cos\varphi=1$。

（2）短路瞬间电压过零，即 $t=0$ 时，$\theta=0°$ 或 $180°$。

（3）短路回路阻抗为纯电抗性质，即 $\varphi_k=90°$。

将 $I_m=0$，$\theta=0$，$\varphi_k=90°$ 代入式（3-9），得最大的短路电流瞬时值表达式为

$$i_k = -I_{pm}\cos\omega t + I_{pm}e^{-\frac{t}{T_k}} \tag{3-10}$$

发生三相短路时，因不同相之间有 120° 相角差，各相短路电流周期分量初始值不相同，所以各相的非周期分量电流大小并不相等。初始值为最大的情况，只能在其中的某一相中出现，因此，三相短路时各相短路电流波形是不对称的，如图 3-4 所示。

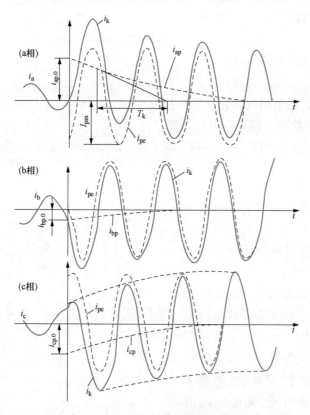

图 3-4 三相短路时各相短路电流波形

三相短路时，三相短路电流只有其中一相电流最大。短路电流计算是按产生最大短路电流的条件进行考虑的。

三、三相短路的有关物理量

1. 短路电流周期分量有效值

由式 $I_{pm} = U_m / \sqrt{R_k{}^2 + (\omega L_k)^2}$，可求得短路电流周期分量有效值 $I_{pe} = I_{pm}/\sqrt{2}$。为简化计算，取电源电压为电网平均额定电压 U_{av}，则短路电流周期分量的有效值为

$$I_{pe} = U_{av}/\sqrt{3} Z_k \tag{3-11}$$

其中

$$U_{av} = 1.05 U_N$$

$$Z_k = \sqrt{R_k{}^2 + (\omega L_k)^2}$$

式中　U_{av}——电网额定平均电压，即各级线路始末两端额定电压的平均值，其数值如表 3-2 所示；

　　　U_N——电网的额定电压；

　　　Z_k——短路回路总电抗。

表 3-2 　　　　　　电网电压的平均额定电压值和基准电压（kV）

额定电压	0.23	0.38	0.66	3	6	10	35	110
平均额定电压 U_{av}	0.23	0.40	0.69	3.15	6.3	10.5	37	115
基准电压 U_d	0.23	0.40	0.69	3.15	6.3	10.5	37	115

2. 短路全电流有效值

因短路电流含有非周期分量，短路全电流不是正弦波。短路过程中短路全电流的有效值 I_t，是指以该时间 t 为中心的一个周期内，短路全电流瞬时值的均方根值，即

$$I_t = \sqrt{\frac{1}{T} \int_{t-\frac{T}{2}}^{t+\frac{T}{2}} i_k^2 \, dt} = \sqrt{\frac{1}{T} \int_{t-\frac{T}{2}}^{t+\frac{T}{2}} (i_{pe.t} + i_{ap.t})^2 \, dt} \tag{3-12}$$

式中　$i_{pe.t}$——周期分量在时刻 t 的瞬时值；

　　　$i_{ap.t}$——非周期分量在时刻 t 的瞬时值。

非周期分量随时间而衰减，如图 3-2 所示。为了简化计算，假设其在一个周期内数值不变，取其中心值（时刻 t 的值）计算，由式（3-12）可得短路全电流有效值为

$$I_t = \sqrt{I_{pe.t}^2 + I_{ap.t}^2} \tag{3-13}$$

式中　$I_{pe.t}$——周期分量在时刻 t 的有效值；

　　　$I_{ap.t}$——非周期分量在时刻 t 的有效值，且 $I_{ap.t} = i_{ap.t}$。

3. 短路冲击电流和冲击电流有效值

短路冲击电流 i_{sh} 是指短路全电流的最大瞬时值。由图 3-2 可见，短路全电流最大瞬时值出现在短路后的前半个周期，即 $t = 0.01s$ 时，由式（3-10）得

$$i_{sh} = -I_{pm} \cos(\omega \times 0.01) + I_{pm} e^{-\frac{0.01}{T_k}} = I_{pm}(1 + e^{-\frac{0.01}{T_k}}) = \sqrt{2} K_{sh} I_{pe} \tag{3-14}$$

式中　K_{sh}——短路电流冲击系数，$K_{sh} = 1 + e^{-\frac{0.01}{T_k}}$。

对于纯电阻性电路，$K_{sh} = 1$。对于纯电感性电路，$K_{sh} = 2$。因此，$1 \leqslant K_{sh} \leqslant 2$。

短路冲击电流的有效值 I_{sh} 是指短路后第一个周期的短路全电流有效值。由式（3-13）得

$$I_{sh} = \sqrt{I_{pe(0.01)}^2 + I_{ap(0.01)}^2} \qquad (3-15)$$

或

$$I_{sh} = \sqrt{1 + 2(K_{sh}-1)^2} I_{pe} \qquad (3-16)$$

为了计算方便，在工矿企业的高压供电系统中发生三相短路时，因电抗较大，一般可取 $K_{sh} = 1.8$，则

$$i_{sh} = 2.55 I_{pe} \qquad (3-17)$$

$$I_{sh} = 1.52 I_{pe} \qquad (3-18)$$

在低压系统发生三相短路时，因电阻较大，可取 $K_{sh} = 1.3$，因此

$$i_{sh} = 1.84 I_{pe} \qquad (3-19)$$

$$I_{sh} = 1.09 I_{pe} \qquad (3-20)$$

4. 稳态短路电流有效值

稳态短路电流有效值是指短路电流非周期分量衰减完毕后的短路电流有效值，用 I_∞ 表示。在无限大容量供电系统中发生三相短路时，短路电流的周期分量有效值保持不变，故有 $I_{pe} = I_\infty$。在短路电流计算中，通常用 I_k 表示周期分量的有效值，以下简称短路电流，即

$$I_k = I_{pe} = I_\infty = U_{av}/\sqrt{3} Z_k \qquad (3-21)$$

5. 三相短路容量

在短路电流计算时，常遇到短路容量的概念，其定义为短路点所在线路的平均额定电压与短路电流周期分量所构成的三相视在功率，即

$$S_k = \sqrt{3} U_{av} I_k \qquad (3-22)$$

式中　S_k——三相短路容量，MVA；

　　U_{av}——短路点所在线路的平均额定电压，kV；

　　I_k——短路电流，kA。

在选择开关设备时，有时可用三相短路容量来校验其开断能力。

第三节　无限大容量供电系统三相短路电流计算

无限大容量系统发生三相短路时，只要求出短路电流周期分量有效值，就可计算有关短路的所有物理量。而短路电流周期分量可由电源电压及短路回路的等值阻抗按欧姆定律计算。短路电流的计算方法主要采用有名制法和标幺制法。

一、有名制法

在企业供电系统中发生三相短路时，如短路回路的阻抗为 R_k、X_k，则三相短路电流周期分量的有效值为

$$I_k^{(3)} = \frac{U_{av}}{\sqrt{3}\sqrt{R_k^2 + X_k^2}} \qquad (3-23)$$

式中　U_{av}——短路点所在线路的平均额定电压，kV；

　　R_k、X_k——短路点以前的总电阻和总电抗，均已归算到短路点所在处电压等级，Ω。

对于高压供电系统，因回路中各元件的电抗占主要成分，短路回路的电阻可忽略不计，则式（3-23）变为

$$I_k^{(3)} = \frac{U_{av}}{\sqrt{3}X_k} \tag{3-24}$$

（一）系统电源电抗 X_s

无限大容量供电系统的内电抗分为两种情况：一种是当不知道系统电源的短路容量时，认为系统电抗等于零；另一种情况是知道系统在电源母线上的短路容量或供电系统出口断路器的断流容量，则系统需进行电源电抗计算。

1. 已知电源母线上的短路容量 S_k 和线路的平均额定电压 U_{av}

系统电源电抗为

$$X_s = \frac{U_{av}^2}{S_k} \tag{3-25}$$

2. 已知供电系统高压出线断路器的断流容量 S_{Nbr}

将断流容量看作系统短路容量，系统电源电抗为

$$X_s = \frac{U_{av}^2}{S_k} = \frac{U_{av}^2}{S_{Nbr}} \tag{3-26}$$

（二）变压器电抗 X_T

变压器的短路电压百分数 $U_k\%$ 的定义为

$$U_k\% = Z_T \frac{\sqrt{3}I_{T.N}}{U_{T.N}} \times 100 = Z_T \frac{S_{T.N}}{U_{T.N}^2} \times 100 \tag{3-27}$$

式中　Z_T——变压器的阻抗，Ω；

　　　$S_{T.N}$——变压器的额定容量，VA；

　　　$U_{T.N}$——变压器的额定电压，V；

　　　$I_{T.N}$——变压器的额定电流，A。

如果忽略变压器电阻以及取 $U_{T.N}=U_{av}$，则变压器电抗 $X_T=Z_T$，有

$$X_T = \frac{U_k\%}{100} \frac{U_{av}^2}{S_{T.N}} \tag{3-28}$$

式（3-28）中用线路平均额定电压 U_{av} 代换变压器的额定电压，是因为变压器的阻抗应折算到短路点所在处，以便计算短路电流。

若需要考虑变压器电阻 R_T 时，可根据变压器的短路损耗 ΔP_k 计算，其计算式为

$$R_T = \Delta P_k \frac{U_{T.N}^2}{S_{T.N}^2} \tag{3-29}$$

再由式（3-27）算出的变压器阻抗 Z_T，计算变压器电抗 X_T，计算式为

$$X_T = \sqrt{Z_T^2 - R_T^2} \tag{3-30}$$

（三）电抗器的电抗 X_L

电抗器是用来限制短路电流的空心电感线圈，只有当短路电流过大造成开关设备选择困难或不经济时，才在线路首端串接限流电抗器。当电抗器的电抗值以其额定值的百分数形式给出时，求其欧姆值计算式为

$$X_L = \frac{U_{L.N}}{\sqrt{3}I_{L.N}} \frac{X_L\%}{100} \tag{3-31}$$

式中　$X_L\%$——电抗器的电抗百分数；

U_{LN}——电抗器的额定电压，kV；

I_{LN}——电抗器的额定电流，kA。

有时电抗器的额定电压与安装地点线路的额定平均电压相差很大，例如额定电压为10kV的电抗器，可用在6kV的线路上。因此，计算电抗器电抗时一般不用线路的额定平均电压代换它的额定电压。

（四）线路的电抗 X_l

线路的电抗 X_l 可表示为

$$X_l = x_0 l \tag{3-32}$$

式中　l——导线长度，km；

x_0——线路单位长度电抗值，Ω/km。

x_0 随导线间的几何均距、线径及材料而变，可以按下式计算

$$x_0 \approx 0.1445 \lg \frac{2D}{d} + 0.0157 \tag{3-33}$$

式中　d——导体直径，mm；

D——各导体间的几何均距，mm。

三相导线间的几何均距可计算为

$$D = \sqrt[3]{D_{12} D_{23} D_{31}} \tag{3-34}$$

式中　D_{12}、D_{23}、D_{31}——各相导线间的距离，mm。

方案设计中作近似计算时，输电线路单位长度电抗值 x_0 如表 3-3 所示。

对于电缆线路，其电阻比电抗大。所以在计算电缆电网，尤其是计算低压电缆电网的短路电流时，短路回路电阻不能忽略。电缆线路电阻 R_l 的计算式为

$$R_l = r_0 l \tag{3-35}$$

式中　l——电缆线路长度，m；

r_0——电缆线路单位长度电阻，查相关手册可得相应截面导线的单位长度电阻。

电缆线路电阻 R_l 的计算式为

$$R_l = \frac{l}{\gamma S} \tag{3-36}$$

式中　l——电缆线路长度，m；

S——导线截面积，mm^2；

γ——电导率，$\text{m}/(\Omega \cdot \text{mm}^2)$。

表 3-3　　　　　　　　　输电线路单位长度电抗值 (Ω/km)

线 路 名 称	x_0	线 路 名 称	x_0
35～220kV 架空线路	0.40	35kV 电缆线路	0.12
3～10kV 架空线路	0.38	3～10kV 电缆线路	0.08
0.38/0.22kV 架空线路	0.36	1kV 以下电缆线路	0.06

在计算电缆线路最小两相短路电流时，需考虑电缆在短路前因负荷电流而使温度升高，造成电导率下降以及因多股绞线使电阻增大等因素。在上述情况下，电缆的电阻应按最高工作温度下的电导率计算，其值如表 3-4 所示。

表 3-4　电缆的电导率［m/(Ω·mm²)］

电缆名称	20℃	65℃	80℃
铜芯软电缆	53	42	
铜芯铠装电缆		48	44.3
铝芯铠装电缆	32	28	

在短路回路中若有变压器存在，应将不同电压下的各元件阻抗都归算到同一电压下（短路点的电压），才能做出等效电路，计算其总阻抗。

例 3-1　图 3-5 为企业供电系统，A 是电源母线，通过两条架空线路（长 l_1）向设有两台主变压器 T 的终端变电站 35kV 母线 B 供电。6kV 侧母线 C 通过串有电抗器 L 的两条电缆线路（长 l_2）向一分厂变电站 D 供电。

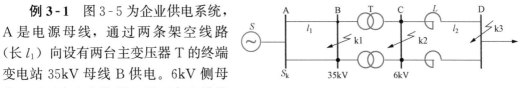

图 3-5　例 3-1 计算图

整个系统并联运行。试求 k1、k2、k3 点的短路电流。已知 S_k=560MVA；l_1=20km，x_{01}=0.4Ω/km；T：2×5600kVA/35kV，$U_k\%$=7.5；L：U_{LN}=6kV，I_{LN}=200A，$X_L\%$=3；l_2=0.5km，x_{02}=0.08Ω/km。

解　1. 各元件电抗

电源的电抗

$$X_s = \frac{U_{av}^2}{S_k} = \frac{37^2}{560} = 2.44(\Omega)$$

架空线路的电抗

$$X_{l1} = x_{01}l_1 = 0.4 \times 20 = 8(\Omega)$$

变压器的电抗

$$X_T = \frac{U_k\%}{100} \frac{U_{av}^2}{S_{T.N}} = 7.5\% \times \frac{37^2}{5.6} = 18.3(\Omega)$$

电抗器的电抗

$$X_L = \frac{X_L\%}{100} \frac{U_{LN}}{\sqrt{3}I_{LN}} = 3\% \times \frac{6000}{\sqrt{3} \times 200} = 0.52(\Omega)$$

电缆线路的电抗

$$X_{l2} = x_{02}l_2 = 0.08 \times 0.5 = 0.04(\Omega)$$

电缆电阻忽略不计。

2. 各短路点总电抗

k1 点短路时，短路回路的总阻抗为

$$X_{k1} = X_s + \frac{X_{l1}}{2} = 2.44 + \frac{8}{2} = 6.44(\Omega)$$

k2 点短路时，短路点电压下短路回路的总阻抗为

$$X_{k2} = \left(X_{k1} + \frac{X_T}{2}\right) \times \left(\frac{6.3}{37}\right)^2 = \left(6.44 + \frac{18.3}{2}\right) \times \left(\frac{6.3}{37}\right)^2 = 0.452(\Omega)$$

k3 点短路时，短路点电压下短路回路的总阻抗为

$$X_{k3} = X_{k2} + \left(\frac{X_L}{2} + \frac{X_{l2}}{2}\right) = 0.452 + \left(\frac{0.52}{2} + \frac{0.04}{2}\right) = 0.732(\Omega)$$

3. 各短路点短路电流

k1 点

$$I_{k1}^{(3)} = \frac{U_{av}}{\sqrt{3}X_{k1}} = \frac{37}{\sqrt{3} \times 6.44} = 3.32(kA)$$

$$i_{sh1} = 2.55I'' = 2.55 \times 3.32 = 8.46(kA)$$

$$I_{sh1} = 1.52I'' = 1.52 \times 3.32 = 5.05(kA)$$

$$S_{k1} = \sqrt{3}U_{av}I_{k1} = \sqrt{3} \times 37 \times 3.32 = 213(MVA)$$

k2 点

$$I_{k2}^{(3)} = \frac{6.3}{\sqrt{3} \times 0.452} = 8.05(kA)$$

$$i_{sh2} = 2.55 \times 8.05 = 20.5(kA)$$

$$I_{sh2} = 1.52 \times 8.05 = 12.2(kA)$$

$$S_{k2} = \sqrt{3} \times 6.3 \times 8.05 = 87.8(MVA)$$

k3 点

$$I_{k3}^{(3)} = \frac{6.3}{\sqrt{3} \times 0.732} = 4.97(kA)$$

$$i_{sh3} = 2.55 \times 4.97 = 12.7(kA)$$

$$I_{sh3} = 1.52 \times 4.97 = 7.55(kA)$$

$$S_{k3} = \sqrt{3} \times 6.3 \times 4.97 = 54.2(MVA)$$

二、标幺制法

计算具有多个电压等级供电系统的短路电流时，若采用有名制法计算，必须将所有元件的阻抗都归算到同一电压下才能求出短路回路的总阻抗，从而计算出短路电流，计算过程繁琐并易出错，这种情况采用标幺制法较为简便。

（一）标幺制

用相对值表示元件的物理量，称为标幺制。标幺值是指任意一个物理量的有名值与基准值的比值，即

$$标幺值 = 物理量的有名值 / 物理量的基准值 \tag{3-37}$$

标幺值是一个相对值，没有单位。在标幺制中，容量、电压、电流、阻抗（电抗）的标幺值分别为

$$S_d^* = \frac{S}{S_d}, \quad U_d^* = \frac{U}{U_d}, \quad I_d^* = \frac{I}{I_d}, \quad X_d^* = \frac{X}{X_d} \tag{3-38}$$

基准容量（S_d）、基准电压（U_d）、基准电流（I_d）和基准阻抗（X_d）亦符合功率方程 $S_d = \sqrt{3}U_dI_d$ 和电压方程 $U_d = \sqrt{3}I_dX_d$。因此，4 个基准值中只有两个是独立的，通常选定基准容量和基准电压为给定值，再按计算式求出基准电流和基准电抗，即

$$I_d = \frac{S_d}{\sqrt{3}U_d} \tag{3-39}$$

$$X_d = \frac{U_d^2}{S_d} \qquad (3-40)$$

基准值的选取是任意的，但是为了计算方便，通常取 100MVA 为基准容量，取线路平均额定电压为基准电压，即 $S_d = 100\text{MVA}$，$U_d = U_{av} = 1.05 U_N$。线路的额定电压和基准电压对照值如表 3-2 所示。

在标幺制计算中，取各级基准电压都等于对应电压级下的平均额定电压，所以各级电压的标幺值等于 1，即 $U = U_{av}$ 和 $U_d = U_{av}$，$U^* = 1$。因此，多电压等级供电系统中不同电压级的标幺电压都等于 1，所有变压器的变比的标幺值为 1，所以短路回路总标幺电抗可直接由各元件标幺电抗相加求出，避免了多级电压系统中电抗的换算。这就是标幺制法计算简单、结果清晰的特点。

利用图 3-6 所示的多级电压的供电系统示意图可以对这一特点作进一步的分析。短路故障发生在长为 l_4 的线路上，选基准容量为 S_d，各级基准电压分别为 $U_{d1} = U_{av1}$，$U_{d2} = U_{av2}$，$U_{d3} = U_{av3}$，$U_{d4} = U_{av4}$，则线路（长为 l_1）的电抗 X_{l1} 归算到短路点所在电压等级的电抗 X'_{l1} 为

$$X'_{l1} = X_{l1} \left(\frac{U_{av2}}{U_{av1}} \right)^2 \left(\frac{U_{av3}}{U_{av2}} \right)^2 \left(\frac{U_{av4}}{U_{av3}} \right)^2$$

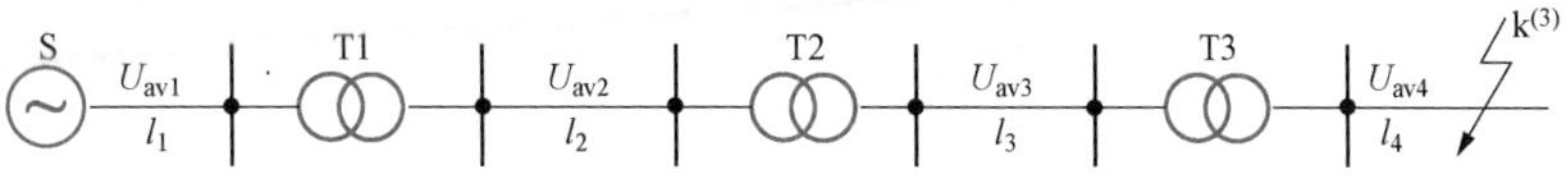

图 3-6 多级电压的供电系统示意图

长为 l_1 线路的标幺电抗值为

$$X_{l1}^* = X'_{l1}/X_d = X_{l1} \left(\frac{U_{av2}}{U_{av1}} \right)^2 \left(\frac{U_{av3}}{U_{av2}} \right)^2 \left(\frac{U_{av4}}{U_{av3}} \right)^2 \left(\frac{S_d}{U_{av4}^2} \right) = X_{l1} \left(\frac{S_d}{U_{av1}^2} \right)$$

即

$$X_{l1}^* = X_{l1} \left(\frac{S_d}{U_{av1}^2} \right)$$

（二）短路回路总标幺电抗计算

采用标幺值计算短路电流时，首先需要计算短路回路中各个电气元件的标幺电抗，然后求出短路回路的总标幺电抗。

1. 各元件的标幺电抗

取 $U_d = U_{av}$，S_d 为基准容量。

（1）线路标幺电抗。若线路长度为 l（km）、单位长度的电抗为 x_0（Ω/km），则线路电抗 $X_l = x_0 l$。线路的标幺电抗为

$$X_l^* = \frac{X_l}{X_d} = x_0 l \frac{S_d}{U_{av}^2} \qquad (3-41)$$

（2）变压器电抗标幺值。若变压器的额定容量为 $S_{T.N}$ 和阻抗电压百分数为 $U_k\%$，则忽略变压器绕组电阻 R 的电抗标幺值为

$$X_T^* = \frac{X_T}{X_d} = \left(\frac{U_k\%}{100} \frac{U_{av}^2}{S_{T.N}} \right) \bigg/ \frac{U_d^2}{S_d} = \frac{U_k\%}{100} \frac{S_d}{S_{T.N}} \qquad (3-42)$$

（3）电抗器的标幺电抗。若已知电抗器的额定电压、额定电流和电抗百分数，则其电抗标幺值为

$$X_L^* = \frac{X_L\%}{100} \frac{I_d U_{L\,N}}{I_{L\,N} U_d} \tag{3-43}$$

式中　U_d——电抗器安装处的基准电压，kV。

（4）系统的标幺电抗。一般工矿企业的供电系统可看作无限大容量供电系统，其系统阻抗可以作为零对待。但若供电企业提供供电系统的电抗参数或相应的条件，应计及供电系统电源的电抗，并看作无限大容量供电系统，这样计算的短路电流更为精确。系统标幺电抗有以下三种求法。

1）若已知供电系统的系统电抗有名值 X_s，则系统标幺电抗为

$$X_s^* = X_s \frac{S_d}{U_{av}^2} \tag{3-44}$$

2）若已知供电系统出口处的短路容量 S_k，则系统的电抗有名值为

$$X_k = \frac{U_{av}^2}{S_k} \tag{3-45}$$

进而求得系统标幺电抗为

$$X_k^* = X_k \frac{S_d}{U_d^2} = \frac{U_d^2}{S_k} \frac{S_d}{U_d^2} = \frac{S_d}{S_k} \tag{3-46}$$

3）若只知供电系统高压出口线断路器的断流容量 S_{Nbr}，可将供电系统出口断路器的断流容量看作系统的短路容量，求系统标幺电抗，即

$$X_s^* = X_s \frac{S_d}{U_{av}^2} = \frac{U_d^2}{S_{Nbr}} \frac{S_d}{U_d^2} = \frac{S_d}{S_{Nbr}} \tag{3-47}$$

2. 短路回路的总标幺电抗

各元件电抗标幺值计算出来后，可据供电系统单线图绘制等效电路图，再计算短路回路总标幺阻抗 X_Σ^*。单一电源供电支路总标幺电抗由各元件标幺电抗直接相加求出，即

$$X_\Sigma^* = X_1^* + X_2^* + X_3^* + \cdots \tag{3-48}$$

在计算低压系统短路时往往需计及电阻的影响，短路回路的总标幺阻抗 Z_Σ^* 由短路回路总标幺电阻 R_Σ^* 和总标幺电抗 X_Σ^* 决定，即

$$Z_\Sigma^* = \sqrt{R_\Sigma^{*\,2} + X_\Sigma^{*\,2}} \tag{3-49}$$

（三）三相短路电流计算

无限大容量供电系统发生三相短路时，短路电流的周期分量的幅值和有效值保持不变，短路电流的有关物理量 I_{sh}、i_{sh}、I_∞ 和 S_k 都与短路电流周期分量有关。因此，只要算出短路电流周期分量的有效值，短路电流的其他各量按公式很容易求得。

1. 三相短路电流周期分量有效值

（1）三相短路电流周期分量标幺值。根据欧姆定律的标幺值形式，由电源支路短路回路总标幺阻抗 X_Σ^*，可计算短路电流周期分量标幺值 I_k^* 为

$$I_k^* = \frac{U^*}{X_\Sigma^*} \tag{3-50}$$

因在标幺制中，$U = U_{av}$ 和 $U_d = U_{av}$，故 $U^* = 1$，则有

$$I_k^* = \frac{1}{X_\Sigma^*} \tag{3-51}$$

式（3-51）表示，短路电流周期分量有效值的标幺值等于短路回路总标幺电抗的

倒数。

（2）三相短路电流周期分量的有效值。三相短路电流周期分量的有效值，可由标幺值定义，计算式为

$$I_k = I_k^* I_d \tag{3-52}$$

实际计算中，先求短路回路总标幺电抗，再求出短路电流周期分量有效值的标幺值（简称短路电流标幺值），再按式（3-52）计算短路电流的有效值。

2. 短路冲击电流

由式（3-17）～式（3-20）可得短路冲击电流峰值和有效值。

在高压供电系统中为

$$\left.\begin{array}{l} i_{sh} = 2.55 I_k \\ I_{sh} = 1.52 I_k \end{array}\right\} \tag{3-53}$$

在低压供电系统中为

$$\left.\begin{array}{l} i_{sh} = 1.84 I_k \\ I_{sh} = 1.09 I_k \end{array}\right\} \tag{3-54}$$

3. 三相短路容量

由式（3-22）可得三相短路容量计算式为

$$S_k = \sqrt{3} U_{av} I_k = \sqrt{3} U_d I_d I_k^* = S_d I_k^* = \frac{S_d}{X_k^*} = S_d S_k^* \tag{3-55}$$

式（3-55）表示，三相短路容量在数值上等于基准容量与三相短路电流标幺值乘积或等于基准容量与三相短路容量标幺值的乘积，三相短路容量标幺值等于三相短路电流的标幺值。

（四）工程设计时利用标幺制法计算短路电流的步骤

（1）根据短路电流计算要求，在供电系统图上选定短路计算点。

（2）画出计算短路电流的等效电路图，每个元件用一个电抗表示，电源用一个小圆表示，并标出短路点，同时标出元件的设备文字符号。

（3）选取基准容量和基准电压，计算各级基准电流。

（4）据等效电路计算元件的标幺电抗。

（5）计算各短路点的总标幺电抗与短路参数。

例 3-2　试用标幺制法计算例 3-1 给出的供电系统各点短路电流与短路容量。

解　基准值的选择，取 $S_d = 100 MVA$，$U_{d1} = 37 kV$，$U_{d2} = 6.3 kV$，则

$$I_{d1} = 1.56 kA, I_{d2} = 9.16 kA$$

电源的标幺电抗为

$$X_s^* = \frac{S_d}{S_k} = \frac{100}{560} = 0.179$$

架空线路（长为 l_1）标幺电抗为

$$X_{l1}^* = x_0 l_1 \frac{S_d}{U_d^2} = 0.4 \times 20 \times \frac{100}{37^2} = 0.584$$

变压器标幺电抗为

$$X_T^* = \frac{U_k\%}{100} \frac{S_d}{S_{T.N}} = \frac{7.5}{100} \times \frac{100}{5.6} = 1.34$$

电抗器的标幺电抗为

$$X_L^* = \frac{X_L \%}{100} \frac{I_d U_{LN}}{I_{LN} U_d} = \frac{3}{100} \times \frac{9.16 \times 6}{0.2 \times 6.3} = 1.37$$

电缆线路标幺电抗为

$$X_{l2}^* = x_0 l_2 \frac{S_d}{U_d^2} = 0.08 \times 0.5 \times \frac{100}{6.3^2} = 0.101$$

等值电路图如图 3-7 所示。图中元件上部的分数，分子表示该元件的编号，分母表示各元件的标幺电抗。

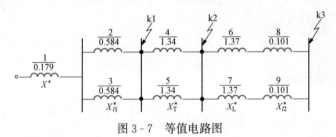

图 3-7 等值电路图

k1 点短路时短路电流

$$I_{k1}^* = \frac{1}{X_\Sigma^*} = \frac{1}{X_s^* + \dfrac{X_{l1}^*}{2}} = \frac{1}{0.179 + \dfrac{0.584}{2}} = 2.12$$

$$I_{k1}^{(3)} = I_{k1}^* I_{d1} = 2.12 \times 1.56 = 3.31 \text{(kA)}$$

$$i_{sh1} = 2.55 \times 3.31 = 8.44 \text{(kA)}$$

$$I_{sh1} = 1.52 \times 3.31 = 5.03 \text{(kA)}$$

$$S_{k1} = 100 \times 2.12 = 212 \text{(MVA)}$$

k2 点短路时短路电流

$$I_{k2}^* = \frac{1}{X_s^* + \dfrac{X_{l1}^*}{2} + \dfrac{X_T^*}{2}} = \frac{1}{0.179 + \dfrac{0.584}{2} + \dfrac{1.34}{2}} = 0.876$$

$$I_{k2}^{(3)} = I_{k2}^* I_{d2} = 0.876 \times 9.16 = 8.02 \text{(kA)}$$

$$i_{sh2} = 2.55 \times 8.02 = 20.5 \text{(kA)}$$

$$I_{sh2} = 1.52 \times 8.02 = 12.2 \text{(kA)}$$

$$S_{k2} = 100 \times 0.876 = 87.6 \text{(MVA)}$$

k3 点短路时短路电流

$$I_{k3}^* = \frac{1}{X_s^* + \dfrac{X_{l1}^*}{2} + \dfrac{X_{l2}^*}{2} + \dfrac{X_T^*}{2} + \dfrac{X_L^*}{2}} = \frac{1}{0.179 + \dfrac{0.584}{2} + \dfrac{0.101}{2} + \dfrac{1.34}{2} + \dfrac{1.37}{2}} = 0.533$$

$$I_{k3}^{(3)} = 0.533 \times 9.16 = 4.88 \text{(kA)}$$

$$i_{sh3} = 2.55 \times 4.88 = 12.4 \text{(kA)}$$

$$I_{sh3} = 1.52 \times 4.88 = 7.49 \text{(kA)}$$

$$S_{k3} = 100 \times 0.533 = 53.3 \text{(MVA)}$$

第四节　两相和单相短路电流计算

对于工矿企业的供电系统，除了需要计算三相短路电流，还需要计算两相和单相短路电流，用于继电保护灵敏度的校验。对于两相和单相短路这种不对称的故障，一般要采用对称分量法来进行分析和计算，但对于无限大容量供电系统的两相短路电流和单相短路电流，可采用实用计算方法。

一、两相短路电流的计算

对于如图 3-8 所示的无限大容量供电系统发生两相短路，其短路电流的计算式为

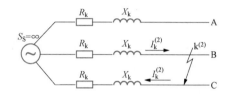

$$I_k^{(2)} = \frac{U_{av}}{2X_k} = \frac{U_d}{2X_k} \qquad (3\text{-}56)$$

图 3-8　无限大容量供电系统发生两相短路

式中　X_k——短路回路一相电抗值。

将式（3-56）和式（3-24）相比，可得两相短路电流与三相短路电流的关系，并同样适用于冲击短路电流，即

$$I_k^{(2)} = \frac{\sqrt{3}}{2} I_k^{(3)} \qquad (3\text{-}57)$$

$$i_{sh}^{(2)} = \frac{\sqrt{3}}{2} i_{sh}^{(3)} \qquad (3\text{-}58)$$

$$I_{sh}^{(2)} = \frac{\sqrt{3}}{2} I_{sh}^{(3)} \qquad (3\text{-}59)$$

因此，无限大容量供电系统中发生短路时，两相短路电流较三相短路电流小。对于工矿企业供电系统，最小运行方式下线路末端的两相短路电流（简称最小两相短路电流）常用来校验继电保护装置的灵敏度。

二、单相短路电流的计算

在工程计算中，大接地电流系统或低压三相四线制系统发生单相短路时，单相短路电流的计算式为

$$I_k^{(1)} = \frac{U_{av}}{\sqrt{3}X_{p0}} = \frac{U_d}{\sqrt{3}X_{p0}} \qquad (3\text{-}60)$$

式中　U_{av}——短路点的平均额定电压；

　　　U_d——短路点所在电压等级的基准电压；

　　　X_{p0}——单相短路回路中，相线与大地或中性线的总电抗。

因 X_{p0} 比线路短路电抗值 X_k 大，所以在无限大容量供电系统或远离发电机发生单相短路时，单相短路电流较三相短路电流小。

第五节　大功率电动机对短路电流的影响

供电系统的负荷主要是异步电动机和同步电动机。当系统突然发生三相短路时，由于电网电压急剧下降，当运行的电动机距短路点较近时，可使正在运行的电动机的反电动势大于电网电压，电动机变为发电运行状态，成为一个附加电源，向短路点馈送电流。

一、同步电动机

同步电动机的运行状态分过激磁和欠激磁。在过激磁状态下，当短路时，其次暂态电动势 E'' 大于外加电压，不论短路点在何处，都可作为发电机看待。对于欠激磁的同步电动机，只有在短路点很近，电压降低相当多时，才能变为发电机，向短路点供给短路电流。一般在同一地点同步电动机总容量大于 1000kW 时，才作为附加电源考虑。

同步电动机所供给的短路电流计算方法与同步发电机相同，但是同步电动机的次暂态电抗与同步发电机不同，计算时应单独进行。次暂态电抗值可选用如表 3 - 5 所示的平均值。

表 3 - 5　　　　　　　　X'' 和 E'' 的平均值（额定情况下的标幺值）

电　机　类　别	X''	E''	电　机　类　别	X''	E''
汽轮发电机	0.125	1.08	同步电动机	0.2	1.10
水轮发电机（有阻尼绕组）	0.2	1.13	同步补偿机	0.2	1.20
水轮发电机（无阻尼绕组）	0.27	1.18	异步电动机	0.2	0.90

由于同步电动机一般是凸极式的，其结构与有阻尼绕组的水轮发电机相似。若是带有强励磁者，则与发电机的自动电压调整器相似。因此，在计算同步电动机提供的短路电流周期分量标幺值时，可查相应的水轮机计算曲线；对于同步补偿机，因其结构与汽轮发电机相似，计算同步补偿机提供的可查后者的相关计算曲线。

由于同步电动机的时间常数 T_M 与制作计算曲线时所采用的标准发电机的时间常数 T_G 相差很大，故不能用实际短路时间 t 查曲线，而应当采用换算时间 t'，t' 可由计算式求得，即

$$t' = t \frac{T_G}{T_M} \qquad (3 - 61)$$

制作计算曲线时，发电机标准时间常数 T_G，对汽轮机取为 7s，对水轮机取为 5s。对于同步电动机，当定子开路时，激磁绕组的时间常数平均值约为 $T_M = 2.5s$，故有

$$t' = t \frac{5}{2.5} = 2t \qquad (3 - 62)$$

二、异步电动机

异步电动机的定子结构和同步电动机的定子是一样的，转子（以鼠笼式为例）的结构与同步电动机的阻尼绕组相似。因此，它对三相突然短路的反应好像是一个没有励磁绕组

的同步电动机。由于它的电阻相对于电抗较大，其短路电流的衰减与同步电动机次暂态电流的衰减一样迅速，故异步电动机的反电动势也称为次暂态电动势 E''，而把它的等值内电抗称为次暂态电抗 X''_M。图 3-9 所示是异步电动机的等值电路及相量图。

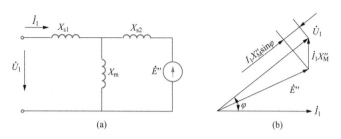

图 3-9 异步电动机的等值电路及相量图

(a) 等值电路图；(b) 相量图

异步电动机的次暂态电动势可由下式近似计算

$$\dot{E}'' = \dot{U}_1 - \dot{I}_1 X''_M \sin\varphi \tag{3-63}$$

式中，U_1、I_1、φ 分别为短路前异步电动机的定子电压、定子电流及其相角。

次暂态电抗的计算式为

$$X''_M = X_1 + \frac{X_2 X_m}{X_2 + X_m} \tag{3-64}$$

式中　X_1——定子漏抗；

　　　X_2——转子漏抗；

　　　X_m——定子与转子间的互感抗。

由等值电路图可看出，次暂态电抗 X''_M 就是电动机启动瞬时，转子不动，$E''=0$ 时，电动机的等值电抗。它可由启动时的电压和电流决定，以标幺值表示为

$$X''^*_M = \frac{U^*_{st}}{I^*_{st}} = \frac{1}{I^*_{st}} \tag{3-65}$$

式中　U^*——定子额定电压的标幺值，其值为 1；

　　　I^*_{st}——启动电流的标幺值，一般按 5 计算。

所以一般可取异步电动机的次暂态电抗标幺值为 $X''^*_M \approx \frac{1}{5} = 0.2$。

将式（3-63）化为标幺值形式，把 $X''^*_M \approx 0.2$ 代入，在额定状态下异步电动机的功率因数约为 $0.85 \sim 0.87$，其 $\sin\varphi \approx 0.5$，则得次暂态电动势标幺值 $E''=0.9$。

异步电动机在端头处短路时，端电压等于零，它所供给的起始次暂态电流为 E''^* / X''^*。由于没有单独的激磁绕组，其反电动势将迅速衰减，衰减时间常数约为百分之几秒，故它所供给的周期分量电流也将迅速衰减，所产生的非周期分量电流亦衰减很快。因此，只是在计算短路冲击电流时，才需要考虑异步电动机的影响。

电动机所供给的冲击电流 $i_{sh.M}$ 计算式为

$$i_{sh.M} = K_{sh}\sqrt{2}I''^* I_{M.N} = \sqrt{2}K_{sh}\frac{E''^*}{X''^*}I_{M.N} \tag{3-66}$$

式中　$I_{M.N}$——电动机额定电流；

　　　K_{sh}——电动机反馈电流冲击系数，对于高压电动机 $K_{sh}=1.4 \sim 1.6$，对于低压电

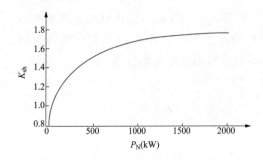

图 3-10 异步电动机冲击系数

动机 $K_{sh}=1$，异步电动机冲击系数如图 3-10 所示。

在计入异步电动机影响后的短路电流冲击值为

$$i_{sh.\Sigma}=i_{sh.G}+i_{sh.M} \qquad (3-67)$$

例 3-3 由无限大容量供电系统供电的某大型企业变电站 6kV 母线上，装有三组异步电动机，如图 3-11 所示。其中，$P_{M1.N}=$ 1000kW，$I_{M1.N}=114.5A$，经 1km 架空线路接于母线。$P_{M2.N}=P_{M3.N}=800kW$，$I_{M2.N}=I_{M3.N}=90.5A$，直接接于 6kV 母线。$S_{T.N}=5600kVA$，$U_k\%=7.5$。试求 k 点短路时的冲击电流。

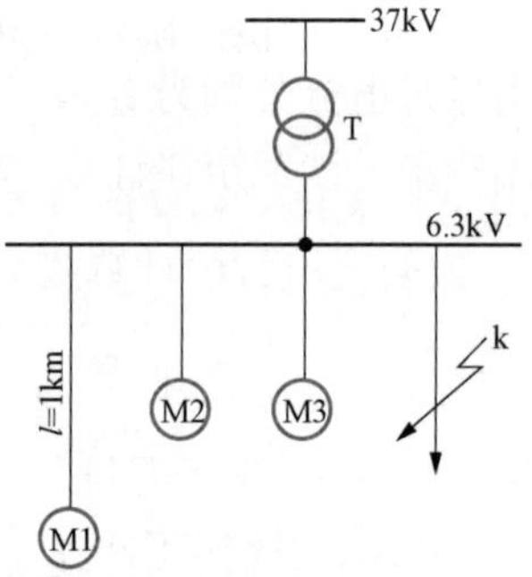

解 取 $S_d=S_{T.N}=5.6MVA$，则有

$$I_d=\frac{5.6}{\sqrt{3}\times6.3}=0.513(kA)$$

变压器电抗为

$$X_T^*=\frac{7.5}{100}\times\frac{5.6}{5.6}=0.075$$

k 点短路电流为

$$I_k^{(3)}=\frac{I_d}{X_T^*}=\frac{0.513}{0.075}=6.84(kA)$$

计入异步电动机 M1 的影响，设 $\cos\varphi=0.8$，X_{M1}'' 查表 3-5 为 0.2，其基准标幺电抗值为

图 3-11 例 3-3 计算图

$$X_{M1}''^*=X_{M1}''\frac{S_d}{S_{M1.N}}=0.2\times\frac{5.6}{\frac{1000}{0.8}\times10^{-3}}=0.9$$

1km 架空线的电抗标幺值为

$$X_l^*=0.4\times1\times\frac{5.6}{6.3^2}=0.056$$

M1 电动机至短路点 k 的总电抗标幺值为

$$X_{k1}^*=X_{M1}''^*+X_l^*=0.956$$

M1 电动机供给短路点 k 的短路电流冲击值为

$$i_{sh.M1}=\sqrt{2}\frac{E''^*}{X_{k1}^*}K_{sh}I_d=\sqrt{2}\times\frac{0.9}{0.956}\times1.6\times0.513=1.09(kA)$$

M2 和 M3 电动机向短路点 k 供给的短路电流冲击值为

$$i_{sh.M2,3}=2\frac{\sqrt{2}E''^*}{X_{M2}^*}K_{sh}I_{M2.N}=2\times\frac{\sqrt{2}\times0.9}{0.2}\times1.6\times0.0905=1.84(kA)$$

短路点 k 的总短路电流冲击值为

$$i_{sh\Sigma}=2.55I_k^{(3)}+i_{sh.M1}+i_{sh.M2,3}=2.55\times6.84+1.09+1.84=20.37(kA)$$

第六节 短路电流的电动力效应及热效应

短路电流通过导体和电气设备时，产生很大的电动力和大量的热，称为短路电流的电动力效应和热效应。电气设备和导体应在一定的条件下经受住短路电流力和热的作用，不至于被损坏或产生永久性变形。为了正确选择电气设备和载流导体，保证电气设备可靠工作，必须用短路电流的电动力效应和热效应对电气设备进行校验。

一、短路电流的电动力计算

1. 两平行载流导体间的电动力

如图 3 - 12 所示，对于两根无限细长平行导体，当通过电流分别为 i_1 和 i_2 时，其相互间的作用力可用毕奥—沙瓦定律计算，即

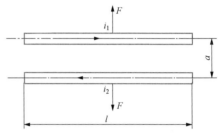

图 3 - 12　两平行导体间的作用力

$$F = \frac{2i_1 i_2 l}{a} \times 10^{-7} (\text{N}) \qquad (3 - 68)$$

式中　i_1、i_2——两导体中的电流瞬时值，A；

　　　　l——导体的两相邻支持点间的距离，m；

　　　　a——两平行导体轴线间的距离，m。

当考虑导体截面尺寸时，需乘以"形状系数"加以修正，即

$$F = 2K_s i_1 i_2 \frac{l}{a} \times 10^{-7} (\text{N}) \qquad (3 - 69)$$

式中　K_s——导体形状系数，对于矩形导体形状系数可查如图 3 - 13 所示的曲线求得。

形状系数曲线是 $\frac{a-b}{h+b}$ 和 $\frac{b}{h}$ 函数。图 3 - 13

表明：当 $\frac{b}{h}<1$ 时，$K_s<1$；当 $\frac{b}{h}>1$，$K_s>1$。当

$\frac{a-b}{h+b}$ 增大时，K_s 趋近于 1；当 $\frac{a-b}{h+b} \geqslant 2$ 时，$K_s = 1$，即不用考虑截面形状对电动力的影响。直接按式（3 - 68）计算两母线间的电动力。

2. 三相平行导体间的短路电动力

在供电系统时，三相平行导体布置在同一平面内，三相短路电流分别为 i_A、i_B、i_C，每两导体

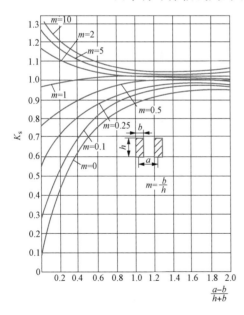

图 3 - 13　矩形导体形状系数曲线

间由磁场作用产生电动力，如图 3 - 14 所示。经分析可知，中间相导体 B 相受到的电动力最大。

三相短路时产生的最大电动力为

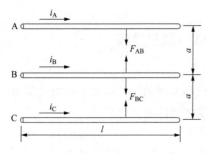

图 3-14 三相平行导体间的短路电动力

$$F_{Bm} = 1.73 K_s i_{sh}^2 \frac{l}{a} 10^{-7} (\text{N}) \qquad (3-70)$$

式中　K_s——形状系数；

　　　i_{sh}——三相短路电流冲击值，A。

对于成套电气设备，因其相邻支持点的距离 l、导线间的中心距 a、形状系数 K_s 均为定值，故最大电动力只与电流大小有关。因此，成套设备的动稳定性常用设备极限通过电流或动稳定电流 i_{es} 表示。当成套设备的允许极限通过电流峰值（或最大值）$i_{es} > i_{sh}$ 时，或极限通过电流有效值 $I_{es} > I_{sh}$ 时，设备的机械强度就能承受冲击电流的电动力，即电气设备的抗力强度合格；否则不合格，应按动稳定性要求重选。

二、短路电流的热效应

短路电流通过导体时，发热量大，时间短（一般不超过几秒），其热量来不及散入周围介质中去，可认为电阻损耗的热量全部用于导体温度的升高。导体最高发热温度 θ_m 与导体短路前的温度 θ、短路电流大小及短路时间的长短有关。在短路时间 t_k 内，短路电流在导体内产生的热量 Q_k 计算式为

$$Q_k = \int_0^{t_k} i_k^2 R_{av} \mathrm{d}t \qquad (3-71)$$

式中　i_k——短路全电流；

　　　R_{av}——导体的平均电阻；

　　　t_k——短路电流持续的时间。

短路全电流的幅值和有效值随时间而变化，这就使热平衡方程的计算十分困难和复杂。为了简化计算，一般采用等效方法计算，即用稳态短路电流来计算实际短路电流产生的热量。由于稳态短路电流不同于短路全电流，需要有一个等效时间，称为假想时间 t_i，在此时间内，稳态短路电流所产生的热量等于短路全电流 I_{kt} 在实际短路持续时间内所产生的热量，如图 3-15 所示。短路电流产生的热量的计算式为

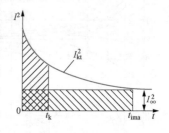

图 3-15　短路发热假想时间

$$Q_t = \int_0^{t_k} R_{av} I_{kt}^2 \mathrm{d}t = R_{av} I_\infty^2 t_i \qquad (3-72)$$

短路全电流由周期分量和非周期分量组成，为了与这两个分量的发热量相对应，假想时间 t_i 也应分成两部分，即

$$t_i = t_{i.pe} + t_{i.ap} \qquad (3-73)$$

式中　$t_{i.pe}$——短路电流周期分量的假想时间；

　　　$t_{i.ap}$——短路电流非周期分量的假想时间。

在无限大容量供电系统中，短路电流的周期分量恒等于稳态短路电流，则短路电流周期分量的假想时间 $t_{i.pe}$ 就是短路电流的持续时间 t_k。它等于继电保护动作时间 t_{op} 和断路器分闸时间 t_{br} 之和，即

$$t_k = t_{op} + t_{br} \qquad (3-74)$$

断路器的分闸时间 t_{br} 包括断路器的固有分闸时间和燃弧时间，可由产品样本中查到。在无限大容量供电系统中发生短路时，非周期分量假想时间计算式为

$$\int_0^{t_k} R_{av} i_{ap}^2 \mathrm{d}t = R_{av} I_\infty^2 t_{i.\,ap}$$

由于 $i_{ap} = \sqrt{2} I_\infty \mathrm{e}^{-\frac{t}{T_k}}$，代入上式得

$$\int_0^{t_k} R_{av} i_{ap}^2 \mathrm{d}t = R_{av} I_\infty^2 T_k (1 - \mathrm{e}^{-\frac{2t}{T_k}}) = R_{av} I_\infty^2 t_{i.\,ap}$$

即

$$t_{i.\,ap} = T_k (1 - \mathrm{e}^{-\frac{2t}{T_k}})$$

由于时间常数 T_k 通常很小，约为 0.05s，则非周期分量假想时间为

$$t_{i.\,ap} \approx 0.05 \tag{3-75}$$

当 $t_k > 1\mathrm{s}$ 时，非周期分量已衰减完毕，短路全电流对应的假想时间 t_i 就等于短路电流周期分量假想时间，即

$$t_i = t_{i.\,pe} = t_k \tag{3-76}$$

式（3-76）说明在无限大容量系统发生短路时，当短路时间大于 1s 时，假想时间就是短路持续时间。

短路电流产生的全部热量用于升高导体温度，且使导体达到极限温度，此时

$$Q_k = I_\infty^2 R_{av} t_i = I_\infty^2 \frac{l}{\gamma S_{min}} t_i = S_{min} l K \tag{3-77}$$

故得

$$S_{min}^2 = \frac{I_\infty^2}{K\gamma} t_i \tag{3-78}$$

即

$$S_{min} = I_\infty \frac{\sqrt{t_i}}{C} \tag{3-79}$$

式中　Q_k——短路电流在该导体内产生的总热量，$\mathrm{W \cdot s}$；

$\quad I_\infty$——三相短路稳定电流，A；

$\quad l$——导体长度，m；

$\quad \gamma$——导体平均电导率，$\mathrm{m/(\Omega \cdot mm^2)}$；

$\quad K$——截面 $1\mathrm{mm^2}$、长度 $1\mathrm{m}$ 的导体，温度升至最高允许温度所需热量，$\mathrm{Ws/(mm^2 \cdot m)}$；

$\quad S_{min}$——导体热稳定最小截面，$\mathrm{mm^2}$；

$\quad C$——导体热稳定系数，如表 3-6 所示。

表 3-6　　　　　　　　　　　　热稳定系数 C 值

母线材料	最高容许温度（℃）	C 值（$\mathrm{A \cdot \sqrt{s}/mm^2}$）	母线材料	最高容许温度（℃）	C 值（$\mathrm{A \cdot \sqrt{s}/mm^2}$）
铜	300	171	铝	200	87

将计算出的最小热稳定截面与选用的导体截面比较，当所选标准截面 $S \geqslant S_{min}$ 时，热稳定即合格。

对成套设备，因导体材料及截面 S 均已确定，达到允许极限温度所需要的热量，只与电流及其通过的时间有关，故产品样本中会给出该设备 t_{ts} 时间内的热稳定电流。因此，设备的热稳定性的校验式为

$$I_{ts}^2 t_{ts} \geqslant I_\infty^2 t_i$$

$$I_{ts} \geqslant I_\infty \sqrt{\frac{t_i}{t_{ts}}} \qquad\qquad (3-80)$$

式中　I_{ts}——设备在 t_{ts} 内能承受的热稳定电流，可由产品样本中查得，kA；

　　　t_{ts}——设备热稳定电流所对应的时间，由产品样本中查得，s；

　　　t_i——短路电流作用的假想时间，s；

　　　I_∞——稳态短路电流，kA。

第七节　设 计 计 算 实 例

例 3-4　按例 2-10 给定的条件，对图 2-13 所示的供电系统进行短路电流计算。要求计算出有关短路点最大运行方式下的三相短路电流、短路电流冲击值以及最小运行方式下的两相短路电流。

解题思路

根据例 2-10 列出短路电流计算所需的原始资料如下：该矿地面变电站 35kV 采用全桥接线，6kV 采用单母分段接线；主变压器型号为 35/6.3kV SZ13-10000 型，$U_k\% = 7.5$；地面低压变压器型号为 6/0.4kV S13-800 型，$U_k\% = 4.5$；35kV 电源进线为双回路架空线路，线路长度为 6.5km；系统电抗在最大运行方式下 $X^*_{s.min} = 0.12$，在最小运行方式下 $X^*_{s.max} = 0.22$。地面变电站 6kV 母线上的线路类型及线路长度如表 3-7 所示。

表 3-7　　　　　　　　　　地面变电站 6kV 母线上的线路类型及线路长度

序号	设备名称	电压（kV）	距 6kV 母线距离（km）	线路类型
1	主井提升	6	0.28	C
2	副井提升	6	0.2	C
3	扇风机 1	6	1.5	K
4	扇风机 2	6	1.5	K
5	压风机	6	0.36	C
6	地面低压	0.4	0.05	C
7	机修厂	0.4	0.2	C
8	洗煤厂	0.4	0.46	K
9	工人村	0.4	2	K
10	支农	0.4	2.7	K
11	井下 6kV 母线	6	0.65	C

注　C 表示电缆线路，K 表示架空线路。

本题要求对图 2-13 所示的供电系统进行短路计算，故根据短路计算的目的，首先要在图 2-13 上选定合理的短路计算点，并据此绘制等效短路计算图。对于工矿企业 35/(6~10) kV 供电系统，一般为无限大容量供电系统，正常运行方式常为全分列方式或一路使用、一路备用方式，电路相对简单，故可在等效短路计算图中直接进行阻抗的串、并联运算，以求得各短路点的等效总阻抗，进而求得各短路参数。本题可按以下四步求解。

（1）选取短路计算点并绘制等效计算图。

（2）选择计算各基准值。

（3）计算各元件的标幺电抗。

（4）计算各短路点的总标幺电抗与短路参数。

解　1. 选取短路计算点并绘制等效计算图

一般选取各线路始、末端作为短路计算点。线路始端的最大三相短路电流常用来校验电气设备的动、热稳定性，并作为上一级继电保护的整定参数之一；线路末端的最小两相短路电流常用来校验相关继电保护的灵敏度。故本题在图 2-13 中可选 35kV 母线、6kV 母线和各 6kV 出线末端为短路计算点。

由于本题 35/6kV 变电站正常运行方式为全分列方式，任意点的短路电流由系统电源通过本回路提供，且各短路点的最大、最小短路电流仅与系统的运行方式有关，故可画出图 3-16 所示的等效短路计算图。

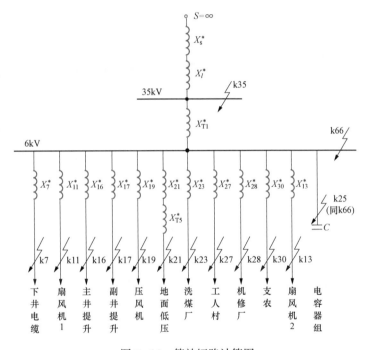

图 3-16　等效短路计算图

2. 选择计算各基准值

选基准容量 $S_d = 100\text{MVA}$，基准电压 $U_{d1} = 37\text{kV}$，$U_{d2} = 6.3\text{kV}$，$U_{d3} = 0.4\text{kV}$，则可求得各级基准电流为

$$I_{d1} = \frac{S_d}{\sqrt{3}U_{d1}} = \frac{100}{\sqrt{3} \times 37} = 1.5605(\text{kA})$$

$$I_{d2} = \frac{S_d}{\sqrt{3}U_{d2}} = \frac{100}{\sqrt{3} \times 6.3} = 9.1646(\text{kA})$$

$$I_{d3} = \frac{S_d}{\sqrt{3}U_{d3}} = \frac{100}{\sqrt{3} \times 0.4} = 144.3376(kA)$$

3. 计算各元件的标幺电抗

（1）电源的电抗

$$X_{s.max}^* = 0.22, X_{s.min}^* = 0.12$$

（2）变压器电抗

主变压器电抗 $\quad X_{T1}^* = \frac{U_k\%}{100} \frac{S_d}{S_{N.T1}} = \frac{7.5}{100} \times \frac{100}{10} = 0.75$

地面低压变压器电抗 $\quad X_{T5}^* = \frac{U_k\%}{100} \frac{S_d}{S_{N.T5}} = \frac{4.5}{100} \times \frac{100}{0.8} = 5.625$

（3）线路电抗

35kV 架空线路电抗 $\quad X_l^* = lx_0 \frac{S_d}{U_{d1}^2} = 6.5 \times 0.4 \times \frac{100}{37^2} = 6.5 \times 0.02922 = 0.1899$

下井电缆线路电抗 $\quad X_7^* = 0.65 \times 0.08 \times \frac{100}{6.3^2} = 0.65 \times 0.20156 = 0.131$

扇风机 1 馈电线路电抗 $\quad X_{11}^* = 1.5 \times 0.4 \times \frac{100}{6.3^2} = 1.5 \times 1.0078 = 1.5117$

扇风机 2 馈电线路电抗 $\quad X_{13}^* = 1.5 \times 1.0078 = 1.5117$

主井提升馈电线路电抗 $\quad X_{16}^* = 0.28 \times 0.20156 = 0.05644$

副井提升馈电线路电抗 $\quad X_{17}^* = 0.2 \times 0.20156 = 0.0403$

压风机馈电线路电抗 $\quad X_{19}^* = 0.36 \times 0.20156 = 0.0726$

地面低压馈电线路电抗 $\quad X_{21}^* = 0.05 \times 0.20156 = 0.0101$

洗煤厂馈电线路电抗 $\quad X_{23}^* = 0.46 \times 1.0078 = 0.4636$

工人村馈电线路电抗 $\quad X_{27}^* = 2 \times 1.0078 = 2.0156$

机修厂馈电线路电抗 $\quad X_{28}^* = 0.2 \times 0.20156 = 0.0403$

支农馈电线路电抗 $\quad X_{30}^* = 2.7 \times 1.0078 = 2.7211$

4. 计算各短路点的短路参数

（1）k35 点短路电流计算。

1）最大运行方式下的三相短路电流

$$X_{35.m}^* = X_{s.min}^* + X_l^* = 0.12 + 0.1899 = 0.3099$$

$$I_{35.m}^* = \frac{1}{X_{35.m}^*} = \frac{1}{0.3099} = 3.2268$$

$$I_{35.m}^{(3)} = I_{35.m}^* I_{d1} = 3.2268 \times 1.5605 = 5.03(kA)$$

$$i_{sh.35} = 2.55 I_{35.m}^{(3)} = 2.55 \times 5.03 = 12.83(kA)$$

$$I_{sh.35} = 1.52 I_{35.m}^{(3)} = 1.52 \times 5.03 = 7.65(kA)$$

$$S_{35} = I_{35.m}^* S_d = 3.2268 \times 100 = 322.68(MVA)$$

2）最小运行方式下的两相短路电流

$$X_{35.n}^* = X_{s.max}^* + X_l^* = 0.22 + 0.1899 = 0.4099$$

$$I_{35.n}^* = \frac{1}{X_{35.n}^*} = \frac{1}{0.4099} = 2.4396$$

$$I_{35.n}^{(3)} = I_{35.n}^* I_{d1} = 2.4396 \times 1.5605 = 3.78 (\text{kA})$$

$$I_{35.n}^{(2)} = 0.866 I_{35.n}^{(3)} = 0.866 \times 4.03 = 3.30 (\text{kA})$$

（2）k66 点短路电流计算。

1）最大运行方式下的三相短路电流

$$X_{66.m}^* = X_{35.m}^* + X_{T1}^* = 0.3099 + 0.75 = 1.0599$$

$$I_{66.m}^* = \frac{1}{X_{66}^*} = \frac{1}{1.0599} = 0.9435$$

$$I_{66.m}^{(3)} = I_{66.m}^* I_{d2} = 0.9435 \times 9.1646 = 8.65 (\text{kA})$$

$$i_{sh.66} = 2.55 I_{66.m}^{(3)} = 2.55 \times 8.65 = 22.06 (\text{kA})$$

$$I_{sh.66} = 1.52 I_{66.m}^{(3)} = 1.52 \times 8.65 = 13.15 (\text{kA})$$

$$S_{66} = I_{66.m}^* S_d = 0.9435 \times 100 = 94.35 (\text{MVA})$$

2）最小运行方式下的两相短路电流

$$X_{66.n}^* = X_{35.n}^* + X_{T1}^* = 0.4099 + 0.75 = 1.1599$$

$$I_{66.n}^* = \frac{1}{X_{66.n}^*} = \frac{1}{1.1599} = 0.8621$$

$$I_{66.n}^{(3)} = I_{66.n}^* I_{d2} = 0.8621 \times 9.1646 = 7.90 (\text{kA})$$

$$I_{66.n}^{(2)} = 0.866 I_{66.n}^{(3)} = 0.866 \times 7.90 = 6.84 (\text{kA})$$

（3）k′21 点短路电流计算（折算到 6kV 侧）。

1）最大运行方式下的三相短路电流

$$X_{21.m}^* = X_{66.m}^* + X_{21}^* + X_{T5}^* = 1.0599 + 0.0101 + 5.625 = 6.695$$

$$I_{21.m}^* = \frac{1}{X_{21.m}^*} = \frac{1}{6.695} = 0.1494$$

6kV 侧的短路电流参数

$$I_{21.m}^{(3)} = I_{21.m}^* I_{d2} = 0.1494 \times 9.1646 = 1.37 (\text{kA})$$

$$i_{sh.21} = 2.55 I_{21.m}^{(3)} = 2.55 \times 1.37 = 3.49 (\text{kA})$$

$$I_{sh.21} = 1.52 I_{21.m}^{(3)} = 1.52 \times 1.37 = 2.08 (\text{kA})$$

$$S_{21} = I_{21.m}^* S_d = 0.1494 \times 100 = 14.94 (\text{MVA})$$

2）最小运行方式下的两相短路电流

$$X_{21.n}^* = X_{66.n}^* + X_{21}^* + X_{T5}^* = 1.1599 + 0.0101 + 5.625 = 6.795$$

$$I_{21.n}^* = \frac{1}{X_{21.n}^*} = \frac{1}{6.795} = 0.1472$$

6kV 侧的最小两相短路电流为

$$I_{21.n}^{(3)} = I_{21.n}^* I_{d2} = 0.1472 \times 9.1646 = 1.35 (\text{kA})$$

$$I_{21.n}^{(2)} = 0.866 I_{21.n}^{(3)} = 0.866 \times 1.35 = 1.17 (\text{kA})$$

（4）井下母线短路容量计算（k7 点）。

井下 6kV 母线距井上 35kV 变电站的最小距离是：副井距 35kV 变电站距离＋井深＋距井下中央变电站的距离，即 $l_7 = 0.2 + 0.36 + 0.09 = 0.65$（km），其电抗标幺值为

$$X_{l7}^* = x_0 l_7 \frac{S_d}{U_{d2}^2} = 0.08 \times 0.65 \times \frac{100}{6.3^2} = 0.131$$

最大运行方式下井下母线短路的标幺电抗为

$$X_{\Sigma}^* = X_{s.\min}^* + X_{l1}^* + X_{T}^* + X_{l7}^* = 0.12 + 0.1899 + 0.75 + 0.131 = 1.1909$$

井下母线最大短路容量为

$$S_{k7} = \frac{1}{X_{\Sigma}^*} S_d = \frac{1}{1.1909} \times 100 = 83.97 (\text{MVA})$$

该值小于井下 6kV 母线上允许短路容量 100MVA，故不需要在地面加装限流电抗器。

其他短路点的计算与以上各点类似。各短路点的短路电流计算结果如表 3-8 所示。

表 3-8　　　　　　　　　　　　　短 路 电 流 计 算 结 果

短路点	最大运行方式下短路参数				最小运行方式下短路参数	
	$I_k^{(3)}$(kA)	$i_{sh}^{(3)}$(kA)	$I_{sh}^{(3)}$(kA)	$S_k^{(3)}$(MVA)	$I_k^{(3)}$(kA)	$I_k^{(2)}$(kA)
k35	5.03	12.83	7.65	322.68	3.78	3.30
k66	8.65	22.06	13.15	94.35	7.90	6.84
k25	8.65	22.06	13.15	94.35	7.90	6.84
k7	7.70	19.62	11.70	83.97	7.10	6.15
k11	3.56	9.08	5.41	38.89	3.43	2.97
k13	3.56	9.08	5.41	38.89	3.43	2.97
k16	8.21	20.94	12.48	89.58	7.54	6.53
k17	8.33	21.24	12.66	90.89	7.64	6.61
k19	8.09	20.63	12.30	88.30	7.44	6.44
k21	1.37	3.49	2.08	14.94	1.35	1.17
k23	6.02	15.35	9.15	65.64	5.65	4.89
k27	2.98	7.60	4.53	32.52	2.89	2.50
k28	8.33	21.24	12.66	90.89	7.64	6.61
k30	2.42	6.17	3.68	26.45	2.37	2.05

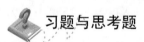

习题与思考题

3-1　无限大与有限容量供电系统有何区别？其短路暂态过程有何不同？

3-2　有人说三相电路中三相的短路电流非周期分量之和等于零，并且三相短路全电流之和也为零，这个结论是否正确？为什么？

3-3　在什么条件下，发生三相短路冲击电流值最大？若 A 相出现最大冲击短路电流，B、C 相的最大瞬时短路电流是多少？

3-4　什么是变压器的短路电压百分数？为什么它与变压器的短路阻抗百分数相同？

3-5　三相短路电流周期分量假想时间的物理意义是什么？

3-6　在标幺制法计算短路回路中各元件的标幺电抗时，必须选取一个统一的基准容量，其大小可以任意选定，而其基准电压必须采用该元件所在线路的平均电压，不得任意选取，原因何在？

3-7 在某一供电线路内，安装一台 $X_L\% = 5\%$（$I_{LN} = 150A$，$U_{LN} = 6kV$）的电抗器，现将这一电抗器用 $I_{LN} = 300A$ 的电抗器代替并要保持电抗值不变，问替换的电抗器的 $X_L\%$ 应该是多少？（①$U_{LN} = 6kV$，②$U_{LN} = 10kV$）

3-8 某一供电系统，母线电压为 $10.5kV$ 保持不变，有 n 条电缆出线并联到某一点，要求在该点的短路电流冲击值不大于 $30kA$。问 n 最大是多少？每条出线均串有电抗器限流，其参数如下：

电抗器 $U_{LN} = 10kV$，$I_{LN} = 200A$，$X_L\% = 4$；电缆 $l = 1500m$，$x_0 = 0.08\Omega/km$，$r_0 = 0.37\Omega/km$。

3-9 图3-17所示某供电系统中，电源容量为无限大。求 k1、k2、k3 点的短路电流、冲击电流和短路容量。

3-10 某企业供电系统简图如图3-18所示。主变压器并联运行。电源 S 为无限大容量，其余数据见供电系统简图。求 k 点发生三相短路时的 $I_k^{(3)}$、i_{sh} 和短路容量 S_∞。

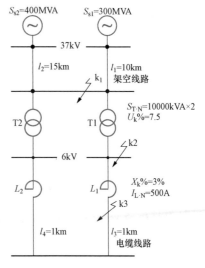

图3-17 习题3-9图

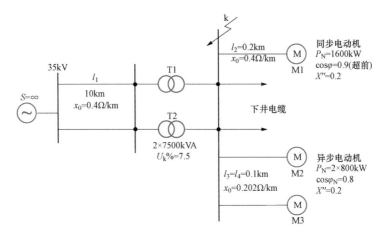

图3-18 习题3-10图

第四章　高压电气设备选择

电气设备选择是供电系统设计的主要内容之一，选择是否合理将直接影响整个供电系统的可靠运行。本章主要介绍高压电气设备的原理与选择方法。

第一节　电气设备选择的一般条件

对各种电气设备的基本要求是正常运行时安全可靠，短时通过短路电流时不致损坏，因此，电气设备必须按正常工作条件进行选择，按短路条件进行校验。

一、按正常条件选择

1. 按环境条件选择设备类型

电气设备在制造上分户内、户外两大类。户外设备的工作条件较恶劣，各方面要求较高，成本也高。户内设备不能用于户外，户外设备虽可用于户内，但不经济。此外，选择电气设备时，还应根据实际环境条件考虑防水、防火、防腐、防尘、防爆以及高海拔地区或湿热带地区等方面的要求。

2. 按电网额定电压选择电气设备的额定电压

高压电气设备最高允许运行的电压为 $(1.1 \sim 1.15) U_N$，电网最高允许运行的电压为 $1.1 U_{NS}$，电气设备的额定电压 U_N 应不小于装设处电网的额定电压 U_{NS}，即

$$U_N \geqslant U_{NS} \tag{4-1}$$

我国普通电器额定电压标准是按海拔 1000m 设计的。如果使用在高海拔地区，应选用适用于高海拔地区的设备或采取某些必要的措施增强电器的外绝缘。

3. 按最大长时负荷电流选择电气设备的额定电流

电气设备的额定电流 I_N 应不小于通过它的最大长时负荷电流 $I_{lo.m}$（或计算电流 I_{ca}），即

$$I_N \geqslant I_{lo.m} \tag{4-2}$$

电气设备的额定电流是指规定环境温度为 +40℃ 时，设备长期允许通过的最大电流。如果电器周围环境温度与额定环境温度不同时，应对额定电流值进行修正。当高于 +40℃ 时，每增高 1℃，额定电流减少 1.8%。当低于 +40℃ 时，每降低 1℃，额定电流增加 0.5%，但总的增加值不得超过额定电流的 20%。

若已知电气设备的最高允许工作温度，当环境最高温度高于 40℃，但不超过 60℃ 时，

额定电流也可按下式修正

$$I_{N\theta} = I_N \sqrt{\frac{\theta_{al} - \theta_0'}{\theta_{al} - \theta_0}} = I_N K_\theta \qquad (4-3)$$

式中　θ_{al}——设备允许最高工作温度,℃;

　　　θ_0'——实际环境年最高空气温度,℃;

　　　θ_0——额定环境空气温度,电器设备为 40℃,导体为 25℃;

　　　K_θ——环境温度修正系数,$K_\theta = \sqrt{\frac{\theta_{al} - \theta_0'}{\theta_{al} - \theta_0}}$;

　　　$I_{N\theta}$——实际环境温度下电气设备允许通过的额定电流。

选电气设备时,应使修正后的额定电流 $I_{N\theta}$ 不小于所在回路的最大长时负荷电流 $I_{lo.m}$,即

$$K_\theta I_N \geqslant I_{lo.m} \qquad (4-4)$$

二、按短路情况校验

按正常条件选择的电气设备,当短路电流通过时应保证各部分发热温度和所受电动力不超过允许值,因此必须按短路情况进行校验。

1. 热稳定校验

短路电流通过电气设备时,设备的各部件温度(或发热效应)应不超过短时允许发热温度。即

$$Q_{ts} \geqslant Q_k \qquad (4-5)$$

或
$$I_{ts}^2 t_{ts} \geqslant I_\infty^2 t_i \quad (t_1 + t_2) \qquad (4-6)$$

或
$$I_{ts} \geqslant I_\infty \sqrt{\frac{t_i}{t_{ts}}} \qquad (4-7)$$

式中　Q_{ts}——电气设备允许通过的短时热效应,$kA^2 \cdot s$;

　　　Q_k——短路电流产生的热效应,$kA^2 \cdot s$;

　　　I_{ts}——电气设备的额定热稳定电流,可由产品手册查得,kA;

　　　t_{ts}——电气设备额定热稳定电流所对应的热稳定时间,可由产品手册查得,s;

　　　I_∞——稳态短路电流,kA;

　　　t_i——假想时间,s。

2. 动稳定校验

短路电流通过电气设备时,电气设备各部件应能承受短路电流所产生的机械力效应,不发生变形损坏,即

$$i_{es} \geqslant i_{sh} \qquad (4-8)$$

或
$$I_{es} \geqslant I_{sh} \qquad (4-9)$$

式中　i_{es}、I_{es}——电气设备额定动稳定电流峰值及其有效值,kA;

　　　i_{sh}、I_{sh}——短路冲击电流峰值及其有效值,kA。

常用高压电气设备的选择与校验项目如表 4-1 所示。

表 4 - 1   常用高压电气设备的选择与校验项目

项　　目	额定电压（kV）	额定电流（A）	额定开断电流（kA）	短路稳定性	
				热稳定	动稳定
母线		√		√	√
电缆	√	√		√	
绝缘子	√	√			√
穿墙套管	√	√		√	√
隔离开关	√	√		√	√
负荷开关	√	√	√	√	√
断路器	√	√	√	√	√
熔断器	√	√	√		
限流电抗器	√	√		√	√
避雷器	√				
电压互感器	√				
电流互感器	√	√		√	√

注   "√"表示选择此项。

第二节　开　关　电　弧

　　断路器切断通有电流的回路时，只要电源电压大于 $10\sim20\mathrm{V}$，电流大于 $80\sim100\mathrm{mA}$，在动、静触头分开瞬间，触头间隙就会出现电弧。此时，触头虽然已分开，但是电路中的电流通过电弧继续流通，只有熄灭电弧，电路才真正断开。本节介绍开关电弧的基本知识与灭弧方法。

一、电弧的产生

　　电弧的产生和维持是触头间隙中绝缘介质的中性质点（分子和原子）被游离的结果。游离是指中性质点转化为带电质点的现象。电弧的形成过程就是气态介质或液态介质高温气化后的气态介质向等离子体态的转化过程。因此，电弧是一种游离气体的放电现象。

　　强电场发射是触头间隙最初产生电子的主要原因。在触头刚分开的瞬间，间隙很小，间隙的电场强度很大，阴极表面的电子被电场力拉出而进入触头间隙成为自由电子。

　　电弧的产生是碰撞游离所致。阴极表面发射的电子和触头间隙原有的少数电子在强电场作用下，加速向阳极移动，并积累动能，当具有足够大动能的电子与介质的中性质点相碰撞时，产生正离子与新的自由电子，这种现象不断发生的结果，使触头间隙中的电子与正离子大量增加，它们定向移动形成电流，介质绝缘强度急剧下降，间隙被击穿，电流急剧增大，出现光效应和热效应而形成电弧。

　　热游离维持电弧的燃烧。电弧形成后，弧隙温度剧增，可达 $6000\sim10000℃$ 以上。在高温作用下，弧隙中性质点获得大量的动能，且热运动加剧，当其相互碰撞时，产生正离子与自由电子。这种由热运动而产生的游离叫热游离。一般气体热游离温度为 $9000\sim$

10000℃，金属蒸气热游离温度为 4000～5000℃。因此热游离足以维持电弧持续燃烧。

二、电弧的熄灭

在中性质点发生游离的同时，还存在着使带电质点不断减少的去游离。去游离的主要形式是复合与扩散。

1. 复合

复合是指异性带电质点彼此的中和现象。复合速率与下列因素有关：

（1）带电质点浓度越大，复合几率越高。当电弧电流一定时，弧截面越小或介质压力越大，带电质点浓度也越大，复合就强。故开关电器采用小直径的灭弧室，可以提高弧隙带电质点的浓度，增强灭弧性能。

（2）电弧温度越低，带电质点运动速度越慢，复合就容易。故加强电弧冷却，能促进复合。在交流电弧中，当电流接近零时，弧隙温度骤降，此时复合特别强烈。

（3）弧隙电场强度小，带电质点运动速度慢，复合的可能性就增大。所以提高开关电器的开断速度，对复合有利。

2. 扩散

扩散是指带电质点从弧隙逸出进入周围介质中的现象。扩散去游离主要有两种：

（1）温度扩散。弧隙与其周围介质的温差越大，扩散越强。用冷却介质吹弧，或电弧在周围介质中运动，都可增大电弧与周围介质的温差，加强扩散作用。

（2）浓度扩散。电弧与周围介质离子的浓度相差越大，扩散就越强烈。

当游离大于去游离时，电子与离子浓度增加，电弧加强；当游离与去游离相等时，电弧稳定燃烧；当游离小于去游离时，电弧减少以致熄灭。所以要促使电弧熄灭就必须削弱游离作用，加强去游离作用。开关电器的各式灭弧装置就是综合利用上述原理灭弧，能迅速而有效地熄灭短路电流产生的强大电弧。

三、交流电弧的开断

交流电弧电流每个周期有两个自然过零点。在电流过零时，电弧暂时熄灭。因此熄灭交流电弧，就是让交流电弧过零后不重燃。

交流电弧过零时自然熄灭，过零后是否重燃，取决于电源加在弧隙上的恢复电压与弧隙介质耐压能力的恢复情况。

弧隙介质强度恢复过程是指电弧电流过零时电弧熄灭，而弧隙的绝缘能力要经过一定时间才能恢复到绝缘的正常状态的过程。此过程主要由开关电器灭弧装置的结构和灭弧介质的性质决定。

弧隙电压恢复过程是指电弧电流过零时电弧熄灭，电源电压施加于弧隙上的电压将从不大的熄弧电压逐渐增大直到电源电压的过程。此过程主要取决于线路电路参数（电阻、电容、电感）和负荷性质，一般电阻性电路的电弧最易熄灭。

交流电弧的熄灭条件是，交流电弧过零后，弧隙介质强度恢复过程永远大于弧隙电压恢复过程。

四、灭弧的基本方法

灭弧的基本方法就是加强去游离提高弧隙介质强度的恢复过程，或改变电路参数降低弧隙电压的恢复过程。目前开关电器的主要灭弧方法有下面 8 种。

1. 利用介质灭弧

弧隙的去游离过程，在很大程度上取决于电弧周围灭弧介质的特性。六氟化硫（SF_6）气体是很好的灭弧介质，其电负性很强，能迅速吸附电子而形成稳定的负离子，有利于复合去游离，其灭弧能力比空气约强 100 倍。真空（压强在 0.013Pa 以下）也是很好的灭弧介质，因真空中的中性质点很少，不易于发生碰撞游离，且真空有利于扩散去游离，其灭弧能力比空气约强 15 倍。

采用不同介质可以制成不同的开关电器，如断路器，可制成油断路器、六氟化硫断路器和真空断路器。

2. 利用气体或油吹动电弧

吹弧使弧隙带电质点扩散和冷却。在高压断路器中利用各种灭弧室结构形式，使气体或油产生巨大的压力并有力地吹向弧隙。吹弧方式主要有纵吹与横吹两种。纵吹是吹动方向与电弧平行，它促使电弧变细。横吹是吹动方向与电弧垂直，它把电弧拉长并切断。

3. 采用特殊的金属材料作灭弧触头

采用熔点高、导热系数和热容量大的耐高温金属作触头材料，可减少热电子发射和电弧中的金属蒸气，得到抑制游离的作用。同时采用的触头材料还要求有较高的抗电弧、抗熔焊能力。常用触头材料有铜钨合金、银钨合金等。

4. 电磁吹弧

电弧在电磁力作用下产生运动的现象，叫电磁吹弧。由于电弧在周围介质中运动，与气吹有同样效果，从而达到熄弧的目的。这种灭弧的方法在低压开关电器中应用得更为广泛。

5. 使电弧在固体介质的狭缝中运动

此种灭弧的方式又叫狭缝灭弧。由于电弧在介质的狭缝中运动，一方面受到冷却，加强了去游离作用；另一方面电弧被拉长，弧径被压小，弧电阻增大，促使电弧熄灭。

6. 将长弧分隔成短弧

当电弧经过与其垂直的一排金属栅片时，长电弧被分割成若干段短弧，而短弧的电压降主要降落在阴、阳极区内，如果栅片的数目足够多，使各段维持电弧燃烧所需的最低电压降的总和大于外加电压时，电弧就自行熄灭。另外，在交流电流过零后，由于近阴极效应，每段弧隙介质强度骤增到 150～250V，采用多段弧隙串联，可获得较高的介质强度，使电弧在过零熄灭后不再重燃。

7. 采用多断口灭弧

高压断路器每相由两个或多个断口串联，使得每一断口承受的电压降低，相当于触头分断速度成倍地提高，使电弧迅速拉长，对灭弧有利。

8. 提高断路器触头的分断速度

提高触头的分断速度，就提高了拉长电弧的速度，有利于电弧冷却复合和扩散。

第三节　高压开关设备选择

高压开关设备主要有高压断路器、高压隔离开关、高压熔断器和高压负荷开关等。

一、高压断路器的选择

高压断路器（QF）是供电系统中最重要的设备之一。它有完善的灭弧装置，是一种专门用于断开或接通电路的开关设备。它在正常运行时把设备或线路接入或退出运行，起着控制作用；当设备或线路发生故障时，能快速切除故障回路，保证无故障部分正常运行，起着保护作用。

（一）高压断路器种类

高压断路器按其灭弧介质主要分为油断路器、六氟化硫断路器和真空断路器等。

1. 油断路器

油断路器按其用油量的多少分为多油与少油两种。多油断路器中的油起着绝缘与灭弧两种作用，少油断路器中的油只作为灭弧介质。当断路器跳闸时，产生电弧，在油流的横吹、纵吹及机械运动引起油吹的综合作用下，使电弧迅速熄灭。

由于油断路器开断性能差和油的易燃易爆性而正在逐渐被淘汰。新建变电站一般选用真空断路器或六氟化硫断路器。

2. 六氟化硫断路器

六氟化硫断路器是利用六氟化硫（SF_6）气体作为绝缘和灭弧介质的断路器，是 20 世纪 50 年代后发展起来的一种新型断路器。由于 SF_6 气体具有优良的绝缘性能和灭弧特性，SF_6 断路器发展较快，可以在 $6\sim500kV$ 系统使用，目前主要用在 110kV 及以上的电力系统中。

SF_6 断路器灭弧室的结构形式有压气式、自能灭弧式（旋弧式、热膨胀式）和混合灭弧式。我国生产的 LN1、LN2 型 SF_6 断路器为压气式灭弧结构，LW3 型户外式 SF_6 断路器采用悬弧式灭弧结构。SF_6 断路器操动机构主要采用弹簧、液压操动机构。

3. 真空断路器

真空断路器是利用真空作为绝缘和灭弧介质的断路器。真空断路器按安装地点分为户内式和户外式。真空断路器是变电站实现无油化改造的理想设备，目前主要用在 35kV 及以下供电系统中。

真空断路器的触头为圆盘状，被放置在真空灭弧室内，如图 4-1 所示。在触头刚分离时，由于真空中没有可被游离的气体，只有高电场发射和热电子发射使触头间产生真空电弧。电弧的温度很高，使金属表面形成金属蒸气，由于触头设计为特殊形状，在电流通过时产生一个横向磁场，使真空电弧在主触头表面切线方向快速移动，电弧自然过零时，电弧暂时熄灭，触头间的介质强度迅速恢复。电流过零后，外加电压虽然恢复，但触头间隙不会再被击穿，真空电弧在电流第一次过零时就能完成熄灭。

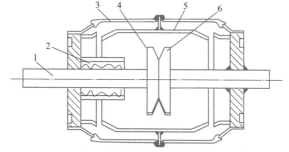

图 4-1　真空断路器的灭弧室结构

1—动触杆；2—波纹管；3—外壳；4—动触头；

5—屏蔽罩；6—静触头

（二）高压断路器选择

高压断路器除按电气设备的一般要求选择外，还必须按断路器的功能校验其额定断流容量（或开断电流）、额定关合电流等指标。

1. 按工作环境选型

断路器按灭弧介质主要分为油断路器、真空断路器、SF_6 断路器等类型，按安装地点又可分为户内和户外等。所以，选择高压断路器时，应根据各类断路器的特点及使用环境、条件选择其形式，特殊工作条件，尚需选择特殊形式（如隔爆型）。

2. 按所在的电网电压选择额定电压

高压断路器的额定电压，应不小于所在电网的额定电压，即

$$U_N \geqslant U_{NS} \tag{4-10}$$

式中　U_N——断路器的额定电压，kV；

　　　U_{NS}——所在电网的额定电压，kV。

3. 按所在回路最大长时负荷电流选择额定电流

高压断路器的额定电流，应不小于所在回路的最大长时负荷电流，即

$$K_\theta I_N \geqslant I_{lo.m} \tag{4-11}$$

式中　I_N——断路器的额定电流，A；

　　　K_θ——环境温度修正系数；

　　　$I_{lo.m}$——最大长时负荷电流（通过断路器的最大半小时平均负荷电流），A。

4. 断路器的热稳定校验

当短路电流通过高压断路器时，其各部件温度（或发热效应）应不超过短时允许发热温度，即

$$I_{ts}^2 t_{ts} \geqslant I_\infty^2 t_i \tag{4-12}$$

式中　I_{ts}——断路器的额定热稳定电流，kA；

　　　t_{ts}——断路器的额定热稳定时间，s；

　　　I_∞——稳态短路电流，kA；

　　　t_i——假想时间，s。

5. 断路器的动稳定校验

短路电流通过高压断路器时，其各部件应能承受短路电流通过时所产生的机械力效应，不发生变形损坏，即

$$\left. \begin{array}{l} i_{es} \geqslant i_{sh} \\ I_{es} \geqslant I_{sh} \end{array} \right\} \tag{4-13}$$

式中　i_{es}、I_{es}——断路器额定动稳定电流峰值及其有效值，kA；

　　　i_{sh}、I_{sh}——短路冲击电流峰值及其有效值，kA。

6. 高压断路器的开断能力校验

高压断路器必须可靠地切除通过它的最大短路电流。因此，其额定开断电流应不小于开断瞬间的最大短路电流，即

$$\left. \begin{array}{l} I_{Nbr} \geqslant I_{kt} \\ I_{Nbr} \geqslant I'' \end{array} \right\} \tag{4-14}$$

式中　I_{kt}——断路器开断瞬间流过断路器的短路电流有效值，kA；

I''——次暂态短路电流周期分量的有效值，kA。

一般的中速或低速断路器，开断时间较长（≥0.1s），在断路器开断时，短路电流的非周期分量衰减接近完毕，则开断短路电流的有效值不会超过次暂态短路电流周期分量的有效值 I''，故可按 I'' 来校验断路器开断能力。

7. 断路器的额定关合电流（i_{Ncl}）校验

断路器在合闸之前，若线路上已存在短路故障，则在断路器合闸过程中，动、静触头间在未接触时即有巨大的短路电流通过（预击穿），触头更容易熔焊和遭受电动力的损坏。为了保证断路器在关合短路电流时的安全，断路器的额定关合电流 i_{Ncl} 应不小于短路电流最大冲击值 i_{sh}，即

$$i_{Ncl} \geqslant i_{sh} \tag{4-15}$$

例 4-1 某无限大供电系统变电站主接线如图 4-2 所示，6kV 侧的总负荷为 12500kVA。在正常情况下，采用并联运行。变电站 35kV 设备采用室外布置，35kV 进线的继电保护动作时限为 2.5s。6kV 侧的变压器总开关（QF6、QF7）不设保护，变电站 35kV 与 6kV 母线的短路参数如表 4-2 所示。试选择变压器两侧的断路器（不考虑温度修正）。

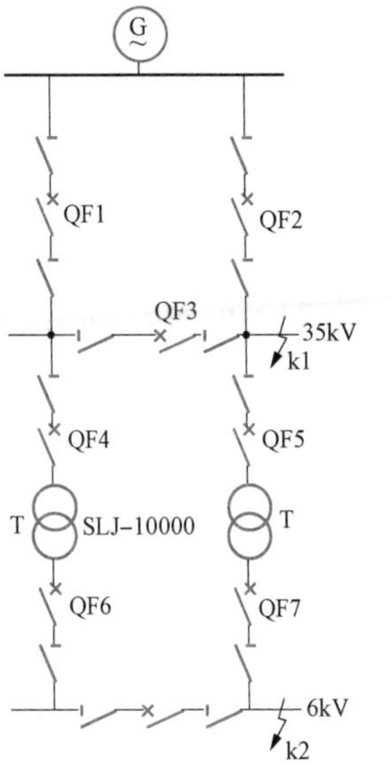

表 4-2　变电站 35kV 与 6kV 母线的短路参数

运行方式	35kV 母线 k1 点的三相短路电流		6kV 母线 k2 点的三相短路电流	
	I_∞(kA)	i_{sh}(kA)	I_∞(kA)	i_{sh}(kA)
并联运行	11.4	29.10	17.9	45.65
分列运行	6.95	17.72	9.40	23.97

图 4-2　某变电站主接线图

解　1. 按断路器的工作电压和电流选择断路器型号

QF5 及 QF7 断路器在正常情况下只负担全所总负荷的一半，但当一台变压器故障或检修时，另一台变压器要承担全部负荷，这样断路器的最大长时负荷电流为变压器的最大电流。由于变压器在电压降低 5% 时，出力可保持不变，故其相应回路的最大长时负荷电流应为变压器额定电流的 1.05 倍。所以 35kV 侧变压器回路中的最大长时负荷电流为

$$I_{1.lo.m} = \frac{1.05 S_{N.T}}{\sqrt{3} U_{N1}} = \frac{1.05 \times 10000}{\sqrt{3} \times 35} = 173.21 (A)$$

6kV 侧变压器回路中的最大长时负荷电流为

$$I_{2.lo.m} = \frac{1.05 S_{N.T}}{\sqrt{3} U_{N2}} = \frac{1.05 \times 10000}{\sqrt{3} \times 6} = 1010.36 (A)$$

所以 QF5 的工作电压为 35kV，最大长时负荷电流为 173.21A，布置在室外，初步选户外式真空断路器，型号为 ZW7-40.5 型，额定电压为 35kV，额定电流为 1250A。其技术参数如表 4-3 所示。

表 4 - 3 所选断路器的电气参数

型　号	额定电压 （kV）	额定电流 （A）	额定开断电流 （kA）	动稳定电流 （kA）	额定关合电流 （kA）	4s 热稳定电流 （kA）
ZW7-40.5	35	1250	25	63	63	25
ZN63A-12	6	1250	20	50	50	20

QF7 的工作电压为 6kV，最大长时负荷电流为 1010.36A，布置在室内，初步选用断路器为户内式真空断路器，型号为 ZN63A-12，额定电压为 6kV，额定电流为 1250A。其技术参数如表 4 - 3 所示。

2. 断路器校验

根据表 4 - 2 的短路参数，对选择的断路器进行动、热稳定性及其开断能力校验。由表 4 - 2 可知：当供电系统采用并联运行方式时，QF5 通过的短路电流最大，而 QF7 则是当系统采用分列运行方式时，通过的短路电流最大。应按照此短路情况进行动、热稳定及开断能力校验。

（1）断路器额定开断电流校验。

1）QF5 按并联运行 k1 点的最大短路电流校验，即

$$I_{Nbr} = 25kA > 11.4kA = I_{k1}^{(3)}$$

符合要求。

2）QF7 按分列运行 k2 点的最大短路电流校验，即

$$I_{Nbr} = 20kA > 9.4kA = I_{k2}^{(3)}$$

符合要求。

（2）动稳定校验。

1）QF5 按 k1 点并联运行的最大冲击电流校验，即

$$i_{es} = 63kA > i_{sh} = 29.10kA$$

符合要求。

2）QF7 按 k2 点分列运行的最大冲击电流校验，即

$$i_{es} = 50kA > i_{sh} = 23.97kA$$

符合要求。

（3）热稳定校验。

1）QF5 热稳定校验。由于变压器容量为 10000kVA，变压器设有差动保护，在差动保护范围内短路时，其为瞬时动作，继电器保护动作时限为 0，短路持续时间小于 1s，需要考虑非周期分量的假想时间。此时假想时间由断路器的全开断时间 0.1s 和非周期分量假想时间 0.05s 构成，即 $t_i = 0.1 + 0.05 = 0.15$（s）。当短路发生在 6kV 母线上时，差动保护不动作（因不是其保护范围），此时过流保护动作时限为 2s（比进线保护少一个时限级差 0.5s），短路持续时间大于 1s，此时假想时间由继电保护时间和断路器全开断时间构成，即 $t_i = 2.1s$。

故并列运行 k1 点短路，QF5 相当于 4s 的热稳定电流为

$$I_{ts} = I_\infty \sqrt{\frac{t_i}{4}} = 11.4 \times \sqrt{\frac{0.15}{4}} = 2.21(kA) < 25(kA)$$

符合要求。

在分列运行 k2 点短路时，QF5 相当于 4s 的热稳定电流为

$$I_{ts} = \frac{I_\infty}{n} \sqrt{\frac{t_i}{4}} = 9.4 \times \sqrt{\frac{2.1}{4}} \times \frac{6}{35} = 1.21(kA) < 25(kA)$$

符合要求。

2）QF7 的热稳定校验。因 QF7 的过流保护动作时限为 2s，$t_i = 2.1s$，在 k2 点短路时相当于 4s 的热稳定电流为（因为 6kV 侧的变压器总开关不设保护）

$$I_{ts} = I_\infty \sqrt{\frac{t_i}{4}} = 9.4 \times \sqrt{\frac{2.1}{4}} = 6.81(kA) < 20(kA)$$

符合要求。

（4）断路器额定关合电流校验。

1）QF5 按 k1 点并联运行的最大冲击电流校验，即

$$i_{es} = 63kA > i_{sh} = 29.1kA$$

符合要求。

2）QF7 按 k2 点分列运行的最大冲击电流校验，即

$$i_{es} = 50kA > i_{sh} = 23.97kA$$

符合要求。

QF5、QF7 各项指标均符合要求。故 QF5 可选用额定电流为 1250A 的 ZW7-40.5 型真空断路器，QF7 可选用额定电流为 1250A 的 ZN63A-12 型真空断路器。

二、高压负荷开关的选择

负荷开关（QL）是专门用于接通和断开负荷电流的开关设备。高压负荷开关有简单的灭弧装置和明显的断开点，可通断负荷电流和过负荷电流，又具有隔离开关的作用，但不能断开短路电流。在大多数情况下，负荷开关与熔断器一起使用，借助熔断器来切除故障电流，可广泛应用于城网和农村电网改造，主要用于 6~10kV 等级电网。

高压负荷开关按灭弧介质主要分为产气式、压气式、真空式和 SF_6 等类型，按安装地点分户内式和户外式两大类。

负荷开关结构简单、尺寸小、价格低，适合于无油化、不检修、要求频繁操作的场合，与熔断器配合可作为容量不大（400kVA 以下）或不重要用户的电源开关，以代替断路器。

负荷开关按额定电压、额定电流选择，按动、热稳定性进行校验。当配有熔断器时，应校验熔断器的断流容量，其动、热稳定性可不做校验。

三、高压隔离开关的选择

高压隔离开关（QS）的主要功能是隔离高压电源，以保证其他设备和线路的安全检修及人身安全。隔离开关断开后，具有明显的可见断开间隙，绝缘可靠。隔离开关没有灭弧装置，不能带电拉、合闸。与断路器配合使用时，必须保证隔离开关的"先通后断"，即送电时应先合隔离开关，后合断路器，停电时应先断开断路器，后断开隔离开关。通常应在隔离开关与断路器之间设置闭锁机构，以防止误操作。

隔离开关可用来通断一定的小电流，如励磁电路不超过 2A 的空载变压器、电容电流

不超过 5A 的空载线路及电压互感和避雷器电路等。

高压隔离开关按安装地点分为户内式和户外式两大类；按有无接地开关又可分为不接地、单接地、双接地三类。

隔离开关按电网电压、额定电流及环境条件选择，并按短路电流校验其动、热稳定性。

例 4-2 按图 4-2 的供电系统及计算出的短路参数选择 QF1 的隔离开关。已知上级变电站出线带有过流和横差功率方向保护。

解 （1）隔离开关选择。计算通过隔离开关的最大长时负荷电流 $I_{lo.m}$。当一条线路故障时，全部负荷电流都通过 QF1 的隔离开关，故最大长时负荷电流为

$$I_{lo.m} = \frac{S_{ca}}{\sqrt{3}U_N} = \frac{12500}{\sqrt{3}\times 35} = 206(A)$$

电压为 35kV，设备采用室外布置，故选用 GW5-35G/600 型户外式隔离开关。其主要技术数据如表 4-4 所示。

表 4-4 GW5-35G/600 型户外式隔离开关的技术数据

型　号	额定电压（kV）	额定电流（A）	动稳定电流（kA）	5s 热稳定电流（kA）
GW5-35G/600	35	600	50	14

由表 4-2 可知，k1 点短路电流的并联运行值的一半少于分列运行值，对于 QF1 两侧的隔离开关，流经它的最大短路电流，是 35kV 输电线路分列运行（QF3 处于断开状态），k1 点的短路电流值。

（2）动稳定校验。按供电系统分裂运行 k1 点的最大短路电流校验，即

$$i_{es} = 50kA > i_{sh} = 17.72kA$$

符合要求。

（3）热稳定校验。最严重的情况是线路不并联运行，所装横联差动保护撤出（其动作时限为零），即差动不起作用，当短路发生在 QF1 的隔离开关后，并在断路器 QF1 之前时，事故切除靠上一级的变电站的过流保护，继电器动作时限应比 35kV 进线的继电保护动作时限 2.5s 大一个时限级差，故 $t_{pr} = 2.5 + 0.5 = 3$（s），此时短路电流经过隔离开关的总时间为

$$t_k = t_i = t_{br} + t_{pr} = 0.1 + 3 = 3.1(s)$$

相当于 5s 的热稳定电流为

$$I_{ts} = I_\infty\sqrt{\frac{t_i}{5}} = 6.95\times\sqrt{\frac{3.1}{5}} = 5.47(kA) < 14(kA)$$

符合要求。故可选用额定电流为 600A 的 GW5-35G/600 型的隔离开关。

四、高压熔断器的选择

高压熔断器（FU）是一种过流保护元件，由熔件与熔管两部分组成。当过载或短路时，电流增大，其熔件熔断，达到切除故障保护设备的目的。

熔件通过的电流越大，其熔断时间越短。电流与熔断时间的关系曲线叫熔件的安-秒

特性曲线。在选择熔件时，除保证在正常工作条件下（包括设备启动时）熔件不熔断外，为了使保护具有选择性，还应使其安-秒特性符合保护选择性的要求。6～35kV 熔件的安-秒特性曲线如图 4-3 所示，当通过熔件电流小于 I 时，熔件不会被熔断。

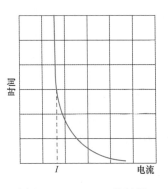

图 4-3　6～35kV 熔断器
熔件的安-秒特性曲线

1. 高压熔断器的种类

高压熔断器分户内与户外式，灭弧方式一种是熔管内壁采用产气材料，在电弧作用下分解出大量的气体，使熔管内气压剧增，达到灭弧目的，或利用所产气体吹弧，达到熄弧目的（如国产 RW4 型户外式跌落熔断器）。

另一种是利用石英砂作为灭弧介质，填充在熔管内，熔件熔断后，电弧与石英砂紧密接触，弧电阻很大起到了限制短路电流的作用，使电流未达到最大值时，电弧即可熄灭，所以又叫限流熔断器。国产 RN1-10、RN2-10 型及 RW9-35 型等均属此类产品。

国产 6～35kV 熔断器的熔件，其额定电流等级有 3.5、10、15、20、30、40、50、75、100、125、150、200A 等。

2. 高压熔断器的选择

高压熔断器除按工作环境条件、电网电压、长时最大负荷电流（对保护电压互感器的熔断器不考虑负荷电流）选择型号外，还必须校验熔断器的断流容量，即

$$I_{Nbr} \geqslant I'' \tag{4-16}$$

限流式的熔断器，不能用在低于其额定电压的电网上（10kV 熔断器不能用于 6kV 电网），以免熔件熔断时电弧电阻过大而出现截流过电压。

熔断器额定电流有两个，即熔件和熔管的额定电流，应按下式选取

$$I_{N.ft} \geqslant I_{N.fs} \geqslant I_{lo.m} \tag{4-17}$$

式中　$I_{N.ft}$——熔管额定电流（即熔断器额定电流），A；

　　　$I_{N.fs}$——熔件额定电流，A；

　　　$I_{lo.m}$——通过熔断器的最大长时负荷电流，A。

所选熔件应在最大长时负荷电流及设备启动电流的作用下不熔断，在短路电流作用下可靠熔断；要求熔断器特性应与上级保护装置的动作时限相配合（即动作要有选择性），以免保护装置越级动作，造成停电范围的扩大。

对保护变压器的熔断器熔件，其额定电流可按变压器额定电流的 1.5～2 倍选取。

五、高压开关柜的选择

高压开关柜属于高压成套配电装置。它是由制造厂按一定的接线方式将同一回路的开关电器、母线、计量表计、保护电器及操动机构等组装在一个金属柜中，成为一套完整的配电装置，成套供应用户。从而可以节约空间、方便安装、可靠供电，美化环境。在工矿企业 6～35kV 供电系统中，得到了广泛使用。

（一）高压开关柜的种类

高压开关柜按结构形式可分为固定式、移开式。固定式开关柜主要有 KGN、XGN 系

列，旧型号 GG-1A 型基本淘汰。移开式开关柜主要有 JYN、KYN 系列。移开式开关柜中没有隔离开关，因为断路器在移动后能形成断开点，故不需要隔离开关。

高压开关柜按作用分为进线柜、馈线柜、电压互感器柜、高压电容器柜（GR-1 型）、电能计量柜（PJ 系列）、高压环网柜（HXGN 型）等。

1. KYN 系列高压开关柜

KYN 系列金属铠装移开式开关柜是消化吸收国外先进技术，根据国内特点自行设计研制的新一代开关设备。KYN 型开关柜由手车室、母线室、电缆室、继电仪表室 4 部分组成。

当设备损坏或检修时可以随时拉出手车，再推入同类型备用手车，即可恢复供电，因此具有检修方便、安全、供电可靠性高等优点。

开关柜在结构设计上具有"五防"措施。所谓"五防"即防止误跳、合断路器，防止带负荷拉、合隔离开关，防止带电挂接地线，防止带接地线合隔离开关，防止人员误入带电间隔。

因为有"五防"连锁，故只有当断路器处于分闸位置时，手车才能抽出或插入；手车在工作位置时，一次、二次回路都连通。手车在试验位置时，一次回路断开，二次回路仍然接通；手车在断开位置时，一次、二次回路都断开。断路器与接地开关有机械连锁，只有断路器处于跳闸位置时，手车抽出，接地开关才能合闸；当接地开关在合闸位置时，手车只能推到试验位置，有效防止带接地线合闸。

2. XGN2-10 型开关柜

XGN2-10 型箱型固定式金属封闭开关柜是一种新型的产品，采用 ZN28A-10 型真空断路器和 GN30-10 型旋转式隔离开关，技术性能高，设计新颖。柜内仪表室、母线室、断路器室、电缆室分隔封闭，使之结构更合理、安全、可靠性能高，运行操作及检修维护方便。在柜与柜之间加装了母线隔离套管，避免了一柜故障而波及邻柜。

为了适应不同接线的要求，高压开关柜的一次回路由隔离开关、负荷开关、断路器、熔断器、电流互感器、电压互感器、避雷器、电容器等组成多种一次接线方案。各高压开关柜的二次回路则根据计量、保护、控制、自动装置与操动机构等各方面的不同要求也组成多种二次接线方案。为了选用方便，一、二次接线方案均有其固定的编号。

（二）高压开关柜的选择

1. 选择高压开关柜类型型号

主要根据负荷等级选择高压开关柜的类型及型号。一般情况下，一、二级负荷选择移开式开关柜，如 KYN2、JYN1 型开关柜，三级负荷可选择固定式开关柜，如 KGN 型开关柜。

2. 选择开关柜回路方案编号

每一种型号的开关柜，其回路方案号有几十种甚至上百种，可根据主接线方案选择相应的开关柜回路方案号。在选择二次接线方案时，应首先确定是交流还是直流控制，然后再根据柜的用途以及计量、保护、自动装置、操动机构的要求，选择二次接线方案编号。开关柜中的一次设备，必须按高压设备的要求进行校验合格。

第四节 母线及绝缘子选择

一、母线的选择

母线选择的项目主要包括母线选型、截面积选择以及动热稳定性校验。

（一）母线选型

母线选型包括材料、截面形状和布置方式。

母线材料有铜、铝、铝合金等。在选择母线材料时，应遵循"以铝代铜"的技术政策。铜母线只用于持续工作电流大，且出线位置特别狭隘或污秽对铝有严重腐蚀场所。

母线形状有矩形、管形和多股绞线等种类。35kV及以下高压开关柜的母线截面，通常选用硬铝矩形母线（LMY）。从散热条件、集肤效应、机械强度等因素综合考虑，矩形母线的高宽比通常采用为1/5～1/12。35kV及以上的室外母线，一般采用多股绞线（如钢芯铝绞线），并用耐张绝缘子串固定在构件上，使得室外母线的结构和布置简单，投资少，维护方便。由于管形铝母线具有结构紧凑，构架低，占地面积小，金属消耗量少等优点，在室外得到推广使用。

矩形母线的散热和机械强度与导体布置方式有关。平放布置机械强度高，但散热条件差，长时允许电流下降。当母线宽度大于60mm时，长时允许电流降低8%，小于60mm时则降低5%。

（二）母线截面积选择

汇流母线的截面积，一般按长时最大负荷电流选择，按短路条件校验其动、热稳定性。对年平均负荷较大，长度在20m以上的变压器回路导体，按经济电流密度选择截面积。

1. 按最大长时负荷电流选择母线截面积

按最大长时负荷电流选择母线截面积应满足

$$K_\theta I_{al} \geqslant I_{lo.m} \qquad (4-18)$$

设备所在环境温度为 θ'_0 时

$$K_\theta = \sqrt{\frac{\theta_{al} - \theta'_0}{\theta_{al} - \theta_0}}$$

式中 K_θ——环境温度修正系数；

     I_{al}——额定环境温度时的长时允许电流，A；

     θ_{al}——母线最高允许温度，一般为70℃，用超声波搪锡时，可提高到80℃；

     θ_0——额定环境温度，其值为25℃；

     θ'_0——所在环境最热月室内最高气温的月平均值，℃。

2. 按经济电流密度选择母线截面

按经济电流密度选择母线截面应满足

$$S_{ec} = \frac{I_{lo.m}}{J_{ec}} \qquad (4-19)$$

式中　S_{ec}——母线经济截面，mm^2；

　　　J_{ec}——经济电流密度，其大小与年最大负荷利用小时数 T_{max}、导体材料以及导体类型有关，A/mm^2。

（三）按短路条件进行校验

1. 母线热稳定性校验

所选母线的截面 S 应不小于最小热稳定截面 S_{min}，即

$$S \geqslant S_{min} = I_\infty \frac{\sqrt{t_i}}{C} \qquad (4-20)$$

式中　I_∞——稳态短路电流，A；

　　　t_i——假想时间，s；

　　　C——母线材料的热稳定系数，其数值由表 3-6 查得。

2. 母线动稳定性校验

母线在短路冲击电流电动力作用下，保证不会产生永久性变形或断裂，即母线材料允许应力 σ_{al} 应不小于短路电流作用母线上的电动应力 σ_{max}，即

$$\sigma_{al} \geqslant \sigma_{max} \qquad (4-21)$$

$$\sigma_{max} = \frac{M_{max}}{W} (N/m^2) \qquad (4-22)$$

式中　σ_{al}——母线材料允许应力，硬铜 $\sigma_{al} = 140MPa$，硬铝 $\sigma_{al} = 70MPa$；

　　　σ_{max}——母线短路时冲击电流 $i_{sh}^{(3)}$ 产生的最大计算应力；

　　　W——母线的抗弯矩，m^3。

对矩形母线，平放时　　　　　$W = bh^2/6$

　　　　　　　竖放时　　　　　$W = b^2h/6$

式中　b、h——母线宽度与高度。

当母线跨距数小于或等于 2 时，其所受的最大弯矩 M_{max} 为

$$M_{max} = \frac{F_{max}L}{8} (N \cdot m) \qquad (4-23)$$

式中　F_{max}——短路时母线每跨距导线所受的最大电动力，N；

　　　L——母线跨距，m。

当母线跨距数大于 2 时，其所受的最大弯矩 M_{max} 为

$$M_{max} = \frac{F_{max}L}{10} (N \cdot m) \qquad (4-24)$$

如母线动稳定性不符合要求时，可采取下列措施：增大母线之间的距离 a，缩短母线跨距，将竖放的母线改为平放，增大母线截面，更换为应力大的材料等。其中以减小跨距效果最好。

二、母线支柱绝缘子和套管绝缘子的选择

支柱绝缘子对母线起着支持、固定与绝缘等作用。母线穿过建筑物或其他物体时，必须用套管绝缘子绝缘。

（一）支柱绝缘子的选择

绝缘子按使用地点分户内式及户外式两种。支柱绝缘子应根据使用地点、母线电压选

择后，再按短路条件校验其动稳定性。

1. 额定电压选择

支柱绝缘子额定电压不小于所在电网的电压，即

$$U_N \geqslant U_{NS} \tag{4-25}$$

2. 支柱绝缘子动稳定性校验

按最大允许力 F_{al} 进行校验，即

$$F_{al} = 0.6F_{de} \geqslant KF_{max} \tag{4-26}$$

$$K = H_s/H$$

$$H_s = H + h/2$$

式中　F_{de}——支柱绝缘子的最大允许抗弯破坏负荷，N；

　　　0.6——考虑绝缘材料性能的分散性等的裕度系数；

　　　F_{max}——短路冲击电流的作用力，N；

　　　H_s——短路电流作用力的力臂；

　　　H——绝缘子抗弯力的力臂；

　　　K——换算系数，由于 H 与 H_s 不等，故应进行等值换算，换算系数 K 的说明图如图 4-4 所示。

（二）套管绝缘子的选择

套管绝缘子按是否带导体可分为普通型（本身带导体）和母线型（不带导体）两种类型。普通型套管绝缘子应按使用地点、额定电压、额定

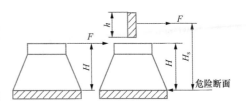

图 4-4　换算系数 K 的说明图

电流选择，并按短路条件校验其动、热稳定性。母线型套管绝缘子，因本身不带导体所以不按额定电流选，但应保证套管绝缘子形式与母线尺寸相配合。

套管绝缘子的额定电流是绝缘子内导体在环境温度为 40℃，最高发热温度为 80℃ 时的最大长时允许电流。当环境年最高温度（θ）高于 40℃，且低于 60℃ 时，允许电流值可按下式进行修正

$$I'_{al} = I_{al}\sqrt{\frac{80-\theta}{40}} \tag{4-27}$$

套管绝缘子的动稳定性校验，按其最大允许抗弯力进行校验，即

$$F_{max} \leqslant 0.6F_{de} \tag{4-28}$$

式中　F_{max}——按短路冲击电流计算的作用力，$L_c = (L_1 + L_2)/2$，L_1 为套管绝缘子与支柱绝缘子间的距离，L_2 为套管绝缘子自身的长度，N；

　　　F_{de}——由技术手册查得的允许抗弯破坏强度，N。

套管绝缘子的热稳定校验，应使其额定热稳定电流满足式

$$I_{ts} \geqslant I_\infty \sqrt{\frac{t_i}{t_{ts}}} \tag{4-29}$$

式中　t_{ts}——热稳定电流时间，对铜导体取 10s，对铝导体为 5s。

例 4-3　已知变电站内高压开关柜为 XGN2-12 型，变电站最热月室外最高气温月平均值为 42℃，最热月室内最高气温月平均值为 32℃，电源由母线中间引入。试选择变电

站 6kV 侧的母线截面、支柱绝缘子及由室外主变压器 6kV 侧引入配电室内的穿墙套管。已知穿墙套管与最邻近的一个支柱绝缘子的距离 $L_1=1.5\text{m}$，穿墙套管轴心距离为 0.25m。所用系统如图 4-2 所示，其他已知参数同例 4-2。

解 1. 母线选择

（1）母线截面选择。变压器 6kV 侧回路选用矩形铝母线，其最大长时负荷电流 $I_{lo.m}$ 为变压器二次侧最大长时负荷电流 $I_{2.lo.m}$ 再乘以分配系数 $K=0.8$（进线在母线中间）。其值为

$$I_{lo.m} = K \times I_{2.lo.m} = 0.8 \times 1010.36 = 808.29(\text{A})$$

选截面为 80mm×6.3mm 的矩形平放铝母线，其额定电流为 1100A（25℃）。

实际环境温度为 32℃时，其长时允许电流为

$$I'_{al} = I_{al}\sqrt{\frac{\theta_{al}-\theta}{\theta_{al}-25}} = 1100 \times \sqrt{\frac{70-32}{70-25}} = 1010.83(\text{A}) > 808.29(\text{A})$$

符合要求。

（2）母线动稳定性校验。XGN2 型配电柜宽 1m，柜间空隙为 0.018m，母线中心距为 0.25m。由于采用中间进线，故并联运行，母线端部发生短路时，母线所受的电动力最大。其数值为

$$F_{max} = 0.173 \times i_{sh}^2 \frac{L}{a} = 0.173 \times 45.65^2 \times \frac{1.018}{0.25} = 1468(\text{N})$$

母线的最大弯矩为

$$M_{max} = \frac{F_{max}L}{10} = \frac{1468 \times 1.018}{10} = 149(\text{Nm})$$

母线的短路电流产生最大电动应力为

$$\sigma_{max} = \frac{M_{max}}{W} = \frac{149}{80^2 \times 6.3 \times 10^{-9}/6} = 22 \times 10^6(\text{N/m}^2)$$

该值小于铝材料的允许弯曲应力 $70 \times 10^6 \text{N/m}^2$，故动稳定性符合要求。

（3）截面热稳定校验。

先求假想时间　　　$t_i = t_{pr} + t_{br} = 2 + 0.1 = 2.1(\text{s})$

查表 3-6 可得热稳定系数为 87，则最小热稳定截面为

$$S_{min} = I_\infty \frac{\sqrt{t_i}}{C} = 17900 \times \frac{\sqrt{2.1}}{87} = 298(\text{mm}^2)$$

最小热稳定截面 298mm² 小于所选铝母线截面 80×6.3＝494（mm²），故热稳定符合要求。

2. 支柱绝缘子的选择

因母线为单一矩形母线，且面积不大，故选用 ZNA-6 型户内式支柱绝缘子，其额定电压 6kV，破坏力为 3679N（＝375×9.81），故最大允许抗弯力 F_{al} 为

$$F_{al} = 0.6F_{de} = 0.6 \times 3679 = 2207(\text{N})$$

因母线为单一平放，其换算系数 $K \approx 1$，故

$$KF_{max} = 1 \times 1468 = 1468(\text{N}) < 2207(\text{N})$$

符合要求。

3. 套管绝缘子的选择

（1）型号选择。

由于变压器二次侧最大长时负荷电流为 1010.36A，电压为 6kV，故选用户外式铝导线的穿墙绝缘子，型号为 CWLB-10/1500。其技术参数如表 4-5 所示。

表 4-5　　　　　　　　　　CWLB-10/1500 型套管绝缘子技术参数

型号	额定电压 （kV）	额定电流 （A）	套管长度 （m）	最大允许破坏力 （N）	（5s）热稳定电流 （kA）
GWLB-10/1500	10	1500	0.6	7358	20

室外环境最高温度为 42℃时的长时允许电流为

$$I'_{al} = I_{al}\sqrt{\frac{\theta_{al} - \theta'_0}{40}} = 1500 \times \sqrt{\frac{80 - 42}{40}} = 1423(A) > 1010.36(A)$$

符合要求。

由表 4-2 可知，流过穿墙套管的最大短路电流应是系统采用分列运行方式时 k2 点的最大短路电流。

（2）动稳定校验。

计算跨距为　　　　　　$L_c = \frac{L_1 + L_2}{2} = \frac{1.5 + 0.6}{2} = 1.05(m)$

其电动力为

$$F_{max} = 0.173 \times i_{sh}^2 \frac{L_c}{a} = 0.173 \times 23.97^2 \times \frac{1.05}{0.25} = 417.5(N) < 0.6 \times 7358 \approx 4415(N)$$

符合要求。

（3）热稳定校验。

假想时间 $t_i = 2.1s$，稳态短路电流为 9.4kA，其热稳定电流为

$$I_{ts} \geq I_\infty \sqrt{\frac{t_i}{5}} = 9.4 \times \sqrt{\frac{2.1}{5}} = 6.1(kA) < 20(kA)$$

符合要求。

第五节　限流电抗器的选择

供电系统的短路电流随着电力系统的装机容量增加而增大。过大的短路电流不但使设备选择困难，而且也很不经济，因此对过大的短路电流必须加以限制，使所选设备经济合理。设计规程规定，企业内部 10kV 以下电力网中的短路电流，通常应限制在 20kA 的范围内，煤矿井下 6～10kV 高压母线上的短路容量则规定不允许超过 100MVA。

一、短路电流的限制方法

限制短路电流的措施就是增加短路回路的总电抗。

1. 改变供电系统的运行方式

对降压变电站主接线设计时，其低压侧母线采用分列运行方式，即所谓"母线硬分

段"接线方式，以提高低压母线短路回路的总阻抗，得到限制低压母线和低压馈电回路短路电流目的。其优点是不需要增加设备，继电保护简单。当此方案在技术上或效果上不能满足要求时，才考虑在供电回路人为增加短路回路电抗的方法。

2. 在回路中串入限流电抗器来增加短路回路总阻抗

普通限流电抗器是用铜芯或铝芯绝缘电缆绕制而成的多匝空芯线圈，不会出现磁饱和，其电感值（L）与通过线圈的电流大小无关，所以在正常运行和短路状态下，其 L 值将保持不变。将电抗器串联于线路首端，增加短路回路的总阻抗，保证供电线路发生短路时，将短路电流限制在所需要的范围以内。

分裂电抗器在结构上与普通电抗器相似，只是线圈中心有一个抽头，将电抗器分为两个分支。一般中心抽头接电源，分支接大小相等的两组负荷。它具有运行时通过负荷电流呈现电抗值小，通过短路电流呈现电抗值大的特点。

二、普通电抗器的选择

电抗器除了按一般条件选择外，还应进行电抗百分数选择和电压损失、残压等校验。

（一）电抗器的选择

1. 额定电压选择

按所在电网电压选电抗器的额定电压，满足

$$U_{L.N} \geqslant U_{NS} \tag{4-30}$$

式中　$U_{L.N}$——电抗器的额定电压，kV；

　　　U_{NS}——电抗器所在电网的额定电压，kV。

2. 额定电流选择

按所在线路的最大长时负荷电流选择电抗器的额定电流，满足

$$I_{L.N} \geqslant I_{lo.m} \tag{4-31}$$

式中　$I_{L.N}$——电抗器的额定电流，A；

　　　$I_{lo.m}$——线路的最大长时负荷电流，A。

3. 电抗百分值的选择

电抗器电抗百分值按短路电流限制到一定数值的要求来选择。设要求将电抗器后的短路电流限制到 I''，则电源到电抗器后的系统的总电抗标幺值为 $X_s^{*\prime} = I_d/I''$，设电源到电抗器前的系统原有电抗标幺值是 X_s^*，则所需电抗器的电抗标幺值为

$$X_L^* = \frac{I_d}{I''} - X_s^* \tag{4-32}$$

式中　I_d——基准电流，A；

　　　I''——装电抗器后系统次暂态短路电流，A；

　　　X_s^*——未装电抗器时系统原有电抗标幺值；

　　　X_L^*——电抗器电抗标幺值。

根据电抗器的额定电压、额定电流可计算出电抗器在额定参数下电抗值的百分值，即

$$X_L\% = X_L^* \frac{I_{L.N}}{I_d} \frac{U_d}{U_{L.N}} \times 100\% \tag{4-33}$$

式中　U_d——基准电压，kV；

$U_{\text{L.N}}$——电抗器的额定电压，kV；

$I_{\text{L.N}}$——电抗器额定电流，A。

（二）电抗器校验

1. 正常运行时电压损失校验

正常运行时，电抗器有一定的电压降，考虑到电抗器电阻很小，其电压损失主要由无功分量产生，为了使用户的端电压不致过分降低，其应满足

$$\Delta U\% = \frac{X_{\text{L}}\%}{100}\frac{I_{lo.\text{m}}}{I_{\text{L.N}}}\sin\varphi \leqslant 5\% \qquad (4-34)$$

式中 φ——回路负荷的功率因数角。

2. 母线残余电压校验

若出线电抗器回路未装速断保护，为减轻短路对其他用户的影响，当短路直接发生在电抗器后面时，母线残压应不小于所在电网电压的 $60\%\sim70\%$，即

$$\Delta U_{\text{re}}\% = X_{\text{L}}\%\frac{I_{\text{k}}}{I_{\text{N}}} \geqslant (60\% \sim 70\%) \qquad (4-35)$$

如果低于此值，则应选择 $X_{\text{L}}\%$ 大一级的电抗器，或者在出线上采用速断保护装置以减少电压降低的时间。

3. 动、热稳定校验

为了使动稳定性得到保证，应满足动稳定条件，即

$$i_{\text{es}} \geqslant i_{\text{sh}} \qquad (4-36)$$

式中 i_{es}——电抗器的动稳定电流，kA；

i_{sh}——电抗器后面三相短路冲击电流，kA。

为了使热稳定得到保证，应满足热稳定条件，即

$$I_{\text{ts}}\sqrt{t_{\text{ts}}} \geqslant I_{\infty}\sqrt{t_{\text{i}}} \qquad (4-37)$$

式中 I_{ts}——电抗器的额定热稳定电流，kA；

t_{ts}——电抗器的额定热稳定时间，s；

I_{∞}——稳态短路电流，kA；

t_{i}——假想时间，s。

第六节　互　感　器　选　择

互感器是电流互感器和电压互感器的合称，它是测量仪表、继电保护等二次设备获取一次回路信息的传感器。互感器将一次电路的大电流、高电压变成小电流（5A 或 1A）和低电压，以便使二次侧测量仪表和继电保护隔离高压电路以及小型化、标准化等。

互感器主要是电磁式的。电磁式互感器实质上是一种特殊的变压器，基本结构和工作原理与变压器基本相同，一次侧接在一次系统，二次侧接测量仪表和继电保护等。

非电磁型的新型互感器，如电子型、光电型等，正开始进入工业使用阶段。

一、电磁式电流互感器

电流互感器主要由一次绕组、铁芯和二次绕组构成，工作原理与变压器相似。其特点

如下。

（1）一次绕组匝数少且粗，有的型号还没有一次绕组，利用穿过其铁芯的一次电路作为一次绕组（相当于 1 匝），而二次绕组匝数很多，导体较细。

（2）一次绕组串接在一次电路中，二次绕组与仪表、继电器电流线圈串联，形成闭合回路，由于这些电流线圈阻抗很小，所以电流互感器二次回路接近短路状态。

（3）互感器等值总阻抗在一次回路中所占比重极小，其一次回路电流大小取决于其负荷电流的大小，而与互感器二次负荷无关，因此电流互感器可看作一恒流源。

电流互感器的额定电流比称为电流互感器的变比，用 K_i 表示，即

$$K_i = \frac{I_{N1}}{I_{N2}} \approx \frac{N_2}{N_1} \qquad (4-38)$$

式中　N_1、N_2——分别为电流互感器一次侧和二次侧的匝数。

（一）电流互感器误差和准确级

1. 电流互感器误差

电流互感器二次侧测量的 $\dot{I}_2'$ 与一次回路的 $\dot{I}_1$ 在大小和方向上有差别，这种差别称为电流互感器的测量误差。大小误差称为电流误差（f_i），方向误差称为角误差（δ_i）。

两种误差均与互感器的激磁电流、一次电流、二次负荷阻抗和阻抗角等的大小有关。电流误差可以使所有接于电流互感器二次回路的设备产生误差，角误差仅对功率型设备有影响。

2. 电流互感器准确级

根据测量的误差大小电流互感器可划分为不同的准确级。准确级是指在规定的二次负荷变化范围内，一次电流为额定值的最大电流误差。

电流互感器按功能分为计量用和保护用两类。计量用的电流互感器，当电路发生过流或短路时，铁芯应迅速饱和，以免二次电流过大，对仪表产生危害。保护用的电流互感器，当发生短路时，铁芯不应饱和，应能给继电保护提供较准确的短路电流，保证其可靠动作。

（二）常用电流互感器的类型

电流互感器的类型很多，按一次绕组匝数分有单匝（包括母线式、芯柱式、套管式）和多匝式（包括绕组式、绕环式、串级式），按用途有计量用和保护用两大类，按绝缘介质类型分有油浸式、环氧树脂浇注式、干式、SF_6 气体绝缘式等。但电流互感器均为单相式，以便于使用。

变电站及供电中常用的电流互感器有 LFC-10 型多匝穿墙式电流互感器，LDC-10 型单匝穿墙式电流互感器，LQJ-10 型环氧树脂浇注式电流互感器，LMC-10 母线型穿墙式电流互感器，LCW-35 型户外支持式电流互感器。

（三）电流互感器的选择

电流互感器除应按一般条件选择外，还应根据二次设备要求选择电流互感器的准确级和校验二次侧额定容量，对继电保护用的电流互感器应校验其 10％误差倍数。电流互感器的选择原则如下：

（1）额定电压应大于或等于电网额定电压。

（2）额定电流应大于或等于一次回路最大长时负荷电流，即

$$I_{N1} \geqslant I_{lo.m} \qquad (4-39)$$

（3）电流互感器的准确级应不小于二次侧所接仪表的准确级。

测量计量用的电流互感器二次绕组的准确级一般有 0.2，0.5，1.0，0.2S，0.5S 等。对测量准确度要求较高的大容量发电机、系统干线、发电企业上网电量等宜用 0.2 级；对于重要回路的互感器，准确级采用 0.2～0.5 级。

保护用电流互感器按用途分为稳态保护用（P 型）和暂态保护用（TP 型）两类。

P 型电流互感器的绕组主要是在系统发生短路故障时起作用，保护用 P 型电流互感器，准确级以该准确级在额定准确限值一次电流下的最大允许复合误差的百分数标称，其后标以"P"表示保护。

TP 型电流互感器是着重考虑瞬时性能的供保护用的互感器，具体分为 TPS、PX、TPY、TPZ 级。

测量和保护电流互感器的选择需要考虑一次电流校验（短路电流）及二次负荷的范围，以保证测量精度和电流互感器连接的保护设备在故障时正常工作。在选择保护用电流互感器准确级时，还应校验 10% 误差曲线，以保证在短路时电流误差不超过允许值。

（4）电流互感器的额定容量应不小于所接二次设备的容量，即

$$S_{N2} \geqslant S_{\Sigma 2} \qquad (4-40)$$

电流互感器的二次电流已标准化（5A 或 1A），故二次容量仅决定于二次负荷电阻 $R_{\Sigma 2}$。因 $S_{\Sigma 2} = I_2^2 R_{\Sigma 2}$，故得

$$R_{\Sigma 2} = K_{wc1} R_r + K_{wc2} R_L + R_c \qquad (4-41)$$

式中　K_{wc1}、K_{wc2}——接线系数，其值由电流互感器接线方式决定（参阅第六章第一节）；

　　　　R_r——二次回路所接仪表电阻；

　　　　R_L——连接导线电阻；

　　　　R_c——连接导线的接触电阻，考虑导线连接时的接触电阻，是因为仪表和继电器的内阻均很小，R_c 一般取 0.05～0.1Ω。

在安装距离已知时，为满足容量要求，连接导线电阻应满足

$$R_L \leqslant \frac{S_{N2} - I_{N2}^2 (K_1 R_r + R_c)}{K_2 I_{N2}^2} \qquad (4-42)$$

导线的计算截面为

$$S_L = \frac{L}{\gamma R_L} \qquad (4-43)$$

式中　γ——导线的电导系数，m/(mm² · Ω)；

　　　　L——连接导线的长度，m。

连接导线一般采用铜线，其最小截面积不得小于 1.5mm²，最大不可超过 10mm²。

（5）动稳定性校验。

电流互感器的动稳定性包括内部和外部两个方面。内部动稳定性是考虑故障电流通过自身绕组产生的电动力。外部动稳定性则是异相电流产生的电动力，其大小与互感器安装情况有关。内部动稳定性用动稳定倍数 K_{es} 表示，它等于电流互感器极限通过的电流峰值 i_{es} 与一次绕组额定电流 I_{N1} 峰值之比，即

$$K_{es} = \frac{i_{es}}{\sqrt{2} I_{N1}}$$

内部动稳定校验式为 $\qquad$ $\sqrt{2}I_{N1}K_{es} \geqslant i_{sh}$ $\qquad$ (4-44)

外部动稳定校验式为 $\qquad$ $F_{al} \geqslant 0.5 \times 0.173 i_{sh}^2 \dfrac{L}{a}$ $\qquad$ (4-45)

式中 $\quad F_{al}$——允许作用在电流互感器端部的最大机械力，由制造厂提供，N；

$\qquad L$——电流互感器出线端部至最近一个母线支持绝缘子之间的跨离，m；

$\qquad a$——相间距离，m；

$\qquad$ 0.5——系数，表示电流互感器瓷套端部仅承受相邻绝缘子跨距（L）上短路电动力的一半。

若产品样本未标明出线端部的允许应力 F_{al}，而给出特定相间距离 $a = 40\text{cm}$ 和出线端部至相邻支持绝缘子的距离 $L = 50\text{cm}$ 为基础的动稳定倍数 K_{es} 时，则其动稳定的校验式为

$$K_1 K_2 K_{es}\sqrt{2}I_{N1} \geqslant i_{sh} \qquad (4-46)$$

式中 $\quad K_1$——当回路相间距离 $a = 0.4\text{m}$ 时 $K_1 = 1$，当相间距离 $a \neq 0.4\text{m}$ 时 $K_1 = \sqrt{\dfrac{a}{0.4}}$；

$\qquad K_2$——当电流互感器一次绕组出线端部至相邻支持绝缘子的距离 $L = 0.5\text{m}$ 时 $K_2 = 1$，当 $L \neq 0.5\text{m}$ 时 $K_2 = 0.8$，$L = 0.2\text{m}$ 时 $K_2 = 1.15$。

当电流互感器为瓷绝缘母线式的，产品样本一般给出电流互感器端部瓷帽处的允许应力值，则其动稳定校验式为

$$F_{al} \geqslant 0.173 i_{sh}^2 \dfrac{L}{a} \qquad (4-47)$$

式中 $\quad a$——相间距离，m；

$\qquad L$——母线相互作用段的计算长度，$L = (L_1 + L_2)/2$，其中 L_1 为电流互感器瓷帽端至相邻支持绝缘子的距离，m，L_2 为电流互感器两端瓷帽的距离，m。

对于环氧树脂浇注的母线式电流互感器如 LM2 型，可不校验其动稳定性。

（6）热稳定校验。

电流互感器的热稳定性一般用热稳定倍数 K_{ts} 表示，一般是 1s 时间内的热稳定电流 I_{ts} 与其额定电流 I_{N2} 之比值。因此，电流互感器可根据下式校验热稳定，即

$$(I_{N1}K_{ts})^2 \geqslant I_\infty^2 t_i \qquad (4-48)$$

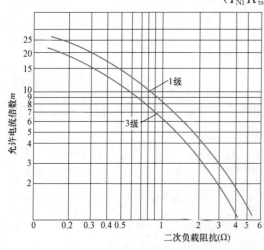

图 4-5 电流互感器 10% 误差曲线

式中 $\quad I_{N1}$——电流互感器一次侧的额定电流，A。

（7）10% 误差校验。

保护型的电流互感器，为保证继电保护可靠动作，允许其误差不超过 10%，因此对保护型的电流互感器需进行 10% 误差校验。

产品样本中提供互感器的 10% 误差曲线，它是在电流误差为 10% 时一次电流倍数（一次最大电流与额定一次电流之比）与二次负荷阻抗 Z_2 之间的关系，如图 4-5 所示。

校验时根据二次回路的负荷阻抗值，从所选电流互感器的 10% 误差曲线上，查出允许的电流倍数 m，其数值应大于保护装置动作时的实际电流倍数 m_p，即

$$m > m_p = \frac{1.1 I_{op}}{I_{N1}} \tag{4-49}$$

式中　I_{op}——保护装置的动作电流；

　　 1.1——考虑电流互感器的 10% 误差。

（四）电流互感器运行中应注意事项

（1）电流互感器在接线时，应注意接线端子的极性（同名端）。

（2）电流互感器的二次绕组及外壳均应接地。

（3）电流互感器二次回路不准开路或接熔断器。

二、电磁式电压互感器

电压互感器一次绕组是并联在高压电路上，二次绕组与仪表和继电器的电压线圈相并联，工作原理与变压器相似。其特点如下。

（1）一次绕组并联在电路中，其匝数很多，阻抗很大，因而它的接入对被测电路没有影响。

（2）二次侧并联的仪表和继电器的电压线圈具有很大阻抗，在正常运行时，电压互感器接近于空载运行。

（3）其一次回路电压大小与互感器二次负荷无关，因此电压互感器对二次系统相当于一个恒压源。

电压互感器的变比是一、二次侧额定电压之比，即

$$K_u = \frac{U_{N1}}{U_{N2}} \approx \frac{N_1}{N_2} \tag{4-50}$$

式中　U_{N1}、U_{N2}——分别为一、二次额定电压；

　　 N_1、N_2——分别为一、二次绕组匝数。

（一）电压互感器的误差和准确级

电压互感器的误差分为电压误差和角误差。电压误差影响所有二次设备的电压精度，角误差仅影响功率型设备。电压互感器的两种误差均与空载激磁电流、一次电压大小、二次负荷及功率因数有关。互感器的一定准确级对应一定的二次容量，如二次容量超过其额定值，准确级将相应下降。

电压互感器二次绕组数量、准确等级等应满足测量、计量、继电保护及自动装置要求。

测量用电压互感器的准确级，用该准确级规定的电压和负荷范围内最大允许电压误差百分数来标称，标准准确级为：0.1、0.2、0.5、1.0、3.0。

保护用电压互感器的准确级，用该准确级在 5% 额定电压到额定电压相对应的电压范围内，最大允许电压误差百分数来标称，标准准确级为 3P 和 6P。

测量用电压互感器的准确级，应与所接测量仪表准确等级相匹配。测量仪表准确等级为 0.5 级或 0.1 级时，测量用电压互感器的准确级选用 0.5 级，测量仪表准确等级为 1.0 级、1.5 级或 2.5 级时，测量用电压互感器的准确级选用 1.0 级。计量收费仪表（电能表）

测量用电压互感器的准确级选用 0.2 级，用于内部电能核算时，可选用 0.5 级。剩余电压绕组（开口三角形）保护准确级选用 6P。

（二）电压互感器的类型及接线

电压互感器按相数分单相、三相三芯柱和三相五芯柱式，按绕组数分双绕组和三绕组，按绝缘方式分干式、油浸式和充气（SF$_6$）式，按安装地点分户内和户外等多种型式。

变电站中常用的电压互感器有 4 种。

1. JDJ 型单相油浸式双绕组电压互感器

这种电压互感器中 JDJ-6、JDJ-10 型为户内式，而 JDJ-35 型为户外式。本型结构简单，常用来测量线电压。

2. JSJW 型三相三绕组五柱式油浸电压互感器

与三柱式比，它增加两个边柱铁芯，构成五柱式，边柱可作为零序磁通的通路，使磁路磁阻、零序电流发热量都小，对互感器安全运行有利。

该型电压互感器有两个二次绕组：一个接成星形（YN），供测量和继电保护用；另一个二次绕组也称辅助绕组，接成开口三角形，用来监视线路的绝缘情况。对于小接地电流（中性点不接地或经高阻抗接地）系统，辅助绕组每相电压为 100/3V，正常时（对称）开口三角形两端电压近似为 0，当一相接地时，开口三角形两端电压为 100V。

3. JDZ 型电压互感器

此型电压互感器为单相双绕组环氧树脂浇注绝缘的户内用电压互感器。其优点是体积小，重量轻，节省铜及钢，能防潮，防盐雾。

4. JDZJ 型电压互感器

JDZJ 型电压互感器为单相三绕组环氧树脂浇注绝缘的户内用电压互感器，可供中性点不直接接地系统测量电压、电能及单相接地保护用。其构造与 JDZ 型相似，不同处是增加一个辅助二次绕组。3 台 JDZJ 型电压互感器可代替一台 JSJW 型电压互感器使用。

常用电压互感器的接线方式如图 4-6 所示。

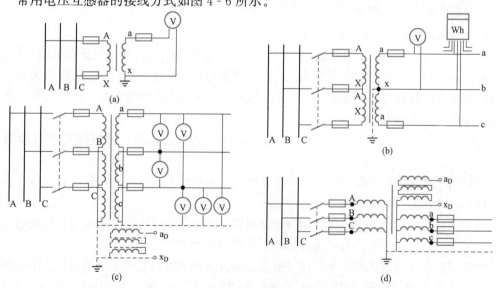

图 4-6 常用电压互感器的接线方式

（a）单相电压互感器；（b）V 形接线；（c）Yynd 接线；（d）三相三绕组五柱式电压互感器

图 4-6（a）是单相电压互感器，用于同步或测量仪表。

图 4-6（b）是两个单相电压互感器接成 V 形，这种接线方式常用于中性点不接地系统中，可测量三相的线电压，也可接电能表或功率表。

图 4-6（c）是三台单相三绕组电压互感器接成 Yynd。yn 接线绕组可用来测量相电压、线电压以及接电能表和功率表。开口三角形绕组用来测量零序电压值，监测电网的绝缘水平。

图 4-6（d）是一台三相三绕组五柱式电压互感器。用于 10kV 以下系统，测量相电压、线电压以及接电能表和功率表。开口三角形绕组用来测量零序电压值，监测电网的绝缘水平。

由图 4-6 还可看出，电压互感器一次和二次绕组均接地，其目的是防止一、二次绕组绝缘被击穿后，危及工作人员和设备的安全，一般 35kV 及以下电路，电压互感器一、二次绕组均装有熔断器。其一次侧回路装熔断器是为防止电压互感器故障时波及高压电网，二次侧装熔断器是当互感器过负荷时起保护作用。

（三）电压互感器的选择

35kV 及以下的电压互感器一、二次侧均装有熔断器保护，不需要校验短路动稳定和热稳定。电压互感器的选择原则如下：

（1）电压互感器一次额定电压 U_{N1} 不小于电网的额定电压 U_{Ns}。

（2）电压互感器二次额定电压 U_{N2} 按表 4-6 进行选择。

（3）电压互感器的准确值不小于所接仪表的准确值。

（4）电压互感器的额定容量不小于二次侧负荷的容量，即

$$S_{N2} \geqslant S_{\Sigma 2} \tag{4-51}$$

$$S_{\Sigma 2} = \sqrt{(\sum S_1 \cos\varphi)^2 + (\sum S_1 \sin\varphi)^2} \tag{4-52}$$

式中　S_1——仪表的视在功率，VA；

　　　φ——仪表的功率因数角。

表 4-6　　　　　　　　　　　　电压互感器的二次绕组电压

绕　组	二　次　绕　组		二次辅助绕组	
高压绕组	接于线电压上	接于相电压上	中性点接地系统	中性点不接地系统
二次绕组电压（V）	100	$100/\sqrt{3}$	100	100/3

通常，电压互感器的各相负荷不完全相同，应取最大负荷相选择额定容量。

（四）电压互感器运行中应注意事项

（1）电压互感器在接线时，应注意接线端子的极性同名端。

（2）电压互感器在运行时，二次侧不能短路。

（3）电压互感器二次绕组的一端及外壳应接地。

第七节　设计计算实例

例 4-4　按例 2-10 和例 3-4 给定的条件，对图 2-13 所示的供电系统进行主要高压

电气设备选择计算。

解题思路

电气设备的选型，除了掌握电气设备选择理论外，还必须了解电气设备制造情况，才能选择合理型号。对具体设备选择时，需要弄清其两种运行方式（正常和短路运行）下的最大长时负荷电流和最大短路电流。热稳定校验是否合理，在很大程度上取决于继电保护动作时间确定的合理性。

本例可按前述各设备的选择原则，依次选择变电站 35kV 与 6kV 的电气设备。

解 一、35kV 电气设备的选择

（一）高压断路器的选择

1. 型号选择

35kV 接线形式为全桥式，而运行方式采用全分列方式，所以 35kV 进线和变压器回路的断路器应选相同形式的断路器。当一侧的变压器和另一侧的进线检修时，桥断路器必须把完好的进线和变压器联络起来，所以 35kV 的所有断路器应选相同的型号，其最大长时负荷电流应为变压器的最大长时负荷电流，即

$$I_{lo.m} = \frac{1.05 S_{N.T}}{\sqrt{3} U_{N1}} = \frac{1.05 \times 10000}{\sqrt{3} \times 35} = 173(A)$$

按照工作室外工作电压为 35kV 和最大长时负荷电流为 173A，可选择 ZW7-40.5 型户外真空断路器，其额定电压为 35kV，额定电流为 1250A。其技术参数如表 4-3 所示。

对 ZW7-40.5 型户外真空断路器按当地环境条件和短路情况进行校验。

2. 按当地环境条件校验

ZW7-40.5 型户外真空断路器，额定工作环境最高空气温度为 40℃，实际工作环境温度为 44℃，因此额定电流必须按当地环境温度进行修正。按当高于 40℃ 时，其允许电流一般可按每增高 1℃，额定电流减少 1.8% 进行修正。在 44℃ 时允许通过的最大电流为

$$I_{N\theta} = I_N - (44-40) \times 1.8\% I_N = 1250 - 4 \times 0.018 \times 1250 = 1160(A) > 173(A)$$

符合要求。

3. 按短路条件校验

（1）额定开断电流校验。断路器的额定开断电流 $I_{Nbr} = 25kA$，而 k35 点的短路电流为 $I_{k35} = 5.03kA$，因此额定开断电流符合要求。

（2）额定关合电流校验。断路器的额定关合电流 $i_{Ncl} = 63kA$，而 k35 点的短路的冲击电流为 $i_{sh} = 12.83kA$，因此额定关合电流符合要求。

（3）热稳定校验。因两回 35kV 电源上级出线断路器过流保护动作时间为 2.5s，断路器的开断时间为 0.1s，则短路电流通过断路器的最长时间为 $t_k = t_{br} + t_{pr} = 0.1 + 2.5 = 2.6$（s），即假想时间 $t_i = 2.6s$。

对无限大容量供电系统，有

$$I_\infty = I_{k35.max}^{(3)} = 5.03(kA)$$

相当于 4s 的热稳定电流

$$I_\infty \sqrt{\frac{t_i}{t_{ts}}} = 5.03 \times \sqrt{\frac{2.6}{4}} = 4.06(kA) < 25(kA)$$

符合要求。

（4）动稳定校验。由于 $i_{es}=63kA$，$i_{sh1}=12.83kA$，则

$$i_{es} > i_{sh1}$$

符合要求。

（二）隔离开关的选择

布置室外的 35kV 隔离开关一般选用 GW5 型。基于 35kV 断路器选择相同型号的原因，35kV 所有的隔离开关也应选择相同的型号。为了便于检修时接地，进线 35kV 隔离开关与电压互感器回路的隔离开关要选用带接地刀闸的，型号为 GW5-35GD/630 型，其余回路选用普通 GW5-35/630 型隔离开关，两者电气参数相同。

在额定环境温度（40℃）下的额定电流为 630A，实际环境温度（44℃）下允许通过的电流 $I_{N\theta}$ 为

$$I_{N\theta} = I_N - (44-40) \times 1.8\% I_N = 630 - 4 \times 0.018 \times 630 = 583(A)$$

隔离开关只需要按正常工作条件选择，按短路情况校验动、热稳定性，以进线隔离开关为例选择校验。表 4-7 列出了进线隔离开关的有关参数。

表 4-7　　　　　　　　　　　　隔离开关的有关参数

计 算 数 据	GW5-35GD 型隔离开关参数	计 算 数 据	GW5-35GD 型隔离开关参数
$U_{NS}=35kV$	$U_N=35kV$	$I_\infty^2 t_i = 5.03^2 \times 2.6 kA^2 \cdot s$	$I_{ts}^2 t_{ts} = 20^2 \times 4 kA^2 \cdot s$
$I_{max}=173A$	$I_{N\theta}=583A$	$i_{sh}=12.83kA$	$i_{es}=50kA$

假想时间的确定：当短路发生在隔离开关后，并在断路器前时，事故切除靠上一级变电站的过流保护，继电保护动作时限要比 35kV 进线的继电保护动作时限 2s 大一个时限级差 0.5s，故 $t_{pr}=2+0.5=2.5(s)$。

短路电流经过隔离开关的总时间为

$$t_k = t_i = t_{br} + t_{pr} = 0.1 + 2.5 = 2.6(s)$$

由表 4-7 可知，所选 GW5-35GD 型隔离开关符合要求。

（三）电流互感器选择

1. 型号选择

选用为 ZW7-40.5 型户外真空断路器配套的 LZZBJ4-35 型电流互感器，其额定电压为 35kV，额定电流为 300A。本型电流互感器为环氧树脂浇注全封闭结构，具有高动热稳定，高精度，多级次，并可制作复变比等特点，主要作计量和继电保护用。其技术参数如表 4-8 所示。

表 4-8　　　　　　　　　　LZZBJ4-35 型电流互感器技术参数

变 比	准确级次组合	额定输出（VA）	4s 热电流（有效值）（kA）	动稳定电流（峰值）（kA）
300/5	0.5/0.5/10P10/10P10	25/25/50/50	17.1	42.8

实际环境温度（44℃）下允许通过的电流 $I_{N\theta}$ 为

$$I_{N\theta} = I_N - (44-40) \times 1.8\% I_N = 300 - 4 \times 0.018 \times 300 = 278(A) > 173(A)$$

符合要求。

2. 动稳定性校验

由表 4 - 7、表 4 - 8 有

$$i_{es} = 42.8kA > i_{sh} = 12.83(kA)$$

符合要求。

3. 热稳定校验

由表 4 - 7、表 4 - 8 有

$$I_{ts}^2 t_{ts} = 17.1^2 \times 4 = 1170 > I_\infty^2 t_i = 5.03^2 \times 2.6 = 65.8$$

符合要求。

（四）电压互感器的选择

35kV 电压互感器为油浸绝缘型，均为单相，有双绕组与三绕组之分。如对 35kV 不进行绝缘检测时，可选两台双绕组互感器，接线为 V 形，供仪表用电压，否则选用三台三绕组互感器，接线组别为 YYd11。互感器短路保护采用限流高压熔断器。

由于煤矿 35kV 变电站不对 35kV 进行绝缘检测（由上级变电站检测），则选两台 JDJ-35 型单相双绕组油浸式户外电压互感器。其主要技术数据为：一次电压 35kV，工频试验电压 95kV，二次电压 0.1kV，极限容量 1000VA，配用两台 RW 10-35/0.5 型限流熔断器。

（五）35kV 避雷器的选择

避雷器是防护雷电入侵对电气设备产生危害的保护装置。在架空线上发生雷击后，避雷器首先被击穿并对地放电，从而使其他电气设备受到保护。当过电压消失后，避雷器又能自动恢复到起初状态。

本例中选用 HY5WZ-42/134 型阀型避雷器。其主要技术数据为：额定电压 42kV，系统电压 35kV，工频放电电压不小于 80kV，伞裙数为 18mm，最大雷击残压 134kV。

二、6kV 电气设备选择

6kV 采用室内成套配电装置，选用铠装移开式交流封闭金属开关柜，型号为 KYN28A-12（Z）。开关柜的一次接线方案与供电系统图上的要求相适应。开关柜中的电流互感器配置数量应根据继电保护与测量等要求进行选择。对双回路及环形供电的开关柜需选用两组隔离开关以利检修。电缆回路的开关柜都需装设零序电流互感器，作为向选择性漏电保护提供零序电流的元件。在每段母线上还需装设电压互感器与避雷器柜，供 6kV 绝缘检测、仪表和继电保护用。

（一）开关柜方案编号选择

1. 6kV 进线柜方案编号

选用架空进线柜 019 和母联柜 052 以及架空进线柜 021 和母联柜 053 配合使用，分别组成进线柜。

2. 母联柜方案编号

选用母联柜 009 和母联柜 052 配合使用组成分段联络柜。

3. 出线柜方案编号

电缆出线方案编号选 001 号。架空出线方案编号选 023 号。

4. 电压互感器与避雷器柜

选用电压互感器与避雷器柜方案编号为 043。

（二）高压开关柜校验

高压开关柜只需对其断路器进行校验。

1. 进线柜和母联柜断路器选择校验

进线柜和母联柜配用 ZN63A-6/1250 型户内真空断路器，其技术参数如表 4 - 9 所示。表中 $I_{N\theta}$ 表示断路器在实际环境温度（44℃）下允许的电流。

表 4 - 9　　　　　ZN63A-6/1250 型真空断路器技术参数

计 算 数 据		ZN63A-6/1250 型真空断路器技术参数		计 算 数 据		ZN63A-6/1250 型真空断路器技术参数
U_{NS}	6kV	U_N	6kV	i_{sh}	22.06kA	i_{es}	50kA
$I_{lo.m}$	1010.3A	$I_{N\theta}$	1156.25A	$I_\infty^2 t_i$	$8.65^2 \times 1.6 kA^2 \cdot s$	$I_{ts}^2 t$	$20^2 \times 4 kA^2 \cdot s$
I_{kmax2}	8.65kA	I_{Nbr}	20kA	i_{sh}	22.06kA	i_{Ncl}	50kA

假想时间的确定：当短路发生在 6kV 母线上时，变压器差动保护不动作（因不是其保护范围），此时过流保护动作时限为 1.5s（比进线保护少一个时限级差），则 $t_i = t_{br} + t_{pr} = 0.1 + 1.5 = 1.6$（s）。

由表 4 - 9 可知，所选 ZN63A-6/1250 型真空断路器符合要求。

2. 出线柜断路器的选择校验

出线柜均配用 ZN63A/630 型真空断路器。

因为主排水泵供电回路负荷最大，可以按它进行校验。最大长时负荷电流为

$$I_{lo.ml} = \frac{1.05 P_{ca}}{\sqrt{3} U_{N2} \times \cos\varphi} = \frac{1.05 \times 2125}{\sqrt{3} \times 6 \times 0.86} = 249.7 (A)$$

其他参数如表 4 - 10 所示。

表 4 - 10　　　　　ZN63A - 12/630 型真空断路器技术参数

计 算 数 据		ZN63A-12/630 型真空断路器技术参数		计 算 数 据		ZN63A-12/630 型真空断路器技术参数
U_{NS}	6kV	U_N	12kV	i_{sh}	22.06kA	i_{es}	40kA
I_{max}	249.7A	$I_{N\theta}$	582.75A	$I_\infty^2 t_i$	$8.65^2 \times 1.1 kA^2 \cdot s$	$I_{ts}^2 t$	$16^2 \times 4 kA^2 \cdot s$
I_{Kmax2}	8.65kA	I_{Nbr}	16kA	i_{sh}	22.06kA	i_{Ncl}	40kA

$I_{N\theta}$ 表示断路器在实际环境温度（44℃）下允许的电流。

假想时间的确定：当短路发生在 6kV 线路末端时，过流保护动作，其时限为 1s（比进线保护少两个时限级差），$t_i = t_{br} + t_{pe} = 0.1 + 1 = 1.1$（s）。

由表 4 - 10 可知，所选 ZN63A-12/630 型真空断路器符合要求。

3. 6kV 高压开关柜配用电流互感器的选择

6kV 开关柜选用专用型 LZZBJ9-12/15 型电流互感器，其额定电压为 10kV，其技术参数如表 4 - 11 所示。

表 4 - 11　　　　　　　　　　　电流互感器的技术参数

所在柜名称	变比	4s 热电流 (kA)（有效值）	动稳定电流 (kA)（峰）	所在柜名称	变比	4s 热电流 (kA)（有效值）	动稳定电流 (kA)（峰）
6kV 进线	1250/5	40	100	地面低压	150/5	8.6	21.4
6kV 母联	1250/5	40	100	机修厂	150/5	8.6	21.4
主井提升	150/5	8.6	21.4	洗煤厂	150/5	8.6	21.4
副井提升	150/5	8.6	21.4	工人村	100/5	5.7	14.3
扇风机Ⅰ	150/5	8.6	21.4	支农	100/5	5.7	14.3
扇风机Ⅱ	150/5	8.6	21.4	下井电缆	300/5	17.1	42.8
压风机	150/5	5.7	21.4	电容器柜	150/5	8.6	21.4

注　副井提升和压风机回路的电流互感器曾选变比为 100/5，计算结果表明不满足动稳定要求，故改选变比为 150/5。

4. 电压互感器与避雷器柜的选择

电压互感器与避雷器柜配用 JDZ10-10 型电压互感器和 HY5WS-17/50 型避雷器。

（三）6kV 母线选择

本设计中变电站室内 6kV 变压器回路母线选用矩形铝母线且三相水平平放，其截面按长时允许电流选择，按动、热稳定进行校验。

本例选择 6kV 母线的已知参数与例 4 - 3 基本相符，故可按例 4 - 3 的选择方法选用 LMY80×6.3 型矩形铝母线，并经长时允许电流、动稳定、热稳定校验合格。

（四）6kV 支柱绝缘子的选择

参考例 4 - 3，可选用 ZNA-6 型户内式支柱绝缘子，并经动稳定校验合格。

（五）穿墙套管的选择

1. 型号选择

对穿墙套管，按电压及长时允许电流选择，并对其动稳定进行校验。由于变压器二次最大电流为 1010.3A，电压为 6kV，故选用户外式铝导线的穿墙绝缘子，型号为 CLWB-10/1500，额定电压为 10kV，额定电流为 1500A。套管长度为 0.6m，最大破坏力为 7358N，5s 热稳定电流为 20kA。

由于环境日最高温度为 44℃，则其长时允许电流

$$I'_{al} = I_{al}\sqrt{\frac{80-\theta}{40}} = 1500 \times \sqrt{\frac{80-44}{40}} = 1423(A) > 1010.3(A)$$

符合要求。

2. 动稳定校验

穿墙套管与支持绝缘子之间的距离 $l_1 = 1.5m$，穿墙套管自身的长度 $l_2 = 0.6m$，则 $L_c = \frac{l_1 + l_2}{2} = \frac{1.5+0.6}{2} = 1.05(m)$。

穿墙套管端部所受的最大短路电动力为

$$F_{max} = 1.73 \times 10^{-7} \times i_{sh}^2 \frac{L_c}{a} = 1.73 \times 10^{-7} \times (22.06 \times 10^3)^2 \times \frac{1.05}{0.4} = 261(N)$$

由于 $F_{max}=261N<0.6\times7358=4415(N)$，则动稳定符合要求。

3. 热稳定校验

假想时间 $t_i=1.6s$，稳态短路电流由表 3-8 查得 $I_\infty=8.65kA$，则相当于 5s 的热稳定电流为

$$I_\infty\sqrt{\frac{t_i}{5}}=8.65\times\sqrt{\frac{1.6}{5}}=4.89(kA)<20(kA)$$

符合要求。

三、选择结果汇总

1. 35kV 电气设备

(1) 高压断路器：ZW7-40.5 型。

(2) 隔离开关：GW5-35GD/630 型；GW5-35/630 型。

(3) 电流互感器：LZZBJ4-35 型。

(4) 电压互感器：JDJ-35 型。

(5) 熔断器：RW10-35/0.5 型。

(6) 避雷器：HY5WZ-42/134 型。

2. 6kV 电气设备

(1) 开关柜型号：KYN28A-12（Z）。

(2) 开关柜一次接线方案编号：

1) 进线柜方案编号。架空进线柜 019 和母联柜 052 以及架空进线柜 021 和母联柜 053 配合使用。

2) 母联柜方案编号。选用母联柜 009 和母联柜 052 配合使用。

3) 出线柜方案编号。电缆出线方案编号为 001。架空出线方案编号为 023。

4) 电压互感器与避雷器柜方案编号为 043。

(3) 进线柜和母联柜断路器采用 ZN63A-6/1250 型户内真空断路器。

(4) 出线柜断路器采用 ZN63A-12/630 型真空断路器。

(5) 高压开关柜配用电流互感器为 LZZBJ9-12/15 型。

(6) 电压互感器和避雷器柜配用 JDZ10-10 型电压互感器和 HY5WS-17/50 型避雷器。

(7) 6kV 母线采用 LMY80×6.3 型矩形母线。

(8) 6kV 母线户内式支柱绝缘子选用 ZNA-6 型。

(9) 6kV 穿墙套管选用 CLWB-10/1500 型。

 习题与思考题

4-1 什么是电弧？试叙述电弧产生和熄灭的物理过程及熄灭条件。

4-2 什么是电弧的伏安特性？熄灭电弧的基本方法有哪些？

4-3 试列表说明各种电气设备按工作条件选择和按短路条件校验的项目及其计算公式。

4-4 高压断路器有什么作用？常用的断路器有几种？

4-5 高压断路器和隔离开关的主要区别是什么？各有什么用途？

4-6 为什么电感、电容电路电弧比电阻电路电弧更难以熄灭？

4-7 什么是互感器的精确级？精确级与互感器容量有什么关系？

4-8 电流互感器10％误差曲线有何用途？

4-9 运行的电流互感器二次侧为何不能开路？运行的电压互感器二次侧为何不能短路？它们的二次侧为何一定要接地？

4-10 已知某工厂供电系统如图4-7所示，至工厂总降变电站二次侧母线上的总计算负荷为14000kVA，变电站变压器T为SF7-16000/35/10.5型，Yd11接法，变压器检修或故障时由二次侧联络线供电，容量为1500kVA，正常工作时联络线断开。试选择变电站高、低压侧的电气设备。QF1和QF2动作时间分别为2.0s和1.5s，短路点k1和k2的短路参数如表4-12所示。

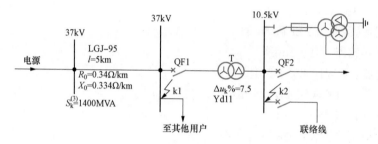

图4-7 习题4-10图

表4-12 短路点 k1 和 k2 的短路参数

参数 短路点	R_{k1}	X_{k1}	Z_{k1}	$I_{k1}^{(3)}$（kA）	i_{sh}（kA）	$S_k^{(3)}$（MVA）
短路点 k1	1.7	2.63	3.13	6.82	17.4	437
短路点 k2	0.137	0.729	0.742	8.17	20.8	149

第五章 电力线路及选择

电力线路是供电系统的重要组成部分，按其作用可分为供配电线路和输电线路，按其结构则分为架空线路、电缆线路与架空绝缘电缆（简称架空电缆）。本章介绍供配电线路的结构和导线截面的选择计算。

第一节 电力线路概述

架空线路是将裸导线经绝缘子（串）悬挂在杆塔上，电缆线路是将电缆敷设在地下、水底、电缆沟、电缆桥架或电缆隧道中，架空电缆是将电缆架挂在距地面有一定高度的杆塔上。由于架空线路具有投资少，施工、维护和检修方便等优点，因而被广泛采用，但它的运行安全受自然条件的影响较大，现代城市为了提高供电安全水平和美化环境，35kV及以下供电系统已基本采用电缆线路，架空电缆结构简单，使用安全，主要应用于城市和林区电网改造中。

一、架空线路的结构与型号

架空线路主要由导线、杆塔、横担、绝缘子和金具（包括避雷线）等组成，其结构如图 5-1 所示。

1. 导线

架空导线架设在空中，要承受自重、风压、冰雪荷载等机械力的作用和空气中有害气体的侵蚀，同时还受温度变化的影响，运行条件比较恶劣。因此，它们的材料应有较高的机械强度和抗腐蚀能力，而且导线要有良好的导电性能。导线按结构分为单股线与多股绞线，按材质分为铝（L）、钢（G）、铜（T）、铝合金（HL）等类型。由于在柔韧性和防止集肤效应等方面多股绞线优于单股线，故架空导线多采用多股绞线。

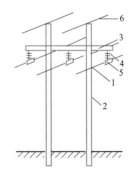

图 5-1 架空线路结构
1—导线；2—杆塔；3—横担；
4—绝缘子；5—金具；
6—避雷线

（1）铝绞线（LJ）。导电率高、质轻价廉，但机械强度较小、耐腐蚀性差，故多用于挡距不大的 10kV 及以下的架空线路。

（2）钢芯铝绞线（LGJ）。将多股铝线绕在钢芯外层，铝导线起载流作用，机械载荷由钢芯与铝线共同承担，使导线的机械强度大为提高，因而在

10kV 以上的架空线路中得到广泛应用。

（3）铝合金绞线（LHJ）。机械强度大、防腐性能好、导电性也好，可用于一般输配电线路。

（4）铜绞线（TJ）。导电率高、机械强度大、耐腐蚀性能好，是理想的导电材料。但为了节约用铜，目前只限于有严重腐蚀的地区使用。

（5）钢绞线（GJ）。机械强度高，但导电率差、易生锈、集肤效应严重，故只适用于电流较小、年利用小时低的线路及避雷线。

2. 杆塔

杆塔是用来支持绝缘子和导线，使导线相互之间、导线对杆塔和大地之间保持一定的距离（档距），以保证供电与人身安全。对应于不同的电压等级，有一个技术经济上比较合理的档距，如 0.4kV 及以下为 30～50m，6～10kV 为 40～100m，35kV 水泥杆为 100～150m，110～220kV 铁塔为 150～400m 等。

杆塔根据所用材料的不同可分为木杆、钢筋混凝土杆和铁塔等三种。

杆塔按用途可划分为直线杆、耐张杆、转角杆、终端杆、特种杆（如分支杆、跨越杆、换位杆等）。

3. 横担

横担的主要作用是固定绝缘子，并使各导线相互之间保持一定的距离，防止风吹或其他作用力产生摆动而造成相间短路。目前使用的主要是铁横担、木横担、瓷担等。

横担的长度取决于线路电压的高低、挡距的大小、安装方式和使用地点。主要是保证在最困难条件下（如最大弧垂时受风吹动）导线之间的绝缘要求。35kV 以下电力线路的线间最小距离见有关设计手册。

4. 绝缘子

绝缘子的作用是使导线之间、导线与大地之间彼此绝缘。故绝缘子应具有良好的绝缘性能和机械强度，并能承受各种气象条件的变化而不破裂。线路绝缘子主要有针式绝缘子和悬式绝缘子。

5. 金具

用于连接、固定导线或固定绝缘子、横担等的金属部件。常用的金具有悬垂线夹、耐张线夹、接续金具、联结金具、保护金具等。

二、电缆线路的结构与型号

电缆线路的结构主要由电缆、电缆接头与封端头、电缆支架与电缆夹等组成。

（一）电缆种类与结构

在输、配电线路中，目前常用的 1～35kV 电力电缆，主要有铠装电缆与软电缆两大类。铠装电缆具有高的机械强度，但不易弯曲，主要用于向固定及半固定设备供电。软电缆轻便易弯曲，主要用于向移动设备供电。

1. 铠装电缆

目前使用的铠装电缆有油浸纸绝缘铅（铝）包电力电缆与全塑铠装电力电缆两种。

油浸纸绝缘铅（铝）包电力电缆主芯线有铜、铝之分，内护层有铅包与铝包之分，铠装又分为钢带与钢丝（有粗钢丝与细钢丝）铠装两种。有的还有黄麻外护层，用来保护铠装免遭腐蚀。为了应用在高差较大的地方，这种电缆还有干绝缘与不滴流等派生型号。油浸纸绝缘铅（铝）包钢带铠装电缆的结构如图 5-2 所示。它有三条作为导电用的铜（铝）主芯线，当截面在 25mm² 及以上时，为了增加电缆柔度，减小电缆外径，主芯线采用多股绞成扇形截面。各芯线的分相绝缘，用松香和矿物油浸渍过的纸带缠绕。三相之间的空隙，衬以充填物使成圆形，再用浸渍过油的纸带缠绕成统包绝缘，统包层外面为密封用的铅（铝）包内护层，以防止浸渍油的流失和潮气等的侵入。为使铅（铝）护层免遭腐蚀和受到外护层铠装的损伤，在铅（铝）护层与铠装之间，衬以沥青纸与黄麻层，最外层为叠绕的钢带铠装层。为了防止其锈蚀，再用浸有沥青的黄麻护层加以保护。

全塑铠装电力电缆有聚氯乙烯绝缘聚氯乙烯护套和交联聚乙烯绝缘聚乙烯护套两种。塑料电缆的绝缘电阻、介质损耗角等电气性能较好，并有耐水、抗腐、不延燃、制造工艺简单、重量轻、运输方便、敷设高差不受限制等优点，具有广泛的发展前途。聚氯乙烯电缆目前已生产至 6kV 电压等级。交联聚乙烯是利用化学或物理方法，使聚乙烯分子由原来直接链状结构变为三度空间网状结构。因此交联聚乙烯除保持了聚乙烯的优良性能外，还克服了聚乙烯耐热性差、热变形大、耐药物腐蚀性差、内应力开裂等方面的缺陷。交联聚乙烯绝缘电缆结构如图 5-3 所示。这种电缆目前已广泛应用于 10kV 及 35kV 级。

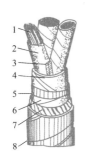

图 5-2 油浸纸绝缘铅（铝）
包钢带铠装电缆的结构
1—主芯线；2—纸带；3—充填物；
4—统包绝缘；5—内护层；
6—沥青纸；7—黄麻层；
8—钢带铠装层

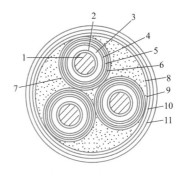

图 5-3 交联聚乙烯绝缘电缆结构
1—导电芯线；2—半导体层；3—交联聚
乙烯绝缘；4—半导体层；5—钢带；
6—标志带；7、9—塑料带；8—纤维
充填材料；10—钢带铠装；
11—聚氯乙烯外护套

2. 软电缆

软电缆分为橡胶电缆与塑料电缆（无铠装）两种。

橡胶电缆根据外护套材料不同，有普通型、非延燃型与加强型三种。普通型外护套为天然橡胶，容易燃烧，不宜用于有爆炸危险的场合。非延燃型的外护套采用氯丁橡胶制成，电缆着火后，分解出氯化氢气体使火焰与空气隔绝，达到不延燃的目的。加强型护套中夹有加强层（如帆布、纤维绳或多根镀锌软钢丝等）提高其机械强度，主要用于易受机械损伤的场合。

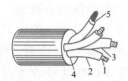

图 5-4 橡胶电缆的结构

1—三相主芯线；2—分相绝缘；3—防震
芯子；4—橡胶护套；5—接地芯线

橡胶电缆的结构如图 5-4 所示。为了得到足够的柔度，软电缆的芯线采用多股细铜丝绞成。矿用电缆除三相主芯线外，还有一根接地芯线，每个芯线包以分相绝缘，分相绝缘做成各种颜色或其他标志，以便于识别。为了保持芯线形状和防止损伤，在芯线之间的空隙处填充防震芯子，以增加电缆的机械强度和绝缘性能。其外层是橡胶护套。

（二）电缆型号的选择

1. 电力电缆的型号

电力电缆分一般电力电缆及专用电力电缆两种。专用电力电缆有耐油电缆、仪表用多芯电缆、绝缘耐寒电缆、绝缘防水电缆、电焊机用电缆、控制电缆等。一般电力电缆的型号由分类代号和导体、内护层、派生及外护层代号等组成。分类代号为：Z—纸绝缘，X—橡胶绝缘，V—塑料绝缘，YJ—交联聚乙烯绝缘。导体及内护层等代号：T—铜，L—铝，Q—铅包，L—铝包，H—普通橡套，V—塑料护套。外护层代号（新标准）：22—钢带铠装，32—细钢丝铠装，42—粗钢丝铠装。

2. 电缆型号的选择

各种型号电缆的使用环境和敷设方式都有一定的要求。使用时应根据不同的环境特征选择，考虑原则主要是安全、经济和施工方便。选择电缆时应注意下列各点。

（1）为了防水，室内用电缆均无黄麻保护层。

（2）地面用电力电缆一般应选用铝芯电缆（有剧烈振动的场所除外）。在有爆炸危险的场所，应选用铜芯铅包电缆，并应采用裸钢带铠装电缆，因为有了一层铠装后，可减少引起爆炸的可能性。

（3）直埋敷设的电缆一般采用有外护层的铠装电缆。在不会引起机械损伤的场所，也可采用无铠装的电力电缆。

（4）对照明、通信和控制电缆，应选用橡胶或塑料绝缘的专用电缆。

（5）油浸纸绝缘电力电缆只允许用于高差在 15m（6～10kV 高压电缆）至 25m（1～3kV 电缆）以下的范围内，超过时应选用干绝缘、不滴流、聚氯乙烯绝缘或交联聚乙烯绝缘的电力电缆。

（三）电缆的支架与电缆夹

电缆支架用于支持电缆，使其相互之间保持一定的距离，便于散热、修理及维护，在短路时，避免波及邻近电缆。

在地面电缆支架中多用钢制作，将电缆排放在支架上，并加以固定。在永久性电缆隧道中，采用电缆钩悬挂电缆。对于非永久性电缆隧道，可采用木楔或帆布袋吊挂，以便在电缆承受意外重力时，吊挂物首先损坏，电缆自由坠落免遭破坏。

在需要对电缆进行固定或承担电缆自重的地方（如垂直或倾角大于 30°的场所）敷设电缆时，应采用电缆夹（卡）固定，但应防止电缆被夹伤。电缆夹的型式可按敷设需要进行选择。

（四）电缆连接盒与终端盒

油浸纸绝缘电力电缆的相互连接处与电缆终端是电缆最薄弱的环节，应给予特别注意，以免发生短路故障。为了加强绝缘，防止绝缘油的流失及潮气侵入，两段电缆连接处应采用电缆连接盒。电缆末端则应用电缆终端盒与电气设备连接。

环氧树脂接线盒如图 5-5 所示，图 5-5（a）是环氧树脂中间连接盒的结构示意图，图 5-5（b）是环氧树脂终端盒的结构示意图。环氧树脂浇注的电缆连接盒，具有绝缘和密封性能好、体积小，重量轻、运行可靠性高等优点。

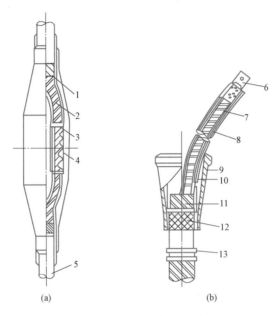

（a）　　　　　　　　（b）

图 5-5　电缆环氧树脂接线盒

（a）电缆环氧树脂中间连接盒的结构；（b）电缆环氧树脂终端盒的结构
1—统包绝缘层；2—缆芯绝缘；3—扎锁管（管内两线芯对接）；4—扎锁管涂包层；5—铅包
6—引线接卡；7—缆芯绝缘；8—电缆线芯（外包绝缘层）；9—预制环氧化壳（可代以铁皮模具）；
10—环氧树脂胶（现场浇注）；11—统包绝缘；12—铅包；13—接地线卡

三、架空电缆的结构与型号

架空电缆是介于架空线路和地下电力电缆之间新的输电方式，其结构类似于交联电力电缆，敷设方式上类似于架空线路，将电缆架挂在距地面有一定高度的杆塔上。

（一）架空电缆结构与种类

架空电缆采用类似于交联电力电缆生产工艺制造的一种专用电缆。分类与电力电缆相似：根据导体材料不同，有铜芯、铝芯、铝合金芯；根据绝缘材料不同，有耐候聚氯乙烯（PVC）、耐候聚乙烯（PE）、交联聚乙烯（XLPE）绝缘三种；根据护套（内护层）不同，有聚氯乙烯护套、聚乙烯或聚烯烃护套；铠装不同，有双钢带铠装、细圆钢丝铠装、粗圆钢丝铠装、（双）非磁性金属带铠装、非磁性金属丝铠装；根据外护套不同，有聚氯乙烯外护套、聚乙烯或聚烯烃外护套、弹性体外护套等；架空电缆一般都是单芯的，其结构主要由导线、绝缘层和保护外层等组成，按其结构不同可分为硬铝线结构、硬拉铜线结构、铝合金线结构、钢芯或铝合金芯支撑结构和自承式三芯纹合结构（线芯可为硬铝或硬铜线）等。其结构如图 5-6 所示，图 5-6（a）为实物图，图 5-6（b）为示意图。

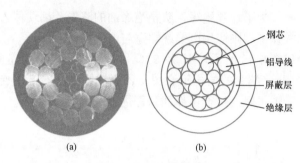

图 5-6　架空电缆结构图
(a) 架空电缆实物图；(b) 架空电缆结构示意图

架空电缆使用时，由于对地电压并不完全是加在电缆绝缘上，大部分是由空气介质承担，架空电缆比地敷普通电缆的绝缘厚度要取得薄一些，一般架空电缆绝缘厚度均比普通电缆薄 10%～20%。同时架空电缆在长期电压作用下，绝缘品质不会明显下降，不像埋地敷设电缆在长期运行时会产生水树，架空电缆的绝缘性能较高。高压架空电缆长期在日光辐照下工作，除必须满足较高的电气性能要求外，还要求有很好的耐候性，一般绝缘材料内参入 2% 以上的碳黑就完全可以阻止紫外线中占 90%～95% 的 VA 光的入侵，满足耐候性的要求。

1kV 的低压架空电缆，由于导体表面电场强度很低，不需要采用内半导电屏蔽层。当架空电缆接近接地体时，10kV 架空电缆导体表面的电场强度为 2～3kV/mm，35kV 架空电缆导体表面的电场强度可高达 5kV/mm 左右。因此，10kV 以上的架空电缆均采用导体的内半导电屏蔽层。分相单芯架空电缆不必采用外半导电屏蔽层，但 10kV 以上的三芯纹合架空电缆采用外半导电屏蔽层。因为三芯纹合的架空电缆对外电场是不均匀的，如果没有外半导电屏蔽层，则在空气潮湿时，将会产生很强的电晕放电。

（二）架空电缆主要特点

1. 供电可靠性高

采用架空电缆可大大降低各类的短路故障（特别是架空裸导线常见的闪络性故障），与架空裸导线相比，故障率要低 80%～85% 倍。

2. 供电安全性好

采用架空电缆使人身触电伤亡事故大为减少。试验测试计算表明：即使用手触及带电的电缆绝缘表面，其感应电流不到 0.1mA（10kV）和 0.2mA（35kV），大大低于国家电气安全规程规定的 50～100mA 致死的标准。可见在架空电缆通电时，当人体或其他动物不慎触及电缆绝缘表面时，只要电缆未击穿，对人畜均不会造成危害。

3. 架设和维修方便

架空电缆可在任何种类的杆塔上架设，也可沿墙壁架设，特殊情况下还可在树丛中穿行，直接用金具固定在树杆上。可以单回路架设，也可以在同一电杆上架设多回线路，而不要求有宽阔的"电气走廊"。在安装上可就便架设在原架空线路上，利用原有的横担和瓷瓶，也可采用全套的配套金具及附件。还可根据现场实际情况，请厂家特制或自制一些特殊的金具使用，施工极为方便。架空电缆受外界影响很小，也不必进行专门的巡视检查，从而大大减轻了线路的维护与检修工作。

4. 经济性合理

虽然采用架空电缆比采用架空裸导线在价格上要贵一些，但比普通的地下安装电缆要便宜。因而采用架空电缆虽然一次性投资略高，但综合其他的因素，其运行费用将明显低于架空裸导线。如采用架空电缆使得线路走廊缩小，甚至多回线路共用一个杆塔，减少了征地占地费用，运行中无需砍伐修剪线下树木，节省了费用，最主要的是减少了线路故障及其所造成的直接或间接损失费用。因而其综合造价显然更低、更经济、更合理。

（三）架空电缆型号的选择

1. 架空电缆的型号

一般架空电缆的型号由系列代号和导体、护层等组成。JK—架空系列。导体及护层：TR—软铜导体，L—铝导体，LH—铝合金导体，YJ—交联聚乙烯绝缘，Y—高密度聚乙烯绝缘，/B—本色绝缘，/Q—轻型薄绝缘结构，G—钢芯。芯数及截面：芯数分为单芯（1）、三芯（3）、3＋K（A）与3＋K（B），K表示承载绞线，A表示钢承载绞线，B表示铝合金承载绞线。

GB/T 14049—2009标准中架空电缆的表示方法为：代号－额定电压－芯数×标称截面标准编号，如：JKLYJ-10 1×120，表示该电缆为铝芯交联聚乙烯绝缘架空电缆，额定电压10kV，单芯，标称截面为120mm^2。

2. 电缆型号的选择

由于架空电缆具有上述优势，目前主要应用于城市和林区电网改造中。也由于架空电缆电感值很低，线路压降小，通常不需要另外增加调压设备，具有很高的经济效益，也常用于市郊长距离供电。（注：架空电缆也应用在铁路和城市轨道交通系统的架空接触网中，由于架空接触网属相对独立供电系统，这里不做介绍。）

硬铝线结构质量轻，拉力适中，电缆易于弯曲，安装方便，而且工程造价低，可安装在现有杆塔上使用，现在一般改造或新建工程多采用此种。

硬拉铜线质量较重，但拉力大，抵抗外力的作用能力强，甚至杆塔折断时电缆仍可继续通电。

铝合金线结构的质量轻，拉力大，主要用于跨距为100m的大跨距杆塔系统中。

钢芯或铝合金芯支撑结构一般用于35kV电压系统，跨距也较大，用方形绝缘件将支撑线（裸线）和三个绝缘相线分开，支撑线可作避雷线用，其最大优点是弧垂小，弧重只为跨距的2.4%左右。

自承式三芯绞合结构用于跨距中等的系统中，这种电缆的缺点是：三芯电缆的制造长度较单芯短，接头较多，且有外半导电屏蔽层，在电缆末端要像普通电缆那样装置终端头或应力锥结构。

第二节　架空线路导线截面选择

导线截面的选择对电网的技术、经济性能影响很大，在选择导线截面时，既要保证工矿企业供电的安全与可靠，又要充分利用导线的负荷能力。因此，只有综合考虑技术、经济效益，才能选出合理的导线截面。

一、导线截面选择原则

1. 按经济电流密度选择

从能量损耗的角度考虑，希望导线的截面越大越好，因为此时导线阻抗变小，使电能损耗和电压损失都减小。但从线路投资和维护考虑，又希望导线截面小一些好，此时导线单位长度价格降低、有色金属消耗减少、投资费用降低，比较经济。这是高压导线截面选择中的一对矛盾，解决的办法就是采用经济截面。按经济电流密度选择导线截面，能使线路的年运行费用接近最低，因而有较大的经济意义。

2. 按长时允许电流（允许载流量）选择

这一原则的含义如下：导线通过最大长时负荷电流，也就是设计中的计算电流时，所产生的发热温度，不应超过其运行的最高允许温度。据此，工程上对各种型号、规格、材质的导线都有一个相应的长时允许负荷电流的规定，也叫允许载流量的规定。所以，设计选择时不必计算各种情况下导线的发热温度，只需按计算电流查电工手册得出相应的截面，并作温度修正即可。所选截面若不符合该原则，则在满负荷运行时，将会使导线过热烧坏绝缘或引起火灾和其他事故。

3. 按正常运行允许电压损失选择

由于线路上有电阻和电抗，故电流通过导线时，除产生电能损耗外，还会产生电压损失，当电压损失超过一定的范围后，将使用电设备端子上的电压过低，影响用电设备的正常运行。所以，要保证用电设备的正常运行，必须根据线路的正常运行允许电压损失来选择导线截面，使线路电压损失低于允许值，以保证供电质量。

4. 按机械强度条件选择

架空导线要经过搬运、架设、安装等操作，易受到机械损伤，运行又受自然条件影响较大，容易发生倒杆、断线等故障，所以架空导线有一个最小允许截面的规定。架空导线按机械强度要求的最小允许截面如表 5-1 所示。一般这一规定不作为选择计算项目，只作为校验项目。

表 5-1　　　　架空导线按机械强度要求的最小允许截面（mm²）

导线材料种类	6～35kV 架空线路		1kV 以下线路
	居 民 区	非居民区	
铝及铝合金绞线	35	25	16
钢芯铝绞线	25	16	16
铜线	16	16	$\phi3.2mm$

二、高压架空线路导线截面选择

高压架空线路导线截面的选择，应先按经济电流密度初选，然后按其他条件进行校验，全部条件都校验合格者为所选。

（一）按经济电流密度选择导线截面

导线截面积大小对电网的运行费用有密切关系。导线截面大时线路损耗小，但金属使用量与初期投资均增加，减小导线的截面，其结果与此相反。因此，总可以找到一个最理想的截面使年运行费用最小。为了供电的经济性，导线截面应按经济电流密度 J_{ec} 进行选择。经济电流密度是指年运行费用最低时，导线单位面积上通过电流的大小。

年运行费主要由年电耗费、年折旧费和大修费、年小修费和维护费组成。年电耗费是指电网全年损耗电能的价值，导线截面越大，损耗越小，费用亦越小。年折旧费是每年提存的初期投资百分数，导线截面越大，初期投资也大，因而年折旧费就高。

导线的维修费与导线截面无关，故可变费用与导线截面的关系曲线如图 5-7 所示。年运行费用最少的导线截面 S_{ec} 称经济截面，对应于该截面所通过的线路负荷电流密度叫经济电流密度。我国现行的经济电流密度如表 5-2 所示。

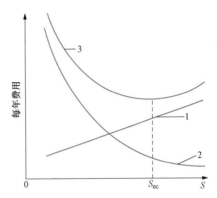

图 5-7　可变费用与导线截面的关系曲线
1—折旧维修费；2—电能损耗费；3—年运行费

表 5-2 　　　　　　　　　　　　　　 经 济 电 流 密 度 J_{ec}

经济电流密度（A/mm²）　T_{max}（h） 导线材料		1000~3000	3000~5000	5000 以上
裸导体	铜	3	2.25	1.75
	铝（钢芯铝绞线）	1.65	1.15	0.9
	钢	0.45	0.4	0.35
铜芯电缆、橡胶绝缘电缆		2.5	2.25	2
铝芯电缆		1.92	1.73	1.54

在表 5-2 中，经济电流密度与最大负荷利用小时有关。

按经济电流密度选择导线截面，应先确定 T_{max}，然后根据导线材料查出经济电流密度 J_{ec}，按线路最大长时负荷电流 $I_{lo.m}$（设计阶段用计算电流 I_{ca}），由下式求出经济截面

$$S_{ec} = \frac{I_{ca}}{J_{ec}} (\text{mm}^2) \qquad (5-1)$$

选取等于或稍小于 S_{ec} 的标准截面 S_l，即

$$S_l \leqslant S_{ec} \qquad (5-2)$$

（二）按长时允许电流选择导线截面

按长时允许电流选择导线截面应满足线路最大长时负荷电流 $I_{lo.m}$（设计阶段用计算电流 I_{ca}，以下照此处理）不大于导线长时允许电流 I_{al} 的条件，即

$$I_{al} \geqslant I_{ca} \qquad (5-3)$$

裸导体的长时允许电流如表 5-3 所示。

表 5-3　裸导体的长时允许电流（环境温度为 25℃，导线最高允许温度 70℃）

铜　线			铝　线			钢　芯　铝　线	
导线型号	长时允许电流（A）		导线型号	长时允许电流（A）		导线型号	室外长时允许电流（A）
	室外	室内		室外	室内		
TJ-4	50	25	LJ-16	105	80	LGJ-16	105
TJ-6	70	35	LJ-25	135	110	LGJ-25	135
TJ-10	95	60	LJ-35	170	135	LGJ-35	170
TJ-16	130	100	LJ-50	215	170	LGJ-50	220
TJ-25	180	140	LJ-70	265	215	LGJ-70	275
TJ-35	220	175	LJ-95	325	260	LGJ-95	335
TJ-50	270	220	LJ-120	375	310	LGJ-120	380
TJ-70	340	280	LJ-150	440	370	LGJ-150	445
TJ-95	415	340	LJ-185	500	425	LGJ-185	515
TJ-120	485	405	LJ-240	610	—	LGJ-240	610
TJ-150	570	480	—			LGJ-300	700
TJ-185	645	550				LGJ-400	800
TJ-240	770	650	—			—	

一般决定导线允许载流量时，周围环境温度均取 25℃ 作为标准，当周围空气温度不是 25℃，而是 θ'_0 时，导线的长时允许电流应按下式进行修正

$$I'_{al} = I_{al} \sqrt{\frac{\theta_m - \theta'_0}{\theta_m - \theta_0}} = I_{al} K \qquad (5-4)$$

式中　I'_{al}——环境温度为 θ'_0 时的长时允许电流，A；

I_{al}——环境温度为 θ_0 时的长时允许电流，A；

θ'_0——实际环境温度，℃；

θ_0——标准环境温度，一般为 25℃；

θ_m——导线最高允许温度，℃；

K——导体长时允许电流温度修正系数，如表 5-4 所示。

表 5-4　导体长时允许电流温度修正系数 K

环境温度 θ_0（℃）　　K 值　　允许温度 θ_m（℃）	−5	0	+5	+10	+15	+20	+25	+30	+35	+40	+45	+50
+90	—	—	1.14	1.11	1.07	1.04	1.00	0.96	0.92	0.88	0.83	0.79
+80	1.24	1.20	1.17	1.13	1.09	1.04	1.00	0.95	0.90	0.85	0.80	0.74
+70	1.29	1.24	1.20	1.15	1.11	1.05	1.00	0.94	0.88	0.81	0.74	0.67
+65	1.32	1.27	1.22	1.17	1.12	1.06	1.00	0.94	0.87	0.79	0.71	0.61

续表

环境温度 θ_0（℃） K 值 允许温度 θ_m（℃）	−5	0	+5	+10	+15	+20	+25	+30	+35	+40	+45	+50
+60	1.36	1.31	1.25	1.20	1.13	1.07	1.00	0.93	0.85	0.76	0.66	0.54
+55	1.41	1.35	1.29	1.23	1.15	1.08	1.00	0.91	0.82	0.71	0.58	0.41
+50	1.48	1.41	1.34	1.26	1.18	1.09	1.00	0.89	0.78	0.63	0.45	0

（三）按允许电压损失选择导线截面

设导线的电阻为 R，电抗为 X，当电流通过导线时，使线路两端电压不等。如图 1-4 所示，线路始端电压为 $\dot{U}_1$，末端电压为 $\dot{U}_2$，两者的相量差为电压降，则

$$\Delta \dot{U} = \dot{U}_1 - \dot{U}_2 \qquad (5-5)$$

线路的电压损失是指线路始、末两端电压的有效值之差，以 ΔU 表示，则

$$\Delta U = U_1 - U_2 = ag \approx ac \qquad (5-6)$$

如以百分数表示

$$\Delta U\% = \frac{U_1 - U_2}{U_N} \times 100\% \qquad (5-7)$$

式中　U_N——额定电压，V。

为了保证供电质量，对各类电网规定了最大允许电压损失，如表 5-5 所示。在选择导线截面时，要求实际电压损失 $\Delta U\%$ 不超过允许电压损失 $\Delta U_{ac}\%$，即

$$\Delta U\% \leqslant \Delta U_{ac}\% \qquad (5-8)$$

表 5-5　　　　　　　　　　　电网允许电压损失

电网种类及运行状态	ΔU_{ac}（%）	备　注
室内低压配电线路	1～2.5	1、2 两项之和不大于 6%
室外低压配电线路	3.5～5	
工厂内部照明与低压动力线路	3～5	
正常运行的高压配电线路	3～6	4、6 两项之和不大于 10%
故障运行的高压配电线路	6～12	
正常运行的高压输电线路	5～8	
故障运行的高压输电线路	10～12	

1. 终端负荷电压损失计算

相电压损失的计算式可由图 1-4 的相量图导出下式

$$\Delta U = U_1 - U_2 = ag \approx ac = ab + bc = IR\cos\varphi + IX\sin\varphi \qquad (5-9)$$

式中　I——负荷电流，A；

　　　R——线路每相电阻，Ω；

　　　　X ——线路每相电抗，Ω；

　　　　φ ——负荷的功率因数角。

三相对称系统的线电压损失 ΔU 为

$$\Delta U = \sqrt{3}\,I\,(R\cos\varphi + X\sin\varphi) \tag{5-10}$$

用功率表示时

$$\Delta U = \frac{PR + QX}{U_{\mathrm{N}}} = \frac{l}{U_{\mathrm{N}}}(Pr_0 + Qx_0) \tag{5-11}$$

式中　P ——负荷的有功功率，kW；

　　　　Q ——负荷的无功功率，kvar；

　　　　U_{N}——线路额定电压，kV；

　　r_0、x_0——线路单位长度的电阻、电抗，Ω/km。

　　2. 分布负荷电压损失计算

　　分布负荷的特点是一条线路沿途接有许多负荷，如图 5-8 所示。图中给出分布负荷的线路参数与负荷分布情况。根据电压损失可叠加的原理，求得电压损失计算式为

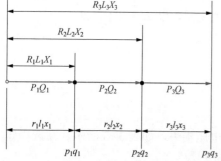

图 5-8　分布负荷的线路参数与负荷分布

$$\Delta U = \frac{1}{U_{\mathrm{N}}}\sum_1^n (p_i R_i + q_i X_i) = \frac{1}{U_{\mathrm{N}}}\sum_1^n (P_i r_i + Q_i x_i) \tag{5-12}$$

式中　p_i、q_i ——各分布负荷的有功及无功功率；

　　　　P_i、Q_i ——各线段上负荷的有功及无功功率；

　　　　r_i、x_i ——各线段上的电阻及电抗；

　　　　R_i、X_i ——电源至各负荷线路的电阻及电抗。

当各段导线截面相同（即均一导线）时，式 (5-12) 可改写为

$$\Delta U = \frac{1}{U_{\mathrm{N}}}\left(r_0 \sum_1^n p_i L_i + x_0 \sum_1^n q_i L_i\right) \tag{5-13}$$

式中　r_0、x_0——线路单位长度的电阻和电抗，Ω/km；

　　　　L_i——电源至各负荷的距离，km。

　　3. 按允许电压损失选择导线截面

　　式 (5-13) 可知，允许电压损失是有功功率在电阻上的电压损失与无功功率在电抗上的电压损失之和，即

$$\Delta U_{\mathrm{ac}} = \Delta U_{\mathrm{R}} + \Delta U_{\mathrm{X}} \tag{5-14}$$

$$\Delta U_{\mathrm{R}} = \frac{Plr_0}{U_{\mathrm{N}}} = \frac{Pl}{\gamma S U_{\mathrm{N}}} \tag{5-15}$$

$$\Delta U_{\mathrm{X}} = \frac{Qlx_0}{U_{\mathrm{N}}} \tag{5-16}$$

式中　ΔU_{R}——有功功率电压损失；

　　　　ΔU_{X}——无功功率电压损失。

　　式 (5-16) 中 Q、l、U_{N} 均为已知数据，x_0 随导线截面变化很小，可取其平均值（$x_0 = 0.35 \sim 0.4\,\Omega/\mathrm{km}$），故 ΔU_{X} 值即可求得，此时有功功率的电压损失为

$$\Delta U_{R} = \Delta U_{ac} - \Delta U_{X} = \frac{Pl}{\gamma S U_{N}} \tag{5-17}$$

由式（5-17）可求得导线截面为

$$S_{ca} = \frac{Pl}{\gamma U_{N} \Delta U_{R}} \tag{5-18}$$

式中　γ——导线的电导率（如表5-11所示）。

根据计算的 S_{ca} 选取标准截面 S，即

$$S \geqslant S_{ca} \tag{5-19}$$

铝绞线 LJ 的电阻和电抗如表5-6所示，钢芯铝绞线 LGJ 的电阻和电抗如表5-7所示。

表 5-6 **LJ 型导线的电阻和电抗**

导线型号	LJ-16	LJ-25	LJ-35	LJ-50	LJ-70	LJ-95	LJ-120	LJ-150	LJ-185	LJ-240	LJ-300
电阻（Ω/km）	1.98/2.07	1.28/1.33	0.92/0.96	0.64/0.66	0.46/0.48	0.34/0.36	0.27/0.28	0.21/0.23	0.17/0.18	0.132/0.14	0.106/0.11
几何均距（m）	导线电抗（Ω/km）										
0.6	0.365	0.345	0.336	0.325	0.312	0.302	0.295	0.288	0.281	0.273	0.267
0.8	0.377	0.363	0.352	0.341	0.330	0.320	0.131	0.305	0.299	0.291	0.284
1.0	0.391	0.370	0.366	0.355	0.344	0.334	0.327	0.319	0.313	0.305	0.298
1.25	0.405	0.391	0.380	0.396	0.358	0.348	0.341	0.333	0.327	0.319	0.302
1.5	0.416	0.402	0.391	0.380	0.370	0.360	0.352	0.345	0.339	0.330	0.322
2.0	0.434	0.421	0.410	0.398	0.388	0.378	0.371	0.363	0.356	0.348	0.341
2.5	0.448	0.435	0.424	0.413	0.399	0.390	0.382	0.377	0.371	0.362	0.355
3.0	0.459	0.448	0.435	0.423	0.410	0.401	0.393	0.388	0.382	0.374	0.367

注　表中电阻行"/"前是导线温度为20℃时的值，"/"后是导线温度为50℃时的值，作设计时综合考虑平均环境温度与导线负荷电流，应按50℃选取较为符合工程实际。

表 5-7 **LGJ 型导线的电阻和电抗**

导线型号	LGJ-16	LGJ-25	LGJ-35	LGJ-50	LGJ-70	LGJ-95	LGJ-120	LGJ-150	LGJ-185	LGJ-240	LGJ-300
电阻（Ω/km）	1.93/2.01	1.22/1.29	0.86/0.91	0.61/0.65	0.43/0.46	0.32/0.33	0.26/0.27	0.21/0.22	0.16/0.17	0.13/0.14	0.09/0.10
几何均距（m）	导线电抗（Ω/km）										
1.5	0.412	0.400	0.385	0.376	0.364	0.353	0.347	0.340	—	—	—
2.0	0.430	0.418	0.403	0.394	0.382	0.371	0.365	0.358	—	—	—
2.5	0.444	0.432	0.417	0.408	0.396	0.385	0.379	0.372	0.365	0.357	—
3.0	0.456	0.443	0.429	0.420	0.408	0.397	0.391	0.384	0.377	0.369	—
3.5	0.466	0.453	0.438	0.429	0.417	0.406	0.400	0.398	0.386	0.378	0.371
4.0	0.474	0.461	0.446	0.437	0.425	0.414	0.408	0.401	0.394	0.386	0.380

注　表中电阻行"/"前是导线温度为20℃时的值，"/"后是导线温度为50℃时的值，两者都计入了钢芯的导电作用，作设计时综合考虑平均环境温度与导线负荷电流，应按50℃选取较为符合工程实际。

例 5-1　从变电站架设一条 10kV 架空线向三个负荷供电，最大负荷年利用小时为

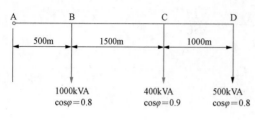

图 5 - 9 例 5 - 1 图

3000～5000h。导线采用 LJ 线，线间几何均距为 1m，线路长度及各负荷如图 5-9 所示。该地区最热月最高气温月平均值为 42℃，配电线路允许电压损失为 4%，试选择该 10kV 线路的导线截面。

解 1. 求各负荷点的有功功率及无功功率

$$p_1 = 1000 \times 0.8 = 800(\text{kW})$$
$$q_1 = 1000 \times 0.6 = 600(\text{kvar})$$
$$p_2 = 400 \times 0.9 = 360(\text{kW})$$
$$q_2 = 400 \times 0.436 = 174.4(\text{kvar})$$
$$p_3 = 500 \times 0.8 = 400(\text{kW})$$
$$q_3 = 500 \times 0.6 = 300(\text{kvar})$$

2. 计算各线段的平均功率因数及电流

根据平均功率因数的计算式 $\cos\varphi = \dfrac{\sum p}{\sqrt{\sum p^2 + \sum q^2}}$ 可算得：

AB 段的平均功率因数

$$\cos\varphi_{AB} = \frac{p_1 + p_2 + p_3}{\sqrt{(p_1 + p_2 + p_3)^2 + (q_1 + q_2 + q_3)^2}} = 0.82$$

BC 段的平均功率因数

$$\cos\varphi_{BC} = \frac{p_2 + p_3}{\sqrt{(p_2 + p_3)^2 + (q_2 + q_3)^2}} = \frac{760}{895.91} = 0.85$$

根据负荷电流的计算式可分别求得各线段的最大长时负荷电流为

AB 段
$$I_{AB} = \frac{1560}{\sqrt{3} \times 10 \times 0.82} = 109.84(\text{A})$$

BC 段
$$I_{BC} = \frac{760}{\sqrt{3} \times 10 \times 0.85} = 51.62(\text{A})$$

CD 段
$$I_{CD} = \frac{400}{\sqrt{3} \times 10 \times 0.80} = 28.87(\text{A})$$

3. 按经济电流密度选择导线截面

根据 T_{max} 为 3000～5000h，由表 5 - 2 查得 LJ 型导线的经济电流密度 J_{ec} 为 1.15A/mm²。故各段按经济电流密度初选的导线截面为

$$S_{AB} = \frac{I_{AB}}{J_{ec}} = \frac{109.84}{1.15} = 95.51(\text{mm}^2) \quad \text{选择 LJ-95 型铝绞线}$$

$$S_{BC} = \frac{I_{BC}}{J_{ec}} = \frac{51.62}{1.15} = 44.89(\text{mm}^2) \quad \text{选择 LJ-35 型铝绞线}$$

$$S_{CD} = \frac{I_{CD}}{J_{ec}} = \frac{28.87}{1.15} = 25.1(\text{mm}^2) \quad \text{选择 LJ-25 型铝绞线}$$

4. 按长时允许电流校验各段截面

由表 5 - 3 查得 LJ-95 为 325A，LJ-35 为 170A，LJ-25 为 135A。

由于该地区最热月最高气温月平均值为42℃。故要对长时允许电流进行修正，其修正系数 K 为

$$K = \sqrt{\frac{Q_m - Q_0}{Q_m - Q_0}} = \sqrt{\frac{70 - 42}{70 - 25}} = \sqrt{\frac{28}{45}} = 0.79$$

则各段长时允许电流修正值为

LJ-95 为 257A，LJ-35 为 134A，LJ-25 为 107A，均大于各段的最大长时负荷电流，故合格。

5. 按允许电压损失校验导线截面

查表 5-6，得各段导线单位长度的电阻与电抗值如下：

LJ-95	$r_0 = 0.36\Omega/km$，$x_0 = 0.334\Omega/km$
LJ-35	$r_0 = 0.96\Omega/km$，$x_0 = 0.366\Omega/km$
LJ-25	$r_0 = 1.33\Omega/km$，$x_0 = 0.37\Omega/km$

故得

$$r_{AB} = 0.36 \times 0.5 = 0.18(\Omega), x_{AB} = 0.334 \times 0.5 = 0.17(\Omega)$$
$$r_{BC} = 0.96 \times 1.5 = 1.44(\Omega), x_{BC} = 0.366 \times 1.5 = 0.55(\Omega)$$
$$r_{CD} = 1.33 \times 1 = 1.33(\Omega), x_{CD} = 0.37 \times 1 = 0.37(\Omega)$$

线路总的电压损失为

$$\Delta U = \Delta U_{AB} + \Delta U_{BC} + \Delta U_{CD} = \frac{\sum_1^n P_i r_i + \sum_1^n Q_i x_i}{U_N}$$

$$= \frac{1560 \times 0.18 + 760 \times 1.44 + 400 \times 1.33 + 1074 \times 0.17 + 474 \times 0.55 + 300 \times 0.37}{10}$$

$$= \frac{281 + 1094 + 532 + 182 + 261 + 111}{10} \approx 246(V)$$

电压损失百分数为

$$\Delta U\% = \frac{\Delta U}{U_N} \times 100\% = \frac{246}{10000} \times 100\% = 2.46\% < 4\%$$

故电压损失符合要求。

6. 按机械强度校验

由表 5-3 查得 10kV 非居民区最小允许截面为 25mm² 故所选各段导线均符合规定。

三、闭式电网的计算

闭式电网最简单的形式是环形电网及两端供电电网，如图 5-10 所示。闭式电网中每个用户都能从两路以上的输电线路获得电源。

闭式电网的电压损失计算，先根据负荷分布计算电网的功率分布，找出功率分点，将闭式电网从功率分点分开，然后按开式电网的计算方法求出电网始、末端的电压。

所谓功率分点就是该点负荷系同时由两侧电源供电的点，通常在电路图中用符号"▼"表示。如果有功功率分点与无功功率分点不重合时，则用"▼"代表有功功率分点，用"▽"代表无功功率分点。

闭式电网的功率分布与电路参数、负荷分布、电源电压等因素有关。

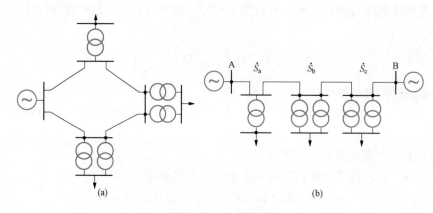

图 5-10 闭式电网

（a）环形电网；（b）两端供电电网

（一）闭式电网中功率分布的计算

采用近似法计算闭式电网中的功率分布时，首先略去各线段中的功率损耗对功率分布的影响，求出近似的功率分布，然后根据这一功率分布，求出各线段的功率损耗，再与各点的功率相加，即得线路的功率分布。

在具体计算时，先根据线路参数与负荷分布绘出两端供电线路的等值电路，如图 5-11 所示。

当电源电压 U_A、U_B，线路参数 Z_1、Z_2、Z_3、Z_4 和变电站负荷 S_a、S_b、S_c 均为已知，假定各段的功率方向如图 5-11

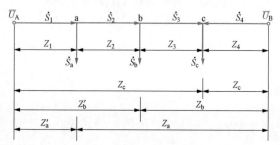

图 5-11 两端供电线路的等值电路

所示，即假定负荷 c 处为功率分点。忽略电网损耗的影响，按基尔霍夫定律，由图 5-11 可得各线段的功率和电压降为

$$\left.\begin{aligned} S_1 &= S_A \\ S_2 &= S_1 - S_a \\ S_3 &= S_1 - S_a - S_b \\ S_4 &= S_B = S_a + S_b + S_c - S_1 \end{aligned}\right\} \tag{5-20}$$

$$\dot{U}_A - \dot{U}_B = \sqrt{3}\dot{I}_1 Z_1 + \sqrt{3}\dot{I}_2 Z_2 + \sqrt{3}\dot{I}_3 Z_3 - \sqrt{3}\dot{I}_4 Z_4 \tag{5-21}$$

由于忽略线路功率损耗，负荷电压均取额定电压 U_N。将式（5-21）用功率表示得

$$\dot{U}_A - \dot{U}_B = \frac{S_1}{U_N} Z_1 + \frac{S_2}{U_N} Z_2 + \frac{S_3}{U_N} Z_3 - \frac{S_4}{U_N} Z_4 \tag{5-22}$$

或 $$\overline{U}_N(\dot{U}_A - \dot{U}_B) = S_1 Z_1 + S_2 Z_2 + S_3 Z_3 - S_4 Z_4 \tag{5-23}$$

式中 $\overline{U}_N$——额定电压的共轭值。

将式（5-20）代入式（5-23），整理后得

$$S_1 = \frac{S_a(Z_2 + Z_3 + Z_4) + S_b(Z_3 + Z_4) + S_c Z_4}{Z_1 + Z_2 + Z_3 + Z_4} + \frac{\overline{U}_N(\dot{U}_A - \dot{U}_B)}{Z_1 + Z_2 + Z_3 + Z_4} \tag{5-24}$$

令 $Z_a = Z_2 + Z_3 + Z_4$，$Z_b = Z_3 + Z_4$，$Z_c = Z_4$，$Z_\Sigma = Z_1 + Z_2 + Z_3 + Z_4$ 可得电源 A 输出的功率 S_A 为

$$S_A = S_1 = \frac{S_a Z_a + S_b Z_b + S_c Z_c}{Z_\Sigma} + \frac{\overline{U}_N(\dot{U}_A - \dot{U}_B)}{Z_\Sigma} = \frac{\sum\limits_1^n S_i Z_i}{Z_\Sigma} + \frac{\overline{U}_N(\dot{U}_A - \dot{U}_B)}{Z_\Sigma}$$

(5 - 25)

同理，可得电源 B 的输出功率 S_B 为

$$S_B = S_4 = \frac{\sum\limits_1^n S_i Z_i'}{Z_\Sigma} + \frac{\overline{U}_N(\dot{U}_B - \dot{U}_A)}{Z_\Sigma}$$

(5 - 26)

式中　　Z'——负荷点 i 至电源 A 之间的总阻抗。

在求出任一电源输出功率（S_A 或 S_B）后，即可根据负荷分布情况校验计算值是否正确。式（5-24）、式（5-25）的最后一项是因电源两端电压的大小与相位不同而产生的平衡电流。如果电网中 U_A 等于 U_B，第二项为零，此时负荷分布仅与各负荷大小及电网阻抗有关。

各段负荷计算出后，就可求出功率分点，然后从功率分点，将闭式电网分开成两个开式电网，就可以进行电压损失计算，如图 5-12 所示。

如果有功功率分点与无功功率分点重合，说明无论是哪一端电源的有功功率或无功功率都没有越过该点流向另一端，各端的有功电压损失和无功电压损失均到该点结束，故功率分点就是电网电压的最低点。如果它们不重合，则只有通过计算，才能确定哪一个功率分点

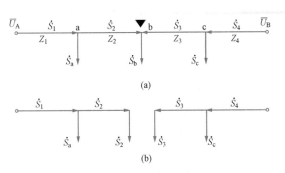

图 5-12　闭式电网分成开式电网的电路

（a）闭式电网电路；（b）从功率分点分开后的电路

是电压最低点。计算方法是比较两个分点间线段上的 $Q_i x_i$ 与 $P_i r_i$，当有功损失大时，电压最低点在有功功率分点，反之在无功功率分点。

（二）闭式电网中的电压损失计算及导线截面的选择

闭式电网中的功率分布与网路参数有关，当导线截面尚未选定时，要确定电网中的功率分布可采用以下两种方法。

一种方法是当导线截面相等，网路参数只与线路长度有关时，可根据各段线路长度求得电网的功率分布。它适用于负荷点较密，线段较短的网路，也适合于大的区域电网。因为区域电网导线截面大，线路参数主要决定于网路电抗，因此功率分布主要由线路长度决定，与导线截面关系不大。

另一种方法是按供电距离最小的原则，人为地将电网从中间分开，从而确定其功率分布。当电网的功率分布确定之后，将电网从功率分点分开，按开式电网来计算电压损失，选择导线截面。

选出导线截面后，须将电网重新连接，求出电网的实际功率分布（因计算截面不一定

等于标准截面），再验算功率分点的电压损失。此外，所选截面还必须在任一电源故障情况下，校验长时允许电流及电压损失。

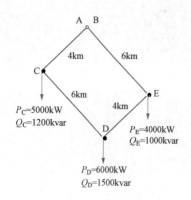

图 5-13　例 5-2 的负荷分布图

例 5-2　三个企业由地区变电站 A、B 两段母线通过环形架空导线供电，额定电压为 35kV，负荷分布如图 5-13 所示，导线为 LGJ 型钢芯铝绞线，正常工作允许电压损失 $\Delta U_{ac} = 5\%$，当某段线路故障时容许电压损失为 10%，导线几何均距为 2m，地区最热月最高气温月平均值为 40℃。若要求各段导线截面相同，试选择导线截面。

解题思路

对于环形电网，只要供电电源母线上的电压基本保持相等，就可以在供电点把环形线路切开，在 $U_A = U_B$ 的条件下，便得到一个由两端供电的线路。

然后人为地从环网的中间 D 点处截开，算出相应的功率分布，就得到两条开式独立的线路，适当选择一条线路作为导线截面的计算依据。对于本题，可选由电源 B 供电的线路，因为当 AC 段故障时，C 点的电压最低（距离最长）。应该指出，最后应比较正常运行和事故条件下所选的截面，取较大者为最后确定的截面。本题可按以下 4 步求解。

（1）环形电网等效为两独立的开式电网。

（2）计算正常运行时导线应选的截面。

（3）计算一路故障时导线应选的截面。

（4）允许负荷电流及机械强度校验。

解　（1）环形电网变换为两个开式电网。

在供电电源处把环形电网切开，当 $U_A = U_B$ 时，便得到一个由两端供电线路，如图 5-14 所示。

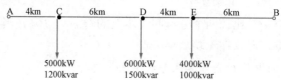

图 5-14　环形电网变换为两端供电线路

由 A 端输出的有功功率

$$P_A = \frac{\sum p_i L_i}{L_{AB}} = \frac{5000 \times (6+4+6) + 6000 \times (4+6) + 4000 \times 6}{4+6+4+6} = 8200 (\text{kW})$$

该结果表明负荷 D 要由 A 端提供 3200kW 的有功功率 [（8200－5000）kW]。

由 A 端输出的无功功率

$$Q_A = \frac{\sum q_i L_i}{L_{AB}} = \frac{1200 \times (6+4+6) + 1500 \times (4+6) + 1000 \times 6}{4+6+4+6} = 2010 (\text{kvar})$$

这表明负荷 D 要由 A 端提供 810kvar 的无功功率 [（2010－1200）kvar]，故得 D 点

为功率分点，可从 D 点切开得两个独立的开式电网，如图 5-15 所示。

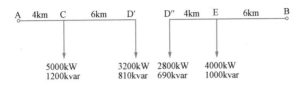

图 5-15　变换为两开式电网的线路图

各段功率矩

$$M_{PA} = \sum p_i L_i = 5000 \times 4 + 3200 \times (4+6) = 52000(\text{kW} \cdot \text{km})$$

$$M_{PB} = \sum p_i L_i' = 4000 \times 6 + 2800 \times (6+4) = 52000(\text{kW} \cdot \text{km})$$

$$M_{QA} = \sum q_i L_i = 1200 \times 4 + 810 \times (4+6) = 12900(\text{kvar} \cdot \text{km})$$

$$M_{QB} = \sum q_i L_i' = 1000 \times 6 + 690 \times (6+4) = 12900(\text{kvar} \cdot \text{km})$$

因为 $M_{PA} = M_{PB}$，$M_{QA} = M_{QB}$，故所求的分流点为 D 是正确的。

（2）计算正常运行时导线应选的截面。

只需取一路计算，近似取 $x_0 = 0.4\Omega/\text{km}$，则电压损失的无功分量

$$\Delta U_X = \frac{x_0 \sum q_i L_i}{U_N} = \frac{0.4 \times (1200 \times 4 + 810 \times 10)}{35} = 147(\text{V})$$

允许电压损失

$$\Delta U_{ac} = \Delta U\% U_N = 0.05 \times 35 \times 10^3 = 1750(\text{V})$$

电压损失有功分量允许值

$$\Delta U_{ac.R} = \Delta U_{ac} - \Delta U_X = 1750 - 147 = 1603(\text{V})$$

考虑环境温度与导线温升，按表 5-11 取铝导线的电导率 γ 为 $28.8\text{m}/\Omega\text{mm}^2$，可求得导线截面

$$S_{ca} = \frac{\sum p_i L_i}{\gamma \Delta U_{ac.R} U_N} + \frac{(5000 \times 4 + 3200 \times 10) \times 10^3}{28.8 \times 1603 \times 35} = 32.2(\text{mm}^2)$$

初选 $S_l = 35\text{mm}^2$。

（3）计算当某段线路故障时导线应选的截面。

因 AC 段较短，故设 AC 段故障，此时负荷 C 处的电压损失最大。

故障时允许电压损失

$$\Delta U_{ac}' = \Delta U_{ac}'\% U_N = 0.10 \times 35 \times 10^3 = 3500(\text{V})$$

电压损失无功分量

$$\Delta U_X' = \frac{x_0 \sum q_i L_i}{U_N} = \frac{0.4 \times (1200 \times 16 + 1500 \times 10 + 1000 \times 6)}{35} = 459.4(\text{V})$$

电压损失有功分量允许值

$$\Delta U_{ac.R}' = \Delta U_{ac}' - \Delta U_X' = 3500 - 459.4 = 3040.6(\text{V})$$

故障时导线截面

$$S_l' = \frac{\sum p_i L_i}{\gamma \Delta U_{ac.R}' U_N} = \frac{(5000 \times 16 + 6000 \times 10 + 4000 \times 6) \times 10^3}{28.8 \times 3040.6 \times 35} = 53.3(\text{mm}^2)$$

取 $S_l' = 70\text{mm}^2$。

因 $S_l' > S_l$，应改选为 70mm^2，对应的 x_0 由表 5-7 查得为 $0.382\Omega/\text{km} < 0.4\Omega/\text{km}$，

故不必再校验电压损失。

（4）允许负荷电流及机械强度校验。

对于 35kV 一类用户，其钢芯铝绞线的最小允许截面为 25mm²，故机械强度合格。

正常运行时，最大长时负荷电流，AC 段为最大，则

$$I_{AC} = \frac{S}{\sqrt{3}U_N} = \frac{\sqrt{(5000+3200)^2+(1200+810)^2}}{\sqrt{3}\times 35} = 139(A)$$

$S_l = 70mm²$ 的允许电流由表 5 - 3 查得为 275A，乘以由表 5 - 4 查得的温度修正系数 0.81 得 223A，合格。

当 AC（或 BE）段故障时，BE（或 AC）段的最大长时负荷电流最大，此时

$$I'_{BE} = \frac{S'}{\sqrt{3}U_N} \frac{\sqrt{(5000+6000+4000)^2+(1200+1500+1000)^2}}{\sqrt{3}\times 35} = 255(A)$$

这说明故障时所选截面的允许负荷电流不满足要求，应改选为 $S_l = 95mm²$，由表 5 - 3 查得其允许负荷电流为 335A，乘以由表 5 - 4 查得的温度修正系数 0.81 得 271A。显然，此时所选导线截面满足全部选择条件的要求。

解后

在实际的工程设计中，为了节省投资，可将 AC 段和 BE 段选为 95mm²，其余两段选为 70mm²，同样满足要求。

四、低压架空线路导线截面选择

对于 1kV 以下的低压架空线，与高压架空线相比，线路比较短，但负荷电流较大。所以一般不按经济电流密度选择。低压动力线按长时允许电流初选，按允许电压损失及机械强度校验。低压照明线，因其对电压水平要求较高，所以，一般先按允许电压损失条件初选截面，然后按长时允许电流和机械强度校验。

1. 按长时允许电流选择导线截面

要求导线的长时允许电流不小于线路的最大长时负荷电流（计算电流），即

$$I_{al} \geqslant I_{ca} \tag{5 - 27}$$

长时允许电流的确定与用电设备工作制有如下关系：

（1）长期工作制的用电设备，其导线的截面按用电设备的额定电流选择。

（2）反复短时工作制的用电设备（即一个周期的总时间不超过 10min，工作时间不超过 4min），其导线的允许电流按下列情况确定：

1）截面小于或等于 6mm² 的铜线以及截面小于或等于 10mm² 的铝线，其允许电流按长期工作制的允许电流确定；

2）截面大于 6mm² 的铜线以及截面大于 10mm² 的铝线，其允许电流为长期工作制的允许电流乘以反复短时工作制的校正系数，其校正系数应根据导线发热时间常数 τ、负荷持续率 ε 和全周期时间 T 选用；

3）短时工作制的用电设备（即其工作时间不超过 4min，停歇时间内导线能冷却到周围环境温度时），其允许电流按短时工作制的规定计算，即长期工作制的允许电流乘以短时工作制的校正系数，校正系数应根据导线发热时间常数 τ 和工作时间 t 选用；

4）按 2）与 3）校正后，导线允许载流量不应小于用电设备在额定负载持续率下的额

定电流或短时工作电流。

以上校正系数均可查有关设计手册。此外，导线的长时允许电流还应根据敷设处的环境温度进行修正，修正计算见式（5-4）。

2. 按允许电压损失选择导线截面

因低压线路负荷电流大，相应的电压损失也大，故必须按允许电压损失来校验所选择导线截面，如果线路的电压损失值超过了允许值，则应适当加大导线的截面，使之满足允许的电压损失要求。电压损失的计算公式与高压线路相同。

3. 按机械强度选择导线截面

为保证低压架空线路的安全运行，必须按机械强度来校验所选择导线截面，具体可据实际条件查表5-1进行。

第三节 电力电缆芯线截面选择

一、高压电缆芯线截面选择

电缆与架空线相比，散热条件较差，故还应考虑在短路条件下的热稳定问题。因此高压电缆截面除按经济电流密度、允许电压损失、长时允许电流选择外，还应按短路的热稳定条件进行校验。

1. 按经济电流密度选择电缆截面

根据高压电缆线路所带负荷的最大负荷年利用小时及电缆芯线材质，查出经济电流密度 J_{ec}，然后计算最大长时负荷电流 I_{ca}（如为双回路并联运行的线路，应按最大长时负荷电流的一半计算），电缆的经济截面 S_{ec} 为

$$S_{ec} = \frac{I_{ca}}{J_{ec}}(\text{mm}^2) \tag{5-28}$$

2. 按长时允许电流校验所选电缆截面

根据按经济电流密度选择的标准截面，查出其长时允许电流 I_{al}，应不小于其最大长时负荷电流（此时双回路供电应按一回故障的情况考虑），即

$$KI_{al} \geqslant I_{ca} \tag{5-29}$$

$$K = K_1 K_2 K_3 \tag{5-30}$$

式中 I_{al}——环境温度为25°时空气中电缆的长时允许电流，如表5-8所示，A；

K——考虑环境温度与敷设条件后的综合允许电流修正系数；

K_1——单根电缆在空气中敷设的温度修正系数，可查表5-4，电缆沟（或电缆隧道）中电缆可按最热月室内最高气温月平均值加5℃考虑；

K_2——直埋时不同土壤热阻率的修正系数，如表5-9所示；

K_3——空气中多根并列敷设时载流量的修正系数，如表5-10所示；

I_{ca}——通过电缆的最大长时负荷电流（计算电流），A。

表 5 - 8 　　　　　6～10kV 交联聚乙烯铠装电力电缆的长时允许电流（A）

芯线截面（mm²）	空气中敷设		直埋地敷设	
	铜　芯	铝　芯	铜　芯	铝　芯
3×16	102	80	100	78
3×25	134	105	128	95
3×35	157	125	153	119
3×50	191	153	185	144
3×70	233	185	221	172
3×95	280	222	261	204
3×120	324	258	296	231
3×150	378	295	335	262
3×185	428	335	375	292
3×240	498	392	428	337
3×300	570	448	482	409

注　1. 表中为环境温度 25℃、交联聚乙烯电缆最高允许工作温度 80℃时的长时允许负荷电流数据。

　　2. 各种电缆的长时允许电流因电缆的结构不同、电压等级不同、敷设地区的海拔不同，甚至制造厂不同都有一定的差异，具体设计时亦可详查有关电工手册。

表 5 - 9 　　　　　　　　土壤热阻率的修正系数 K_2

导线截面（mm²）	土壤热阻率的修正系数（℃·cm/W）				
	60	80	120	160	200
	载流量修正系数				
2.5～16	1.06	1.0	0.90	0.83	0.77
25～95	1.08	1.0	0.88	0.80	0.73
120～240	1.09	1.0	0.86	0.78	0.71

注　1. 土壤热阻率表示不同状态与种类的土壤对电缆散热的影响，热阻率越低者散热越好，因而允许载流量的修正系数越大。

　　2. 土壤热阻率的选取范围为：潮湿地区取为 60～80，普通一般土壤取为 120，干燥土壤取为 160～200。

表 5 - 10 　　　　　空气中多根并列敷设时载流量的修正系数 K_3

电缆之间的距离	并列电缆的数目（根）				
	1	2	3	4	5
d	1.0	0.9	0.85	0.82	0.80
$2d$	1.0	1.0	0.98	0.95	0.90
$3d$	1.0	1.0	1.0	0.98	0.96

注　d 为电缆外径。

3. 按电压损失校验电缆截面

高压系统中的电压损失允许值见表 5 - 5。对于终端负荷，电压损失的计算见式（5 -

10）和式（5-11）。对于分布电荷，电压损失的计算见式（5-12）和式（5-13）。由于电缆的电抗值较小，一般为 0.06～0.08Ω/km，故计算电压损失时，只考虑导线电阻的影响，电抗值常忽略不计。

若以导线的电导率来计算，对于终端负荷电压损失为

$$\Delta U = \frac{PL}{S_c U_N \gamma}(V) \tag{5-31}$$

式中　L——线路长度，m；

　　　S_c——导线截面，mm^2；

　　　γ——导线电导率，$m/(\Omega \cdot mm^2)$。

不同芯线材质电缆的电导率如表 5-11 所示。

表 5-11　　　　　　　　　　不同芯线材质电缆的电导率 γ

电缆名称	电导率 γ [$m/(\Omega \cdot mm^2)$]		
	25℃	65℃	80℃
铜芯软电缆	53	42.5	
铜芯铠装电缆，铜导线		48.6	44.3
铝芯铠装电缆，铝导线	32	28.8	

对于均一导线分布负荷电压损失为

$$\Delta U = \frac{\sum_{i=1}^{n} P_i L_i}{S_c U_N \gamma}(V) \tag{5-32}$$

4. 按短路电流校验电缆的热稳定性

$$S_{min} = I_{\infty} \frac{\sqrt{t_i}}{C}(mm^2) \tag{5-33}$$

式中　I_{∞}——最大三相稳态短路电流，A；

　　　t_i——短路电流作用的假想时间，s；

　　　C——热稳定系数，如表 5-12 所示，$A\sqrt{s}/mm^2$。

表 5-12　　　　　母线导体与 1～10kV 电缆的热稳定系数 C 值

芯线材料	铝			铜					
芯线绝缘材料	短路时的最高允许温度（℃）								
	130	150	200	130	150	200	220	230	250
聚氯乙烯	65	—	—	100	—	—	—	—	—
橡胶	—	87	—	—	120	—	—	—	—
交联聚乙烯	—	—	84	—	—	—	—	140	—
母线	—	—	87	—	—	164	—	—	—

注　导线、电缆的连接工艺影响其短时最高允许温度，不同电压等级的 C 值亦有微小的差异，具体设计时可视连接条件等详查有关电工手册。

例 5-3 某大型企业两班制生产的四分厂，10kV 总计算负荷为 4330kVA，功率因数 $\cos\varphi=0.7$，10kV 供电电缆长 700m，敷设于电缆沟中，该地区最热月室内最高气温月平均值为 30℃。企业 35kV 变电站 10kV 母线上最大短路容量为 161MVA，向四分厂供电的 10kV 电缆的继电保护动作时间为 1.2s，试选择该供电电缆。

解 （1）确定电缆型号。

因企业内部 10kV 供电电缆，采用电缆沟敷设，可选交联聚乙烯钢带铠装电缆，型号为 YJV22-10（22 表示钢带铠装）。

（2）按经济电流密度选择电缆截面

$$I_{ca}=\frac{S_{ca}}{\sqrt{3}U_N}=\frac{4330}{\sqrt{3}\times10}=250(A)$$

一般两班制生产的大型企业，其 $T_{max}=3000\sim5000h$，查表 5-2 得 $J_{ec}=2.25$，故所选电缆的经济截面为

$$S_{ec}=\frac{I_{ca}}{J_{ec}}=\frac{250}{2.25}=111.1(mm^2)$$

初选 YJV22-10-3×95 交联聚乙烯钢带铠装电力电缆。

（3）按长时允许电流校验所选截面。

电缆敷设于电缆沟内，因地区最热月室内最高气温月平均值为 30℃，增加 5℃后查表 5-4 得温度修正系数为 0.90。

由表 5-8 查得 10kV 铜芯 3×95mm² 电缆在环境温度为 25℃时的长时允许电流 $I_{ac}=280A$，乘以温度修正系数 0.90 后为 252A，大于 250A，但考虑企业发展，留有一定裕量，故改选电缆截面为 3×120mm²。

（4）按正常工作电压损失校验。

取高压配电线路允许电压损失为 3%，得

$$\Delta U_{ac}=10000\times0.03=300(V)$$

线路实际电压损失为

$$\Delta U=\sqrt{3}I(R\cos\varphi+X\sin\varphi)\approx\frac{\sqrt{3}IL\cos\varphi}{\gamma S}=\frac{\sqrt{3}\times250\times700\times0.7}{48.6\times120}=36.38(V)$$

$\Delta U<\Delta U_{ac}=300V$，电压损失满足要求。

（5）按短路热稳定条件校验。

最大三相稳态短路电流为

$$I_\infty=\frac{S_k}{\sqrt{3}U_{av}}=\frac{161}{\sqrt{3}\times10.5}=8.86(kA)$$

短路电流作用的假想时间

$$t_i=t_{ip}+t_{ia} \quad （取断路器动作时间为 0.2s）$$

对于无限大电源系统

$$t_{ip}=t_{se}+t_{br}=1.2+0.2=1.4(s)$$

故得

$$t_i=1.4+0.05=1.45(s)$$

电缆最小热稳定截面为

$$S_{\min} = I_{\infty}\frac{\sqrt{t_i}}{C} = \frac{8860\sqrt{1.45}}{140} = 76.2(\text{mm}^2)$$

$S_{\min} < 120\text{mm}^2$，YJV22-10-3×120 型电缆满足要求。

二、低压电缆截面选择

低压电缆截面选择与高压电缆选择不同，主要考虑电缆正常运行时的发热与电压损失，并考虑故障时短时承受大电流所引起的温升，故不再按经济电流密度选择，而是按长时允许负荷电流初选截面，再用正常运行允许电压损失和满足短路热稳定的要求进行校验，所选电缆必须满足上述所有条件。

1. 按长时允许负荷电流选择

要求电缆芯线的实际温升不超过绝缘所允许的最高温升。为了满足这一要求，实际流过芯线的最大长时负荷电流必须小于或等于它的长时允许电流，即

$$I_{ca} \leqslant KI_{al} \qquad\qquad (5-34)$$

式中　I_{ca}——用电设备最大长时负荷电流（设计时可用计算电流代替），A；

　　　K——考虑环境温度与敷设条件后的综合修正系数；

　　　I_{al}——空气温度为25℃时，电缆的长时允许电流（允许载流量），A。

2. 按正常运行允许电压损失选择

为保证用电设备的正常运行，其端电压不得低于额定电压的95%。否则电动机等电气设备将因电压过低而过载，甚至过热而烧毁。为此应按正常运行允许电压损失的要求对所选的电缆进行校验，若不合格，应增大一级标准截面，直到合格为止。

计算电压损失时，应从变压器二次侧出口算至用电设备的接线盒处，即负荷电缆的终端，要求其总和不超过允许值（$5\%U_N$）。

3. 按短路热稳定要求选择

按短路条件校验电缆的最小热稳定截面，当用式（5-33）计算出来的电缆最小热稳定截面大于所选电缆截面时，应增大一级标准截面，直到合格为止。

当短路保护采用熔断器时，电缆热稳定最小截面应与熔体额定电流相配合。具体配合关系可参考有关电工手册。

架空电缆芯线截面选择，类似电力电缆的选择，需要注意两者的工作环境不同，根据实际环境温度并列敷设根数等因素对截面进行修正，不作详细叙述。

第四节　设 计 计 算 实 例

本节根据前四章设计计算实例的结果，利用例5-4的求解过程，来说明企业35kV架空电源线路和6kV配电线路的选择计算。

例5-4　根据二、三、四章中例2-10、例3-4、例4-4的计算结果，试选择该矿35kV电源架空导线的型号截面，并按第二章表2-8所规定的线路类型，选择表内各负荷组供电的6kV配电线路的型号截面。

解题思路

对于一级用电户，矿井地面 35kV 变电站要求双回路或环形供电，在例 2-10 中已确定为全分列运行，当一路故障时，另一路必须能保证全矿的供电，故最大长时负荷电流和正常工作电压损失均按一路供电考虑，表 2-8 中各 6kV 的一、二级负荷组也按此原则考虑。但在计算导线经济截面时，可按每路最多承担 0.65～0.75 的总负荷电流考虑。本例可按以下 6 步求解。

1. 35kV 电源架空线路选择

2. 主、副井提升机 6kV 电缆线路选择

3. 6kV 下井电缆选择

4. 压风机等其他负荷组 6kV 电缆线路选择

5. 扇风机 1 等其他负荷组 6kV 架空线路选择

6. 选择计算结果汇总

解 （一）35kV 电源架空线路选择

1. 架空导线型号选择

根据我国产品供应市场情况和以铝代铜的技术政策，宜选用铝线，对于 35kV 架空线路，线杆挡距一般在 100m 以上，导线受力较大，故可选 LGJ 型钢芯铝绞线，线间几何均距设为 2m。

2. 按经济电流密度初选导线截面

一路供电的负荷电流

$$I_{lo} = I_{ca} = \frac{P'_{ca.35}}{\sqrt{3}U_N\cos'\varphi} = \frac{8234}{\sqrt{3}\times 35\times 0.927} = 146.5(A)$$

一般中型矿井 $T_{max} = 3000\sim 5000h$，查表 5-2 可得，钢芯铝绞线的经济电流密度 $J_{ec} = 1.15A/mm^2$。则导线的经济截面为

$$S_{ec} = \frac{0.65I_{ca}}{J_{ec}} = \frac{0.65\times 146.5}{1.15} = 82.82(mm^2)$$

式中　0.65——两分列运行线路的电流分配系数。

初选导线为 LGJ-70 型钢芯铝绞线，查表 5-3 得，其 25℃时允许载流量 I_{ac} 为 275A。

3. 按长时允许负荷电流校验导线截面

根据例 2-10 知，该地区最热月最高气温月平均值为 42℃，钢芯铝绞线最高允许温度为 70℃，根据式（5-4）算得其温度修正系数为 0.79。则修正后的允许载流量为

$$I'_{al} = 0.79I_{al} = 0.79\times 275 = 217(A) > 147.4(A)$$

符合要求。

4. 按允许电压损失校验导线截面

取高压输电线路允许电压损失为 5%，得 $\Delta U_{al} = 35000\times 0.05 = 1750(V)$。

查表 5-7 得该导线的单位长度电阻、电抗分为：$r_0 = 0.46\Omega/km$ 和 $x_0 = 0.382\Omega/km$，而线路长度 L 已由第二章的例 2-10 给出为 6.5km，故得 35kV 线路的电压损失为

$$\Delta U = \sqrt{3}I_{ca}(r_0L\cos'\varphi + x_0L\sin'\varphi)$$

$$= \sqrt{3}\times 146.5\times (0.46\times 6.5\times 0.927 + 0.382\times 6.5\times 0.375) = 940(V)$$

由于 $\Delta U < \Delta U_{al} = 1750V$，故电压损失校验合格。

5. 按机械强度校验导线截面

查表 5-1 得 35kV 钢芯铝绞线在非居民区的最小允许截面为 16mm²，居民区为 25mm²，均小于所选截面 70mm²，故机械强度校验合格。

最后确定该矿双回路 35kV 架空线路每路均选为 LGJ-70 型钢芯铝绞线，两路总长度为 13km。

（二）主、副井提升机 6kV 电缆线路选择

据表 2-8 与图 2-13 可知，副井提升机为一级负荷，主井提升机为二级负荷，两组负荷采用环形电网供电，两者与矿 35kV 变电站的平面布置呈三角形，二者之间相距一般为 80m，而主井离 35kV 变电站为 280m，副井为 200m。所以，在计算负荷电流和电压损失时应按开环运行、两组负荷由一路电缆供电考虑，80m 长的联络线因较短，可选为与两路电源电缆用同型号同截面。

1. 6kV 电缆型号选择

高压电缆的型号，应根据敷设地点与敷设方式选，在地面一般可选用普通电力电缆 YJV-22 型或一般型矿用电缆 MYJV-22 型，数量不多时常采用直埋敷设。

2. 按经济电流密度选择主井、副井 6kV 电源电缆截面

一路供电的负荷电流

$$I_{ca} = \frac{\sqrt{(P_{ca.1} + P_{ca.2})^2 + (Q_{ca.1} + Q_{ca.2})^2}}{\sqrt{3}U_N} = \frac{\sqrt{(950 + 592)^2 + (598 + 385)^2}}{\sqrt{3} \times 6} = 175.5(A)$$

按 $T_{max} = 3000 \sim 5000h$，查表 5-2 可得，铜芯电缆的经济电流密度 $J_{ec} = 2.25 A/mm^2$。则电缆的经济截面为

$$S_{ec} = \frac{I_{ca}}{J_{ec}} = \frac{175.5}{2.25} = 78(mm^2)$$

初选 MYJV22-6-3×70 型铝芯电缆，其 25℃时允许载流量为 233A。

3. 按长时允许负荷电流校验

电缆直埋地下，据例 2-10 知，该地区最热月土壤最高气温月平均值为 27℃，则修正后的长时允许负荷电流为

$$I'_{al} = I_{al} \sqrt{\frac{\theta_m - \theta'_0}{\theta_m - \theta_0}} = 233 \times \sqrt{\frac{65 - 27}{65 - 25}} = 227.1(A)$$

按一般黑土查表 5-9 得土壤热阻率的修正系数为 0.88，乘以 227.1A 后为 199.85A＞175.5A，故 3×70mm² 的电缆，修正后按长时允许负荷电流校验合格。

4. 按允许电压损失校验电缆截面

取高压配电线路允许电压损失为 3%，则有

$$\Delta U_{al} = 6000 \times 0.03 = 180(V)$$

线路实际电压损失按式（5-32）计算（忽略电抗）

$$\Delta U_{1-2} = \frac{\sum_{i=1}^{n} P_i L_i}{S_c U_N \gamma} = \frac{950 \times 280 + 592 \times (280 + 80)}{70 \times 6 \times 48.6} = 23.38(V)$$

$$\Delta U_{2-1} = \frac{\sum\limits_{i=1}^{n} P_i L_i}{S_c U_N \gamma} = \frac{592 \times 200 + 950 \times (200 + 80)}{70 \times 6 \times 48.6} = 18.83(\text{V})$$

由于两路单独供电的实际电压损失均小于允许电压损失 180V，故电压损失校验合格。

5. 按短路电流校验电缆的热稳定

矿 35kV 变电站 6kV 母线上最大三相稳态短路电流 I_∞ 已由例 3-10 算出为 8650A。

短路电流作用的假想时间

$$t_i = t_{ip} + t_{ia}$$

取断路器动作时间 $t_{br} = 0.15s$，其过流保护动作时间 t_{se}，因当一路供电时，断路器是控制两级 6kV 终端负荷，可定为 0.6s（时限级差 0.3s）。

对于无限大电源系统

$$t_{ip} = t_{se} + t_{br} = 0.6 + 0.15 = 0.75(\text{s})$$

故得

$$t_i = 0.75 + 0.05 = 0.8(\text{s}) \quad (0.05 \text{ 为电弧熄灭时间})$$

电缆最小热稳定截面为

$$S_{min} = I_\infty \frac{\sqrt{t_i}}{C} = \frac{8650 \times \sqrt{0.8}}{140} = 55.26(\text{mm}^2)$$

由于 $S_{min} = 53.26\text{mm}^2 < 70\text{mm}^2$，故所选 MYJV22-6-3×70 型电力电缆满足要求。

主井提升与副井提升所选 70mm² 电缆的总长度为 280+200+80 = 560(m)。

（三）6kV 下井电缆选择

在例 2-10 中已求出井下 6kV 级总计算有功负荷 P_{ca} 为 3684kW，最大长时负荷电流 I_{ca} 为 445A，并确定用 4 回下井电缆，两两并联后分列运行。因此，在确定每回电缆中的负荷电流时，应该是 $0.75I_{ca}$ 的一半（0.75 为井下负荷分配系数），电压损失应按其中一路两回电缆并联考虑，热稳定校验则应按一路中某一回电缆首端发生短路考虑。一回下井电缆总长度 L_{11} 应为由表 2-9 提供的 650m 再加上井下中央变电站不同的布置方式而引起的长度增加 50m，即 $L_{11} = 700$m。为了管理维护方便，4 回下井电缆应选用同型号同截面的电力电缆。

1. 6kV 下井电缆型号选择

根据《煤矿安全规程》的规定，立井井筒电缆应选用交联聚乙烯绝缘粗钢丝铠装聚氯乙烯护套电力电缆，故选为 MYJV42 型铜芯电力电缆（42 表示粗钢丝铠装）。

2. 按经济电流密度选择下井电缆截面

一路供电其中一回电缆的负荷电流

$$I_{ca.1} = \frac{1}{2} \times 0.75 I_{ca} = \frac{1}{2} \times 0.75 \times 445 = 167(\text{A})$$

按 $T_{max} = 3000 \sim 5000$h，查表 5-2 可得，铜芯电缆的经济电流密度 $J_{ec} = 2.25\text{A/mm}^2$。电缆的经济截面为

$$S_{ec} = \frac{I_{ca.1}}{J_{ec}} = \frac{167}{2.25} = 74.2(\text{mm}^2)$$

初选 MYJV42-6-3×70 型铜芯电缆，其 25℃时允许载流量为 221A。

3. 按长时允许负荷电流校验

电缆直埋地下，并途经立井井筒，据例 2-10 知，该地区最热月土壤最高气温月平均值为 27℃，则修正后的长时允许负荷电流为

$$I'_{al} = I_{al} \sqrt{\frac{\theta_m - \theta'_0}{\theta_m - \theta_0}} = 221 \times \sqrt{\frac{80-27}{80-25}} = 217(\text{A})$$

按一般黑土查表 5-9 得土壤热阻率的修正系数为 0.88，乘以 217A 后为 191A＞167A，合格。

因电缆有 360m 途经立井井筒，可再按电缆沟条件校验，按例 2-10 知该地区最热月室内最高气温月平均值为 32℃，增加 5℃ 后算得其修正系数为 0.84，乘以 221A 后为 185A＞167A，合格。

4. 按允许电压损失校验电缆截面

取高压配电线路允许电压损失为 3%，则有

$$\Delta U_{al} = 6000 \times 0.03 = 180(\text{V})$$

一路运行实际电压损失按式（5-31）计算（忽略电抗），但导线截面加倍。即

$$\Delta U = \frac{P_{ca} L_{11}}{2 S_c U_N \gamma} = \frac{3684 \times 700}{2 \times 70 \times 6 \times 48.6} = 63.2(\text{V})$$

由于实际电压损失小于允许电压损失 180V，故电压损失校验合格。

5. 按短路电流校验电缆的热稳定

矿 35kV 变电站 6kV 母线上最大三相稳态短路电流 I_∞ 已由例 3-4 算出为 8650A。

短路电流作用的假想时间

$$t_i = t_{ip} + t_{ia}$$

取断路器动作时间 $t_{br} = 0.15\text{s}$，其过流保护动作时间 t_{se} 因是控制 6kV 下井电缆，井下 6kV 电网还有 2～4 级才到移动变电站终端负荷，故应定为 0.9s（时限级差 0.3s），有利于井下 6kV 系统选择性过流保护的时限设置。

对于无限大电源系统

$$t_{ip} = t_{se} + t_{br} = 0.9 + 0.15 = 1.05(\text{s})$$

故得

$$t_i = 1.05 + 0.05 = 1.1(\text{s}) \quad （0.05 \text{为电弧熄灭时间}）$$

电缆最小热稳定截面为

$$S_{min} = I_\infty \frac{\sqrt{t_i}}{C} = \frac{8650 \times \sqrt{1.1}}{140} = 65(\text{mm}^2)$$

由于 $S_{min} = 65\text{mm}^2 < 70\text{mm}^2$，故所选 MYJV42-6-3×70 型电力电缆满足要求。

4 回 70mm² 电缆的总长度为 700×4 = 2800(m)。

（四）压风机等其他负荷组 6kV 电缆线路选择

类似于（二）、（三）两步的选择原则与方法，考虑地面高压可一律选用 MYJV-22 型电缆，因均为终端负荷，故控制开关过流保护动作时间可定为 0.3s，即短路电流作用的假想时间为 0.5s，据 $I_\infty = 8650\text{A}$ 用式（5-33）可算得各负荷组所选 6kV 电缆的最小热稳定截面 $S_{min} = 65\text{mm}^2$，此即表明所选电缆截面应不小于 70mm²。

又由表 2-9 可以看出，压风机等其他三个负荷组的计算视在功率均小于主井提升，而且最长供电距离为 360m，故凭设计经验可全部选为 MYJV22-6-3×70 型铝芯电力电缆，

满足全部选择、校验条件。各负荷组的电缆长度如下：

压风机：$2\times360=720$（m），地面低压：$2\times50=100$（m），机修厂：200（m）。

（五）扇风机 1 等其他负荷组 6kV 架空线路选择

1. 扇风机 1 架空导线型号选择

根据我国产品供应市场情况和以铝代铜的技术政策，宜选用铝线，对于 6kV 架空线路，线杆挡距一般在 100m 以下，导线受力较小，故可选 LJ 型铝绞线，线间几何均距设为 1m。

2. 按经济电流密度初选导线截面

一路供电的负荷电流

$$I_{lo} = I_{ca} = \frac{P_{ca.3}}{\sqrt{3}U_N\cos\varphi_3} = \frac{704}{\sqrt{3}\times6\times0.91} = 74.5(A)$$

上式中 $P_{ca.3}$ 与相应的功率因数均由表 2-9 查得。

一般中型矿井 $T_{max}=3000\sim5000$h，查表 5-2 可得，铝绞线的经济电流密度 $J_{ec}=1.15$A/mm²。则导线的经济截面为

$$S_{ec} = \frac{0.7I_{ca}}{J_{ec}} = \frac{0.7\times74.5}{1.15} = 45.3(mm^2)$$

式中　0.7——两分列运行线路的电流分配系数。

初选导线为 LJ-35 型铝绞线，查表 5-3 得，其 25℃时允许载流量 I_{al} 为 135A。

3. 按长时允许负荷电流校验导线截面

据例 2-10 知，该地区最热月最高气温月平均值为 42℃，铝绞线最高允许温度为 70℃，查表 5-4 得，其温度修正系数为 0.79。则修正后的允许载流量为

$$I'_{al} = 0.79I_{al} = 0.79\times135 = 107(A) > 74.5(A)$$

合格。

4. 按允许电压损失校验导线截面

取高压终端负荷配电线路允许电压损失为 4%，得 $\Delta U_{al}=6000\times0.04=240$（V）。

查表 5-7 得该导线的单位长度电阻、电抗分别为：$r_0=0.96\Omega$/km 和 $x_0=0.366\Omega$/km，而线路长度 L 已由第二章的例 2-10 给出为 1.5km，故得一路运行时的电压损失为

$$\Delta U = \sqrt{3}I_{ca}(r_0L\cos\varphi_3 + x_0L\sin\varphi_3)$$
$$= \sqrt{3}\times74.5\times(0.96\times1.5\times0.91 + 0.366\times1.5\times0.415) = 199(V)$$

由于 $\Delta U < \Delta U_{al}=240$V，故电压损失校验合格。

5. 按机械强度校验导线截面

查表 5-1 得 35kV 钢芯铝绞线在非居民区的最小允许截面为 25mm²，居民区为 35mm²，均不大于所选截面 35mm²，故机械强度校验合格。

最后确定扇风机 1 双回路 6kV 架空线路每路均选为 LJ-35 型铝绞线，两路总长度为 3km。

同理可确定其他三个 6kV 负荷组的导线型号、截面与长度如下：

扇风机 2：LJ-35 型铝绞线，两路总长度为 3km。

洗煤厂：LJ-50 型铝绞线，两路总长度为 0.92km。

工人村：LJ-35 型铝绞线，一路长度为 2km。

支农：LJ-25 型铝绞线，一路长度为 2.7km。

（六）选择计算结果汇总

上述各部选择计算结果如表 5-13 所示。

表 5-13 例 5-4 的选择计算结果

编号	设 备 名 称	电压（kV）	所选导线型号截面	导线总长度（km）
0	35kV 电源线	35	LGJ-70	2×6.5＝13
1	主井提升	6	MYJV22-6-3×70	0.28
2	副井提升	6	MYJV22-6-3×70	0.2＋0.08＝0.28
3	扇风机 1	6	LJ-35	2×1.5＝3
4	扇风机 2	6	LJ-35	2×1.5＝3
5	压风机	6	MYJV22-6-3×70	2×0.36＝0.72
6	地面低压	6	MYJV22-6-3×70	2×0.05＝0.1
7	机修厂	6	MYJV22-6-3×70	0.2
8	洗煤厂	6	LJ-50	2×0.46＝0.92
9	工人村	6	LJ-35	2.0
10	支农	6	LJ-25	2.7
11	下井电缆	6	MYJV42-6-3×70	4×0.7＝2.8

习题与思考题

5-1 架空线路由哪几部分组成？每部分有何作用？

5-2 电缆有哪些种类？其使用范围如何？

5-3 解释名词：①电压降；②电压损失；③经济电流密度；④闭式电网；⑤功率分点。

5-4 高、低压线路导线（包括架空线与电缆）截面选择有何异同点？为什么？

5-5 某重要企业变电站受电电压为 35kV，由区域变电站用两路架空线向其供电，一路工作一路备用。距离企业 12km，导线几何均距为 2.5m，允许电压损失为 5%，$T_{max}＝4500h$，企业 35kV 侧计算总负荷为 9300kW，功率因数 0.95，地区最热月最高气温月平均值为 40℃，试选择该架空导线的截面及型号。

5-6 某厂几个车间由 10kV 架空线路供电，导线采用 LJ 型铝绞线，线间几何均距为 1m，允许电压损失为 5%，$T_{max}＝4200h$，地区最热月最高气温月平均值为 35℃，各段干线的截面相同，各车间的负荷及各段线路长度如图 5-16 所示。试选择架空线路的导线截面。

5-7 某变电站向两个负荷供电，如图5-17所示。电压为6kV，变电站母线最大短路容量为46MVA，配出线继电保护动作时间为1s，允许电压损失为5%，年利用小时为3000~5000h。决定采用铜芯油浸纸绝缘电缆供电（不考虑温度等修正）。

（1）若采用均一导线，试选择电缆截面。

（2）若按ab、bc分段选择，试选择电缆截面。

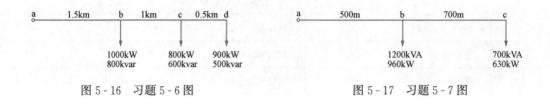

图5-16 习题5-6图　　　　　　　图5-17 习题5-7图

第六章　继电保护与自动装置

继电保护属电气安全工程领域，其基本任务是：当电气系统或设备发生故障时，能快速、自动地指挥断路器将故障部分从供电系统中切除（断电），将事故限制在允许的范围之内；当电气系统或设备处于不正常运行状态时，能依据运维条件，动作于信号或跳闸。本章主要讨论工矿企业 35kV 及以下供电系统的各种继电保护装置，并对保护系统的设置与整定给予必要的重视。

第一节　继 电 保 护 基 础

本节主要介绍继电保护装置的组成与原理、对继电保护的基本要求、各种继电器等内容。

一、继电保护原理与装置组成

继电保护要完成其基本任务，必须"区分"供电系统正常、不正常和故障状态，找到故障和异常元件。供电系统发生故障时，会引起电流的增加和电压的降低，以及电流、电压间相位角的变化，利用故障时参数与正常运行时的差别，可以构成不同原理和类型的继电保护。例如，利用短路时电流增大的特征，可构成过电流保护；利用电压降低的特征，可构成低电压保护；利用电压和电流比值的变化，可构成阻抗保护；利用电流和电压之间相位关系的变化，可构成方向保护；利用比较被保护设备各端电流大小和相位的差别可构成差动保护等。此外也可根据电气设备的特点实现反应非电量的保护。如反应变压器油箱内故障的气体保护，反应电动机绕组温度升高的过负荷保护等。利用能可靠区分供电系统运行状态的可测参量，就可以形成新的继电保护原理。

继电保护装置的种类较多，但一般是由测量部分、逻辑部分和执行部分所组成。继电保护装置的原理框图如图 6-1 所示。测量部分从被保护对象输入有关信号，再与给定的整定值相比较，得出相应的逻辑信号。根据测量部分各输出量的性质、出现的顺序或它们的组合，保护装置按一定的逻辑关系工作，最后确定保护应有的动作行为，由执行部分立即发出警报信号或跳闸信号。继电保护装置与互感器、断路器等按一定方式连接，构成其工作回路。

二、对继电保护的基本要求

1. 选择性

继电保护的选择性是指当系统发生故障时，保护装置仅将故障元件切除，使停电范围尽量缩小，从而保证非故障部分继续运行。如图 6-2 所示的电网，各断路器都装有保护装置。当 k1 点短路时，保护只应跳开断路器 QF1 和 QF2，使其余部分继续供电。又如 k3 点短路，断路器 QF1～QF6 均有短路电流，保护只应跳 QF6，除变电站 D 停电外，其余继续供电。

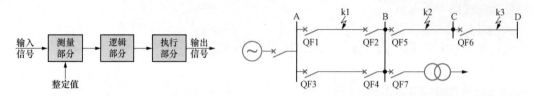

图 6-1　继电保护装置的原理框图　　　图 6-2　单侧电源网络继电保护动作的选择性

当 k3 点短路时，若断路器 QF6 因本身失灵或保护拒动而不能跳开，此时断路器 QF5 的保护应使 QF5 跳闸，这显然符合选择性的要求，这种作用称为远后备保护。

2. 快速性

快速切除故障可以减轻故障的危害程度，加速系统电压的恢复，为电动机自启动创造条件等。故障切除时间等于继电保护动作时间与断路器跳闸时间（包括熄弧时间）之和。对于反应不正常运行状态的继电保护，一般不要求快速反应，而是按照选择性的条件，带延时地发出信号。

3. 灵敏性

灵敏性是指保护装置对保护范围内故障的反应能力，通常用灵敏系数 K_s 来衡量。

反应故障参数增加的保护装置，以电流保护为例，其灵敏系数为

$$K_s = \frac{I_{k.\,min}}{I_{op}}$$

式中　$I_{k.\,min}$——保护区末端金属性短路时故障电流的最小计算值；

　　　　I_{op}——保护装置的动作电流。

反应故障参数降低的保护，以低电压保护为例，其灵敏系数为

$$K_s = \frac{U_{op}}{U_{k.\,max}}$$

式中　U_{op}——保护装置的动作电压；

　　　　$U_{k.\,max}$——保护区末端金属性短路时故障电压的最大计算值。

各种保护装置灵敏系数的最小值，在《继电保护和安全自动装置技术规程》中都作了具体规定。

4. 可靠性

可靠性是指在该保护装置规定的保护范围内发生了它应该动作的故障时，应正确动作，不应拒动，而在任何其他该保护不应该动作的情况下，则不应误动作。保护装置动作的可靠性是非常重要的，任何拒动或误动都将使事故扩大，造成严重后果。

对继电保护的基本要求是选择设计继电保护的依据，它们既相互联系又有一定的矛盾，故在选用、设计继电保护装置时，应从全局出发，统一考虑。

三、常用继电器及其特性

继电器是继电保护构成的基本元件，随着技术的发展呈现出多种类型，主要有电磁型

继电器、感应型继电器、静态型继电器等。

（一）电磁型继电器

电磁型继电器主要由电磁铁、可动衔铁、线圈、接点、反作用弹簧等元件组成。当在继电器的线圈中通入电流 I 时，它经由铁芯、空气隙和衔铁所构成闭合磁路产生电磁力矩，当其足以克服弹簧的反作用力矩时，衔铁被吸向电磁铁，带动常开接点闭合，称为继电器动作，这就是电磁型继电器的基本工作原理。

电磁型继电器由于结构简单，工作可靠，被制成各种用途的继电器，如电流、电压、中间、信号和时间继电器等。

（二）感应型电流继电器

感应型电流继电器的动作机构主要由部分套有铜制短路环的主电磁铁、瞬动衔铁和可动铝盘等元件组成。

当电磁铁线圈电流在一定范围内时，铝盘因两个不同相位交变磁通所产生的涡流而转动，经延时带动接点系统动作，由于电流越大，铝盘转动越快，故其动作具有反时限特性。

当线圈内电流达到一定数值时，主电磁铁直接吸持瞬动衔铁，使继电器不经延时带动接点系统动作，故继电器亦具有瞬动特性。

图 6-3 所示为典型的 GL-10 型过电流继电器动作时限特性曲线。图 6-3 中，曲线 1 对应于定时限部分动作时限为 2s、速断电流倍数为 8 的动作时限特性曲线。曲线 2 对应于定时限部分动作时限为 4s、速断动作电流倍数大于 10（瞬动电流整定旋钮拧到最大位置）的动作时限特性曲线。

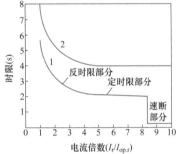

图 6-3 GL-10 型过电流继电器动作时限特性曲线

继电器动作电流的整定用改变线圈抽头的方法实现。调整瞬动衔铁气隙大小，可改变瞬动电流倍数，调整范围为 2～8 倍。该型继电器接点容量较大，能实现直接跳闸。

（三）静态型继电器

1. 整流型继电器

LL-10 系列整流型继电器亦具有反时限特性，可以取代感应型继电器使用。图 6-4 所示是整流型电流继电器的原理框图。图中电压形成回路、整流滤波电路为测量元件，逻辑元件分为反时限部分（由启动元件和反比延时元件组成）和速断部分，它们共用一个执行元件。电压形成回路作用有两个：一是进行信号转换，把从一次回路传来的交流信号进行变换和综合，变为测量所需要的电压信号；二是起隔离作用，用它将交流强电系统与半导体电路系统隔离开来。电压形成回路采用电抗变换器，它的结构特点是磁路带有气隙，不易饱和，可保证二次绕组的输出电压与输入一次绕组的电流成正比关系。

2. 晶体管型继电器

晶体管型继电器与电磁型、感应型继电器相比具有灵敏度高、动作速度快、可靠性高、功耗少、体积小、耐震动及易构成复杂的继电保护等特点。

晶体管型与整流型继电器在保护的测量原理类似。图 6-5 所示为晶体管反时限过电流

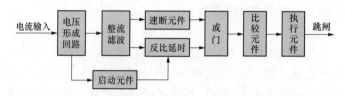

图 6-4　整流型电流继电器的原理框图

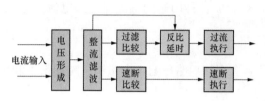

图 6-5　晶体管反时限过电流继电器的原理框图

继电器的原理框图，一般由电压形成回路、比较电路（反时限和速断两部分）、延时电路和执行元件等组成。

现代的晶体管保护已为集成电路保护所取代，成为第二代静态型保护，称为模拟式保护装置。

3. 微机保护

微型计算机和微处理器的出现，使继电保护进入数字化时代，目前微机继电保护已日趋成熟并得到广泛地应用。微机保护将反应故障、不正常电气量变化的数字式元件和保护中需要的逻辑元件、执行元件等由 CPU 统一控制实现保护功能。微机保护从物理结构上已经没有了单一的继电器，但继电器的功能可借助 CPU 通过软件编程实现。目前，微机保护多采用 DSP 和 FPGA 作为核心处理器和逻辑电路实现，具备多种保护功能，且能够实现通信、故障录波等功能。

微机保护的硬件系统框图如图 6-6 所示。其中 S/H 表示采样/保持，A/D 表示模/数转换。其保护原理不再详述。

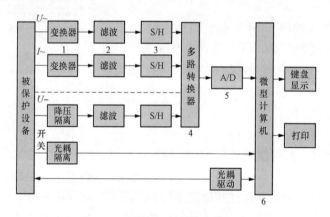

图 6-6　微机保护的硬件系统框图

（四）继电器的继电特性

为避免各种干扰，保证继电器可靠工作，继电器呈现"继电特性"。对于电磁型电流继电器，能使其动作的最小电流称为动作电流，用 I_{op} 表示。能使动作状态下的继电器返回的最大电流称为返回电流，用 I_{re} 表示。通常把返回电流与动作电流的比值称为继电器的返回系数 K_{re}，即

$$K_{re} = \frac{I_{re}}{I_{op}}$$

返回系数是继电器的一项重要质量指标。对于反应参数增加的继电器，如过电流继电器，K_{re} 总小于 1。而反应参数减小的继电器，如低电压继电器，其返回系数总大于 1。继电保护规程规定：过电流继电器的 K_{re} 应不低于 0.85，低电压继电器的 K_{re} 应不大于 1.25。

对于电磁型电压继电器，它与电流继电器不同之处是线圈所用导线细且匝数多，阻抗大，以适应接入电压回路的需要。电压继电器分为过电压和低电压两种。过电压继电器与过电流继电器的动作、返回概念相同。低电压继电器是电压降低到一定程度而动作的继电器，故与过电流继电器的动作与返回概念相反。能使低电压继电器动作的最大电压，称为动作电压，能使动作后的低电压继电器返回的最小电压，称为返回电压。

四、电流保护的接线方式

电流保护的接线方式，是指保护装置中电流继电器与电流互感器二次绕组之间的连接方式。常用的接线方式有三种：完全星形接线，如图 6 - 7（a）所示；不完全星形接线，如图 6 - 7（b）所示；两相电流差接线，如图 6 - 7（c）所示。

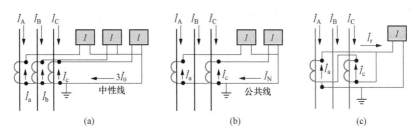

图 6 - 7 电流保护的接线方式

（a）完全星形接线；（b）不完全星形接线；（c）两相电流差接线

（一）接线系数

对于图 6 - 7（a）、（b）所示的接线方式，通过继电器的电流是互感器的二次侧电流。对于图 6 - 7（c）所示的接线方式，通过继电器的电流是两相电流之差，即 $\dot{I}_r = \dot{I}_a - \dot{I}_c$。如图 6-8 所示，表示在不同类型的短路情况下两相电流差接线的电流相量图。在三相短路时，$I_r = \sqrt{3} I_a = \sqrt{3} I_c$。在 AC 两相短路时，$I_{r.ac} = 2I_a$。在 AB 或 BC 两相短路时，$I_{r.ab} = I_a$ 或 $I_{r.bc} = I_c$。

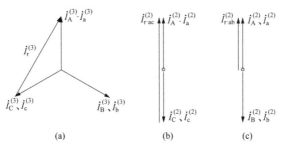

图 6 - 8 两相电流差接线电流相量图

（a）三相短路；（b）AC 两相短路；（c）AB 两相短路

可见，接线方式不同，通过继电器的电流与互感器的二次电流也不相同。因此，在保护装置的整定计算中，必须引入一个接线系数 K_{wc}，其定义为

$$K_{wc} = \frac{I_r}{I_2} \qquad (6-1)$$

式中　I_r——通过继电器的电流；

　　　I_2——电流互感器的二次电流。

由式（6-1）可知，对于星形接线有 $K_{wc}=1$，而对于两相电流差接线在不同短路形式下，K_{wc} 是不同的，对称短路时 $K_{wc}=\sqrt{3}$，两相短路时为 2 或 1，单相短路为 1 或 0。

（二）各种接线方式的性能与应用

完全星形接线方式能保护任何相间短路和单相接地短路。不完全星形和两相电流差接线方式能保护各种相间短路，但在没有装设电流互感器的一相（B 相）发生单相接地短路时，保护装置不会动作。

从上述分析看出，三种接线方式都能反应任何相间短路，因此这里以几种特殊故障下的保护性能对它们进行评价。

1. 两点接地短路故障的保护接线方式选择

在小接地电流电网中，单相接地时允许继续短时运行，进行查找接地点。故不同相的两点接地时，只需切除一个接地点，以减小停电范围。如图 6-9 所示的供电网络中，假设在线路 l_1 的 B 相和线路 l_2 的 C 相发生两相接地短路，并设线路 l_1、l_2 上的保护具有相同的动作时限。如果用完全星形接线方式，则线路 l_1 和 l_2 将被同时切除。如果采用两相两继电器不完全星形接线方式，并且两条线路的保护都装在同名相上，例如 A 和 C 相上，则线路 l_2 将被切除，l_2 切除后，l_1 可以继续运行。对于各种两点接地故障，两相两继电器方式可以有 2/3 的机会只切除一条故障线路，仅有 1/3 机会是切除两条故障线路。从保护两点接地故障来看，不完全星形接线方式是比较好的。此外，它用的电流互感器和继电器也较少，节约投资。

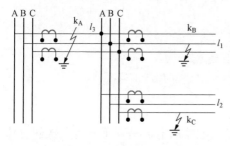

图 6-9　两点接地短路

如果在两相两继电器接线方式中，电流保护不是按同名相装设，则在发生两点接地故障时，有 1/2 机会要同时切除两条故障线路，有 1/6 机会保护装置不动作，只有 1/3 机会切除一条故障线路。因此，用不完全星形接线方式时，必须注意将保护装置安放在同名的两相上。

当在辐射式供电线路上发生纵向两点接地短路，如图 6-9 中 l_1 的 B 相和 l_3 的 A 相，这时由于没有短路电流流过线路 l_1 的保护装置，所以线路 l_1 不能切除，而由 l_3 切除，造成无选择性动作。如果此时采用完全星形接线方式，由于上下两级可用延时来保证选择性，则无此缺点。

2. Yd 变压器后两相短路故障的接线方式选择

在 Yd11 接线的变压器 d 侧发生 a、b 两相短路时，Y 侧短路电流的分布情况如图 6-10 所示。为简化讨论，假设变压器一、二次绕组匝数之比为 $K_r=1$，则有一、二次电流的变换关系为

$$\dot{I}_A = \frac{1}{\sqrt{3}}(\dot{I}_a - \dot{I}_c)$$

$$\dot{I}_B = \frac{1}{\sqrt{3}}(\dot{I}_b - \dot{I}_a)$$

$$\dot{I}_C = \frac{1}{\sqrt{3}}(\dot{I}_c - \dot{I}_b)$$

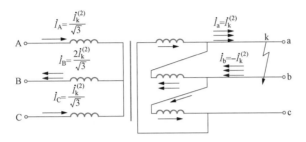

图 6-10　Yd 接线的变压器发生两相短路时的电流分布

当变压器 d 侧 a、b 两相短路时，各线电流为

$$\dot{I}_a = -\dot{I}_b = \dot{I}_k^{(2)}$$

$$\dot{I}_c = 0$$

反映到 Y 侧的短路电流为

$$\left.\begin{array}{l} \dot{I}_A = \dfrac{1}{\sqrt{3}}\dot{I}_k^{(2)} \\[2mm] \dot{I}_B = -\dfrac{2}{\sqrt{3}}\dot{I}_k^{(2)} \\[2mm] \dot{I}_C = \dfrac{1}{\sqrt{3}}\dot{I}_k^{(2)} \end{array}\right\} \qquad (6-2)$$

对于 Dy 接线的变压器，在 y 侧发生两相短路时，D 侧各线电流分布也有类似情况。

从上述分析可知，A、C 两相短路电流相等且同相位，但只等于 B 相的一半。如果 y 侧的保护装置采用不完全星形接线，反应 A、C 两相短路电流，则它的保护灵敏度只有完全星形接线的一半。如果按两相电流差接线，在上述故障情况下，保护装置则根本不会动作，因为通过继电器的电流正比于 A、C 两相电流之差，恰好为零。

据上面分析可知，对小接地电流电网，采用完全星形和不完全星形两种接线方式时，各有利弊，但考虑到不完全星形接线方式节省设备和平行线路上不同相两点接地的几率较高，故多采用不完全星形接线方式。

当保护范围内接有 Yd 接线的变压器时，为提高对两相短路保护的灵敏度，可以采用两相三继电器的接线方式，如图 6-11 所示。接在公共线上的继电器，即反应 B 相电流。

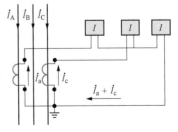

图 6-11　两相三继电器的
接线方式

对于大接地电流电网，为适应单相接地短路保护的需要，应采用完全星形接线。

第二节　配电线路相间短路的电流电压保护

配电线路发生相间短路故障时的主要特点是线路上电流突然增大，同时故障相间的电压降低。利用这些特点可以构成电流电压保护。这类保护方式分为有时限（定时限或反时限）的过流保护、无时限或有时限的电流速断保护、三段式电流保护、电流电压连锁保护等。

一、有时限的电流保护

（一）工作原理

在单侧电源的辐射式电网中，过电流保护装置均设在每一段线路的电源侧，如图 6-

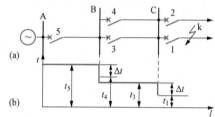

图 6-12　单侧电源辐射线路过流保护
（a）单侧电源辐射线路；（b）过流保护的时限配合

12（a）所示。每一套保护装置除保护本线段内的相间短路外，还要对下一段线路起后备保护作用（称为远后备）。因此，在线路的远端（如图中 k 点）发生短路故障时，短路电流从电源流过保护装置 1、3、5 所在的线段，并使各保护装置均启动。但根据保护的选择性要求，只应由保护装置 1 动作，切除故障，其他保护装置在故障切除后均应返回。所以应对保护装置 1、3、5 规定不同的动作时间，从用户到电源方向逐级增加，构成阶梯形时限特性，如图6-12（b）所示，相邻两级的时限级差为 Δt，则有 $t_5 > t_3 > t_1$。

过流保护按所用继电器的时限特性不同，分为定时限和反时限两种，电路接线如图 6-13所示。时限级差 Δt 的大小，根据断路器的固有跳闸时间和时间元件的动作误差，一般对定时限保护取 $\Delta t = 0.5\mathrm{s}$，反时限保护取 $\Delta t = 0.7\mathrm{s}$。

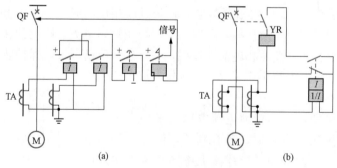

图 6-13　过电流保护接线图
（a）定时限保护；（b）反时限保护

（二）整定计算

1. 动作电流的计算

过流保护装置的动作电流应按以下两个条件进行整定。

（1）应能躲过正常最大工作电流 $I_{l.\max}$，其中包括考虑电动机启动和自启动等因素造成的影响，这时保护装置不应动作，即满足

$$I_{op} \geqslant I_{l.\max}$$

其中

$$I_{l.\max} = K_{ol}I_{ca}$$

式中　I_{op}——保护装置的动作电流；

$I_{l.\max}$——线路最大工作电流；

I_{ca}——线路最大计算负荷电流；

K_{ol}——电动机自启动系数，由试验或实际运行经验确定，可取为 1.5～3。

（2）对于还要起后备保护作用的继电器，在外部短路被切除后，已启动的继电器应能可靠地返回，故应考虑短路被切除后系统电压将恢复，一些电动机会自启动，将有很大负荷电流流过继电器。因此，应保证电流继电器的返回电流 I_{re} 大于线路最大工作电流，即

$$I_{re} > I_{l.\max}$$

或表示为

$$I_{re} = K_{co}I_{l.\max} = K_{co}K_{ol}I_{ca}$$

式中　K_{co}——可靠系数，考虑继电器动作电流的误差及最大工作电流计算上的不准确而取的系数，一般取为 1.15～1.25。

由继电器的返回系数定义可知，$K_{re}=I_{re}/I_{op}$，则保护装置的动作电流为

$$I_{op} = \frac{I_{re}}{K_{re}} = \frac{K_{co}K_{ol}}{K_{re}}I_{ca} \tag{6-3}$$

保护装置的接线系数即通过继电器的电流与互感器二次侧电流之比，记为 K_{wc}，电流互感器的变比为 K_{TA}，则得继电器的动作电流 $I_{op.r}$ 为

$$I_{op.r} = \frac{K_{co}K_{ol}K_{wc}}{K_{re}K_{TA}}I_{ca} \tag{6-4}$$

式中　K_{re}——继电器的返回系数，对 DL 型继电器取 0.85，GL 型继电器取 0.8，晶体管型继电器取 0.85～0.9。

2. 灵敏系数校验

按躲过最大工作电流整定的过流保护装置，还必须校验在短路故障时保护装置的灵敏系数，即在它的保护区内发生短路时，能否可靠地动作。根据灵敏系数的定义，有

$$K_s = \frac{I_{k.\min}^{(2)}}{I_{op}} \tag{6-5}$$

式中　$I_{k.\min}^{(2)}$——被保护线段末端最小两相短路电流，A；

I_{op}——保护装置的整定电流，A。

灵敏系数也可用继电器的动作电流 $I_{op.r}$ 进行计算，这时需将短路电流换算到继电器回路，即

$$K_s = \frac{K_{wc}I_{k.\min}^{(2)}}{K_{TA}I_{op.r}} \tag{6-6}$$

在计算灵敏系数时，最小短路电流的计算应在系统可能出现的最小运行方式下，取被保护线段末端的两相短路电流作为最小短路电流。

灵敏系数的最小允许值，对于主保护区要求 $K_s \geqslant 1.5$，作为后备保护时要求 $K_s > 1.2$。

当计算的灵敏系数不满足要求时，必须采取措施提高灵敏系数，如改变接线方式、降低继电器动作电流等。如仍达不到灵敏系数要求时，应改变保护方案。

（三）动作时限的配合

1. 定时限保护的配合

为了保证动作的选择性，过流保护的动作时间沿线路的纵向按阶梯原则整定。对于定时限过流保护，各级之间的时限配合如图 6 - 12 所示。时限整定一般从距电源最远的保护开始，如设变电站 C 的出线保护中，以保护 1 的动作时限最大为 t_1，则变电站 B 的保护 3 动作时限 t_3 应比 t_1 大一个时间级差 Δt，即 $t_3 = t_1 + \Delta t$。同样，变电站 A 的保护 5 应比变电站 B 中时限最大者（如设 $t_4 > t_3$）大一个 Δt，即 $t_5 = t_4 + \Delta t$。

2. 反时限保护的配合

反时限保护的动作时间与故障电流的大小成反比。因此，在保护范围内的不同地点短路时，由于短路电流不同，保护具有不同的动作时间。在靠近电源端短路时，电流较大，动作时间较短，如图 6 - 14 所示。

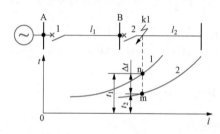

图 6 - 14　反时限保护的配合

为此，多级反时限过流保护动作时限的配合应首先选择配合点，使之在配合点上两级保护的时限级差为 Δt。

如图 6 - 14 所示线路，保护装置 1、2 均为反时限，配合点应选在 l_2 的始端 k1 点。因为此点短路时，流过保护 1 和 2 的短路电流最大，两级保护动作时间之差最小，在此点上如能满足配合要求 $t_1 = t_2 + \Delta t$，则其他各点的时限级差均能满足选择性要求。

当保护 2 在配合点 k1 的动作时间 t_2 确定后（图6 - 14中 m 点），根据反时限级差要求（$\Delta t = 0.7$s），即可确定保护 1 的动作时间 t_1（图中 n 点）。对感应型电流继电器，已知其动作电流及 k1 点短路电流 I_{k1} 下的动作时间 t_1，即可确定出与其相应的一条时限特性曲线，然后找出其十倍动作电流下对应的时间，来整定继电器的动作时间刻度。

3. 定时限与反时限的配合

如图 6 - 15 所示线路，保护 1 为定时限，保护 2 为反时限，现决定两级保护之间的时限配合。配合点应选择在保护 1 作为后备保护范围末端的 k 点。由图看出，在 k 点为保护 1 与 2 重叠保护的范围，存在时限配合问题。如设保护 1 的动作时限为 t_1，则保护 2 在配合点 k 的动作时间 t_2 应满足 $t_1 - t_2 = \Delta t(0.7\text{s})$。只要在 k 点时限配合，其他各点必然能配合，如图中 k′ 点短路，保护 1 和 2 的时间差为 $\Delta t' > \Delta t$，必然满足选择性要求。

二、电流速断保护

过电流保护的选择性是靠纵向动作时限阶梯原则来保证。因此，越靠近电源端，保护的动作时间越长，不能快速地切除靠近电源处发生的严重故障。为了克服这个缺点，可加装无时限或有时限电流速断保护。

（一）无时限电流速断保护

电流保护的整定值，如果按躲过保护区外部的最大短路电流原则来整定，即是把保护范围限制在被保护线路的一定区段之内，就可以完全依靠提高动作电流的整定值获得选择性。因此，可以做成无时限的瞬动保护，叫瞬时电流速断保护，简称为电流速断保护。

如图 6-16 所示，线路 l_1 与 l_2 的保护均为电流速断保护。图中给出在线路不同地点短路时，短路电流 I_k 与距离 l 的关系曲线。曲线 1 是在系统最大运行方式下，三相短路电流的曲线，系统最大运行方式即系统在该运行方式下短路发生时流过线路的电流最大，系统最小运行方式即系统在该运行方式下短路发生时流过的电流最小。曲线 2 是在系统最小运行方式下，两相短路电流的曲线。

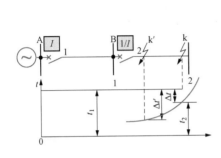

图 6-15 定时限与反时限的配合　　图 6-16 单侧电源线路上无时限电流速断保护

瞬时电流速断保护的动作电流的计算式为

$$I_{op.qb} = K_{co} I_{k.max}^{(3)} \tag{6-7}$$

继电器的动作电流为

$$I_{op.qb.r} = K_{co} K_{wc} \frac{I_{k.max}^{(3)}}{K_{TA}} \tag{6-8}$$

式中　$I_{k.max}^{(3)}$——被保护线路末端的最大三相短路电流，A；

　　　K_{co}——可靠系数，一般取 1.2～1.3，当采用感应型继电器时取 1.4～1.5；

　　　K_{wc}——接线系数；

　　　K_{TA}——电流互感器变比。

速断保护的动作电流 $I_{op.qb}$ 在图 6-16 中为直线 3，它与曲线 1 和 2 分别相交在 M 和 N 点。可以看出，电流速断不能保护线路全长，它的最大保护范围是 l_M，最小保护范围是 l_N。

电流速断保护的灵敏度，通常用保护区长度与被保护线路全长的百分比表示，一般应不小于 15%～20%。

由图 6-16 看出，最小保护区的长度可由最小运行方式下两相短路电流（曲线 2）与保护动作电流（直线 3）的交点 N 求得，即

$$I_{op.qb} = \frac{\sqrt{3}}{2} \frac{U_{av.p}}{X_{s.max} + x_0 l_N}$$

解得

$$l_N = \frac{1}{x_0} \left(\frac{\sqrt{3}}{2} \frac{U_{av.p}}{I_{op.qb}} - X_{s.max} \right) \tag{6-9}$$

式中　$U_{av.p}$——保护安装处的平均相电压，V；

　　　$X_{s.max}$——最小运行方式下归算到保护安装处的系统的最大电抗，Ω；

x_0——线路每公里电抗，Ω/km；

l_N——保护区最小长度，km。

对于线路变压器组的保护，如图 6-17 所示，无论是变压器或是线路发生故障时，供电都要中断。所以变压器故障时允许线路速断保护无选择地动作，即无时限速断保护范围可以伸长到被保护线路以外的变压器内部。这时线路的速断保护，按躲过变压器二次出口处（k1 点）短路时的最大短路电流来整定，即

$$I_{\text{op.qb}} = K_{\text{co}} I_{\text{k.max}}^{(3)} \qquad (6-10)$$

式中 K_{co}——可靠系数，由于变压器计算电抗的误差较大，K_{co} 一般取 $1.3\sim1.4$；

$I_{\text{k.max}}^{(3)}$——变压器二次母线 k1 点短路时，流经保护装置的最大三相短路电流。

这种情况下电流速断保护的灵敏系数按被保护线路末端 k2 点最小两相短路电流校验，并要求 $K_s\geqslant1.5$，即

$$K_s = \frac{I_{\text{k.min}}^{(2)}}{I_{\text{op.qb}}} \qquad (6-11)$$

电流速断保护接线图如图 6-18 所示。图中采用了带时延 $0.06\sim0.08\text{s}$ 动作的中间继电器 3，其作用是利用它的接点接通断路器跳闸线圈，因为电流继电器接点容量小之故。

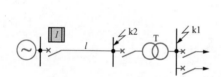

图 6-17 线路变压器组的保护

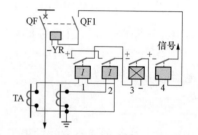

图 6-18 电流速断的不完全星形接线图

另外，当线路上装有管型避雷器时，利用中间继电器的延时，增加保护的固有动作时间，以避免在管型避雷器放电时引起电流速断保护误动作。这是因为大气过电压时，可能使两相以上的管型避雷器同时放电，造成暂时性的接地短路。因此，利用中间继电器的延时，躲过避雷器的放电时间。

由上述讨论可知，无时限电流速断保护接线简单、动作迅速可靠，其主要缺点是不能保护线路全长，并且保护范围直接受系统运行方式变化的影响。当系统运行方式变化很大，或者被保护线路长度很短时，速断保护就可能没有保护范围。

（二）时限电流速断

由于无时限电流速断保护不能保护线路全长，因此可增加一段带时限的电流速断保护，用以保护无时限电流速断保护不到的那段线路上的故障，并作为无时限电流速断保护的后备保护。

在无时限电流速断保护的基础上增加适当的延时（一般为 $0.5\sim1\text{s}$），便构成时限电流速断，其接线与图 6-18 相似，不同的是用时间继电器取代中间继电器。

时限速断与无时限速断保护的整定配合如图 6-19 所示，图中Ⅰ和Ⅱ分别表示无时限和时限速断的符号。曲线 1 为流过保护装置的最大短路电流。为了保证动作的选择性，变

电站 A 的时限速断要与变电站 B 的无时限速断相配合，并使前者的保护区小于后者，即满足关系式

$$I_{\text{op. sq. b}} = K_{\text{co}} I_{\text{op. qb}} \qquad (6\text{-}12)$$

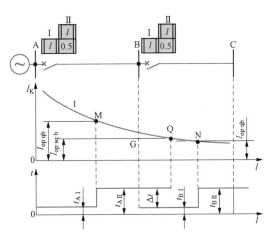

图 6-19 时限速断与无时限速断保护的配合

式中　K_{co}——可靠系数，一般取 $1.1\sim$
$\qquad\qquad$ 1.2；

$\quad I_{\text{op. sq. b}}$——变电站 A 的时限电流速断
$\qquad\qquad$ 的动作电流；

$\quad I_{\text{op. qb}}$——变电站 B 的无时限电流速
$\qquad\qquad$ 断的动作电流。

由图 6-19 看出，按式（6-12）整定后，两种速断保护具有一定的重叠保护区（图中的 GQ 段），但是由于时限速断的动作时间比无时限速断大一个时限级差 Δt（一般取 0.5s），从而保证动作具有选择性。

时限电流速断可作为线路相间故障的主保护。保护装置的灵敏系数，按最小运行方式下仍能可靠地保护线路全长进行校验，其计算式为

$$K_{\text{s}} = \frac{I_{\text{k. min}}^{(2)}}{I_{\text{op. sq. b}}} \qquad (6\text{-}13)$$

式中　$I_{\text{k. min}}^{(2)}$——在最小运行方式下，被保护线路末端的两相短路电流；

$\quad I_{\text{op. sq. b}}$——时限电流速断的动作电流。

灵敏系数不应低于 $1.25\sim1.5$。当灵敏性不满足要求时，变电站 A 的时限速断要与变电站 B 的时限速断保护相配合，并使时限高于变电站 B 时限速断保护整定时限一个时限级差。

三、三段式电流保护

从以上讨论可知，电流保护的三种方式各有所长和其不足之处。若将三种保护组合在一起，相互配合构成的保护叫做三段式过流保护。通常把无时限电流速断称作第 I 段保护，时限电流速断为第 II 段保护，定时限过电流保护为第 III 段保护。它们各自的保护范围和时限配合，如图 6-20 所示。

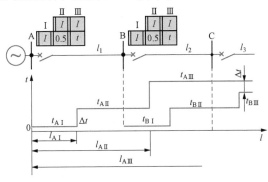

图 6-20 三段式电流保护线路

线路 l_1 第 I 段保护为无时限速断，保护区为 l_{AI}，动作时间为继电器固有动作时间 t_{AI}。第 II 段为时限速断，保护区为 l_{AII}，保护线路 l_1 的全长并延伸到 l_2 的一部分，其动作时间比 t_{BI} 大一个 Δt。第 III 段为定时限过流保护，保护区为 l_{AIII}，包括 l_1 及 l_2 的全部，其动作时间 $t_{\text{AIII}} = t_{\text{BIII}} + \Delta t$，$t_{\text{BIII}}$ 是线路 l_2 的第 III 段保护的动作时限。

第 I、II 段保护构成本线路的主保护，第 III 段保护对本线路的主保护起后备保护作用，称为近后备，另外还对相邻线路 l_2 起

后备保护作用，称为远后备。

三段式保护目前已广泛应用在35kV及以下的电网中作为相间短路保护。在某些情况下，也可采用两段式电流保护。例如对线路变压器组接线系统，无时限电流速断可按保护全线路考虑，可以不装时限速断，只用第Ⅰ、Ⅲ两段。又如输电线路，装设无时限电流速断保护区很短，甚至没有，这时只装设第Ⅱ、Ⅲ段保护。

各段保护的动作电流计算及灵敏度校验方法同前述一样。

三段式电流保护原理接线图如图6-21所示，保护采用不完全星形接线。其中，电流继电器KA1、KA2，中间继电器KM和信号继电器KS1构成第Ⅰ段保护。电流继电器KA3、KA4，时间继电器KT1和信号继电器KS2构成第Ⅱ段保护。电流继电器KA5、KA6、KA7，时间继电器KT2和信号继电器KS3构成第Ⅲ段保护。任何一段保护动作时均有相应的信号继电器掉牌指示保护段动作，以便于分析故障。

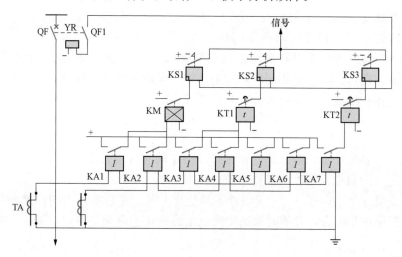

图6-21　三段式电流保护原理接线图

为了提高对Yd接线的变压器后两相短路保护的灵敏系数，过流保护采用了两相三继电器式不完全星形接线。

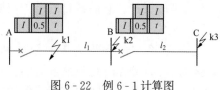

图6-22　例6-1计算图

例6-1　如图6-22所示为35kV单侧电源输电线路，线路l_1和l_2的继电保护均为三段式电流保护。试计算并选定线路l_1各保护装置的动作电流及动作时间，校验保护的灵敏系数，并选择主要继电器。

已知线路l_1的最大计算负荷电流为150A，电流互感器变比为$K_{TA}=200/5$，在最大及最小运行方式下k1、k2及k3处三相短路电流值如表6-1所示。保护采用不完全星形接线，线路l_2过流保护动作时限为2s。

表6-1　　　　　　　　　　**k1、k2、k3处三相短路电流**

短　路　点	k1	k2	k3	短　路　点	k1	k2	k3
最大运行方式下三相短路电流	3400	1310	500	最小运行方式下三相短路电流	2150	1070	460

解 （1）线路 l_1 无时限电流速断保护。

一次动作电流计算，根据式（6-7）为

$$I_{op.qb} = K_{co}I_{k2.max} = 1.3 \times 1310 = 1700(A)$$

继电器动作电流为

$$I_{op.qb.r} = \frac{K_{wc}}{K_{TA}}I_{op.qb} = \frac{1}{200/5} \times 1700 = 42.5(A)$$

（2）线路 l_1 的时限电流速断保护。

为计算 l_1 的时限电流速断保护的动作电流，应首先算出线路 l_2 的无时限电流速断保护的一次动作电流 $I_{op.qb}$。由式（6-7）得

$$I_{op.qb} = K_{co}I_{k3.max} = 1.3 \times 500 = 650(A)$$

线路 l_1 的时限电流速断保护的一次动作电流，根据式（6-12）为

$$I_{op.sq.b} = K_{co}I_{op.qb} = 1.1 \times 650 = 715(A)$$

继电器动作电流为

$$I_{op.sq.b.r} = \frac{K_{wc}}{K_{TA}}I_{op.sq.b} = \frac{1}{200/5} \times 715 = 17.9(A)$$

选用 DL-11/50 型电流继电器，其动作电流的整定范围为 $12.5 \sim 50A$。

本保护取动作时限为 $0.5s$。

（3）灵敏系数校验。

时限电流速断应保证在线路 l_1 末端发生短路时可靠动作，为此以 k2 点最小两相短路电流来校验灵敏系数。

$$I_{k2.min}^{(2)} = 0.866I_{k2.min}^{(3)} = 0.866 \times 1070 = 927(A)$$

根据式（6-13），保护的灵敏系数为

$$K_s = \frac{I_{k2.min}^{(2)}}{I_{op.sq.b}} = \frac{927}{715} = 1.3 > 1.25$$

灵敏系数校验合格。

（4）过流保护装置。

过流保护的一次动作电流由式（6-3）得

$$I_{op} = \frac{K_{co}K_{ol}}{K_{re}}I_{ca} = \frac{1.2 \times 1.5}{0.85} \times 150 = 318(A)$$

继电器的动作电流为

$$I_{op.r} = \frac{K_{wc}}{K_{TA}}I_{op} = \frac{1}{200/5} \times 318 = 8(A)$$

选择 DL-11/20 型电流继电器，其动作电流的整定范围为 $5 \sim 20A$。

动作时限 $t_{AⅢ}$ 应与线路 l_2 过流保护的动作时限 $t_{BⅢ}$ 相配合，即

$$t_{AⅢ} = t_{BⅢ} + \Delta t = 2 + 0.5 = 2.5(s)$$

选用 DS-112 型时间继电器，其时限调整范围为 $0.25 \sim 3.5s$，取动作时间为 $2.5s$。

（5）灵敏度校验。

过流保护的灵敏系数应分别用 l_1 末端 k2 点及 l_2 末端 k3 点的最小短路电流校验。保护线路 l_1 的灵敏系数为

$$K_{s1} = \frac{I_{k2.min}^{(2)}}{I_{op}} = \frac{927}{318} = 2.9 > 1.5$$

合格。

保护线路 l_2 的灵敏系数（后备保护）为

$$K_{s2} = \frac{I_{k3,\,min}^{(2)}}{I_{op}} = \frac{0.866 \times 460}{318} = 1.25 > 1.2$$

合格。

在实际计算中，还应求出无时限速断的保护范围。

四、电流电压连锁速断保护

当系统运行方式变化很大时，无时限电流速断保护的保护范围可能很小，甚至没有保护区。为了在不延长保护动作时间的条件下，增加保护范围，可采用电流电压连锁速断保护。

电流电压连锁速断保护的接线图如图 6-23 所示。保护采用不完全星形接线，包括两个电流继电器和三个电压继电器分别接在线电压上，以反应各种相间短路故障。电流继电器和电压继电器的接点接成"与"门关系，这样，只有在两者都动作时，保护才能作用于跳闸。

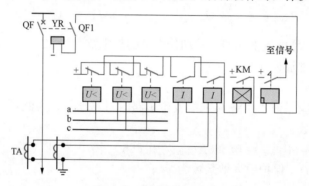

图 6-23　电流电压连锁速断保护的接线图

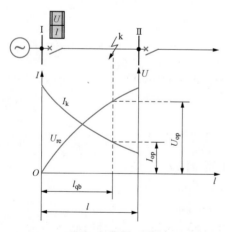

图 6-24　电流电压连锁速断装置的整定

保护的整定原则和无时限电流速断保护一样，按躲开被保护线路末端故障整定。由于它采用了电流电压测量元件，且只要有一个测量元件不动作，保护就不动作，所以可有几种整定方法。常用的是保证在正常运行方式下有较大的保护范围作为整定计算的出发点。如图 6-24 所示，给出系统正常运行方式下，母线残压 U_{re} 和短路电流 I_k 的曲线。设被保护线路的长度为 l，为保证选择性，在正常运行方式时的保护区为

$$l_{qb} = \frac{l}{K_{co}} \approx 0.75l$$

式中　K_{co}——可靠系数，取为 $1.3 \sim 1.4$。

因此，电流继电器的动作电流为

$$I_{op} = \frac{U_{av,\,p}}{X_s + x_0 l_{qb}} \qquad (6-14)$$

式中　$U_{av,\,p}$——被保护线路的平均相电压；

X_s——正常运行方式下的系统电抗；

x_0——线路单位长度电抗。

I_{op}就是在正常运行方式下，保护范围末端（k点）三相短路时的短路电流。由于在 k 点三相短路时，低电压继电器也应动作，所以它的动作电压为

$$U_{op} = \sqrt{3} I_{op} x_0 l_{qb} \tag{6-15}$$

式中　U_{op}——正常运行方式下，保护范围末端三相短路时，母线Ⅰ上的残余电压。

由图 6-24 可以看出，按上述方法整定，在正常运行方式下电流元件和电压元件的保护范围是相同的。当运行方式改变时，如出现最大运行方式，短路电流增大，I_k 曲线升高。在保护区外短路，电流元件便可能动作，这时保护的选择性由电压元件保证，因为残压 U_{re} 也升高，低电压继电器不会动作。反之，在最小运行方式下，在保护区以外短路，电压元件可能动作，但电流元件不会动作，保护的选择性由电流元件来保证。

由上述分析不难看出，电流保护、低电压保护对系统运行方式变化适应性呈现互补特点：系统阻抗变小，则短路电流增大，电流保护范围变大，而电压变高，电压保护范围变小；相反，系统阻抗变大，电压变低，电压保护范围变大，而短路电流变小，电流保护范围变小。基于该互补特点，即使运行方式变化较大，电流电压连锁速断的保护范围仍然较大，而单独的电流速断保护区则很短。当无时限速断保护灵敏度不能满足要求时，可以考虑采用这种保护。

第三节　小接地电流系统的单相接地保护

一、单相接地的零序电流分布

图 6-25 所示为一中性点不接地系统单相接地时电容电流分布。线路 l_1、l_2 和发电机的各相对地电容，分别为 $C_Ⅰ$、$C_Ⅱ$、C_F。当在线路 l_2 上 k 点发生 A 相接地故障后，系统中 A 相电容被短接，因而各元件 A 相对地电容电流为零。各元件的 B 相和 C 相对地电容电流，都要通过大地、故障点、电源和本元件构成的回路。

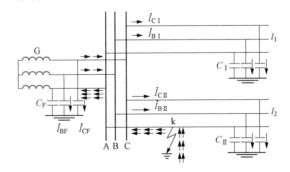

图 6-25　中性点不接地系统单相接地时电容电流分布

由式（1-11）、式（1-14）可知，非故障线路 l_1 始端所反应的零序电流为

$$3\dot{I}_{0Ⅰ} = \dot{I}_{BⅠ} + \dot{I}_{CⅠ} = j3\dot{U}_0 \omega C_Ⅰ \tag{6-16}$$

其有效值为 $3I_{0\mathrm{I}}=3U_{\mathrm{p}}\omega C_1$，$U_{\mathrm{p}}$ 为相电压的有效值。即零序电流为线路 l_1 本身的电容电流，电容性无功功率的方向为由母线流向线路。

当电网中的线路很多时，上述结论可适用于每一条非故障的线路。发电机出线端所反应的零序电流为

$$3\dot{I}_{0\mathrm{F}}=\dot{I}_{\mathrm{BF}}+\dot{I}_{\mathrm{CF}}=\mathrm{j}3\dot{U}_0\omega C_{\mathrm{F}} \qquad (6-17)$$

有效值为 $3I_{0\mathrm{F}}=3U_{\mathrm{p}}\omega C_{\mathrm{F}}$，即零序电流为发电机本身的电容电流，其电容性无功功率的方向是由母线流向发电机，这个特点与非故障线路是一样的。

故障线路 l_2 的接地点要流过全系统 B 相和 C 相对地电容电流的总和。若以由母线流向线路作为假定正方向，则故障线路始端所反应的零序电流为

$$3\dot{I}_{0\mathrm{II}}=(\dot{I}_{\mathrm{BII}}+\dot{I}_{\mathrm{CII}})-(\dot{I}_{\mathrm{BI}}+\dot{I}_{\mathrm{CI}})-(\dot{I}_{\mathrm{BII}}+\dot{I}_{\mathrm{CII}})-(\dot{I}_{\mathrm{BF}}+\dot{I}_{\mathrm{CF}})$$
$$=-(\dot{I}_{\mathrm{BI}}+\dot{I}_{\mathrm{CI}}+\dot{I}_{\mathrm{BF}}+\dot{I}_{\mathrm{CF}})=-\mathrm{j}3\dot{U}_0\omega(C_1+C_{\mathrm{F}}) \qquad (6-18)$$

其有效值为 $3I_{0\mathrm{II}}=3U_{\mathrm{p}}\omega(C_\Sigma-C_{\mathrm{II}})$。$C_\Sigma=C_1+C_{\mathrm{II}}+C_{\mathrm{F}}$，为全系统每相对地电容的总和。由此可见，由故障线路流向母线的零序电流，其数值等于全系统非故障元件对地电容电流之总和（不包括故障线路本身），其电容性无功功率的方向由线路流向母线，恰好与非故障线路上的相反。

根据上述分析结果，可以做出单相接地时的零序等效网络，如图 6-26（a）所示。在接地点有一个零序电压 $\dot{U}_0$，而零序电流回路是通过各个元件的对地电容构成的，由于线路的零序阻抗远小于电容的阻抗，因此可以忽略不计。在中性点不接地电网中的零序电流，就是各元件的对地电容电流，其相量关系如图 6-26（b）所示（图中 $I'_{0\mathrm{II}}$ 表示线路 l_2 本身的零序电容电流）。

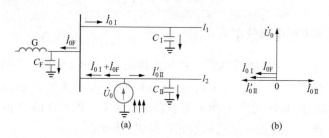

图 6-26　单相接地时的零序等效网络及相量图
（a）等效网络；（b）相量图

综上所述，可得如下结论。

（1）发生单相接地时，全系统都将出现零序电压。

（2）非故障元件中的零序电流，其数值等于本身对地的电容电流，其方向由母线指向线路。

（3）在故障线路上，零序电流为全系统非故障元件对地电容电流之总和，其方向由线路指向母线。

当中性点采用经消弧线圈接地后，单相接地时的电流分布发生重大的变化。假定在图 6-25 所示的网络中，在电源的中性点接入了消弧线圈，如图 6-27（a）所示。当线路 l_2 上 A 相接地以后，电容电流的大小和分布与不接消弧线圈时是一样的，不同的是在零序电

压作用下消弧线圈有一电感电流 $\dot{I}_L$ 经接地点流回消弧线圈。相似地，可作出其零序等效网络，如图 6-27（b）所示。

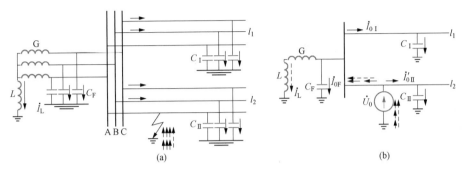

图 6-27 消弧线圈接地系统单相接地时的电流分布
（a）网络图及电流分布；（b）零序等效网络

由图 6-27 可知，流过非故障元件的零序电流与中性点不接地系统的相同，对于故障线路 l_2，其始端所反应的零序电流为

$$3\dot{I}_{0\text{II}} = -(\dot{I}_{B\text{I}} + \dot{I}_{C\text{I}} + \dot{I}_{BF} + \dot{I}_{CF}) - \dot{I}_L = -\text{j}3\dot{U}_0\omega(C_\text{I} + C_F) + \text{j}\frac{\dot{U}_0}{\omega L} \quad (6-19)$$

由此可得出如下结论：

（1）当采用完全补偿方式时，流经故障线路和非故障线路的零序电流都是本线路的电容电流，电容性无功功率方向相同，都是由母线指向线路。在这种情况下，无法利用电流的大小和方向来区别故障线路和非故障线路。

（2）当采用过补偿方式时，流经故障线路和非故障线路始端的零序电流，是电容性电流，其容性无功功率方向都是由母线流向线路。故亦无法利用功率方向来判别是故障线路还是非故障线路。当过补偿度不大时，也很难利用电流大小判别出故障线路。

二、绝缘监视装置

由以上分析可知，中性点不接地系统正常运行时无零序电压，一旦发生单相接地故障时就会出现零序电压。因此，可利用有无零序电压来实现无选择性的绝缘监视装置。

绝缘监视装置原理接线图如图 6-28 所示，在发电厂或变电站的母线上装设一台三相五柱式电压互感器，在其星形接线的二次侧接入三只电压表，用以测量各相对地电压，在开口三角侧接入一只过电压继电器，以反应接地故障时出现的零序电压。

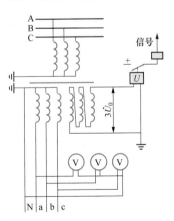

图 6-28 绝缘监视装置
原理接线图

正常运行时，电网三相电压是对称的，没有零序电压，所以三只电压表读数相等，过电压继电器不动作。当任一出线发生接地故障时，接地相对地电压为零，其他两相对地电压升高 $\sqrt{3}$ 倍，可从三只电压表上指示出来。同时，在开口三角出现零序电压，过电压继电器动作给出接地信号。值班人员根据接地信号和电压表指示，可以判断电网已发生接

地故障和接地相别。如要查寻故障线路，还需运行人员依次短时断开各条线路，根据零序电压信号是否消失来确定出故障线路。

三、零序电流保护

零序电流保护是利用故障线路的零序电流大于非故障线路的零序电流的特点，构成有选择性的保护。根据需要保护可动作于信号，也可动作于跳闸。

这种保护一般使用在有条件安装零序电流互感器的电缆线路或经电缆引出的架空线上。当单相接地电流较大，足以克服零序电流序中的不平衡电流影响时，保护装置可接于由三只电流互感器构成的零序电流序回路中。

保护装置的动作电流，应按躲过本线路的零序电容电流整定，即

$$I_{op} = K_{co}3\omega C U_p \tag{6-20}$$

式中 U_p——相电压；

C——本线路每相对地电容；

K_{co}——可靠系数，它的大小与动作时间有关，若保护为瞬时动作时，为防止对地电容电流暂态分量的影响，K_{co}一般取 4～5，若保护为延时动作，K_{co}可取 1.5～2.0。

保护的灵敏度应按在被保护线路上发生单相接地故障时，流过保护的最小零序电流校验，即

$$K_s = \frac{3U_p\omega(C_\Sigma - C)}{K_{co}3U_p\omega C} = \frac{C_\Sigma - C}{K_{co}C} \tag{6-21}$$

式中 C_Σ——电网在最小运行方式下（产生最小接地电流），各线路每相对地电容之和。

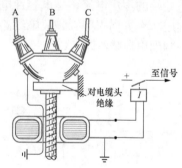

图 6-29 利用零序电流互感器构成的接地保护

利用零序电流互感器构成的接地保护如图 6-29 所示。在具体实施上述保护时，应该指出的是接地故障电流或其他杂散电流可能在地中流动，也可能沿故障或非故障线路导电的电缆外皮流动。这些电流转换到电流继电器中，可能造成接地保护误动、拒动或降低灵敏度。为解决这一问题，应将电缆盒及零序电流互感器到电缆盒的一段电缆对地绝缘，并将电缆盒的接地线穿回零序电流互感器的铁芯窗口再接地，如图 6-29 所示。这样，可使经电缆外皮流过的电流再经接地线流回大地，使其在铁芯中产生的磁通互相抵消，从而消除其对保护的影响。

四、零序功率方向保护

利用故障线路与非故障线路零序功率方向相反来实现有选择性的保护，动作于信号或跳闸。这种方式适用于零序电流保护不能满足灵敏系数的要求时和接线复杂的网络中。

五、中性点经消弧线圈接地系统的接地保护

由上述可见，在中性点经消弧线圈接地的电网，要实现有选择性的保护是很困难的。

目前这类电网可采用无选择性的绝缘监视装置。除此之外，还可采用下列几种保护原理。

1. 反应5次谐波电流的接地保护

在发电机制造中虽已采用短节矩线圈，以消除5次谐波，但经过变压器后（由于变压器铁芯工作在近于饱和点），还会在变压器高压侧产生高次谐波，其中以3次、5次谐波为主要成分。消弧线圈的作用是对基波而言，即 $\omega L=\dfrac{1}{3\omega C_\Sigma}$，而对5次谐波，$\omega_5 L=\dfrac{1}{3\omega_5 C_\Sigma}$，即5次谐波电流的分布规律与中性点不接地电网分布规律一样，仍可利用5次谐波电流构成有选择性的保护。同样，也可利用5次谐波功率方向构成有选择性的保护。

2. 短时投入一电阻的方法

发生单相接地时，在中性点与地之间投入一电阻，使在接地点产生一有功分量电流，再利用类似余弦型功率方向继电器的原理选择出故障线路。经一定延时后，再把电阻切除。此种方式要增加电阻的控制回路，接线也较复杂。另外投入电阻后会使接地电流增大，可能导致故障发展。

此外还有反映暂态零序电流首半波的接地保护等，但都不理想。到目前为止，中性点经消弧圈接地电网的单相接地保护，还有待进一步研究解决。

第四节　电力变压器保护

变压器是电力系统的重要设备之一，它的正常运行对供电系统的可靠性意义重大，电力变压器常用的保护装置有气体保护、纵联差动保护（简称差动保护）、过电流保护和过负荷保护等，本节重点介绍电力变压器差动保护的原理与整定计算。

一、变压器的气体保护

气体保护主要用作变压器油箱内部故障的主保护以及油面过低保护。变压器的内部故障，如匝间或层间短路、单相接地短路等，有时故障电流较小，可能不会使反应电流的保护动作。对于油浸变压器，油箱内部故障时，由于短路电流和电弧的作用，变压器油和其他绝缘物会因受热而分解出气体，这些气体上升到最上部的油枕。故障越严重，产气越多，形成强烈的气流。能反应此气体变化的保护装置，称气体保护，气体保护是利用安装于油箱和油枕间管道中的机械式气体继电器来实现的。

气体保护的接线如图 6-30 所示。图中的中间继电器 4 是出口元件，它是带有电流自保线圈的中间继电器，这是考虑到重气体时，油流速度不稳定而采用的。切换片 5 是为了在变压器换油或进行气体继电器试验时，防止误动作而设，可利用切换片 5 使重气体保护临时只作用于信号回路。

气体保护的主要优点是动作快，灵敏度高，稳定可靠，接线简单，能反应变压器油箱内部的各种类型故障，特别是短路匝数很少的匝间短路，其他保护可

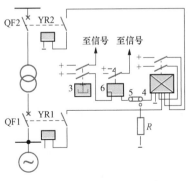

图 6-30　气体保护接线

能不动作，对这种故障，气体保护具有特别重要的意义，所以气体保护是变压器内部故障的主要保护之一。根据有关规定，800kVA 以上的油浸变压器，均应装设气体保护。

二、变压器的电流速断保护

气体保护不能反应变压器外部故障，尤其是变压器接线端子绝缘套管的故障。因而，对于较小容量的变压器（如 5600kVA 以下），特别是车间配电用变压器（容量一般不超过 1000kVA），广泛采用电流速断保护作为电源侧绕组、套管及引出线故障的主要保护。再用时限过电流保护装置，保护变压器的全部，并作为外部短路所引起的过电流及变压器内部故障的后备保护。

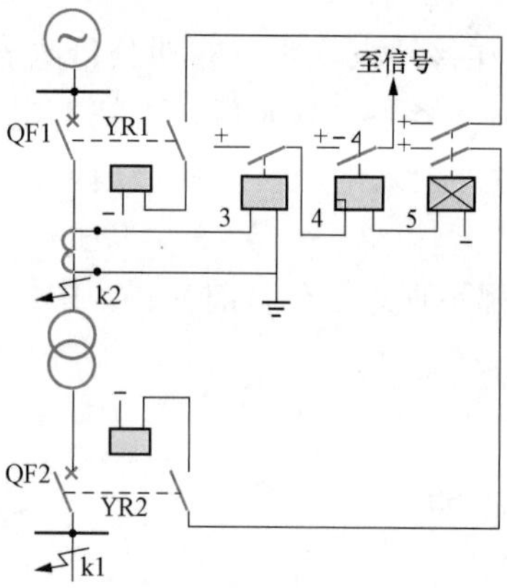

图 6-31 变压器电流速断保护
的单相原理接线图

图 6-31 所示为变压器电流速断保护的单相原理接线图，电流互感器装于电源侧。电源侧为中性点直接接地系统时，保护采用完全星形接线方式。电源侧为中性点不接地或经消弧线圈接地的系统时，则采用两相式不完全星形接线。

速断保护的动作电流，按躲过变压器外部故障（如 k1 点）的最大短路电流整定，则

$$I_{op.qb} = K_{co}I_{k.max}^{(3)} \qquad (6-22)$$

式中 $I_{k.max}^{(3)}$——变压器二次侧母线最大三相短路电流；

         K_{co}——可靠系数，取 1.2～1.3。

变压器电流速断保护的动作电流，还应躲过励磁涌流。根据实际经验及实验数据，保护装置的一次侧动作电流必须大于 $(3\sim5)I_{N.T}$。$I_{N.T}$ 是保护安装侧变压器的额定电流。

变压器电流速断保护的灵敏系数

$$K_s = \frac{I_{k.min}^{(2)}}{I_{op.qb}} \geqslant 2 \qquad (6-23)$$

式中 $I_{k.min}^{(2)}$——保护装置安装处（如 k2 点）最小运行方式时的两相短路电流。

电流速断保护接线简单、动作迅速，但作为变压器内部故障保护存在以下缺点：

（1）当变压器容量不大时，保护区很短，灵敏度达不到要求。

（2）在无电源的一侧，套管引出线的故障不能保护，要依靠过电流保护，这样切除故障时间长，对系统安全运行影响较大。

（3）对于并列运行的变压器，负荷侧故障时，如无母联保护，过流保护将无选择性地切除所有变压器。

所以，对并联运行变压器，容量大于 6300kVA 和单独运行容量大于 10000kVA 的变压器，不采用电流速断，而采用差动保护。对于 2000～6300kVA 的变压器，当电流速断保护灵敏度小于 2 时，也可采用差动保护。

三、变压器的差动保护

（一）保护原理及不平衡电流

差动保护主要用作变压器内部绕组、绝缘套管及引出线相间短路的主保护。

变压器差动保护原理与电网纵差保护相同,如图 6-32 所示。在正常运行和外部故障时,流入继电器的电流为两侧电流之差,即 $\dot{I}_r = \dot{I}_{I2} - \dot{I}_{II2} \approx 0$,其值很小,继电器不动作。当变压器内部发生故障时,若仅 I 侧有电源,则 $\dot{I}_r = \dot{I}_{I2}$,其值为短路电流,继电器动作,使两侧断路器跳闸。由于差动保护无需与其他保护配合,因此可瞬动切除故障。

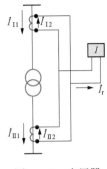

图 6-32 变压器差动保护原理

由于诸多因素的影响,在正常运行和发生外部故障时,在继电器中会流过不平衡电流,影响差动保护的灵敏度。一般有以下三种影响因素。

1. 电流互感器的影响

由于变压器两侧电压不同,装设的电流互感器形式便不同。它们的特性必然不一样,因此引起不平衡电流。还由于选择的电流互感器变比不同,也将产生不平衡电流。例如,图 6-32 中,变压器的变比为 K_T,为使两侧互感器二次电流相等,应满足

$$I_{I2} = \frac{I_{I1}}{K_{TAI}} = I_{II2} = \frac{I_{II1}}{K_{TAII}}$$

由此得

$$\frac{K_{TAII}}{K_{TAI}} = \frac{I_{II1}}{I_{I1}} = K_T$$

上式表明,两侧互感器变比的比值等于变压器的变比时,才能消除不平衡电流。但是由于互感器产品变比的标准化,这个条件很难满足,由此产生不平衡电流。

另外,变压器带负荷调压时,改变分接头其变比也随之改变,将使不平衡电流增大。

2. 变压器接线方式的影响

对于 Yd11 接线方式的变压器,其两侧电流有 30° 相位差。为消除相位差造成的不平衡电流,通常采用相位补偿的方法,即变压器 Y 侧的互感器二次接成 d 形,变压器 d 侧的互感器接成 Y 形,使相位得到校正,如图 6-33(a)所示。图 6-33(b)是电流互感器一次侧电流相量图,$\dot{I}_{A1}$ 与 $\dot{I}_{ab1}$ 有 30° 相位差,图 6-33(c)是电流互感器二次侧电流相量图,通过补偿后 $\dot{I}_{AB2}$ 与 $\dot{I}_{ab2}$ 同相。

相位补偿后,为了使每相两差动臂的电流数值相等,在选择电流互感器的变比时,应考虑电流互感器的接线系数 K_{wc}。电流互感器按三角形接线的 $K_{wc} = \sqrt{3}$,按星形接线的 $K_{wc} = 1$。两侧电流互感器变比可按式(6-24)和式(6-25)计算。

变压器三角形侧电流互感器变比

$$K_{TA(d)} = \frac{I_{N,T(d)}}{5} \tag{6-24}$$

变压器星形侧电流互感器变比

$$K_{TA(Y)} = \frac{\sqrt{3}I_{N,T(Y)}}{5} \tag{6-25}$$

式中 $I_{N,T(d)}$——变压器三角形侧额定线电流;

        $I_{N,T(Y)}$——变压器星形侧额定线电流。

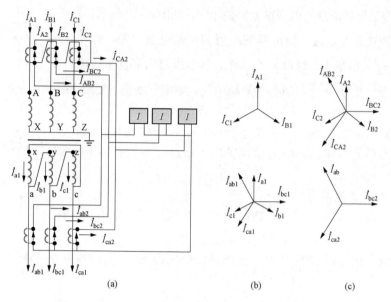

图 6 - 33　Yd 变压器差动保护接线和相量图
（a）差动保护接线图；（b）一次侧电流相量图；（c）二次侧电流相量图

3. 变压器励磁涌流的影响

变压器的励磁电流只在电源侧流过。它反应到变压器差动保护中，就构成不平衡电流。不过正常运行时变压器的励磁电流只不过是额定电流的 3%～5%。当外部短路时，由于电压降低，则此时的励磁电流也相应减小，其影响就更小。

在变压器空载投入或外部短路故障切除后电压恢复时，都可能产生很大的励磁电流。这是由于变压器突然加上电压或电压突然升高时，铁芯中的磁通不能突变，必然引起非周期分量磁通的出现。与电路中的过渡过程相似，在磁路中引起过渡过程，在最不利的情况下，合成磁通的最大值可达正常磁通的两倍。如果考虑铁芯剩磁的存在，且方向与非周期分量一致，则总合成磁通更大。虽然磁通只为正常时的两倍多，但由于磁路高度饱和，所对应的励磁电流却急剧增加，其值可达变压器额定电流的 6～10 倍，故称为励磁涌流，其波形如图 6 - 34 所示。它有如下特点：

（1）励磁涌流中含有很大的非周期分量，波形偏于时间轴的一侧，并且衰减很快。对于中、小型变压器经 0.5～1s 后，其值一般不超过 0.25～0.5 倍额定电流。

（2）涌流波形中含有高次谐波分量，其中二次谐波可达基波的 40%～60%。

（3）涌流波形之间出现间断，在一个周期中间断角为 θ。

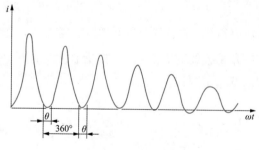

图 6 - 34　变压器的励磁涌流

4. 减小不平衡电流的措施

（1）对于电流互感器特性和变比不同而产生的不平衡电流，可在继电器中采取补偿的办法减小，并且可用提高整定值的办法来躲过。

（2）对于励磁涌流可利用它所包含的非周期分量，采用具有速饱和变流器的差动继电器来躲过涌流的影响，或者利用励磁涌流具有间断角和二次谐波等特点制成躲过涌流的差动继电器。

（二）差动继电器

目前我国生产的差动保护继电器形式有电磁型的 BCH 系列、整流型的 LCD 系列和晶体管型的 BCD 系列。变压器保护常用的是 BCH-2 型差动继电器。差动继电器必须具有躲过励磁涌流和外部故障时所产生的不平衡电流的能力，而在保护区内故障时，应有足够的灵敏度和速动性。

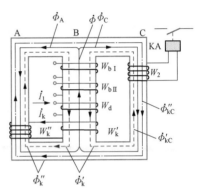

图 6-35　BCH-2 型差动
继电器原理图

BCH-2 型差动继电器原理图如图 6-35 所示。它是由一个 DL-11/0.2 型电流继电器和一个带短路线圈的速饱和变流器组成。速饱和变流器铁芯的中间柱 B 上绕有差动线圈 W_d 和两个平衡线圈 W_{bI}、W_{bII}，右边柱 C 上绕有线圈 W_2 与电流继电器相连，还有两个短路线圈 W_k' 和 W_k'' 分别绕在中间柱 B 和左侧柱 A 上，W_k'' 与 W_k' 为的匝数比为 2∶1，缠绕时使它们产生的磁通对左边窗口来说是同方向的。

速饱和变流器的作用是躲过励磁涌流，流过差动电流的差动线圈是其主线圈，平衡线圈用来消除由于两组电流互感器二次电流有差异而引起的不平衡电流，短路线圈的作用则是进一步改善速饱和变流器躲过非周期分量的性能。

图 6-36 所示是 BCH-2 型继电器内部接线及用于双绕组变压器差动保护的单相原理接线图，两个平衡线圈 W_{bI} 和 W_{bII} 分别接于差动保护的两臂上，W_d 接在差动回路中，它们都有插头可以调整匝数，匝数的选择应满足在正常运行和外部故障时使中间柱内的合成磁势为零的条件，即 $I_{I2}(W_{bI}+W_d)=I_{II2}(W_{bII}+W_d)$，从而 W_2 上没有感应电动势，电流继电器中没有电流。这就补偿了因两臂电流不等所引起的不平衡电流。但由于平衡线圈匝数不能平滑调节，所以仍有一定的不平衡电流存在。

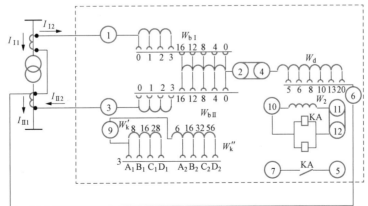

图 6-36　BCH-2 型继电器内部接线及用于双绕组变压器
差动保护的单相原理接线图

189

（三）差动保护的整定计算

1. 计算变压器两侧额定电流

由变压器的额定容量及平均电压计算出变压器两侧的额定电流 $I_{N.T}$，按 $K_{wc}I_{N.T}$ 选择两侧电流互感器一次额定电流，然后按下式算出两侧电流互感器二次回路的额定电流

$$I_{N2} = \frac{K_{wc}I_{N.T}}{K_{TA}} \qquad (6-26)$$

式中　K_{wc}——接线系数，电流互感器为星形接线时 $K_{wc}=1$，三角形接线时 $K_{wc}=\sqrt{3}$；

　　　K_{TA}——电流互感器变比。

取二次额定电流 I_{N2} 最大的一侧为基本侧。

2. 按下述三个条件确定保护装置的动作电流 I_{op}

（1）躲过变压器的励磁涌流

$$I_{op} = K_{co}I_{N.T} \qquad (6-27)$$

式中　K_{co}——可靠系数，取 1.3；

　　　$I_{N.T}$——变压器额定电流。

（2）躲过外部故障时的最大不平衡电流

$$I_{op} = K_{co}I_{dsq.m} = K_{co}(K_{sm}f_i + \Delta U + \Delta f)I_{k.max}^{(3)} \qquad (6-28)$$

式中　K_{co}——可靠系数，取 1.3；

　　　$I_{dsq.m}$——最大不平衡电流；

　　　$I_{k.max}^{(3)}$——外部故障时最大三相短路电流的周期分量；

　　　K_{sm}——电流互感器同型系数，型号相同时取 0.5，不同时取 1；

　　　f_i——电流互感器的容许最大相对误差，为 0.1；

　　　ΔU——变压器改变分接头调压引起的相对误差，一般采用调压范围一半，取 5%；

　　　Δf——由于继电器的整定匝数与计算的不相等而产生的相对误差，初算时可取中间值 0.05（最大值为 0.091）。

在确定了两侧匝数后，计算式为

$$\Delta f = \frac{W_b - W_{b.s}}{W_b + W_{d.s}} \qquad (6-29)$$

式中　W_b——平衡线圈计算匝数；

　　　$W_{b.s}$——平衡线圈整定匝数；

　　　$W_{d.s}$——差动线圈整定匝数。

（3）躲过电流互感器二次回路断线引起的不平衡电流。考虑到电流互感器二次回路可能断线，这时应躲过变压器正常运行时最大负荷电流所造成的不平衡电流为

$$I_{op} = K_{co}I_{l.max} \qquad (6-30)$$

式中　K_{co}——可靠系数，取 1.3；

　　　$I_{l.max}$——变压器的最大工作电流，在无法确定时，可采用变压器的额定电流。

根据以上三个条件计算的结果，取其最大者作为基本侧的动作电流整定值。

3. 基本侧差动线圈匝数的确定

继电器的动作电流为

$$I_{\mathrm{op.r}} = \frac{K_{\mathrm{wc}} I_{\mathrm{op}}}{K_{\mathrm{TA}}} \qquad (6\text{-}31)$$

基本侧线圈匝数的计算式为

$$W_{\mathrm{ac}} = \frac{AW_0}{I_{\mathrm{op.r}}} = \frac{60}{I_{\mathrm{op.r}}} \qquad (6\text{-}32)$$

式中 AW_0——BCH-2 型继电器的额定动作安匝，$AW_0 = 60$。

按照继电器线圈的实有抽头，选用差动线圈 $W_{\mathrm{d.s}}$ 与接在基本侧的平衡线圈 $W_{\mathrm{bI.s}}$ 匝数之和比 W_{ac} 小且相近，作为基本侧的整定匝数 W_{I}，即

$$W_{\mathrm{I}} = W_{\mathrm{d.s}} + W_{\mathrm{bI.s}} \leqslant W_{\mathrm{ac}}$$

根据 W_{I} 再计算出实际的继电器动作电流和一次动作电流

$$I'_{\mathrm{op.r}} = \frac{60}{W_{\mathrm{I}}} \qquad (6\text{-}33)$$

$$I_{\mathrm{op}} = \frac{I'_{\mathrm{op.r}} K_{\mathrm{TA}}}{K_{\mathrm{wc}}} \qquad (6\text{-}34)$$

4．非基本侧平衡线圈匝数的确定

$$W_{\mathrm{bII}} = W_{\mathrm{I}} \frac{I_{\mathrm{N2\,I}}}{I_{\mathrm{N2\,II}}} - W_{\mathrm{d}} \qquad (6\text{-}35)$$

式中 $I_{\mathrm{N2\,I}}$——基本侧二次额定电流；

$I_{\mathrm{N2\,II}}$——非基本侧二次额定电流。

选用接近 W_{bII} 的匝数作为非基本侧平衡线圈的整定匝数 $W_{\mathrm{bII.s}}$，则非基本侧工作线圈的匝数为

$$W_{\mathrm{II}} = W_{\mathrm{bII.s}} + W_{\mathrm{d}} \qquad (6\text{-}36)$$

5．计算 Δf

由于非基本侧平衡线圈整定匝数与计算匝数不等引起的相对误差，按式（6-29）计算，将各匝数计算值代入后计算出 Δf，若 $\Delta f > 0.05$，则应以计算得的 Δf 值代入式（6-28）重新计算动作电流值。

6．确定短路线圈的匝数

如图 6-36 所示，继电器短路线圈有四组抽头，匝数越多，躲过励磁涌流的性能越好，然而内部故障时，电流中所含的非周期分量衰减则较慢，继电器的动作时间就延长。因此，要根据具体情况考虑短路线圈匝数的多少。对于中、小型变压器，由于励磁涌流倍数大，内部故障时非周期分量衰减快，对保护的动作时间要求较低，一般选较多的匝数，如 $C_1 - C_2$ 或 $D_1 - D_2$。对于大型变压器则相反，励磁涌流倍数较小，非周期分量衰减较慢，而又要求动作快，则应采用较少的匝数，如 $B_1 - B_2$ 或 $C_1 - C_2$。所选抽头匝数是否合适，最后应通过变压器空载投入试验确定。

7．灵敏系数校验

按差动保护范围内的最小两相短路电流来校验

$$K_{\mathrm{s}} = \frac{I^{(2)}_{\mathrm{k.min.r}}}{I_{\mathrm{op.r}}} \geqslant 2 \qquad (6\text{-}37)$$

式中 $I^{(2)}_{\mathrm{k.min.r}}$——保护范围内部短路时，流过继电器的最小两相短路电流；

$I_{\mathrm{op.r}}$——继电器的动作电流。

例 6-2 以 BCH-2 作为单侧电源降压变压器的差动保护。已知：$S_{N.T} = 15MVA$，$35 \pm 2 \times 2.5\% / 6.6kV$，Yd 接线，$U_k\% = 8\%$，35kV 母线 $I_{k.max}^{(3)} = 3570A$，$I_{k.min}^{(3)} = 2140A$，6kV 母线 $I_{k.max}^{(3)} = 9420A$，$I_{k.min}^{(3)} = 7250A$，归算至 35kV 侧后，$I_{k.max}^{'(3)} = 1600A$，$I_{k.min}^{'(3)} = 1235A$，6kV 侧最大长时负荷电流 $I_{l.max} = 1300A$。试对 BCH-2 进行整定计算。

解 1. 计算前期参数

首先算出变压器各侧一次额定电流，选出电流互感器，确定二次回路额定电流，结果如表 6-2 所示。

表 6-2 二次回路额定电流计算值

名 称	各 侧 数 值		名 称	各 侧 数 值	
额定电压（kV）	35	6	电流互感器计算变比	$\dfrac{\sqrt{3} \times 248}{5} = \dfrac{429}{5}$	$\dfrac{1315}{5}$
变压器额定电流（A）	$\dfrac{15000}{\sqrt{3} \times 35} = 248$	$\dfrac{15000}{\sqrt{3} \times 6.6} = 1315$	选择电流互感器变比	600/5	1500/5
电流互感器接线方式	d	y	电流互感器二次回路额定电流（A）	$\sqrt{3} \times \dfrac{248}{120} = 3.57$	$\dfrac{1315}{300} = 4.38$

由表 6-2 可以看出，6kV 侧电流互感器二次回路额定电流大于 35kV 侧。因此，以 6kV 侧为基本侧。

2. 计算保护装置 6kV 侧的一次动作电流

（1）按躲过外部最大不平衡电流

$$I_{op} = K_{co}(K_{sm}f_i + \Delta U + \Delta f)I_{k.max}^{(3)}$$
$$= 1.3 \times (1 \times 0.1 + 0.05 + 0.05) \times 9420 = 2450(A)$$

（2）按躲过励磁涌流

$$I_{op} = K_{co}I_{N.T} = 1.3 \times 1315 = 1710(A)$$

（3）按躲过电流互感器二次断线。因为最大工作电流为 1300A，小于变压器额定电流，故不予考虑。

综合考虑，应按躲过外部故障不平衡电流条件，选用 6kV 侧一次动作电流 $I_{op} = 2450A$。

3. 确定线圈接线与匝数

平衡线圈 I、II 分别接于 6kV 侧和 35kV 侧。

计算基本侧继电器的动作电流为

$$I_{op.r} = \frac{K_{wc}I_{op}}{K_{TA.I}} = \frac{1 \times 2450}{300} = 8.16(A)$$

基本侧工作线圈计算匝数为

$$W_{ac} = \frac{AW_0}{I_{op.r}} = \frac{60}{8.16} = 7.35(\text{匝})$$

据 BCH-2 内部实际接线，选择实际整定匝数为 $W_I = 7$ 匝，其中取差动线圈匝数 $W_I = 6$，平衡线圈 I 的匝数 $W_{bI} = 1$。

4. 确定 35kV 侧平衡线圈的匝数

$$W_{\mathrm{bII}} = W_{\mathrm{I}} \frac{I_{\mathrm{N2\,I}}}{I_{\mathrm{N2\,II}}} - W_{\mathrm{d}} = 7 \times \frac{4.38}{3.57} - 6 = 2.6(\text{匝})$$

确定平衡线圈 II 实际匝数 $W_{\mathrm{bII\,s}} = 3$ 匝。

5. 计算由于实际匝数与计算匝数不等产生的相对误差 Δf

$$\Delta f = \frac{W_{\mathrm{bII}} - W_{\mathrm{bII.s}}}{W_{\mathrm{bII}} + W_{\mathrm{d.s}}} = \frac{2.6 - 3}{2.6 + 6} = -0.0465$$

因为 $|\Delta f| < 0.05$，且相差很小，故不需核算动作电流。

6. 初步确定短路线圈的抽头

短路线圈选用 $C_1 - C_2$ 抽头。

7. 计算最小灵敏系数

按最小运行方式下，6kV 侧两相短路校验。因为基本侧互感器二次额定电流最大，故非基本侧灵敏系数最小。35kV 侧通过继电器的电流为

$$I_{\mathrm{k.\,min.\,r}} = \frac{\sqrt{3} I_{\mathrm{k.\,min}}^{\prime(2)}}{K_{\mathrm{TA.\,II}}} = \frac{\sqrt{3} \times 1235 \times \frac{\sqrt{3}}{2}}{120} = 15.5(\mathrm{A})$$

继电器的整定电流为

$$I_{\mathrm{op.\,r}} = \frac{AW_0}{W_{\mathrm{d}} + W_{\mathrm{bII.s}}} = \frac{60}{6 + 3} = 6.67(\mathrm{A})$$

则最小灵敏系数为

$$K_{\mathrm{s,\,min}} = \frac{I_{\mathrm{k.\,min.\,r}}}{I_{\mathrm{op.\,r}}} = \frac{15.5}{6.67} = 2.32 > 2$$

满足要求。

（四）带制动的差动继电器特性

不平衡电流是影响变压器差动保护整定与特性的关键因素：差动保护需要兼顾两个条件，首先要避免不平衡电流引起差动保护误动作，其次尽可能使差动保护更灵敏，然而这两个条件多数时候互相矛盾。变压器正常运行或者变压器差动保护范围外部短路时，流过变压器的电流称为穿越电流，一般来说，该电流越大则流过差动继电器的不平衡电流也越大。带制动的差动继电器充分利用该特点，继电器的差动电流不再按照躲开最大穿越电流下最大不平衡电流整定，而是随制动电流的变化而自动整定。制动电流的选取方式并不唯一，但一般制动电流均能一定程度反映穿越电流的大小。

以图 6 - 32 为例，设定制动电流为

$$I_{\mathrm{res}} = \frac{|\dot{I}_{\mathrm{I}2} - \dot{I}_{\mathrm{II}2}|}{2} \tag{6 - 38}$$

若图 6 - 32 为单电源变压器，则正常运行或差动保护范围外部短路时，制动电流等于变压器穿越电流。由于差动继电器中流过的不平衡电流随穿越电流的增大而增大，故带制动的差动继电器差动电流随制动电流的增大而增大，其动作方程可表示为

$$I_{\mathrm{r}} > g(I_{\mathrm{res}}) \tag{6 - 39}$$

其中

$$g(I_{\mathrm{res}}) = K_{\mathrm{co}} I_{\mathrm{dsq}} \tag{6 - 40}$$

式中 I_{dsq}——不平衡电流。

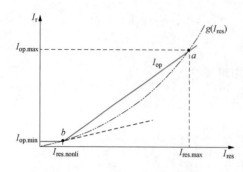

图 6-37 带制动的差动继电器特性

一般情况，式（6-40）可表示为图 6-37，在正常运行时，制动电流小，电流互感器未饱和，故 $g(I_{res})$ 近似线性，随制动电流增大，电流互感器进入非线性区，$g(I_{res})$ 增大。

考虑造成电流互感器饱和的影响因素很多，$g(I_{res})$ 在实际工程中并不容易得到，故对于数字式纵差动保护中往往用"两折线"或"三折线"来近似代替 $g(I_{res})$，具体的如图 6-37 中折线 I_{op}。由图 6-37 可知，折线可由 a 和 b 两点坐标来确定。

a 点的横坐标为最大制动电流 $I_{res.max}$，即最大穿越电流，可对应于差动保护范围外部短路时的最大三相短路电流；a 点的纵坐标为需"躲开"最大穿越电流对应的最大不平衡电流，显然，其可依据式（6-28）计算获取。

b 点纵坐标 $I_{op.min}$ 为最小动作电流，其与 $g(I_{res})$ 相交，对应的横坐标为 $I_{res.nonli}$，该横坐标称为拐点电流，其应位于互感器的线性区。制动电流在变压器额定电流范围内，互感器是处于线性区的，故拐点电流一般可取变压器额定电流的 0.6～1.1 倍。当制动电流小于拐点电流时，互感器处于线性区，其不平衡电流可以定量计算，然而过小的动作电流，对纵差动保护的安全性无益，故一般最小动作电流 $I_{op.min}$ 取变压器额定电流的 0.2～0.5 倍。

采用数字式比率制动差动保护实现例 6-2 中变压器的差动保护。数字式比率制动差动保护采用二次谐波制动以避免变压器励磁涌流对差动保护的影响，且具备二次回路断线闭锁功能，故整定差动保护时可不考虑上述二因素。设数字式比率制动差动保护互感器均采用 Y 型接线，采用数字算法对差动保护的相位进行补偿，以简化接线。二次回路采用 Y 型接线，则例 6-2 中高压侧电流互感器变比取 300∶5，低压侧电流互感器变比取 1500∶5，变压器为 Yd11 接线，对变压器 Y 侧二次电流采用相位补偿后的电流为

$$\begin{cases} \dot{I}_{a2} = (\dot{I}_{ay} - \dot{I}_{by})/\sqrt{3} \\ \dot{I}_{b2} = (\dot{I}_{by} - \dot{I}_{cy})/\sqrt{3} \\ \dot{I}_{c2} = (\dot{I}_{cy} - \dot{I}_{ay})/\sqrt{3} \end{cases} \tag{6-41}$$

式中　$\dot{I}_{ay}$、$\dot{I}_{by}$、$\dot{I}_{cy}$——变压器 Y 侧二次电流。以变压器 d 侧电流为基准，进行幅值补偿，可得平衡系数为

$$K_{com} = \frac{U_Y n_Y}{\sqrt{3} U_d n_d} \tag{6-42}$$

式中　U_Y、U_d——变压器 Y 侧和 d 侧线电压有效值；
　　　n_Y、n_d——变压器 Y 侧和 d 侧电流互感器变比。

代入数据可得

$$K_{com} = \frac{35 \times 60}{\sqrt{3} \times 6.6 \times 300} = 0.61$$

以 d 侧电流为基准，变压器额定电流的二次值为

$$I'_{\mathrm{N}} = \frac{1315}{300} = 4.38\mathrm{A} \qquad (6\text{-}43)$$

变压器最大穿越电流取低压侧最大短路电流，其对应的二次值可求得为 31.4A，与此对应的最大不平衡电流，可类似于式（6-28）求得

$$I_{\mathrm{op.\,max}} = K_{\mathrm{co}}(K_{\mathrm{sm}}f_{\mathrm{i}} + \Delta U + \Delta\varepsilon)I_{\mathrm{k.\,max}} \qquad (6\text{-}44)$$

式中　$\Delta\varepsilon$——其他误差，包含变压器励磁及其通道变换引起的误差，可取 0.1～0.2。

代入相应数据可得

$$I_{\mathrm{op.\,max}} = 1.3 \times (0.1 + 0.05 + 0.2) \times 31.4 = 14.29\mathrm{A}$$

基于上述计算：数字式比率制动差动保护最大不平衡电流 $I_{\mathrm{res.\,max}}$ 取 31.4A，对应的最大不平衡电流 $I_{\mathrm{op.\,max}}$ 取 14.29A，对应的最大制动比为 0.46；拐点电流 $I_{\mathrm{res.\,nonli}}$ 可取 0.8 倍的额定电流，为 3.5A，由最大制动比可得最小启动电流为 1.6A，为额定电流的 0.37 倍。将上述数值绘制成动作特性图如图 6-38 所示。对于单侧电源的变压器，在变压器内部短路时，忽略负荷电流的影响，差动电流 I_{r} 约等于制动电流 I_{res} 的 2 倍，其对应关系如图 6-28中曲线 1 所示，可见当差动电流大于 1.6A 时，差动保护就会动作，与 BCH-2 型差动继电器相比，显然保护的灵敏性要高很多。

由于数字式比率制动差动保护基于二次谐波制动来避免励磁涌流对变压器差动保护的影响，故还需要对二次谐波制动值进行整定，一般可取二次谐波电流大于基波电流 15％左右时，保护闭锁。为避免二次谐波制动影响严重短路时保护动作的速度，数字式保护还设定差流速断保护，即差动电流大于某一定值时，保护迅速动作，与比率制动差动保护配合使用。如图 6-38 所示保护，差流速断定值可设定为 14.29A。

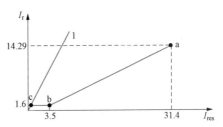

图 6-38　例 6-2 差动保护动作特性图

四、变压器的过流保护

为了防止外部短路引起变压器绕组的过电流，并作为差动和气体保护的后备，变压器还必须装设过电流保护。

对于单侧电源的变压器，过电流保护安装在电源侧，保护动作时切断变压器各侧开关。过电流保护的动作电流应按躲过变压器的正常最大工作电流整定（考虑电动机自启动，并联工作的变压器突然断开一台等原因而引起的正常最大工作电流），即

$$I_{\mathrm{op}} = \frac{K_{\mathrm{co}}}{K_{\mathrm{re}}}I_{l.\,\mathrm{max}} \qquad (6\text{-}45)$$

式中　K_{co}——可靠系数，取 1.2～1.3；

　　K_{re}——返回系数，一般取 0.85；

　　$I_{l.\,\mathrm{max}}$——变压器可能出现的正常最大工作电流。

保护装置灵敏度

$$K_{\mathrm{s}} = \frac{I_{\mathrm{k.\,min}}^{(2)}}{I_{\mathrm{op}}} \qquad (6\text{-}46)$$

式中　$I_{k.min}^{(2)}$——最小运行方式下，在保护范围末端发生两相短路时的最小短路电流，A。

当保护到变压器低压侧母线时，要求 $K_s = 1.5 \sim 2$，在远后备保护范围末端短路时，要求 $K_s \geqslant 1.2$。

过电流保护按躲过正常最大工作电流整定，启动值比较大，往往不能满足灵敏度的要求。为此，可以采用低电压闭锁的过电流保护，以提高保护的灵敏度，其接线如图 6-39 所示。

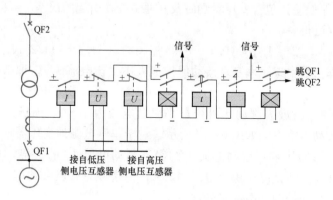

图 6-39　低电压闭锁过电流保护

当采用低电压闭锁的过电流保护时，保护中电流元件的动作电流按大于变压器的额定电流来整定，即

$$I_{op} = \frac{K_{co}}{K_{re}} I_{N.T} \tag{6-47}$$

式中　$I_{N.T}$——变压器额定电流，可靠系数取 1.2，返回系数取 0.85。

低电压继电器的动作电压，可按正常运行的最低工作电压整定，即

$$U_{op} = \frac{U_{w.min}}{K_{co}K_{re}} \tag{6-48}$$

式中　$U_{w.min}$——最低工作电压，取 $U_{w.min} = 0.9U_N$。

过电流保护的动作时限整定，要求与变压器低压侧所装保护相配合，比它大一个时限阶段，取 $\Delta t = 0.5 \sim 0.7s$。

五、变压器的过负荷保护

变压器过负荷大都是三相对称的。所以过负荷保护可采用单电流继电器接线方式，经过一定延时作用于信号，在无人值班的变电站内，也可作用于跳闸或自动切除一部分负荷。变压器过负荷保护的动作时间通常取 10s，保护装置的动作电流，按躲过变压器额定电流整定，即

$$I_{op.ol} = \frac{K_{co}I_{N.T}}{K_{re}} \tag{6-49}$$

式中　K_{co}——可靠系数，取 1.05；

　　　K_{re}——返回系数，一般为 0.85；

　　　$I_{N.T}$——变压器的额定电流。

第五节　高压电动机的保护

3～10kV 异步和同步电动机应装设相间短路保护，并根据生产工艺过程的需要可装设过负荷保护、低电压保护以及单相接地保护等。同步电动机还应有失步保护。

相间短路保护一般采用电流速断保护，容量在 2000kW 以上或电流速断保护灵敏度不够的重要电动机，具有 6 个引出线时，可装设纵差保护。

一、电流速断及过负荷保护

电动机的电流速断保护通常用两相式接线，如图 6‐40（a）所示。当灵敏度允许时，应采用两相电流差的接线方式，如图 6‐40（b）所示。

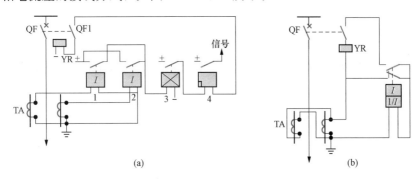

图 6‐40　电动机电流速断及过负荷保护原理接线图
(a) 不完全星形接线；(b) 两相电流差接线

对于可能过负荷的电动机，可采用具有反时限特性的电流继电器。反时限部分用作过负荷保护，一般作用于信号。速断部分用作相间短路保护，作用于跳闸。

1. 电流速断保护的整定计算

电流速断保护装置的动作电流应满足如下条件。

（1）躲过电动机的启动电流，即

$$I_{op.qb} = K_{co}I_{st.M} \tag{6‐50}$$

继电器的动作电流为

$$I_{op.qb.r} = K_{co}K_{wc}\frac{I_{st.M}}{K_{TA}} \tag{6‐51}$$

式中　K_{co}——可靠系数，对 DL 型和晶体管型继电器取 1.4～1.6，GL 型取 1.8～2；

　　　K_{wc}——接线系数，不完全星形接线为 1，两相电流差接线为 $\sqrt{3}$；

　　　K_{TA}——电流互感器变比；

　　　$I_{st.M}$——电动机启动电流。

（2）对于同步电动机还应躲过外部短路时的反馈电流，若反馈电流大于式（6‐51）中的 $I_{st.M}$，则

$$I_{op.qb.r} = K_{co}K_{wc}\frac{I_{sh.M}}{K_{TA}} \tag{6‐52}$$

其中
$$I_{sh.M} = \left(\frac{1.05}{X''_M} + 0.95\sin\varphi_N \right) I_{N.M} \tag{6-53}$$

式中　$I_{sh.M}$——外部三相短路时电动机反馈电流；

$\quad\quad X''_M$——同步电动机次暂态电抗（标幺值）；

$\quad\quad \varphi_N$——电动机额定功率因数角；

$\quad\quad I_{N.M}$——电动机额定电流。

（3）灵敏系数校验

$$K_s = \frac{I_{k.min}^{(2)}}{I_{op.qb}} > 2 \tag{6-54}$$

式中　$I_{k.min}^{(2)}$——系统最小运行方式下，电动机出口处两相短路电流。

2. 过负荷保护的整定计算

过负荷保护按电动机的额定电流整定，继电器动作电流为

$$I_{op.ol.r} = \frac{K_{co}K_{wc}}{K_{re}K_{TA}} I_{N.M} \tag{6-55}$$

式中　K_{co}——可靠系数，作用于信号时取 1.1，作用于跳闸时取 1.2～1.4；

$\quad\quad K_{wc}$——接线系数；

$\quad\quad K_{re}$——继电器返回系数，取 0.85；

$\quad\quad K_{TA}$——电流互感器变比；

$\quad\quad I_{N.M}$——电动机额定电流。

过负荷保护动作时限的整定，应大于电动机的启动时间，一般取 10～15s。

用反时限特性继电器保护过负荷时，应按启动电流整定时限。

二、电动机的低电压保护

供电网络电压下降，异步电动机的转速也相应下降，同步电动机则可能失步。当电压恢复时，由于大量电动机自启动，电流很大，以致电网电压不能迅速恢复，增加了自启动时间，甚至使自启动成为不可能。因此，当电压降低到使电动机的最大转矩接近于负载转矩，受到颠覆威胁时，应将次要电动机用低电压保护装置从电网切除，以保证重要电动机的自启动。对于那些因生产工艺过程不允许自启动的电动机，亦应利用低电压保护切除。

1. 低电压保护的整定

一般电动机最大转矩倍数 $m=M_{N.max}/M_N=1.8～2.2$，所以低电压保护的动作电压 U_{op} 应为

$$U_{op} = U_N \sqrt{\frac{M_{max}/M_N}{M_{N.max}/M_N}} = U_N \sqrt{\frac{0.9～1}{1.8～2.2}} \approx 0.6～0.7U_N \tag{6-56}$$

式中　M_{max}——电压为 U_{op} 时的电动机最大转矩；

$\quad\quad M_{N.max}$——额定电压时的电动机最大转矩；

$\quad\quad M_N$——电动机额定转矩。

为了保证重要电动机的自启动而需要切除次要电动机，其低压保护的动作电压按 $(0.6～0.7)U_N$ 整定，可带 0.5s 的时限动作。对于不允许或不需要自启动的电动机，其低电压保护的动作电压一般按 $(0.4～0.5)U_N$ 整定，动作时限为 0.5～1.5s。对于需要自动，但根据保安条件在电源电压长时间消失后，需从电网自动断开的电动机，其整定电压

一般为 $(0.4\sim0.5)U_N$，时限一般为 $5\sim10s$。

2. 低电压保护的接线

电动机低电压保护接线图如图 6 - 41 所示，它由接于电压互感器二次回路的电压继电器 KV1、KV2、KV3 及接于直流回路的时间继电器 KT、中间继电器 KM 等组成。当电源电压对称下降至整定值以下时，KV1、KV2、KV3 均释放，其常闭接点闭合，通过 KM1 的常闭接点启动继电器 KT，经一定延时启动出口中间继电器 KM2，使之作用于跳闸。

当电压互感器一相断线时，在 KV1、KV2、KV3 中总有一个释放（其他吸合），则 KM1 接通，发出电压回路断线信号，同时 KM1 的常闭接点断开 KT 回路，防止将电动机误跳闸。

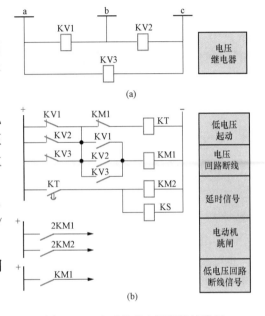

例 6 - 3 某车间有 6kV、850kW 电动机两台，一台带重要负荷，根据保安条件电压长时间消失后需自动切断电源，第二台为次要电动机。试对其保护装置进行整定。

已知：$I_{N.M} = 97A$，$I_{st.M}/I_{N.M} = 5.8$，$M_{N.max}/M_N = 2.2$，$I_{k\,min}^{(3)} = 9kA$，$K_{TV} = 6000/100$，$K_{TA} = 150/5$（不完全星形接线）。

图 6 - 41　电动机低电压保护接线图

解　过负荷与相间短路速断保护选用 GL-10 系列继电器。

1. 过负荷保护

作用于跳闸，继电器动作电流为

$$I_{op.\,ol.\,r} = \frac{K_{co}K_{wc}}{K_{re}K_{TA}}I_{N.M} = \frac{1.25\times1}{0.85\times150/5}\times97 = 4.76(A)$$

整定取 5A。

一次动作电流为

$$I_{op.\,ol} = 5\times\frac{150}{5} = 150(A)$$

时限整定：根据启动条件整定 GL-10 继电器反时限特性，在 $\dfrac{I_{st.M}}{I_{op.\,ol}} = 97\times\dfrac{5.8}{150} = 3.75$ 时，延时为 $t\geqslant15s$。

2. 电流速断保护

$$I_{op.\,qb} = K_{co}I_{st.M} = 1.8\times5.8\times97 \approx 1012(A)$$

瞬动电流为过负荷动作电流的倍数

$$K = \frac{1012}{150} = 6.8$$

整定值取 7。

灵敏系数

$$K_s = \frac{9000 \times 0.87}{150 \times 7} \approx 7.3 > 2$$

符合要求。

3. 低电压保护

次要电动机动作电压为

$$U_{op} = U_N \sqrt{\frac{M_{max}/M_N}{M_{N.max}/M_N}} = \sqrt{\frac{1}{2.2}} U_N \approx 0.67 U_N = 4000(V)$$

$$U_{op.r} = 0.67 \times \frac{6000}{6000/100} = 67(V)$$

时限 $t = 0.5s$。

需要自启动的电动机动作电压为

$$U_{op} = 0.5 U_N = 3000(V)$$

$$U_{op.r} = \frac{3000}{6000/100} = 50(V)$$

时限 $t = 10s$。

第六节　备用电源自动投入装置

备用电源自动投入装置（BZT）可装设在备用电源进线开关或备用变压器高压侧开关上，也可装在双电源供电的变电站分列运行的母线联络开关上，当供电线路发生故障时，BZT 自动投入，以保证供电的可靠性和缩短继电保护的动作时间。

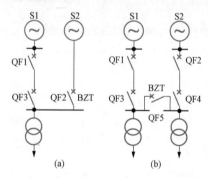

图 6-42　应用 BZT 装置的一次接线图
(a) 备用电源自动投入；(b) 双电源
分段母线采用 BZT

应用 BZT 装置的一次接线图如图 6-42 所示，图 6-42（a）是备用电源自动投入的例子。在正常情况下，由电源 S1 供电，当电源发生故障时，QF1 跳闸，在 BZT 作用下，QF2 自动投入，则可保持不间断供电。

图 6-42（b）是双电源分段母线采用 BZT 的例子。当任一电源线路发生故障时，它的断路器跳闸，该段母线失去电源，在 BZT 的作用下，分段开关 QF5 自动投入，则可保证全变电站的不间断供电。

BZT 通常按工作母线失去电压原则启动，而且只能在电源断路器断开后投入，动作只应一次。停电间隔时间应尽可能短，一般为 0.5～1.5s，以利于电动机自启动。

如图 6-43 所示是 BZT 的一种典型原理接线。KV1、KV2 为低电压继电器，KV1 用以反映工作母线电压的消失，KV2 为备用电源监视继电器。KT 为时间继电器，它的延时是为躲开配出线短路时母线电压降低而使 KV1 启动，利用 KT 的延时大于配出线电流速断保护的动作时间，以防止 BZT 误投入。BSJ 为闭锁延时继电器，其任务是保证备用电源只合闸一次。BZT 的动作情况如下。

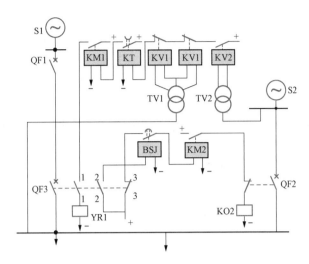

图 6-43 BZT 的接线图

1. 正常工作时

一次回路的 QF1、QF3 闭合,电源 S1 供电,QF2 断开,电源 S2 母线上有电,处于备用状态。由于 QF3 闭合,其辅助接点 2-2 闭合,BSJ 线圈有电,延时断开接点闭合,为 BZT 投入做好准备。

2. 故障时

当电源 S1 线路上发生故障时,QF1 跳闸,工作母线失去电压,KV1 失电,其常闭接点闭合。若此时备用母线上电压正常,KV2 的常开接点闭合,于是 KT 线圈有电,其接点延时后闭合,使中间继电器 KM1 有电,接通 QF3 的跳闸线圈,QF3 接点切断,其辅助接点 3-3 闭合,使 KM2 有电,向 QF2 送出合闸脉冲,使备用电源投入。

闭锁继电器 BSJ 是为保证备用电源只投入一次而设的,在工作电源正常供电时,它的线圈有电,接点闭合,当 QF3 跳闸后,其辅助接点 2-2 断开,BSJ 线圈即失电,但其接点延时 $0.5\sim0.8$s 断开,以保证 QF2 可靠地合闸。如果备用电源投入到母线的永久性故障上,则 QF2 将被继电保护断开,这时由于 BSJ 的接点已断开,QF2 便不会再次投入。图 6-43 中对 QF2、QF3 的继电保护电路均未画出。

第七节 企业 35/(6~10)kV 变电站的过流保护系统

电气保护日益朝系统、综合智能化的方向发展,单独一台电气设备的过流保护装置只能在局部起作用,如何连成系统,相互之间做到最佳配合,构成整个工矿企业供电系统的过流保护,才是需要努力达到的目标。

本节以企业 35/(6~10)kV 终端变电站为对象,研究设置最佳过流保护系统,并在保护配合与整定上作探讨。

一、35kV 变电站过流保护现状分析

大中型企业的地面终端变电站,多采用 35kV 双电源线路、双主变压器全桥式接线、

6～10kV单母线分段的供电方案，其过流保护大都按一路（台）使用、一路（台）备用的运行方式单独考虑，未能考虑在其他运行方式时保护系统的适应性。有的企业为了提高运行的经济性，将两台主变压器改为分列运行，但保护仍为原方案，故障时容易导致越级跳闸而造成全企业停电。此外，传统的整定方法，尤其是瞬时速断和限时速断，其动作值按躲过保护范围末端的最大三相短路电流整定，而变电站35kV开关和相当一部分6～10kV开关的主保护范围非常短，约为几十米到几百米，首、末两端的短路电流相差很小，使保护的灵敏度不能满足要求。

（一）全桥接线、单边运行、备用电源自动投入装置

该系统的保护方案如图6-44所示。这种单边运行的方式有以下几种组合：①线路Ⅰ→QF1→QF3→T1→…；②线路Ⅱ→QF2→QF4→T2→…；③线路Ⅰ→QF1→QFⅠ→QF4→T2→…；④线路Ⅱ→QF2→QFⅠ→QF3→T1→…。

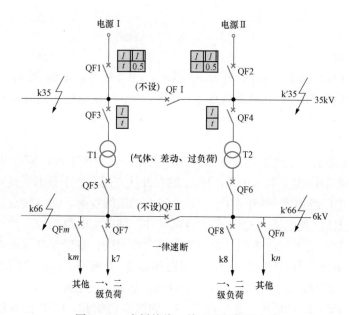

图6-44 全桥接线、单边运行保护方案

该保护方案有以下几点不足。

1. 对于组合方式①或②

当在35kV母线上发生短路时，保护动作时间过长，约2s，然后备用电源投入，企业约有数秒钟的全停电时间。同理，当在6～10kV母线上发生短路时，变压器高压侧开关（QF3、QF4）定时过流动作时间约为1.5s，再加上人工控制电动打开QFⅡ，闭合QFⅠ，企业也有约十几秒钟的全停电时间。

2. 对于组合方式③或④

当在35kV母线上发生短路时，由于联络开关QFⅠ上未设保护，会导致QF1或者QF2跳闸，而备用电源因负荷侧短路不能投入，须人工控制电动打开QFⅠ，才能恢复供电，全企业停电至少十几秒钟。在6～10kV母线上发生短路也有类似情况。

3. 速断保护难以整定

6～10kV出线的速断保护按躲过线路末端最大三相短路电流整定，对于企业的大部分

高压电缆线路，其保护范围几乎为零。

（二）全桥接线、全分列运行

1. 方案一

保护设置与图 6-44 一样，正常时两个线路变压器组分别单独运行，任何一组发生短路时均能有选择性的跳闸，不影响另一组的正常供电，但在故障条件下运行时有以下不足。

（1）当电源Ⅰ故障或检修时，由电源Ⅱ担负两台主变压器的供电，此时若在 k35 点发生短路，因 QFⅠ未设保护，将使 QF2 跳闸造成全企业停电。

（2）当主变压器 T1 故障或检修时，企业负荷由 T2 负担，此时若在点 k66 处发生短路，因 QFⅡ未设保护将引起 QF4 跳闸而造成全企业停电。

2. 方案二

保护方案如图 6-45 所示，其中 35kV 进线开关 QF1、QF2 用限时速断作主保护，定时过流保护作后备保护，QFⅠ设置限时速断保护，QFⅡ设置瞬时速断保护。

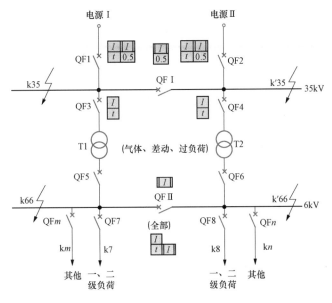

图 6-45 全桥接线、全分列运行的保护方案二

在正常运行时 QFⅠ、QFⅡ均处于分闸状态，因此所设保护不起作用，整个保护性能同方案一，且 35kV 级的短路保护增加了快速性。

该方案在系统故障运行时有以下不足。

（1）当电源Ⅰ故障或检修时由电源Ⅱ供电，QFⅠ合闸运行，此时若 k35 点发生短路，因 QF2 也设置了限时速断，故可能使 QFⅠ、QF2 同时动作，无选择地切除故障而造成全企业停电。

（2）当主变压器 T1 故障或检修时，由 T2 供电，此时若在 QF7 出口处发生短路（相当于 k66 处短路），就可能使 QFⅡ和 QF7 的瞬时速断同时动作，扩大停电范围。

二、过流保护系统优化方案

（一）运行方式的优化方案

在第一章第三节中已经确定，大中型企业 35kV 变电站的最佳运行方式为全分列运行，即 35kV 电源线路、主变压器、6～10kV 母线均为分列运行的方案。此时，QFⅠ、QFⅡ 都分闸运行。该方案无论从经济运行与节约设备初期投资的角度，还是从供电性能与过流保护设置的角度都优于一路（台）使用、一路（台）备用以及并联运行的方案。

全分列运行可作为企业 35kV 变电站的主要（正常）运行方式，它也能保证当检修需要或故障时转换成以下运行方式继续供电。

1. 故障情况一

电力调度需要一路 35kV 电源线路停运或线路检修或故障时，可转换为一条 35kV 线路运行，两台主变压器及 6～10kV 母线均分列运行的方式，此时 QFⅠ 合闸，QFⅡ 分闸（见图 6-45）。

2. 故障情况二

当一台主变压器检修或故障时，可转换为 35kV 线路变压器组运行，此时 QFⅡ 合闸运行，即 6～10kV 母线不分段运行，且有 4 种供电路线。

（1）QF1→QF3→T1→QF5→6～10kV 母线（QFⅠ 分闸）。

（2）QF1→QFⅠ→QF4→T2→QF6→6～10kV 母线（QFⅠ 合闸）。

（3）QF2→QF4→T2→QF6→6～10kV 母线（QFⅠ 分闸）。

（4）QF2→QFⅠ→QF3→T1→QF5→6～10kV 母线（QFⅠ 合闸）。

3. 故障情况三

当 6～10kV 母线有一段检修或故障时，可转换为 35kV 线路变压器组运行，此时 QFⅡ 分闸，且有两种供电方式。

（1）右段 6～10kV 母线停运。电源Ⅰ→QF1→QF3→T1→QF5→左段 6～10kV 母线或电源Ⅱ→QF2→QFⅠ→QF3→T1→QF5→左段 6～10kV 母线。

（2）左段 6～10kV 母线停运。电源Ⅰ→QF1→QFⅠ→QF4→T2→QF6→右段 6～10kV 母线或电源Ⅱ→QF2→QF4→T2→QF6→右段 6～10kV 母线。

（二）企业 35kV 变电站过流保护优化方案

针对图 2-13 的 35kV 变电站最佳过流保护系统如图 6-46 所示。上级地区变电站 35kV 出线断路器一般设瞬时速断和定时过流两段式保护，按常规方法整定，其定时过流的动作时限常为 2.5s 及以内，因此，本级 35kV 变电站的过流保护应与上级的动作时限相配合。在运行方式上，除要考虑正常的优化运行方式下满足对保护的基本要求外，还要考虑在故障运行条件下又发生短路故障时的保护。

（1）QFⅠ、QF1～QF2 上保护的设置与配合。该组 35kV 开关，QF1、QF2 为进线开关，QFⅠ 为联络开关（桥开关），其保护设置对于正常运行方式下 35kV 母线上的短路故障，应在 QF1、QF2 上设瞬时速断作为主保护，并设定时过流作为后备保护，再加上前后级的时限配合，可以满足选择性和快速性的要求，因而 QFⅠ 可以不设保护，但瞬时速断的动作电流不易与上级出线断路器上所设的瞬时速断相区别。对于故障运行，例如电源线路Ⅰ停运，由电源Ⅱ单独供电，QFⅠ 合闸运行，以下全分列的情况，此时若主变压器

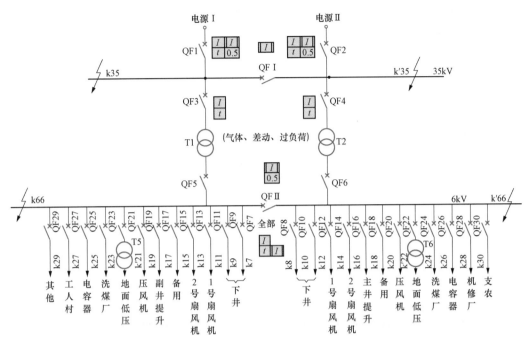

图 6-46　针对图 2-13 的 35kV 变电站最佳过流保护系统方案

T1 的高压侧或该侧母线发生短路，就可能引起 QF2 的瞬时速断保护动作跳闸，导致全企业停电。所以 QFⅠ也应设瞬时速断保护，该保护只在 QFⅠ合闸运行时起作用，即只针对故障运行的情况。为了保证故障运行时保护的选择性，应该是 QFⅠ先跳闸，所以应在 QF1、QF2 上改设限时速断和定时过流保护，定时过流保护的时限比上级定时过流短一个时限级差（0.3~0.5s）。

（2）QF3、QF4 上保护的设置与配合。这是两台主变压器高压侧的控制开关，对于大中型企业，其容量一般≥5600kVA，主保护采用差动保护和气体保护，但为了防止外部短路引起变压器绕组的过电流，并作为差动保护和气体保护的后备，还必须设置定时过流和过负荷保护。对于单侧电源的双绕组变压器，定时过流与过负荷保护装设在电源侧，保护动作时同时使变压器两侧的开关跳闸，其中定时过流的动作时间应比 QF1、QF2 短一个时限级差（0.3~0.5s）。为了避免重叠和增加时限配合的困难，QF5、QF6 可仅设差动保护。

（3）QF7~QFm 上保护的设置与配合。QF7~QFm 等各断路器，均用于控制保护6~10kV 馈出线，供电于终端负荷，故可按规定设置瞬时速断和定时过流两段式保护。但瞬时速断的动作电流若按常规方法整定，对于企业的 6~10kV 线路，保护范围就很短，有些情况下几乎为零。故应寻求新的实用的整定方法，可令瞬时速断作为主保护（保护全长），而定时过流为近后备保护。

（4）QFⅡ上保护的设置与配合。QFⅡ用作 6~10kV 母线分段开关，它的过流保护设置，主要是考虑故障运行的情况。如主变压器 T2 因故停运，由 T1 单独供电，QFⅡ合闸运行的情况。此时若 QFⅡ不设保护，则当 6kV 母线右段发生短路时，将使 3QF 跳闸而引起全企业停电，若设有保护，则此时 QFⅡ跳闸，切除右段母线，左段母线仍可继续供电，因此提高了供电系统的可靠性。为了与各 6～10kV 出线的瞬时速断保护相配合，QFⅡ 上可设置限时速断保护。

（三）最佳过流保护方案

总结以上分析，最佳过流保护方案如图 6-46 所示。该方案在正常全分列运行方式下的保护性能是令人满意的，下面分析在故障条件下，即在各种转换运行方式下的保护性能。

1. 故障情况一

电力调度需要一路电源停电、电源检修或故障停运时，全分列运行方式转换为：一条 35kV 电源线路运行，主变压器及 6～10kV 母线仍分列运行的方式。如电源Ⅱ停运，电源Ⅰ供电，QFⅠ 合闸运行的情况。若此时在 k′35 点发生短路，则 QFⅠ 瞬时速断动作，切除 35kV 右段母线，而 35kV 左段母线仍可正常运行。在这种情况下，尽管 QFⅡ 分闸运行，但 6～10kV 左段母线仍可为企业大部分负荷供电，不会影响安全与生产。若要恢复全面供电，只需使 QFⅡ 合闸运行即可。

2. 故障情况二

一台主变压器检修或故障停运时，全分列运行方式转换为 35kV 线路变压器组运行方式，此 QFⅡ 合闸运行，QFⅠ 则视电源与主变压器的搭配情况来决定其状态。

当在 QF1→QF3→T1→QF5→6～10kV 母线运行时，若 k′66 点发生短路，则 QFⅡ 的限时速断动作，切除 6～10kV 右段母线，左段仍正常供电。

当在 QF1→QFⅠ→QF4→T2→QF6→6～10kV 母线运行时，若 k66 点发生短路，同样 QFⅡ 的限时速断动作，切除 6～10kV 左段母线，右段仍正常供电。

3. 故障情况三

当 6～10kV 母线有一段因故停运时，全分列运行方式即转换为 35kV 线路变压器组运行，此时 QFⅡ 分闸运行。同样除了该运行母线故障或与该母线直联的变压器故障外，其余各处的短路，系统均有相应的断路器跳闸，以保证尽可能地不间断供电。应该指出，对于有些双重故障，引起全企业停电是在所难免的。

三、过流保护系统整定方法 （见图 6-46）

（一）QFⅠ、QF1、QF2 过流保护整定

1. QFⅠ 的瞬时速断

QFⅠ 主要保护 35kV 母线，而母线极短，故其保护范围必须与变压器差动保护范围交叉，并考虑在故障运行条件下发生短路时的选择性跳闸（先于 QF1、QF2 跳闸），所以其动作电流应按躲过 6～10kV 母线上最大三相短路电流来整定。即

$$I'_{op.I} = K_{co} I^{(3)}_{k66,max} \frac{U_{av2}}{U_{av1}} \tag{6-57}$$

式中　$I'_{op.I}$——QFⅠ 上瞬时速断一次动作电流，kA；

　　　K_{co}——可靠系数，取 1.15～1.25；

　　$I^{(3)}_{k66,max}$——6～10kV 母线上的最大三相短路电流，kA；

　　　U_{av2}——6～10kV 级平均电压，U_{av2}=6.3～10.5kV；

　　　U_{av1}——35kV 级平均电压，U_{av1}=37kV。

继电器动作电流
$$I'_{\text{op. rl}} = \frac{K_{\text{wc}} I'_{\text{op. I}} \times 10^3}{K_{\text{TA. I}}} \tag{6-58}$$

式中　$I'_{\text{op. rl}}$——QFI 瞬时速断的继电器动作电流，A；

　　　K_{wc}——接线系数，对于大中型企业 35kV 变电站，均为星形或不完全星形接法，故接线系数 $K_{\text{wc}} = 1$；

　　　$K_{\text{TA. I}}$——QFI 处所装电流互感器变比。

保护灵敏度按保护装置安装处的最小两相短路电流校验，即
$$K'_{\text{s. I}} = \frac{I_{\text{k35. min}}^{(2)}}{I'_{\text{op. I}}} \geqslant 1.5 \tag{6-59}$$

式中　$K'_{\text{s. I}}$——QFI 瞬时速断保护灵敏度；

　　　$I_{\text{k35. min}}^{(2)}$——35kV 母线上最小两相短路电流，kA。

2. QF1、QF2 的限时速断

该级限时速断主要考虑两个条件，一是要躲过企业正常最大工作电流（尖峰电流）$I_{l. \max}$，二是为了避免 6～10kV 母线短路时发生越级跳闸，也要躲过 $I_{\text{k66. max}}^{(3)}$，由于 $I_{l. \max}$ 必小于 $I_{\text{k66. max}}^{(3)}$，故该级限时速断的动作电流可取为 $I'_{\text{op. I}}$，即
$$I''_{\text{op. 1}} = I''_{\text{op. 2}} = I'_{\text{op. I}} \tag{6-60}$$

式中　$I''_{\text{op. 1}}$、$I''_{\text{op. 2}}$——QF1、QF2 上设置的限时速断一次动作电流，kA。

继电器动作电流
$$I''_{\text{op. rl}} = \frac{K_{\text{wc}} I''_{\text{op. 1}} \times 10^3}{K_{\text{TA. 1}}} \tag{6-61}$$

式中　$I''_{\text{op. rl}}$——QF1 处限时速断的继电器动作电流，A；

　　　$K_{\text{TA. 1}}$——QF1 处所装电流与互感器变比。

灵敏度用式（6-52）校验，动作时间取为 $t''_{\text{op. 1}} = 0.5\text{s}$。

3. QF1、QF2 的定时过流

其动作电流按正常方法整定，即躲过企业正常最大工作电流（尖峰电流）$I_{l. \max}$，因企业大容量高压电动机一般设有低电压保护，所以对主变压器来说，电动机的自启动系数 $K_{\text{st. T}}$ 较低，可取为 1.5 左右。故得一次动作电流
$$I_{\text{op. 1}} = I_{\text{op. 2}} = \frac{K_{\text{co}} K_{\text{st. T}} I_{\text{ca. 35}}}{K_{\text{re}}} = \frac{K_{\text{co}} K_{\text{st. T}} S_{\text{ca. 35}}}{\sqrt{3} U_{\text{N1}} K_{\text{re}}} \tag{6-62}$$

式中　$I_{\text{op. 1}}$——QF1 定时过流一次动作电流，kA；

　　　$K_{\text{st. T}}$——针对主变压器的电动机自启动系数，1.3～1.8；

　　　$I_{\text{ca. 35}}$——$\cos\varphi$ 补偿后矿井 35kV 母线上的计算电流，kA；

　　　K_{re}——继电器返回系数，$K_{\text{re}} = 0.85$；

　　　$S_{\text{ca. 35}}$——$\cos\varphi$ 补偿后企业总的视在功率，kVA；

　　　U_{N1}——企业电源电压，$U_{\text{N1}} = 35\text{kV}$。

继电器动作电流
$$I_{\text{op. rl}} = \frac{K_{\text{wc}} I_{\text{op. 1}} \times 10^3}{K_{\text{TA. 1}}} \tag{6-63}$$

动作时限
$$t_{\text{op. 1}} = t - \Delta t \tag{6-64}$$

式中　$t_{op.1}$——QF1 定时过流动作时间，s；

　　　t——上级定时过流动作时间，1.5～2.5s；

　　　Δt——时限级差，$\Delta t=0.5$s。

本级保护灵敏度

$$K_{s1} = \frac{I_{k35.\,min}^{(2)}}{I_{op.1}} \geqslant 1.5 \qquad (6-65)$$

后备保护灵敏度

$$K_{s1.\,h} = \frac{I_{k66.\,min}^{(2)} U_{av.2}}{\sqrt{3} I_{op.1} U_{av.1}} \geqslant 1.2 \qquad (6-66)$$

（二）QF3、QF4 过流保护整定

1. 定时过流

QF3、QF4 定时过流的保护范围，为保护到变电站 6～10kV 母线，由于供电系统按全分列运行，单台主变压器容量一般小于企业总计算容量，QF3、QF4 不可能流过企业的正常最大工作电流，故其动作电流可按躲过单台主变压器正常最大工作电流整定，即

$$I_{op.3} = I_{op.4} = \frac{K_{co} K_{st.T} I_{N1.T}}{K_{re}} = \frac{K_{co} K_{st.T} S_{N.T}}{\sqrt{3} U_{N1} K_{re}} \qquad (6-67)$$

继电器动作电流

$$I_{op.r3} = I_{op.4} = \frac{K_{wc} \times I_{op.3} \times 10^3}{K_{TA.3}} \qquad (6-68)$$

式中　$K_{TA.3}$——QF3 处所装设的电流互感器变比。

动作时限

$$t_{op.3} = t - 2\Delta t \qquad (6-69)$$

本级保护灵敏度

$$K_{s3} = \frac{I_{k66.\,min}^{(2)} U_{av.2}}{\sqrt{3} I_{op.3} U_{av.1}} \geqslant 1.5 \qquad (6-70)$$

后备保护灵敏度

$$K_{s3.\,h} = \frac{各 6\sim10kV\ 馈出线末端的\ I_{k.\,min}^{(2)} U_{av.2}}{\sqrt{3} I_{op.3} U_{av.1}} \geqslant 1.2 \qquad (6-71)$$

一般企业 35kV 主变压器的绕组连接组别为 YNd11 及保护装置为不完全星形接法，所以式（6-66）、式（6-70）、式（6-71）的分母中加有 $\sqrt{3}$，以将二次侧的两相短路电流换算到一次侧。

凡后备保护灵敏度不合要求的 6～10kV 馈出线，至少应设置近后备保护。

2. QF3、QF4 的过负荷保护

企业主变压器的过负荷大都是三相对称的，故过负荷保护可采用单电流互感器接继电器的方式，经过 10s 延时作用于信号，其动作电流按躲过变压器额定电流整定。即

$$I_{op.ol.3} = \frac{K_{ol} I_{N1.T}}{K_{re}} \qquad (6-72)$$

式中　$I_{op.ol.3}$——主变压器过负荷整定电流，kA；

　　　K_{ol}——过负荷系数，$K_{ol}=1.05$。

继电器动作电流

$$I_{\text{op. ol. r3}} = \frac{I_{\text{op. ol. 3}} \times 10^3}{K_{\text{TA. 3}}} \tag{6-73}$$

动作时间 $t_{\text{op. ol. 3}} = 10\text{s}$。

（三）各 6～10kV 馈出线的过流保护整定

各 6～10kV 馈出线断路器，如图 6-46 中的 QF7～QFn 等，按前面的分析，一律设置瞬时速断加定时过流的两段式保护，考虑企业 6～10kV 电网短距离电缆线路较多，瞬时速断若按常规方法整定，则保护范围几乎为零，故采用以瞬时速断为主保护（保护全长），以定时过流为近后备保护的方案，也就是瞬时速断应保证线路末端发生最小两相短路时能可靠动作，即以末端最小两相短路电流除以灵敏度 K_{s}（$K_{\text{s}} = 1.5$）来确定其动作电流，这种方法可称之为"逆向整定"。

这种整定方法，动作电流一定要躲过线路正常最大工作电流（尖峰电流），对于单台高压电动机，就是要躲过其启动电流，这一要求对于短电缆线路（$\leqslant 2\text{km}$）一般是自然满足的，对于 6～10kV 架空线路，只要距离不大于 2km，一般也能满足。

1. QF7～QFn 等开关的瞬时速断

$$I'_{\text{op. 7}} = \frac{I^{(2)}_{\text{k7. min}}}{K_{\text{s}}} = \frac{I^{(2)}_{\text{k7. min}}}{1.5} \tag{6-74}$$

式中　$I'_{\text{op. 7}}$——QF7 瞬时速断一次动作电流，kA；

$I^{(2)}_{\text{k7. min}}$——该回线路末端最小两相短路电流，对于直连于 6～10kV 母线的电容器组，可取为 $I^{(2)}_{\text{k. 66. min}}$，kA。

继电器动作电流

$$I'_{\text{op. r7}} = \frac{K_{\text{wc}} I'_{\text{op. 7}}}{K_{\text{TA. 7}}} \tag{6-75}$$

式中　$K_{\text{TA. 7}}$——QF7 处所装电流互感器变比。

2. QF7～QFn 等开关的定时过流

这类开关的定时过流分两种情况，若开关控制的是一组负荷（含变压器），则按常规方法整定，若开关控制的是单台高压设备，如主、副井绞车、主扇风机等，则按躲过其启动电流整定。计算公式为

$$I_{\text{op. x}} = \begin{cases} \dfrac{K_{\text{co}} K_{\text{st}} I_{\text{ca. x}}}{K_{\text{re}}} \\ 7 K_{\text{co}} I_{\text{ca. x}} \end{cases} \tag{6-76}$$

式中　$I_{\text{op. x}}$——某 6～10kV 出线开关定时过流一次动作电流，kA；

K_{st}——针对线路的电动机自启动系数，$K_{\text{st}} = 2～3.5$；

$I_{\text{ca. x}}$——线路计算电流，对于单台设备或同时投、切的电容器，取其额定电流，kA。

继电器动作电流

$$I_{\text{op. r. x}} = \frac{K_{\text{wc}} I_{\text{op. x}} \times 10^3}{K_{\text{TA. x}}} \tag{6-77}$$

动作时限

$$t_{\text{op. x}} = t - 3\Delta t \tag{6-78}$$

灵敏度

$$K_{s.x} = \frac{I_{k.x.min}^{(2)}}{I_{op.x}} \geqslant 1.5 \tag{6-79}$$

（四）QFⅡ过流保护整定

该级开关前面已确定设置限时速断保护，主要作为在系统故障运行情况下，切除又发生短路的某段6～10kV母线的保护，因此其动作电流可用6～10kV母线上最小两相短路电流除以灵敏度K_s（=1.5）来整定，其数值一般能躲过该开关的正常最大工作电流，即

$$I_{op.Ⅱ}'' = \frac{I_{k66.min}^{(2)}}{K_s} = \frac{I_{k66.min}^{(2)}}{1.5} \tag{6-80}$$

式中　$I_{op.Ⅱ}''$——QFⅡ上所设限时速断动作电流，kA。

继电器动作电流

$$I_{op.r.Ⅱ}'' = \frac{K_{wc}I_{op.Ⅱ}'' \times 10^3}{K_{TA.Ⅱ}} \tag{6-81}$$

式中　$K_{TA.Ⅱ}$——QFⅡ处电流互感器变比。

动作时限$t_{op.Ⅱ}''=0.5$s。

第八节　供电系统的微机保护

一、微机保护的特点

微机保护是指将微型机、微控制器等器件作为核心部件构成的继电保护。自从微型机引入继电保护以来，微机保护在利用故障分量方面取得了长足的进步，而且结合了自适应理论的自适应式微机保护也得到较大发展，同时，计算机通信和网络技术的发展及其在系统中的广泛应用，使得变电站和发电厂的集成控制、综合自动化更易实现。未来几年内，微机保护将朝着高可靠性、简便性、通用性、灵活性和网络化、智能化、模块化等方向发展，并可以与电子式互感器、光学互感器实现连接；同时，充分利用计算机的计算速度、数据处理能力、通信能力和硬件集成度不断提高等各方面的优势，结合模糊理论、自适应原理、行波原理、小波技术等，设计出性能更优良和维护工作量更少的微机保护设备。

1. 微机保护的优点

（1）调试维护方便。在微机保护应用之前，整流型或晶体管型继电保护装置的调试工作量很大，原因是这类保护装置都是布线逻辑的，保护的功能完全依赖硬件来实现。微机保护则不同，除了硬件外，各种复杂的功能均由相应的软件（程序）来实现。

（2）高可靠性。微机保护可对其硬件和软件连续自检，有极强的综合分析和判断能力。它能够自动检测出本身硬件的异常部分，配合多重化可以有效地防止拒动；同时，软件也具有自检功能，对输入的数据进行校错和纠错，即自动地识别和排除干扰，因此可靠性很高。目前，国内设计与制造的微机保护均按照国际标准的电磁兼容试验来考核，进一步保证了装置的可靠性。

（3）易于获得附加功能。常规保护装置的功能单一，仅限于保护功能，而微机保护装置除了提供常规保护功能外，还可以提供一些附加功能。例如，保护动作时间和各部分的

动作顺序记录，故障类型和相别及故障前后电压与电流的波形记录等。对于线路保护，还可以提供故障点的位置（测距），这将有助于运行部门对事故的分析和处理。另外，从电力系统的综合发展方向看，计算机和数字技术已成为电力系统运行的基础，测量、通信、遥测、控制等功能均以计算机作为基础。微机保护所具有的对外通信功能，使之成为该数字化环境不可缺少的一环。这些也是传统保护所无法比拟的。

（4）灵活性。由于微机保护的特性主要由软件决定，因此替换改变软件就可以改变保护的特性和功能，且软件可实现自适应性，依靠运行状态自动改变整定值和特性，从而可灵活地适应电力系统运行方式的变化。

（5）改善保护性能。微型机的应用可以采用一些新原理，解决一些常规保护难以解决的问题。例如，利用模糊识别原理判断振荡过程中的短路故障，对接地距离保护的允许过渡电阻的能力，大型变压器差动保护如何识别励磁涌流和内部故障，采用自适应原理改善保护的性能等。

（6）简便化、网络化。微机保护装置本身消耗功率低，降低了对电流、电压互感器的要求，而正在研究的数字式电流、电压互感器更易于实现与微机保护的接口。同时，微机保护具有完善的网络通信能力，可适应无人或少人值守的自动化变电站。

2. 微机保护的局限性

（1）硬件的更新换代。由于计算机技术日新月异，其硬件的应用周期相当短，这便造成对原有硬件的维护问题。传统保护有些可工作长达 30 年之久，只需妥善加以维护。而对微机保护，我们很难预见其类似的寿命周期。为节省投资，现有的折中办法是使计算机硬件模块化，每隔一定时间更新几个模块，使属于同一系列的计算机及其外围设备有较长时间的使用寿命。

（2）软件的不可移植性。在微机保护的开发过程中，涉及专利、价格等问题，软件设计无法公开；同时，一般微机保护应用的程序均采用汇编语言编制，但如 Fortran、C、Pascal 以及其他高级语言也可能采用。其结果是导致这些程序所产生的信息在不同类型的微机保护中难以传递，并导致大量接口电路的出现。

（3）微机保护的工作环境恶劣。变电站内极端的温度、湿度、污秽以及电磁干扰将使微机保护无法正常工作。制订微机保护的环境标准、增加适量投资以保证微机保护正常工作是必不可少的。

二、微机保护装置的硬件组成

微机保护装置实际上就是一台具有继电保护功能的微机系统，是一种依靠单片微机智能地实现保护功能的工业控制装置。因此，它具有一般微机系统的硬件结构。从功能上说，微机保护装置可以分为模拟量输入系统（或称数据采集系统）、微机主系统、开关量输入/输出系统、人机接口、通信接口以及电源6个部分，如图6-47所示。下面简要介绍各个部分的功用和特点。

1. 模拟量输入系统

数据采集系统包括电压形成、模拟低通滤波（ALF）、采样保持（S/H）、多路转换（MPX）以及模数转换（A/D）等功能块。模拟量输入系统的主要功能是采集由被保护设备的电流、电压互感器输入的模拟信号，将此信号经过滤波，然后转换为所需的数字量。

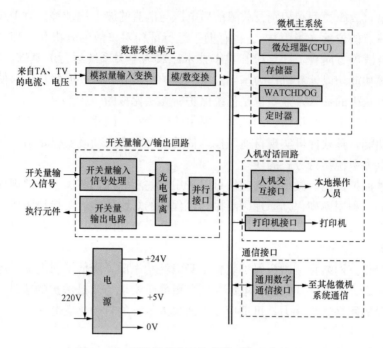

图 6-47 微机保护装置的硬件系统示意框图

2. 开关量输入/输出系统

开关量输入/输出系统由并行接口、光电耦合电路及有接点的中间继电器等组成，以完成各种保护的出口跳闸、信号指示及外部接点输入等工作。

3. 微机主系统

微机主系统包括微处理器（CPU）、只读存储器（ROM）或闪存单元（FLASH）、随机存取存储器（RAM）、定时器、并行接口以及串行接口等。微型机执行存放在只读存储器中的程序，将数据采集系统输入至 RAM 区的原始数据进行分析处理，完成各种继电保护的功能。

4. 人机接口

人机接口主要包括打印、显示、键盘、各种面板开关等，其主要功能用于人机对话，如调试、定值调整等。微机保护装置采用智能化人机界面使人机信息交换功能大为丰富，操作更为方便。

5. 通信接口

外部通信接口提供信息通道与变电站计算机局域网以及电力系统远程通信网相连，实现更高一级的信息管理和控制功能，如信息交互、数据共享、远方操作及远方维护等。

6. 电源部分

电源系统是保护装置可靠工作的基础，目前通常采用开关式逆变电源组件。

三、微机保护的软件构成

微机保护的程序由主程序与中断服务程序两大部分组成，在中断服务程序中有正常运行程序模块和故障处理程序模块。正常运行程序中进行取样值自动零漂调整及运行状态检查。运行状态检查包括互感器断线、开关位置状态检查、变化量制动电压形成、重合闸充电、准备手合判别等。不正常运行时发告警信号，信号分两种：一种是运行异常告警，这时不闭锁装置，提醒运行人员进行相应处理；另一种为闭锁告警信号，告警同时将装置闭锁，保护退出。

故障计算程序中进行各种保护的算法计算、跳闸逻辑判断以及事件报告、故障报告及波形的整理等。保护典型程序结构如图 6-48 所示。

(1) 主程序。

主程序按固定的取样周期接受取样中断进入取样程序，在取样程序中进行模拟量采集与滤波、开关量的采集、装置硬件自检、交流电流断线和启动判据的计算，根据是否满足启动条件而进入正常运行程序或故障计算程序。硬件自检内容包括 RAM、$E^2 PROM$、跳闸出口晶体管自检等。

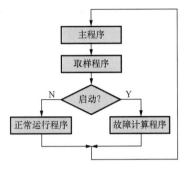

图 6-48 保护典型程序结构图

(2) 中断服务程序。

1) 故障处理程序。根据被保护设备的不同，保护的故障处理程序有所不同。对于线路保护来说，一般包括纵联保护、距离保护、零序保护、电压电流保护等处理程序。

2) 正常运行程序。正常运行程序包括开关位置检查、交流电压电流断线判断、交流回路零点调整等。

检查开关位置状态：三相无电流，同时断路器处于跳闸位置动作，则认为设备不在运行。线路有电流但断路器处于跳闸位置动作，或三相断路器位置不一致，经 10s 延时报断路器位置异常。

交流电压断线：交流电压断线时发 TV 断线异常信号。TV 断线信号动作的同时，将 TV 断线时会误动的保护（如带方向的距离保护等）退出，自动投入 TV 断线过流和 TV 断线零序过流保护或将带方向保护经过控制字的设置改为不经方向元件控制。三相电压正常后，经延时发 TV 断线信号复归。

交流电流断线：交流电流断线发 TA 断线异常信号。保护判出交流电流断线的同时，在装置总启动元件中不进行零序过流元件启动判别，且要退出某些会误动的保护，或将某些保护不经过方向控制。

电压、电流回路零点漂移调整：随着温度变化和环境条件的改变，电压、电流的零点可能会发生漂移，装置将自动跟踪零点的漂移。

(3) 微机型电流保护流程。

在微机电流保护中，可以将保护流程图设计为如图 6-49 所示。图 6-49 中只画出了系统程序流程和定时中断服务程序流程，其他中断方式的使用，可以根据实际应用情况予以综合考虑。

图 6-49 的左上方是程序入口。每当微机保护装置刚接通电源或有复位信号（RESET）后，微型机都要响应复位中断，它将从一个微型机规定的地址（称为复位向量地址）中，去提取第一条要执行的指令所存放的地址，或者去执行一条跳转指令，直接控制微型机跳转到程序入口。复位向量地址是微型机器件事先设计好的规定地址，编程人员无

法改变它，且复位向量地址必须存放在 ROM 或 FLASH 中，不能存放在 RAM 中，否则造成掉电丢失，无法在上电后让微型机按照设计的流程运行。这样，微型机都把所希望运行的程序入口地址存放在复位向量地址中，保证每次接通电源或 RESET 后，微型机都自动地进入程序的入口，随后按照编制的程序运行。

图 6-49 所示电流保护流程的工作过程如下所述。

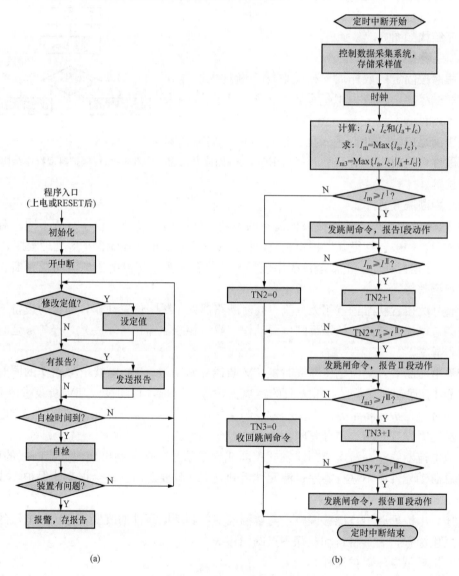

(a)　　　　　　　　　　　　(b)

图 6-49　电流保护流程图

(a) 系统程序；(b) 中断服务程序

（一）系统程序流程

（1）初始化。

1）对硬件电路所设计的可编程并行接口进行初始化。按电路设计的输入和输出要求，设置每一个端口用作输入还是输出，用于输出的还要赋予初值。

2）读取所有开关量输入的状态，并将其保存在规定的 RAM 或 FLASH 地址单元内，以备以后在自检循环时，不断监视开关量输入是否有变化。

3）对装置的软、硬件进行一次全面的自检，包括 RAM、FLASH 或 ROM、各开关量输出通道、程序和定值等，保证装置在投入使用时处于完好的状态。这一次全面自检不包括对数据采集系统的自检，因为它尚未工作。对数据采集系统的检测安排在中断服务程序中。当然，只要在自检中发现有异常情况，就发出告警信号，并停止保护程序的运行。

4）在经过全面自检后，应将所有标志字清零，因为每一个标志代表了一个"软件继电器"和逻辑状态，这些标志将控制程序流程的走向。一般情况下，还应将存放采样值的循环寄存器进行清零。

5）进行数据采集系统的初始化，包括循环寄存器存数指针 POINT 的初始化、设计定时器的采样间隔等。

（2）经过初始化和自检后，表明微型机的准备工作已经全部就绪，此时，开放中断，将数据采集系统投入工作，于是，可编程的定时器将按照初始化程序规定的采样间隔 T_s 不断地发出采样脉冲，控制各模拟量通道的采样和 A/D 转换，并在每一次采样脉冲的下降沿（也可以是其他方式）向微型机请求中断。应该做到，只要微机保护不退出工作、装置无异常状况，就要不断地发出采样脉冲，实时地监视和获取电力系统的采样信号。

（3）系统程序进入一个自检循环回路，它除了分时地对装置各部分软、硬件进行自动检测外，还包括人机对话、定值显示和修改、通信以及报文发送等功能。将这些不需要完全实时响应的功能安排在这里执行，是为了尽量少占用中断的时间，保证继电保护的功能可以更实时地运行。当然，在软、硬件自检的过程中，一旦发现异常情况，就应当发出信号和报文，如果异常情况会危及保护的安全性和可靠性，则立即停止保护工作。

应当指出，从保护启动到复归之前的过程中，应当退出相关的自检功能，尤其应当退出出口跳闸回路的自检，以免影响安全性和可靠性。另外，定值的修改应先在缓冲单元进行，等全部定值修改完毕后，再更换定值，避免在保护运行中，出现一部分是修改前的定值，另一部分是修改后的定值。

在微型机开中断后，每间隔一个 T_s，定时器就会发出一个采样脉冲，随即产生中断请求，于是微型机先暂停一下系统程序的流程，转而执行一次中断服务程序，以保证对输入模拟量的实时采集，同时，实时地运行一次继电保护的相关功能。因此，在开中断后，微型机实际上是交替地执行系统程序和中断服务程序。

（二）中断服务程序流程

（1）控制数据采集系统，将各模拟输入量的信号转换成数字量的采样值，然后存入 RAM 区的循环寄存器中。

（2）时钟计时功能。

（3）计算保护功能中用到的所有测量值，如电流、电压、序分量和方向元件等。

（4）将测量电流与Ⅰ段电流定值进行比较。如果测量电流大于Ⅰ段定值，则立即控制出口回路，发出跳闸命令和动作信号，同时保存Ⅰ段动作信息，用于记录、显示、查询和上传。一般情况下，可将动作信息存入 FLASH 内存中，避免掉电丢失。

（5）在电流Ⅰ段的功能之后，执行电流Ⅱ段的功能。当Ⅱ段电流元件持续动作到 t^{II} 时，立即发出跳闸命令。在电流Ⅱ段的逻辑中，需要用到延时的功能，在此，采用计数器

TN2 的计数值结合采样间隔计时为 $TN2 \times T_s$，此计时与Ⅱ段延时 $t^{Ⅱ}$ 进行比较，从而判断"时间继电器"是否满足动作条件。

（6）电流Ⅲ段的功能、逻辑和比较过程均与电流Ⅱ段相似，仅仅是电流测量元件中，考虑了第三相电流的合成，用以提高第Ⅲ段电流保护的灵敏度。

（7）当Ⅰ、Ⅱ、Ⅲ段的电流测量元件都不动作时，再控制出口回路，使出口继电器处于都不动作状态，达到收回跳闸命令的目的。

第九节 设 计 计 算 实 例

本节根据前五章设计计算实例的结果，利用例 6-4 的求解过程，来说明企业 35/(6～10)kV 变电站过流保护系统的设置整定计算。

例 6-4 根据第二、三、四、五章中例 2-10、例 3-4、例 4-4、例 5-4 的设计计算结果，试对该矿 35/6kV 地面变电站的过流保护系统进行设置与整定计算。

解题思路

矿山地面 35kV 终端变电站是一级用电户，是高压开关与电器的密集区，并且运行方式多种多样，各开关互相交错，保护范围很短，故对变电站各级过流保护装置的设置与整定造成较大困难。本章第七节已介绍了如图 6-46 所示的最佳过流保护系统及整定方法，本例可按该整定规则用以下 6 步求解。

（1）已知数据归纳与列表。

（2）QFⅠ、QF1、QF2 过流保护整定。

（3）QF3、QF4 过流保护整定。

（4）各 6kV 馈出线的过流保护整定。

（5）QFⅡ 过流保护整定。

（6）过流保护系统整定结果列表。

解 （一）已知数据归纳与列表

根据前五章设计计算实例的结果，可得出如表 6-3 所示的已知参数详表。

表 6-3　　　　90 万 t/年矿井 35kV 变电站过流保护系统整定已知参数详表

序号	开关代号	设备组名称	短路参数			线路计算负荷	电流互感器变比	负荷组结构
			短路点	$I_{k.max}^{(3)}$(kA)	$I_{k.min}^{(2)}$(kA)	S_{ca}(kVA)	K_{TA}	单台 Y
								多台 X
1	QF1、2	35kV 进线	k35	5.03	3.30	8882	300/5	X
2	QFⅠ	35kV 联络	k35	5.03	3.30	8882	300/5	X
3	QF3、4	主变高压	k35	5.03	3.30	8882	300/5	X
4	QFⅡ	6kV 联络	k66	8.65	6.84	8636	1250/5	X
5	QF7～10	下井电缆	k7	7.70	6.15	4627	300/5	X
6	QF11、12	1号扇风机	k11	3.56	2.97	722	150/5	Y
7	QF13、14	2号扇风机	k13	3.56	2.97	722	150/5	Y

序号	开关代号	设备组名称	短路参数			线路计算负荷	电流互感器变比	负荷组结构
			短路点	$I_{k.\,max}^{(3)}$ (kA)	$I_{k\,min}^{(2)}$ (kA)	S_{ca} (kVA)	K_{TA}	单台 Y
								多台 X
8	QF16	主井提升	k16	8.21	6.53	1118	150/5	Y
9	QF17	副井提升	k17	8.33	6.61	706	150/5	Y
10	QF19、20	压风机	k19	8.09	6.44	465	150/5	X
11	QF21、22	地面低压	k'21	1.37	1.17	802	150/5	X
12	QF23、24	洗煤厂	k23	6.02	4.89	884	150/5	X
13	QF25、26	电容器	k25	8.65	6.84	1620/2	150/5	X
14	QF27	工人村	k27	2.98	2.50	429	100/5	X
15	QF28	机修厂	k28	8.33	6.61	643	150/5	X
16	QF30	支农	k30	2.42	2.05	317	100/5	X
17	高压下井电缆型号根数，MYJV42-6		C_n			4（根）		
18	上级 35kV 出线定时过流时限，		t			2.5（s）		
19	矿井 6kV 补偿电容器总容量，		Q_c			1620（kvar）		
20	主变压器型号容量，SZ13-35/6.3kV		$S_{N.T}$			10000（kVA）		

注　1. 各开关代号与短路点编号可同时参阅图 2 - 13、图 6 - 44 比照确认。

　　2. k7～k30（除 k'21）各短路点的位置为图 2 - 13 中各 6kV 出线的末端。

　　3. 地面低压的短路电流为变压器低压侧短路折算至 6kV 的值。

（二）QFI、QF1、QF2 过流保护整定

1. QFI 的瞬时速断

动作电流按躲过 6kV 母线上最大三相短路电流来整定。即用式（6 - 57）计算

$$I'_{op.1} = K_{co} I_{k66.\,max}^{(3)} \frac{U_{av2}}{U_{av1}} = 1.2 \times 8.65 \times \frac{6.3}{37} = 1.77(\text{kA})$$

保护灵敏度按保护装置安装处的最小两相短路电流校验，即用式（6 - 59）校验

$$K'_{s.1} = \frac{I_{k35.\,min}^{(2)}}{I'_{op.I}} = \frac{3.3}{1.77} = 1.86 \geqslant 1.5$$

合格。

2. QF1、QF2 的限时速断

该级限时速断的动作电流按式（6 - 60）可取为 $I'_{op.I}$，即

$$I''_{op.1} = I''_{op.2} = I'_{op.I} = 1.77(\text{kA})$$

灵敏度用式（6 - 59）校验，即

$$K'_{s.1} = \frac{I_{k35.\,min}^{(2)}}{I'_{op.1}} = \frac{3.3}{1.77} = 1.86 \geqslant 1.5$$

合格。

动作时间取为 $t''_{op.1} = 0.5\text{s}$。

3. QF1、QF2 的定时过流

动作电流按躲过企业正常最大工作电流整定，即按式（6-62）计算

$$I_{op.1} = I_{op.2} = \frac{K_{co}K_{st.T}I_{ca.35}}{K_{re}} = \frac{K_{co}K_{st.T}S_{ca.35}}{\sqrt{3}U_{N1}K_{re}}$$

$$= \frac{1.2 \times 1.5 \times 8882}{1.732 \times 35 \times 0.85} = 0.31(kA)$$

动作时限　　　　　$t_{op.1} = t - \Delta t = 2.5 - 0.5 = 2(s)$

本级保护灵敏度按式（6-65）计算

$$K_{s.1} = \frac{I_{k35.min}^{(2)}}{I_{op.1}} = \frac{3.3}{0.31} = 10.6 \geqslant 1.5$$

合格。

后备保护灵敏度按式（6-66）计算

$$K_{s1.h} = \frac{I_{k66.min}^{(2)}U_{av.2}}{\sqrt{3}I_{op.1}U_{av.1}} = \frac{6.84 \times 6.3}{1.732 \times 0.31 \times 37} = 2.2 \geqslant 1.2$$

合格。

（三）QF3、QF4 过流保护整定

1. 定时过流

对于全分列运行方式，其动作电流可按躲过单台主变压器正常最大工作电流整定。即按式（6-67）计算

$$I_{op.3} = I_{op.4} = \frac{K_{co}K_{st.T}S_{N.T}}{\sqrt{3}U_{N1}K_{re}} = \frac{1.2 \times 1.5 \times 10000}{1.732 \times 37 \times 0.85} = 0.33(kA)$$

动作时限　　　　　$t_{op.3} = t - 2\Delta t = 2.5 - 2 \times 0.5 = 1.5(s)$

本级保护灵敏度按式（6-70）计算

$$K_{s.3} = \frac{I_{k66.min}^{(2)}U_{av.2}}{\sqrt{3}I_{op.3}U_{av.1}} = \frac{6.84 \times 6.3}{1.732 \times 0.33 \times 37} = 2 \geqslant 1.5$$

合格。

后备保护灵敏度用式（6-71）计算

$$K_{s3.h} = \frac{I_{k.min}^{(2)}U_{av.2}}{\sqrt{3}I_{op.3}U_{av.1}} = \frac{2.97 \times 6.3}{1.732 \times 0.33 \times 37} = 0.88 \leqslant 1.2$$

上式表明，凡 $I_{k.min}^{(2)} \leqslant 2.97kA$ 的 6kV 出线应设置近后备保护。

2. QF3、QF4 的过负荷保护

主变压器过负荷保护动作电流按躲过其额定电流整定。即按式（6-72）计算

$$I''_{op.ol.3} = \frac{K_{ol}I_{N1.T}}{K_{re}} = \frac{1.05 \times 10000}{1.732 \times 35 \times 0.85} = 0.204(kA)$$

动作时间 $t''_{op.ol.3}$ 取为 10s。

（四）各 6kV 馈出线的过流保护整定

各 6kV 馈出线断路器，一律设置瞬时速断加定时过流的两段式保护，并以瞬时速断为主保护，以定时过流为近后备保护，瞬时速断采用"逆向整定"法。

1. QF7～30 等开关的瞬时速断

$$I'_{\text{op.7}} = \frac{I^{(2)}_{\text{k7.min}}}{K_s} = \frac{I^{(2)}_{\text{k7.min}}}{1.5} = \frac{6.15}{1.5} = 4.1(\text{kA})$$

其余各 6kV 出线开关的瞬时速断可用类似方法求出，其结果列于表 6-4 中。

2. QF7～30 等开关的定时过流

$$I_{\text{op.7}} = \frac{K_{\text{co}}K_{\text{st}}I_{\text{ca.7}}}{K_{\text{re}}} = \frac{1.2 \times 2.5 \times 200}{0.85} = 0.706(\text{kA})$$

上式 $I_{\text{ca.7}}$ 取为 200A 来自例 5-4 中选定的单根下井电缆长时允许负荷电流。

动作时限

$$t_{\text{op.7}} = t - 3\Delta t = 2.5 - 3 \times 0.5 = 1(\text{s})$$

灵敏度

$$K_{\text{s.7}} = \frac{I^{(2)}_{\text{k.7min}}}{I_{\text{op.7}}} = \frac{6.15}{0.706} = 8.7 \geqslant 1.2$$

合格。

其余各 6kV 出线开关的定时过流可用类似方法求出，其结果如表 6-4 所示。

（五）QFⅡ过流保护整定

该级开关设置限时速断保护，主要作为在系统故障运行情况下，切除又发生短路的某段 6～10kV 母线的保护，因此其动作电流可用 6～10kV 母线上最小两相短路电流除以灵敏度 K_s（=1.5）来整定。即

$$I''_{\text{op.Ⅱ}} = \frac{I^{(2)}_{\text{k66.min}}}{K_s} = \frac{I^{(2)}_{\text{k66.min}}}{1.5} = \frac{6.84}{1.5} = 4.56(\text{kA})$$

动作时限 $t''_{\text{op.Ⅱ}}$ 取为 0.5s。

（六）过流保护系统整定结果列表

将以上整定计算结果归纳分类，可得到该例所列矿井 35/6kV 变电站过流保护系统整定结果如表 6-4 所示。

表 6-4　　　　例 6-4 所列矿井 35/6kV 变电站过流保护系统整定结果详表

序号	开关代号	限时速断			瞬时速断		定时过流			
		一次电流	时限	灵敏度	一次电流	灵敏度	一次电流	时限	灵敏度	后备灵敏度
		I''_{op}(kA)	t''_{op}(s)	K''_l	I'_{op}(kA)	K'_s	I_{op}(kA)	t_{op}(s)	K_s	$K_{s.h}$
1	QF1、2	1.77	0.5				0.31	2.0	10.6	2.2
2	QFⅠ				1.77	1.86				
3*	QF3、4	0.204	10				0.33	1.5	2.0	0.35～2
4	QFⅡ	4.56	0.5							
5	QF7				4.1	1.5	0.706	1.0	8.7	
6	QF11				1.98	1.5	0.475	1	6.3	
7	QF13				1.98	1.5	0.475	1	6.3	
8	QF16				4.35	1.5	0.742	1	8.8	
9	QF17				4.41	1.5	0.468	1	14.1	
10	QF19				4.3	1.5	0.181	1	35.6	
11	QF21				1.17	1.5	0.222	1	5.3	

续表

序号	开关代号	限 时 速 断			瞬 时 速 断		定 时 过 流			
		一次电流	时限	灵敏度	一次电流	灵敏度	一次电流	时限	灵敏度	后备灵敏度
		I''_{op}(kA)	t''_{op}(s)	K''_l	I'_{op}(kA)	K'_s	I_{op}(kA)	t_{op}(s)	K_s	$K_{s.h}$
12	QF23				3.26	1.5	0.243	1	20.1	
13	QF25				4.56	1.5	0.311	1	22.0	
14	QF27				1.67	1.5	0.120	1	20.8	
15	QF28				4.41	1.5	0.177	1	37.3	
16	QF30				1.37	1.5	0.087	1	23.4	

* 该行限时速断列中记录过负荷动作电流及时限。

解后

（1）本例整定的一次动作电流均保留小数点后多位，工程实际中需计算出二次动作电流以 A 为单位保留小数点后一位。

（2）本例可靠性系数一律取 1.2。继电器返回系数一律取 0.85。6kV 出线定时过流整定中自启动系数对于经变压器的负荷取为 2.5。对于多台高压电动机负荷取为 3.5（如压风机）。对于单台高压电动机取为 6（如扇风机等）。

（3）供电设计计算中系数值的选取需要一定的设计经验和查阅有关电气设计手册，综合考虑各种因素与保护之间的配合，才能合理地确定。

习题与思考题

6-1 对继电保护的基本要求是什么？它们之间有何联系？

6-2 为什么反映参数增加的继电器其返回系数 K_{re} 总是小于 1，而反映参数减小 K_{re} 总是大于 1？

6-3 试分析三种电流保护接线的适用范围及优缺点。

6-4 无时限电流速断保护怎样实现选择性？有时限的电流保护怎样实现选择性？

6-5 电网的短路保护方式：定时限过流、电流速断、反时限过流、电流电压连锁速断、三段式保护等。试用 4 条基本要求衡量每种保护的优缺点，列表进行比较。

6-6 试述中性点不接地系统中的绝缘监视装置的接线原理，并说明在①系统正常运行时，②系统 A 相单相接地时，各个电压表的读数及其变化。

6-7 电力变压器通常需要装设哪些继电保护装置？它们的保护范围如何划分的？

6-8 电力变压器的气体保护与纵差动保护的作用有何区别？若变压器内部发生故障，两种保护是否都会动作？

6-9 高压异步或同步电动机应装设什么继电保护？其作用是什么？

6-10 某矿供电系统如图 6-50 所示。井下保护为瞬时速断，下井出线为定时限保护，变压器采用速断与过流保护，区域变电站 35kV 出线为三段式电流保护。

变压器容量为 10000kVA，35/6.3kV，Yd11 接线。系统的短路参数如表 6-5 所示。其中保护 C 为不完全星形接线，其余保护均为完全星形接线。

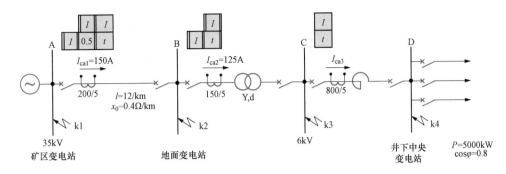

图 6 - 50　习题 6 - 10 的系统图

表 6 - 5　　　　　　　　　　习题 6 - 10 的短路电流参数表

短路点	k1		k2		k3		k4	
运行方式	最大	最小	最大	最小	最大	最小	最大	最小
35kV，$I_k^{(3)}$ (kA)	21.6	10.37	3.69	3.14	1.2	1.1	0.78	0.74
6kV，$I_k^{(3)}$ (kA)							4.58	4.37

试确定 A、B、C 各级保护中各段保护的整定电流和动作时限，并校验保护的灵敏度。

6 - 11　一台 6kV、1000kW 电动机拖动一级负荷，需要自启动，并要求无压释放。电动机参数为 $\cos\varphi=0.86$，启动电流倍数 $K_{st}=6$，最大转矩倍数 $m=2.0$。保护设置如下。

(1) 用 GL-L2/5 感应型电流继电器完成电流速断与过负荷保护，采用不完全星形接线，电流互感器变比 $K_{TA}=200/5$。

(2) 用 DJ-122A 型电压继电器完成低电压保护，采用完全星形接线，电压互感器变比 $K_{TV}=6000/100$，继电器动作电压整定范围为 $40\sim160V$。

已知该电动机出口处最小三相短路电流，$I_{k.min}^{(3)}=3kA$，启动时间 $t_{st}\leqslant12s$。试对该电动机的保护装置进行整定计算，并从如图 6 - 51 所示的特性曲线中定出 GL-12/5 型继电器针对该电动机的动作特性曲线。

6 - 12　已知 SF7 型变压器的容量为 10000kVA，$35\pm2\times2.5\%/6.3kV$，Yd11 接线。最大运行方式下，35kV 侧三相短路电流 $I_{k1.min}^{(3)}=5.04kA$，6.3kV 侧三相短路电流 $I_{k2.min}^{(3)}=8.65kA$。最小运行方式下，35kV 侧三相短路电流 $I_{k1.min}^{(3)}=3.3kA$，6.3kV 侧三相短路电流 $I_{k2.min}^{(3)}=6.84kA$。试作该变压器的 BCH-2 差动保护整定计算。

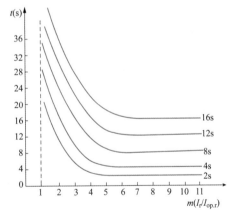

图 6 - 51　GL-12/5 型继电器动作特性曲线

第七章 过电压及其保护

一切对电气设备绝缘有危害的电压升高，统称为过电压。在供电系统中，过电压按其产生的原因不同，通常分为两类：内部过电压与大气过电压。本章主要讨论过电压的一般规律及其危害，并介绍相关的防护措施。

第一节 外 部 过 电 压

外部过电压指供电系统内的电气设备和建筑物受大气直接雷击或雷电感应而产生的过电压。由于引起这种过电压的能量来源于外界，又称为大气过电压。大气过电压在供电系统中所形成的雷电冲击电流，其幅值可高达几十万安，产生的雷电冲击电压幅值经常为几十万伏，甚至最高可达百万伏，故破坏性极大。

一、雷电现象

大气过电压是由雷云放电产生的，最常见的雷云有热雷云和锋面雷云两种。垂直上升的湿热气流升至 2～5km 高空时，湿热气流中的水分逐渐凝结成浮悬的小水滴，小水滴越聚越多形成大面积的乌黑色积云。若此类积云由于某种原因而带电荷则称为热雷云。此外，水平移动的气流因温度不同，当冷、热气团相遇时，冷气团的比重较大，推举热气团上升。在它们广泛的交界面上，热气团中的水分突然受冷凝结成小水滴及冰晶而形成翻腾的积云，此类积云如带电荷称为锋面雷云。一般情况，锋面雷云波及的范围比热雷云大得多，可能有几千米甚至十几千米宽的大范围地区，流动的速度可高达 100～200km/h。因此，它所形成的雷电危害性也较大。

雷云放电的过程叫雷电现象。当雷云中的电荷逐渐聚集增加使其电场强度达到一定程度时，周围空气的绝缘性能就被破坏，于是正雷云对负雷云之间或者雷云对地之间，就会发生强烈的放电现象。其中尤以雷云对地放电（直接雷击）对地表的供电网络和建筑物的破坏性最大。

雷云对地之间的电位是很高的，它对大地有静电感应。此时雷云下面的大地感应出异号的电荷，二者间构成了一个巨大的空间电容器。雷云中或在雷云对地之间，电场强度各处不一样。当雷云中任一电荷聚集中心处的电场强度达到 25～30kV/cm 时，空气开始游离，成为导电性的通道，叫做雷电先导。雷电先导进展到离地面在 100～300m 高度时，地面受感应而聚集的异号电荷更加集中，特别是易于聚集在较突起或较高的地面突出物上，于是形成了迎雷先导，向空中的雷电先导快速接近。当二者接触时，这时地面的异号电荷经过迎雷先导通道与雷电先导通道中的电荷发生强烈的中和，出现极大的电流并发出光和声，这就是雷电的主放电阶段。主放电阶段存在的时间极短，一般为 $50\sim100\mu s$，电流可达数十万安。主放电阶段结束后，雷云中的残余电荷继续经放电通道入地，称为余辉阶段。余辉电流为 $100\sim1000A$，持续时间一般为 $0.03\sim0.15s$。雷云放电波形图如图 7-1 所示。

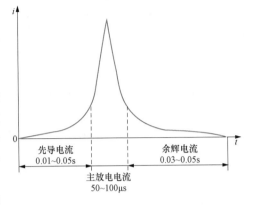

图 7-1 雷云放电波形图

由于雷云中可能同时存在着几个电荷聚集中心，所以第一个电荷聚集中心完成对地的放电后，紧接着第二个、第三个电荷聚集中心也可能沿第一次放电通道再次中和放电。因此雷云放电经常出现多重性，常见的为 $2\sim3$ 次，每次的放电间隔时间从几百微秒到几百毫秒不等，放电电流都比第一次小得多，且逐次减小。

雷电对电力系统而言，是一种极大的威胁。据我国原电力工业部的雷击事故统计数字，雷电事故平均占电力系统所有事故的 15.7%（不包括配电网路）。

二、雷电参数

雷电参数是多次观测所得到的统计数据，常用的几种雷电参数有以下 4 种。

1. 通道的波阻抗

主放电时的雷电通道，是充满离子的导体，可看成和普通导线一样，对雷电流呈现一定的阻抗，此时雷电压波与电流波幅值之比（U_m/I_m）称为雷电流通道的波阻抗 Z_0。在防雷设计时，通常取 Z_0 等于 300Ω。

2. 雷电流幅值

在相同条件下，被击物的接地电阻不同，电流值也各异。为了便于互相比较，将接地电阻小于 30Ω 的物体，遭到直接雷击时产生的电流最大值，叫雷电流幅值。根据实测，我国东北、华东、中南、西南的年平均雷电日大于 20 的一般地区，其雷电流幅值概率 P 的计算式为

$$P = 10^{-\frac{I_m}{108}} \tag{7-1}$$

即雷电流幅值为 108kA 的概率为 10%，其概率曲线如图 7-2 所示。

对雷电活动较弱的西北部分地区，雷电流幅值概率可减半计算，即

$$P' = 10^{-\frac{I_m}{54}} \tag{7-2}$$

此时 $P' = P^2$。

3. 雷电流的波形与陡度

雷电流是一种冲击波，其幅值和陡度随各次放电条件而异，一般幅值大的陡度也大。幅值和最大陡度都出现在波头部分，故防雷设计只考虑波头部分。实测得到的雷电波头近似半余弦曲线，雷电流波形图如图 7-3 所示。

$$i = \frac{I_m}{2}(1 - \cos\omega t) \tag{7-3}$$

式中　ω——角速度 ω 由波头时间 τ_1 决定。

雷电波的特征用电流（电压）幅值（kA 或 kV）、波头时间 $\tau_1(\mu s)$、波长 $\tau_2(\mu s)$ 表示。τ_1 是指雷电流由零开始升到最大幅值的时间，一般为 $1\sim 4\mu s$。τ_2 是雷电流由开始到波尾部分降至最大幅值的一半时所经过的时间，一般为 $40\sim 50\mu s$，并用 $\pm$ 号表示其极性。雷电流波头部分上升速度称雷电流陡度，分为最大陡度 α_{max} 与平均陡度 α_{av}，分别为

$$\alpha_{max} = \frac{di}{dt}\bigg|_{max} = \frac{d\left[\frac{I_m}{2}(1-\cos\omega t)\right]}{dt} = \frac{I_m}{2}\omega\sin\omega t$$

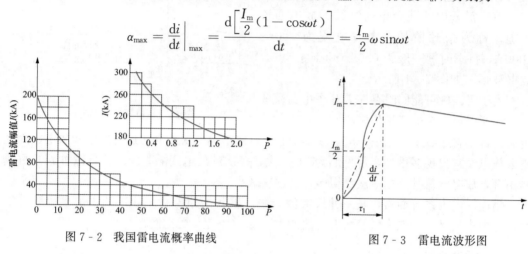

图 7 - 2　我国雷电流概率曲线　　　　　　　图 7 - 3　雷电流波形图

最大陡度发生在波头中间，此时 $\omega t = \frac{\pi}{2}$，故

$$\alpha_{max} = \frac{I_m\omega}{2} \tag{7-4}$$

$$\alpha_{av} = \frac{di}{dt}\bigg|_{av} = \frac{I_m}{\tau_1} = \frac{I_m}{\pi/\omega} = \frac{I_m}{\pi}\omega \tag{7-5}$$

式中　τ_1——$\tau_1 = \pi/\omega$，因为 $i = I_m$ 时，$\omega t = \pi$，则 $t = \tau_1 = \pi/\omega$。故雷电流最大陡度为平均陡度的 $\pi/2$ 倍。

在我国的防雷设计中，取 $\tau_1 = 2.6\mu s$，故雷电流的平均陡度为

$$\alpha_{av} = \frac{di}{dt}\bigg|_{av} = \frac{I_m}{2.6}(kA/\mu s) \tag{7-6}$$

4. 雷电日（或小时）

雷电日（小时）是指一年中有雷电活动的天（小时）数，用它表示雷电活动的强度。

我国地域辽阔，雷电日（小时）的多少和纬度有关。北回归线（北纬 23.5°）以南一般在 $80\sim 133$ 个，北纬 23.5°到长江流域一带为 $40\sim 80$ 个，长江以北大部分地区和东北地区多在 $20\sim 40$ 个之间，西北地区最弱，大多为 10 个左右甚至更少。我国规定平均雷电日不超过 15 个的地区叫少雷区，超过 40 个的地区叫多雷区。在防雷设计上，要根据雷电日数的多少来选取相关参数。

第二节　内部过电压

内部过电压指供电系统内能量的转化或传递所产生的电网电压升高。内部过电压的能

量来源于电网本身，其大小与系统容量、结构、参数、中性点接地方式、断路器性能、操作方式等因素有关。内部过电压按其产生的原因不同，可分为由操作开关引起的操作过电压，由间歇性接地电弧产生的电弧接地过电压以及系统中的电路参数（L、C）在一定条件下发生谐振而引起的谐振过电压等。

一、操作过电压

在电力系统中，由于断路器的正常操作，使电网运行状态突然变化，导致系统内部电感和电容之间电磁能量的相互转换，造成振荡，因而在某些设备或局部电网上出现过电压，这种过电压称为操作过电压。

1. 截流过电压

当真空断路器或其他类型的断路器断开电路时，在电流接近自然零点以前，由于电弧不稳定，突然提前熄灭的现象称作截流，在此瞬间的电流值称作截流值。由于电流突然截止，在感性负荷上将产生异常过电压，过电压值与电路波阻抗（中频下的阻抗）成正比，与负荷功率因数成反比。产生截流过电压最严重的情况是断开刚启动的电动机，因此时功率因数最低，或断开空载变压器，因其波阻抗大，功率因数也低。

图 7 - 4（a）是变压器，图 7 - 4（b）是切除空载变压器的等值电路。

如果断路器 QF 在电流为 i_0 时断开，此时存储在电感的能量（主要是变压器上）为

$$W_L = \frac{1}{2}L_m i_0^2$$

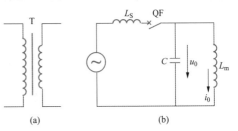

图 7 - 4　切除空载变压器的等值电路
(a) 变压器；(b) 等值电路

式中　W_L——存储在电感的能量，J；

　　　L_m——变压器的激磁电感，H；

　　　i_0——截止电流值，A。

空载变压器电流 i_0 虽然只有正常满载电流的 $0.5\%\sim2.0\%$，由于电感 L_m 很高，能量是相当可观的。如果该系统是纯粹的无损耗系统，这时变压器磁场的能量全部转换为电容电场能量。设图 7 - 4（b）中的 C 为开关电器侧的电网电容，且 C 为已知值，就可计算 C 的充电电压，因

$$\frac{1}{2}CU^2 = \frac{1}{2}L_m I_0^2 \tag{7 - 7}$$

故得
$$U = I_0\sqrt{L_m/C} \tag{7 - 8}$$

在电网充电之后，电容上保持的能量将反馈到电感上。这种传递与反馈作用将引起系统振荡。实际系统必定有损耗，因此，其阻尼作用使系统在短时之后停止振荡。图 7 - 5 所示为切除空载变压器出现截流时的过电压波形图。

从式（7 - 8）可以看出，过电压的大小与变压器绕组的电感 L_m 成正比，与电网电容 C 成反比，与变压器的激磁电流成正比。如果加大电网电容或没法释放掉一部分变压器的储能，就能降低过电压倍数。

2. 电弧重燃过电压

用真空断路器断开小电流电感电路，在电流过零之前，如果触头的开距很小，当瞬

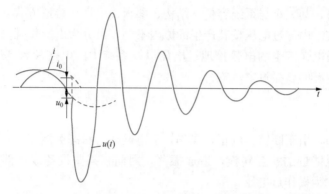

图 7 - 5　切除空载变压器出现截流时的过电压波形图

间恢复电压（电源）上升到大于触头间隙所能承受的电压时，间隙便被重新击穿而发生电弧重燃。由于电路上存在杂散电容，故在断路器触头之间产生高频振荡电流。真空断路器有分断高频电流的能力，在高频电流过零时切断电弧，而此时触头间隙已比前次切断的增大，则在触头间恢复电压上升到更高值时产生再次击穿，并再次引起电弧重燃。这种过程可能重复若干次，在理论上该过程可以持续几毫秒，直到触头间隙增大到能承受瞬间恢复电压为止。这种重燃过电压的幅值，由于电压的多次重叠可达到很高的数值，因而危害大。

这种电弧重燃过电压只是在一定的条件下才能出现。实际上由于多种原因，过电压倍数不会太高。对于中性点直接接地系统，最高过电压倍数约为 3。对于中性点不接地系统，最高过电压倍数约为 4。

为了限制这种过电压，最有效的方法是采用灭弧能力强、断口间绝缘恢复速度快的断路器（如真空、六氟化硫等类型的断路器），使电弧不再重燃。另外，还可采取在断路器主断口上并联电阻的办法降低触头间隙的恢复电压，防止电弧重燃。

3. 预击穿过电压

在真空断路器合闸过程中，当动触头达到某一位置时，其间隙介质不能承受回路电压，以致在触头闭合前被击穿产生电弧，间隙中流过高频振荡电流，并在第一个高频电流零点时熄灭。随着触头间隙的进一步缩小，将产生第二次、第三次或更多次的击穿。其他类型的开关如油断路器或六氟化硫断路器都可能出现预击穿，但真空断路器切断高频电流的能力强，可能多次重复出现预击穿，一般为 3～7 次，最高可达 10 次，并产生过电压。预击穿过电压峰值一般不超过系统相电压峰值的 3 倍，但频率很高，接近 1MHz，而且波前陡峭，每次启动时都可能出现，所以对电动机绕组绝缘的威胁很大。

二、弧光接地过电压

在中性点不直接接地的系统中，当发生一相接地故障时，如果 6～10kV 电网的接地电流大于 30A 或 20～60kV 电网的接地电流大于 10A 时，电弧就难以自动熄灭。这种接地电容电流又不足以形成稳定电弧，因而可能出现电弧时燃时灭的不稳定状态，称之为间歇性电弧。间歇性电弧的存在，使电网中的电感、电容回路产生电磁振荡，从而产生遍及整个电网的弧光接地过电压。这种过电压持续时间长，不采取措施可能危害设备绝缘，易于在绝缘薄弱的设备上发展成相间短路。

弧光接地过电压的大小与电弧时工频电压的相位角有关，也与电弧燃烧时间的长短有关。如果电弧是在经过几个高频振荡周期后熄灭，由于线路有损耗，使振荡衰减，从而降低了过电压倍数。线间电容大小对过电压也有影响，现场经验和理论研究已经证明，在某些条件下，例如高原地区、潮湿区、盐雾地区等，不接地电网中弧光接地过电压最大值高达正常电压值的 6 倍。

当系统线路较短、接地电流很小（如几安至十几安）时，单相接地电弧会迅速地自动熄灭，因而几乎不产生过电压。所以，减少线路长度，多采用架空线路，采用多台变压器单独供电以减少对地电容，从而减少接地电流，是消除弧光接地过电压的措施之一。

三、铁磁谐振过电压

铁磁谐振是电路中电感元件的铁芯出现磁饱和现象，使电感量变化，构成电路的谐振条件。这种谐振由于电感的非线性，振荡回路无固有频率。

工矿企业电网包含有许多铁芯电感元件，例如发电机、变压器、电压互感器、消弧线圈和电抗器等。这些设备或器件大都为非线性元件，它们和电网中的电容器件组成许多复杂的振荡回路，如果满足一定的条件，就有可能引起持续时间较长的铁磁谐振过电压。

在中性点不接地系统中，比较常见的铁磁谐振过电压有变压器接有电磁式电压互感器的空载母线或短线过电压，配电变压器高压绕组对地短路过电压，输电线路一相断相后一端接地过电压，开关电器非同步操作过电压等。

预防这种过电压的发生应保证三相开关同步动作，调整电路参数破坏其谐振条件等。

第三节　雷电冲击波沿导线的传播

掌握雷电冲击波沿导线传播的初步理论，有利于对雷电事故的分析和合理选用防雷措施。本节主要介绍行波的概念以及行波通过电感、电容与变压器、电动机绕组时的特点。

一、雷电冲击波沿导线传播的过程

1. 行波的概念

当输电线路本身或附近受到雷击后，线路导线上都会有雷电冲击波沿导线两侧流动，这种流动的冲击波叫行波。当雷电冲击波向导线两端传播时，其传播速度受线路参数的影响，起主要作用的是线路电感与对地电容，而线路电阻和对地电导由于很小，可忽略不计。这种忽略了电阻和电导（包括电晕）的线路，称无损线路。当单位长度上的 L_0、C_0 都相等时，称均匀无损线路，其等值电路如图 7-6 所示。

设雷电冲击波侵入，沿导线传播时，加压处

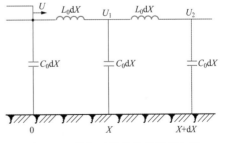

图 7-6　均匀无损线路的等值电路

的电容首先充电，与电容相连接的导线上也建立起电压 U。由于电感的反电动势作用，使电感中电流的变化迟后于加在它上面的电压的变化。此后，随着电感上电流的增长，这个电流将流过离加压处远一些的电容，使电容充电，而电容上的电压的增长又要迟后于它的充电电流的变化，因此，电压的建立又延迟了一段时间。离加压处越远的电容，建立电压所需时间越长。故加于线路上的电压波不是瞬间传到导线另一端，而是以一定的速度，从首端向末端运动。从而形成浪涌式的行波，在此过程中，导线上通过电流，依次向各电容器充电，电流由线路首端流向线路末端，形成电流行波。

当某段导线出现对地电位时，导线与地之间建立起电场，将雷电波送来的能量用电场的形式储存于对地电容之中，其单位长度上储存的能量 $W_{c.0} = \frac{1}{2}C_0U^2$。

当线路流过雷电流时，导线周围建立起磁场，将雷电流送来的能量用磁场的方式储存于电感之中，其单位长度上储存的能量 $W_{L.0} = \frac{1}{2}L_0I^2$。

2. 波阻和波速

设 $t = 0$ 时，电压冲击波从图 7-6 始端 0 点侵入，电流冲击波同时存在。经时间 t 后，电压波和电流波的波头已到达图中的 X 点，与始端距离为 X。在这段时间内，长度为 X 的一段导线上的电容（XC_0）均充满电荷，电荷量为 XC_0U。而在同一时间内，由电流波所传送的电荷量为 tI。于是有

$$XC_0U = tI \tag{7-9}$$

由于在时间 t 内，线路导线上长度为 X 的一段已经存在电流 I。有电流就要产生磁通，因为这段导线的总电感是 XL_0，因此所产生的总磁通量为 $\phi = XL_0I$。既然在时间 t 内磁通变化了 ϕ，所以感应电动势（即电压波幅值）应该等于 ϕ/t，即 $\phi = tU$，于是得到

$$XL_0I = tU \tag{7-10}$$

将式（7-9）除以式（7-10），得

$$\frac{C_0U}{L_0I} = \frac{I}{U}$$

整理后得

$$\frac{U}{I} = \sqrt{\frac{L_0}{C_0}} \tag{7-11}$$

式（7-11）明确地指出了电压波和电流波幅值之间的数量关系，说明它们幅值之比只决定于线路导线本身的分布参数 C_0 与 L_0，而与导线长度和终端负荷的性质无关。通常把这个比值叫做波阻抗，并以符号 Z 表示，即

$$Z = \frac{U}{I} = \sqrt{\frac{L_0}{C_0}}(\Omega) \tag{7-12}$$

式（7-12）虽然在形式上和欧姆定律一样，但物理意义却是截然不同的。欧姆定律反映的是电路的稳态关系，而波阻抗反映的是电压冲击波和电流冲击波沿导线传播时的动态关系。

将式（7-9）和式（7-10）相乘并消去 UI，则得

$$X^2C_0L_0 = t^2 \quad 即 \quad t = X\sqrt{L_0C_0}$$

式中 t——冲击波前进 X 距离所需要的时间。

因此冲击波传播速度为

$$v = \frac{X}{t} = \frac{1}{\sqrt{L_0 C_0}} \qquad (7-13)$$

实际上导线总是有电阻和对地电导的，而且异常的过电压加于导线上还会产生电晕现象，这些都将造成能量损失，从而一定会引起雷电冲击波在传播过程中的逐渐衰减和变形，使波幅值和波陡度逐渐减小。

二、波的折射与反射

行波在沿导线行进过程中，如遇到线路波阻抗改变，如由架空线路进入电缆线路、电抗器、变压器、线路开关、短路或经接地装置入地等情况，在连接点都会使行波的电场和磁场的能量重新分配。

如图 7-7 所示，当雷电冲击波沿阻抗为 Z_1 的一段无损导线行进经过结点 A，遇到了波阻抗为 Z_2 的另一段无损导线。由于在结点两侧的波阻抗不同，所以冲击波进入第二段

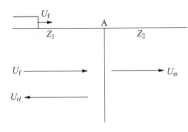

图 7-7　冲击波前进遇结点时的折射与反射

导线时，波的电压幅值和电流幅值与原先在第一段导线时比较起来均已改变。对结点 A 来说，沿第一段导线行进的波叫侵入波或前行波（U_f）。当前行波遇到结点时就要发生波的折射和反射，这时进入第二段导线的波叫折射波（U_{rr}），而从结点向第一段导线反射回去的波叫反射波（U_{rl}）。对于电流波的正负，作如下规定：所有沿导线向前进（图中向右流）的电流波为正电流，而反行（向左流）的电流波为负电流。故前行波和折射波为正电流，反射波为负电流。

对结点而言，根据边界条件，任何瞬间在结点上只能呈现一个电压值和电流值，于是成立下列边界方程

$$U_{rr} = U_f + U_{rl} \qquad (7-14)$$

$$i_{rr} = i_f + i_{rl} = \frac{U_f}{Z_1} - \frac{U_{rl}}{Z_1} \qquad (7-15)$$

式中　U_f——侵入结点的前行波电压，$U_f = i_f Z_1$；

U_{rr}——结点上的折射波电压，$U_{rr} = i_{rr} Z_2$；

U_{rl}——由结点反射回去的反射波电压，负号表示反射波电流为负电流，$U_{rl} = -i_{rl} Z_1$。

从式（7-15）得出 $U_{rl} = U_f - i_{rr} Z_1$，并将其代入式（7-14），则得

$$2U_f = U_{rr} + i_{rr} Z_1 = i_{rr} Z_2 + i_{rr} Z_1 \qquad (7-16)$$

为了讨论问题和计算方便，以后经常把式（7-16）等类似公式绘成如图 7-8 所示的集中参数等值电路。在等值电路中以 2 倍的前行波电压作为电路的等值电源，以第一段导线的波阻抗 Z_1 作为等值电源的内阻，而把第二段导线的波阻抗 Z_2 看作一个负荷，Z_1 和 Z_2 通过结点 A 串联起来，在等值串联电路中流过的电流为 i_{rr}。

参看图 7-8 所示等值电路，并将式（7-16）稍加改变，得

$$2U_f = \frac{U_{rr}}{Z_2} (Z_1 + Z_2)$$

故得
$$U_{\mathrm{rr}} = \frac{2Z_2}{Z_1 + Z_2} U_{\mathrm{f}} = \alpha U_{\mathrm{f}} \qquad (7-17)$$

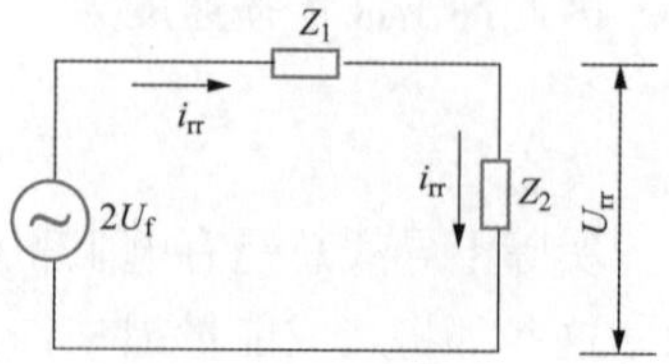

式中　α——雷电入侵波的折射系数，$\alpha = \dfrac{2Z_2}{Z_1 + Z_2}$。

另外，从式（7-14）及式（7-17）还可求得

$$U_{\mathrm{r}l} = U_{\mathrm{rr}} - U_{\mathrm{f}} = U_{\mathrm{f}}\left(\frac{2Z_2}{Z_1 + Z_2} - 1\right) = \frac{Z_2 - Z_1}{Z_1 + Z_2} U_{\mathrm{f}} = \beta U_{\mathrm{f}}$$
$$(7-18)$$

图 7-8　式（7-16）的
集中参数等值电路

式中　β——雷电入侵波的反射系数，$\beta = \dfrac{Z_2 - Z_1}{Z_1 + Z_2}$。

式（7-17）和式（7-18）表达了冲击波遇到结点时，折射波电压、反射波电压和前行波电压之间的关系。从式（7-14）不难看出两系数的关系为 $\alpha = 1 + \beta$。另外，由折射系数和反射系数的等式中，还可看出当 $Z_2 \gg Z_1$ 时，$\alpha \approx 2, \beta \approx 1$。

将 α、β 代入式（7-17）及式（7-18），得折射电压与反射电压分别为

$$U_{\mathrm{rr}} = \alpha U_{\mathrm{f}} = 2U_{\mathrm{f}}$$
$$U_{\mathrm{r}l} = \beta U_{\mathrm{f}} = U_{\mathrm{f}}$$

折射电流为
$$i_{\mathrm{rr}} = \frac{U_{\mathrm{rr}}}{Z_2} = \frac{2U_{\mathrm{f}}C}{Z_2} = 0$$

反射电流为
$$i_{\mathrm{r}l} = \frac{U_{\mathrm{r}l}}{-Z_1} = -i_{\mathrm{f}}$$

这种情况叫电压全反射，此时开路处出现 2 倍的过电压。这是因为开路处电流为零，其全部磁场能量转换为电场能量的缘故。这对线路上的绝缘薄弱环节，尤其是对线路终端处（例如接于电源线路侧的开关触头）的绝缘都可能引起闪络，甚至造成破坏，所以必须采取防护措施。

当 Z_1 远大于 Z_2 时，$\alpha \approx 0, \beta \approx -1$。此时折射、反射电压与折射、反射电流分别为

$$U_{\mathrm{rr}} = \alpha U_{\mathrm{f}} = 0$$
$$U_{\mathrm{r}l} = \beta U_{\mathrm{f}} = -U_{\mathrm{f}}$$
$$i_{\mathrm{r}l} = \frac{-U_{\mathrm{f}}}{-Z_1} = i_{\mathrm{f}}$$
$$i_{\mathrm{rr}} = i_{\mathrm{r}l} + i_{\mathrm{f}} = 2i_{\mathrm{f}}$$

这种情况叫电流全反射，或叫负的电压全反射。此时结点 A 的电压为零，折射电流等于两倍入射电流，这是因为全部电场能量转化为磁场能量之故。这个现象证明如果架空避雷线沿途进行良好接地，或者避雷针具有良好的接地，则入侵其上的冲击波电压能迅速消失，减少危害和破坏。

三、行波通过串联电感、并联电容与变压器、电动机绕组

1. 行波通过串联电感

串联电感线路及其等值电路如图 7-9 所示。由图7-9（b）得电压方程为

$$2U_{\mathrm{f}} = i_{\mathrm{rr}}(Z_1 + Z_2) + L\frac{\mathrm{d}i_{\mathrm{rr}}}{\mathrm{d}t} \qquad (7-19)$$

解式（7-19）得

$$i_{rr} = \frac{2U_f}{Z_1 + Z_2}(1 - e^{-\frac{t}{T}}) \tag{7-20}$$

式中 T——电路的时间常数，$T = \dfrac{L}{Z_1 + Z_2}$。

故 Z_2 上的折射电压 U_{rr} 为

$$U_{rr} = i_{rr}Z_2 = \frac{2U_fZ_2}{Z_1 + Z_2}(1 - e^{-\frac{t}{T}}) = \alpha U_f(1 - e^{-\frac{t}{T}}) \tag{7-21}$$

从式（7-21）明显看出，折射波电压 U_{rr} 是由稳定分量 αU_f 和自由分量 $-\alpha U_f e^{-\frac{t}{T}}$ 两部分叠加合成。当 $t = 0$ 时，自由分量初始值为 $-\alpha U_f$，它和稳定分量 αU_f 数值相等而符号相反，因而两部分合成后其值为零，即初始时母线上的折射波电压还没有呈现出来。随着时间的进展，在母线上逐渐有折射波电压按照指数函数规律增长起来。当 $t = \infty$ 时，自由分量逐渐衰减趋近于零值，此时母线上的折射波电压达到稳定分量 αU_f。这说明串接电感 L，拉平了波头，降低了波陡度，向各路出线前进的波就不是矩形波了，而是陡度较小的指数函数波。电感 L 越大，时间常数 T 越大，波陡度就越小，有利于防雷保护。

2. 行波通过并联电容

在波阻抗为 Z_1 与 Z_2 的两线段结点 A 与大地间并接一电容 C，如图 7-10（a）所示。当直角波的从 Z_1 上入侵，到达结点 A，产生波的折射与反射，等值电路如图 7-10（b）所示。

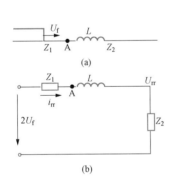

图 7-9 串联电感线路及等值电路

（a）串联电感线路；（b）等值电路

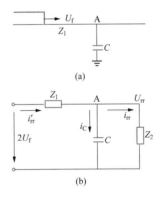

图 7-10 并联对地电容线路及等值电路

（a）并联对地电容线路；（b）等值电路

其电压方程为

$$2U_f = (i_C + i_{rr})Z_1 + i_{rr}Z_2 = \left(C\frac{dU_{rr}}{dt} + \frac{U_{rr}}{Z_2}\right)Z_1 + U_{rr}$$

$$= \frac{U_{rr}(Z_1 + Z_2)}{Z_2} + C\frac{dU_{rr}}{dt} \tag{7-22}$$

式（7-22）的解为

$$U_{rr} = \frac{2U_fZ_2}{Z_1 + Z_2}(1 - e^{-\frac{t}{T}}) = \alpha U_f(1 - e^{-\frac{t}{T}}) \tag{7-23}$$

式中 T——电路时间常数，$T = \dfrac{Z_1Z_2C}{Z_1 + Z_2}$。

由式（7-23）可知，$t=0$ 时 $U_{rr}=0$。从此结果来看，线路并联电容和串联电感有相同的效应。这就是供电时常在直配电动机的出线处（或母线上）并联一组电容器，用以减少过电压波的陡度与幅值，对电动机进行过电压保护措施的理论根据。

由于电缆线的对地电容 C 要比架空线路的对地电容大得多，所以在工矿企业对高压电动机如采取高压直配式供电时，最好是采用电缆线路供电。这对保护电动机的定子绕组免遭雷电冲击波的破坏是大有好处的。

3. 行波在变压器绕组中的传播

变压器在工频时的等值电路只包括集中电感和电阻，绕组与接地部分间的电容可以忽

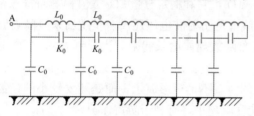

图 7-11　变压器简化后的等值电路

略不计。但是在高频时或与高频相当的冲击波时就有所不同，必须考虑到各种电容的联系（绕组对地电容、绕组间、匝间电容等），使变压器绕组的等值电路很复杂。现对等值电路进行简化，如图 7-11 所示。图中 L_0 为变压器绕组方向单位长度的电感，C_0、K_0 为沿绕组纵向单位长度上的对地分布电容及匝间电容。

由于变压器等值网路及与之相对应的过电压均随时间变化，为了讨论方便，假设入侵波为一无限长的直角波。由于直角波头的频率很高，变压器感抗很大，可视为开路，此时仅变压器电容链起作用，如图 7-12（a）所示。若距离绕组首端 X 处的电压为 U，纵向电容 K_0/dX 上的电荷为 Q，对地电容 $C_0 dX$ 上的电荷为 dQ，其等值电路如图 7-12（b）所示，l 为绕组全长。

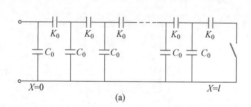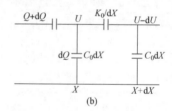

图 7-12　变压器起始电压分布电路和简化等值电路
（a）起始电压分布电路；（b）等值电路

由图 7-12（b）可得

$$Q = \frac{K_0}{dX}dU_0 \tag{7-24}$$

$$dQ = C_0 dX dU_0 \tag{7-25}$$

将式（7-24）代入式（7-25），整理得

$$\frac{d^2U}{d^2X} - \frac{C_0}{K_0}U = 0 \tag{7-26}$$

解得

$$U = Ae^{\alpha x} + Be^{-\alpha x} \tag{7-27}$$

其中

$$\alpha = \sqrt{\frac{C_0}{K_0}}$$

式中 A、B——积分常数，由初始条件决定。

对中性点接地的变压器，在绕组末端 $X=l$ 处，$v=0$。而在绕组首端 $X=0$ 处，$U=U_f$。从这两个条件可以定出

$$A = \frac{U_f e^{-al}}{e^l - e^{-l}} ; B = \frac{U_f e^{al}}{e^{al} - e^{-al}}$$

$$U = U_f \frac{e^{a(l-X)} - e^{-a(l-X)}}{e^{al} - e^{-al}} \tag{7-28}$$

一般变压器的 al 的值为 5～15，常用它的平均值 $al=10$。此时 e^{-al} 比 e^{al} 小得多，可以忽略不计，则

$$U = U_f \frac{e^{a(l-X)}}{e^{al}} = U_f e^{-aX} \tag{7-29}$$

对于中性点不接地的变压器，当 $X=l$ 时，$Q=K_0 \dfrac{dU}{dX}=0$，当 $X=0$ 时，$U=U_f$。从这两个边界条件可以求出 A 与 B 的值，并求得

$$U = U_f \frac{e^{a(l-X)} + e^{-a(l-X)}}{e^{al} + e^{-al}} \tag{7-30}$$

当 $al=0$ 时，e^{-al} 可以忽略不计。式（7-30）便可自动化为式（7-29）。说明此时中性点不接地变压器的起始电压与中性点接地变压器的起始电压分布非常相似，只是在绕组的末端有一些差别。当无限长直角波 U_f 作用于变压器绕组的后期，起主要作用的波尾部分频率很低，电容链相当于开路，此时变压器绕组中的电压分布称为稳态分布。其分布情况取决于绕组电感 L，并与中性点是否接地有关。中性点接地时，接地点电位为零，故对地电位在绕组中均匀下降，从首端的入射电压下降到零。当中性点不接地时，L 中没有电流流过，绕组首、末端的电位相同。

中性点接地时，靠前段中部绝缘上所受的电压最高，故变压器绕组的前段绝缘容易受过电压而损坏。因此在制造变压器时，应加强这部分的绝缘，增加耐压性能，或加大电容值，以降低过电压值。当中性点不接地时，在靠近中性点处对地电位最高，可达入射电压 U_f 的 2 倍，故绕组末端的绝缘容易损坏。所以对中性点不接地系统，常在变压器中性点接一阀型避雷器，以防止过电压对末端主绝缘的损坏。

4. 行波在电动机绕组中的传播

当冲击波袭入旋转电动机的绕组时，绕组的等值电路图也可以和变压器一样，只是电动机匝间电容比变压器的小得多。当忽略匝间电容时，电动机绕组的等值电路与架空线路的等值电路相同，可以用波阻抗 Z 表示。

电动机绕组的槽内与端接部分所处的条件不同，其参数各异。为了简单，可采用平均波阻抗 Z_{av} 和波速 v_{av} 对电动机绕组中的行波过程进行分析。按平均波阻抗与波速分析绕组中的波过程，其结果与试验所得基本相符。

当冲击波侵入电动机时，电动机绕组匝间绝缘所受电压与入侵波陡度有关。一般电动机入侵波的陡度限制在 5kV/ms 以下。对陡度不大的入侵波，电动机绕组可视为一分布参数。如中性点不接地，当行波从端子传到中性点，相当于电路开路一样，产生电压全反射，造成过电压。为了保护电动机绝缘，应在电动机中性点接入一避雷器。

第四节　防　雷　保　护　装　置

防雷保护装置包括避雷针、避雷线、避雷器等，它们的合理设置与组合，可以保护输电线路、变电站电气设备与建筑物免遭外部过电压的伤害。本节介绍各种防雷保护装置的原理及保护范围的计算。

一、避雷针

避雷针的作用是保护电气设备、线路及建筑物等免遭直击雷的危害。一般独立避雷针的构造如图 7-13（a）所示，主要有接闪器（针尖）、杆塔、接地引下线和接地极组成。

避雷针的功能实质上是起引雷作用。它能对雷电场产生一个附加电场（这附加电场是由于雷云对避雷针产生静电感应引起的），使雷电场畸变，从而将雷云放电的通路，由原来可能向被保护物体发展的方向吸引到避雷针本身，然后经与避雷针相连的引下线和接地装置将雷电流泄放到大地中去，使被保护物体免受直接雷击。

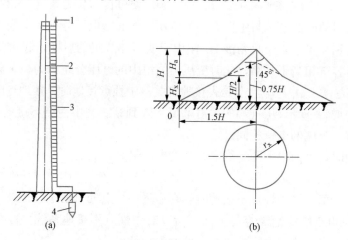

图 7-13　独立避雷针及其保护范围

（a）独立避雷针的构造；（b）避雷针的保护范围

1—接闪器（针尖）；2—杆塔；3—接地引下线；4—接地极

避雷针的保护范围，以它能防护直击雷的空间来表示。这个保护范围是通过模拟实验和运行经验确定的。电力网与变电站常用"折线法"来确定其保护范围。

1. 单支避雷针的保护范围

避雷针的保护范围为由折线构成的上、下两个圆锥形的保护空间。图 7-13（b）为高度 H 等于或小于 30m 的避雷针保护范围。由图 7-13（b）可以看出，避雷针对地平面的保护半径为 $1.5H$。从针顶向下作与针成 45°角的斜线，与从针底 $1.5H$ 处向针 $0.75H$ 处所作的连线交于 $H/2$ 处，此交点把圆锥形保护范围分为上、下两个空间。由图可得每个空间内不同高度上的保护半径和避雷针高度三者之间的关系式为

当 $H_x \geqslant H/2$ 时

$$r_x = (H - H_x)K_h = H_a K_h \qquad (7-31)$$

当 $H_x < H/2$ 时

$$r_x = (1.5H - 2H_x)K_h \qquad (7-32)$$

式中　H_x——被保护物高度，m；

　　　　r_x——H_x 水平面的保护半径，m；

　　　　H_a——避雷针的有效高度，m；

　　　　K_h——高度影响系数，当 $H \leqslant 30\text{m}$ 时，$K_h = 1$，$120\text{m} \geqslant H > 30\text{m}$ 时，$K_h = 5.5/\sqrt{H}$。

2. 两支等高避雷针的保护范围

两支等高避雷针的保护范围如图 7-14 所示。两针外侧的保护范围和单支避雷针相同。两针间保护范围应按通过两针顶点及保护范围上部边缘最低点 O 的圆弧确定。圆弧的半径为 R_0，O 点为两针间最低保护高度 H_0 的顶点，计算式为

$$H_0 = H - \frac{D}{7K_h} \qquad (7-33)$$

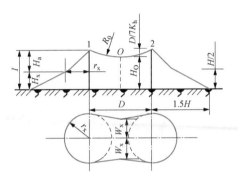

图 7-14　两支等高避雷针的保护范围

式中　H_0——两针间最低保护高度，m；

　　　　D——两针间的距离，m。

两针间 H_x 水平面上保护范围的一侧最小宽度的计算式为

$$W_x = 1.5(H_0 - H_x) \qquad (7-34)$$

式中　W_x——保护范围的一侧最小宽度，m。

当 $D = 7H_a K_h$ 时，$W_x = 0$，因此要使两针在 H_x 高度上构成联合保护时，必须 $D < 7H_a K_h$，一般 D/H 不大于 5。

3. 两支不等高避雷针的保护范围

两支不等高避雷针的保护范围如图 7-15 所示。先按单支的计算方法，确定较高避雷针 1 的保护范围，然后由较低避雷针 2 的顶点，作水平线与避雷针 1 的保护范围相交于点 3，取点 3 为等效避雷针的顶点，再按两支等高避雷针的计算方法确定避雷针 2 和 3 间的保护范围。把避雷针 1 内侧保护范围直线和避雷针 2、3 保护范围弧线连接起来，即可得避雷针 1、2 的内侧保护范围。避雷针 2、3顶点保护范围最低点 O 的高度 H_0，计算

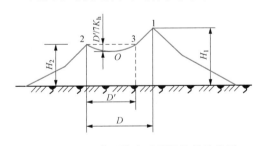

图 7-15　两支不等高避雷针的保护范围

式为

$$H_0 = D'/7K_h \qquad (7-35)$$

式中　D'——避雷针 2 与等效避雷针 3 间的距离，m。

4. 多支等高避雷针的保护范围

三支和四支等高避雷针的保护范围分别如图 7-16（a）、（b）所示。

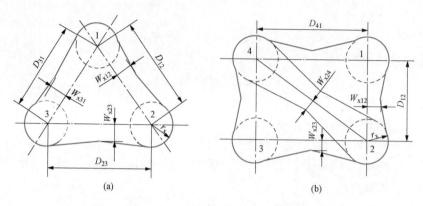

图 7 - 16　多支避雷针的保护范围

（a）三支等高避雷针的保护范围；（b）四支等高避雷针的保护范围

（1）三支等高避雷针所形成三角形 1、2、3 的外侧保护范围，应分别按两支等高避雷针的计算方法确定。如在三角形内被保护物最大高度 H_x 水平面上，各相邻避雷针间保护范围的一侧最小宽度 $W_x > 0$ 时，则全部面积即受到保护。

（2）四支及以上等高避雷针所形成的四角形或多角形，可先将其分成两或 N 个三角形，然后分别按三支等高避雷针的方法计算，如各边保护范围的一侧最小宽度 $W_x > 0$ 时，则全部面积即受到保护。

二、避雷线

避雷线一般用截面不小于 $25mm^2$ 的镀锌钢绞线，架设在架空线路的上边，以保护架空线路或其他物体免遭直接雷击。由于避雷线既要架空，又要接地，因此它又称为架空地线。避雷线的功能和原理与避雷针基本相同。

（一）单根避雷线

单根避雷线保护范围如图 7 - 17 所示。从单根避雷线的顶点向下作与其垂线成 25°的斜线，构成保护空间的上部，从距离避雷线底部两侧各 H 处向避雷线 $0.7H$ 高度处作连线，与上述 25°斜线相交，交点以下的斜线内部构成保护范围的下部。

在被保护物高度 H_x 的平面上，避雷线每侧保护宽度 W_x 的计算式为

当 $H_x \geqslant H/2$ 时

$$W_x = 0.47(H - H_x)K_h \tag{7 - 36}$$

当 $H_x < H/2$ 时

$$W_x = (H - 1.5H_x)K_h \tag{7 - 37}$$

式中　W_x——每侧保护范围的宽度，m；

　　　　H——避雷线高度，m。

（二）两根避雷线

1. 两根等高避雷线

两根等高避雷线保护范围如图 7 - 18 所示。两避雷线外侧的保护范围，按单根避雷线的计算方法确定，内侧保护范围的横断面，由通过两根避雷线 1、2 点及保护范围上部边缘最低点 O 的圆弧确定，O 点的高度 H_O 的确定式为

$$H_O = H - \frac{D}{4K_h} \qquad (7-38)$$

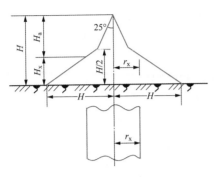

图 7 - 17　单根避雷线保护范围

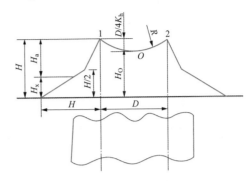

图 7 - 18　两根等高避雷线的保护范围

式中　H_O——两根避雷线间保护范围的边缘最低点的高度，m；

　　　　H——避雷线的高度，m；

　　　　D——两根避雷线间的距离，m。

2. 两根不等高避雷线的保护范围

两根不等高避雷线的保护范围，可仿照两支不等高避雷针保护范围的计算方法，并参照两根等高避雷线的方法及式（7 - 38）确定。

三、避雷器

避雷器是防护雷电入侵波对电气设备产生危害的保护装置。在架空线路上发生感应雷击后，雷电波沿导线路向两个方向传播，如果雷电冲击波的对地电压超过了电气设备绝缘的耐压值，其绝缘必将被击穿而导致电气设备立即烧毁。显然，连于同一条线路上的电气设备，必然是耐压水平最低的设备，首先被雷电波击穿。避雷器就是专设的放电电压低于所有被保护设备正常耐压值的保护设备。由于它具有良好的接地，故雷电波到来时，避雷器首先被击穿并对地放电，从而使其他电气设备受到保护。当过电压消失后，避雷器又能自动恢复到起始状态。

避雷器的主要形式有火花间隙、管型避雷器、阀型避雷器和氧化锌避雷器。目前，氧化锌避雷器的应用越来越广泛。

（一）火花间隙

火花间隙与被保护设备的接线如图 7 - 19 所示，被保护对象由并联的火花间隙进行保护。在无雷电波的情况下，火花间隙能承受电网正常工作电压，不被击穿。当有危险雷电波入侵时，它首先被击穿从而使被保护的电气设备免受雷电波的冲击。火花间隙的工频耐压值都大于连接线路的正常工作电压值，而小于被保护电气设备的允许工频耐压值。

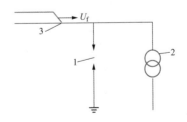

图 7 - 19　火花间隙与
被保护设备的接线

1—火花间隙；2—被保护对象；3—线路

火花间隙虽然能把雷电波导入大地，但存在一个缺点，即熄灭工频续流的能力很差。工频续流可能持续较长时间，当它未被切断之前等于是线路对地短路，这是不允许的。

（二）管型避雷器

管型避雷器是在火花间隙的基础上发展改进而成的，具有较高的熄弧能力，它的结构

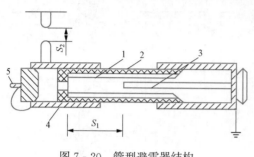

图 7 - 20　管型避雷器结构

1—产气管；2—管壁；3—棒形电极；
4—环形电极；5—指示器

示意如图 7 - 20 所示。管型避雷器由外部火花间隙 S_2 和内部火花间隙 S_1 个间隙串联组成。内部火花间隙设在产气管（由纤维、塑料等产气材料制成）内，由棒形电极和环形电极组成，又称为灭弧间隙。避雷器上还装有一个塞子式动作反映指示器。外部间隙的作用是隔离工作电压，保证正常时使避雷器与线路导线隔绝，用以避免产气管受潮易引起的泄漏电流通过，致使产气管材加速老化。外部间隙的大小，随着电网额定工作电压的不同而制成可调的。

当由电网侵入的雷电波电压幅值超过管型避雷器的击穿电压时，外间隙和内间隙同时开始放电，强大的雷电流通过接地装置入地。随之通过的是工频续流，数值也很大，雷电流和工频续流在管子内间隙产生的强大放电电弧使产气管内温度迅速升高，致使管内壁产气材料分解出大量气体，其压力猛增，并从环形电极的喷口迅速喷出，形成强烈的纵吹作用，使工频续流在第一次过零时熄灭。

管型避雷器采用的是自吹灭弧原理，其熄弧能力由切断电流的大小决定。续流太小时产气量不够，避雷器将不能灭弧。续流太大时，产气过多又会引起产气管破裂或爆炸。因此，通过管型避雷器的工频续流必须在产品规定的上、下限电流的范围内，避雷器才能可靠工作。

管型避雷器的突出优点是残压小，且简单经济，但动作时有气体吹出，放电伏秒特性较陡，因此只用于室外线路。变配电站内一般采用氧化锌避雷器。

（三）阀型避雷器

1. 阀型避雷器的结构及工作原理

阀型避雷器由火花间隙和非线性电阻两种基本元件串联组成，全部组成元件均密封在瓷套管内，套管上端有引进线，通过它和网路导线连接，下端引出线为接地线，其结构示意图如图 7 - 21（a）所示。阀型避雷器火花间隙的单个间隙元件如图

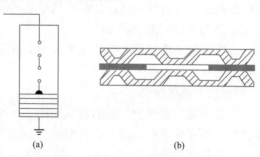

图 7 - 21　阀型避雷器结构

（a）阀型避雷器结构示意图；（b）单个间隙元件示意图

7 - 21（b）所示，由两个黄铜电极中间夹一个云母垫圈组成。云母垫圈的厚度约 1mm，由于电极间的距离很小，所以电极间的电场比较均匀。在避雷器内的火花间隙，根据额定电压不同，由几个或数十个上述单元串联组成。阀型避雷器的非线性电阻是由碳化硅 SiC 和黏合剂在一定温度下烧结而成，能像自动阀门一样对电流进行控制，故称作阀片。其基本特性为：电阻与通过的电流成非线性反比关系。这样，当很大的雷电流通过阀片时，其呈现很大电导率，电阻很小，使避雷器上

出现的残压限制在一定的范围之内，保证没有反击被保护电气设备的危险。当雷电流过去以后，阀片对工频续流便呈现很大的电阻，使工频续流降到火花间隙能熄灭电弧的水平，保证工频短路电弧能被可靠熄灭，恢复线路的正常绝缘。

目前我国生产的非线性电阻（阀片）有两种。一种是普通阀型避雷器，用的低温阀片，这种阀片是在 $300\sim350℃$ 的温度下熔烧而成，其非线性系数小，约为 0.2，这种阀片通流能力低且易受潮。普通阀型避雷器有配电站型（FS）和变电站型（FZ）两种。另一种是磁吹阀型避雷器，用的是高温阀片，这种高温阀片是在 $1350\sim1390℃$ 的氢气炉内熔烧而成的，其通流能力大，也不易受潮，但非线性系数稍大，约为 0.24。磁吹避雷器是利用电磁力来吹动火花间隙中的电弧，提高了间隙灭弧能力。所以减少了串联间隙的数目，使冲击放电电压有所降低。又由于采用了通流能力大的高温烧结阀片，使阀片阻值（或片数）相应减少，从而使避雷器的残压下降，因而保护特性比普通阀型避雷器有所改善。磁吹阀型避雷器有变电站型（FCZ）和电机型（FCD）两种。

2. 阀型避雷器的主要参数

（1）额定电压 U_N。U_N 是避雷器适用的电网电压等级，选择时应注意系统中性点的接地方式。

（2）冲击放电电压 U_{cf}。U_{cf} 是指预放电时间为 $1.5\sim20\mu s$ 时在冲击电压作用下，避雷器的最小放电电压值。

（3）工频放电电压 U_{wd}。由于阀型避雷器的通流能力有限，一般是不允许在内部过电压情况下动作的。因为有些内部过电压的能量较大，普通阀型避雷器在内部过电压下动作时可能造成避雷器损坏，引起爆炸。从防止避雷器在内部过电压下动作的观点出发而规定此值。

（4）灭弧电压 U_{da}。U_{da} 是指在保证灭弧（切断工频续流）的条件下，允许加在避雷器上的最高工频电压。

（5）残压 U_{re}。U_{re} 是 $10/20\mu s$ 波形的冲击电流幅值（一般低压取 3kA，高压取 5kA），流过阀片时在阀片上产生的电压降。故残压的大小与阀片的阻值或片数有关。

（四）氧化锌避雷器

金属氧化物避雷器（MOA）是一种过电压保护装置，它由封装在瓷套内的若干非线性电阻阀片串联组成，其结构如图 7 - 22 所示。其阀片以氧化锌为主要原料，并配以其他金属氧化物，所以又称为氧化锌避雷器。金属氧化物避雷器，是一种没有火花间隙只有压敏电阻片的新型避雷器。

氧化锌避雷器利用氧化锌良好的非线性伏安特性，在额定电压下氧化锌避雷器相当于绝缘体流过避雷器的电流极小。因此，它可以不用火花间隙来隔离工作电压与阀片。当作用在金属氧化锌避雷器上的电

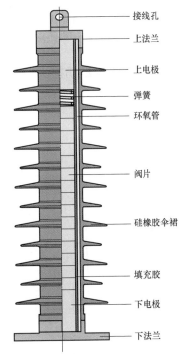

图 7 - 22　氧化锌避雷器结构示意图

接线孔
上法兰
上电极
弹簧
环氧管
阀片
硅橡胶伞裙
填充胶
下电极
下法兰

压超过定值（启动电压）时，阀片"导通"将大电流通过阀片泄入地中，此时其残压不会超过被保护设备的耐压，达到了保护目的。此后，当作用电压降到动作电压以下时，阀片自动终止"导通"状态，恢复绝缘状态，因此，整个过程不存在电弧燃烧与熄灭的问题。

由于氧化锌阀片具有极其优越的非线性特性，所以氧化锌避雷器具有以下的优点：

（1）无间隙。在工作电压作用下，氧化锌阀片相当于一个绝缘体，因而工作电压不会使氧化锌阀片烧坏，所以不用串联间隙来隔离工作电压。同时其体积小、重量轻，也不存在放电电压不稳定的问题。

（2）无续流。当作用在阀片上的电压超过其起始动作电压时，将发生导通，其后阀片上的残压受其非线性特性的限制所控制。当过电压过去后，氧化锌导通状态终止，又相当于一个绝缘体，因此不存在工频续流的问题。这不仅减轻了其本身负荷，还具有耐受多重雷的较强的耐重复动作的能力。

（3）通流容量大。氧化锌阀片的通流容量大，可用于限制内部过电压，这是其他避雷器无法相比的。

（4）性能稳定。ZnO 电阻片不受大气环境的影响，能用于各种绝缘介质，抗老化能力强，耐污性能好。

第五节　变电站与线路的防雷

变电站内有各种高、低压变、配电设备，这些设备直接与供电系统的线路相连，而线路上发生雷电过电压的机会较多，因此入侵波常常是变电站主要雷害，所以除了要对直击雷进行有效的防护外，还必须对入侵波有足够的防护措施。

一、对直击雷的防护

变电站对直击雷的防护方法是装设避雷针（线），将变电站的进线杆塔和室外电气设备全部置于避雷针（线）的保护范围之内。为了防止在避雷针上落雷时对被保护物产生"反击"过电压，避雷针与被保护物之间应保持一定的距离。所谓"反击"就是在雷击时，避雷针向被保护物体放电。

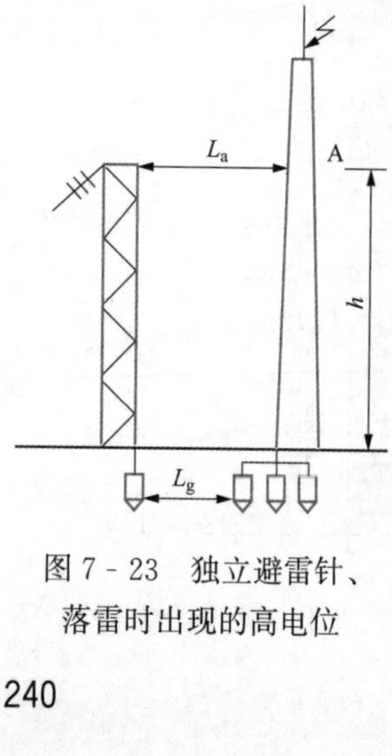

避雷针是否向被保护物体产生放电"反击"取决于避雷针与被保护物最近点 A 的空气距离 L_a，以及 A 点最高电位 U_A，如图 7-23 所示。当 U_A 小于气隙距离 L_a 的击穿电压时，"反击"便不会发生。

当雷云对避雷针放电时，雷电流经引下线入地。A 点的电位 U_A 为

$$U_A = L_a h \frac{di}{dt} + i R_{im} \qquad (7-39)$$

图 7-23　独立避雷针、落雷时出现的高电位

如果通过避雷针的雷电流为斜角波头，其电流幅值为 150kA，波头长度为 $2.6\mu s$，此时雷电流的陡度为

$$\alpha_{ar} = \frac{di}{dt} = \frac{150}{2.6} = 57.7(kA/\mu s)$$

一般取避雷针单位长度上的电感 L_a 为 $1.3\mu H/m$。将以上数据代入式（7 - 39），得 A 点的电位 U_A 为

$$U_A = 1.3h \times 57.7 + 150R_{im} = 75h + 150R_{im}(kV)$$

由于电感上的电压降只存在于波头的 $2.6\mu s$ 内，其时间短，取空气平均击穿电压为 $750kV/m$。接地电阻上的电压降存在于雷电流的整个持续过程，故时间较长，取空气平均击穿电压为 $500kV/m$，因此不产生"反击"的空气距离 L_a 为

$$L_a \geqslant \frac{75h}{750} + \frac{150R_{im}}{500} = 0.1h + 0.3R_{im}(m) \tag{7 - 40}$$

按规程规定 L_a 在任何情况下不得小于5m。

由式（7 - 40）得避雷针接地体与被保护物接地体之间不发生"反击"的距离 L_g 为

$$L_g \geqslant 0.3R_{im}(m) \tag{7 - 41}$$

按规程 L_g 不得小于3m。

一般避雷针接地装置的工频接地电阻不宜大于 10Ω，因为接地阻值太大，L_a 与 L_g 都要增大，不经济。

二、对雷电入侵波的防护

变电站中防护入侵波的主要装置是避雷器，为了保证避雷器的工作条件，必须采取措施对入侵波的陡度和幅值加以限制。

1. 变电站进线段的防护

在以前的讨论中都把线路作为无损导线考虑。实际上冲击波沿导线流动时都会有一定的损耗。因此，可以在变电站的进线段杆塔上装设一段（1～2km）避雷线，使感应过电压产生在1～2km以外，侵入的冲击波沿导线走过这一段路程后，波幅值和波陡度均将下降，使雷电流能限制在5kV，这对变电站的防雷保护有极大的好处。

对35～110kV线路进线的防雷接线如图7 - 24所示。在变电站进线段设1～2km长的避雷线。F1的作用是防止雷电流超过5kA而设置的。当入侵波幅值过大时，F1动作，将其泄入地中。F2的作用是防止断路器或隔离开关在断路时，雷电波产生反射过电压设置的，用以保护断路器或隔离开关。F2外间隙值的整定，应使其在隔离开关或断路器开路时能可靠保护，而在闭路时不应动作，由母线氧化锌避雷器保护。

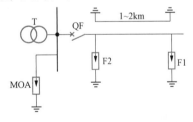

图 7 - 24　35～110kV线路进线段的防雷接线

对于35～60kV变电站，变压器容量在3150～5000kVA时，可根据供电的重要性和雷电活动情况采用如图7 - 25（a）所示的简化接线。容量在3150kVA以下时，可采用图（b）接线。容量在100kVA以下时，可采用图7 - 25（c）接线，此时避雷器尽可能安装在靠近变压器处。

变电站3～10kV的配电装置（包括电力变压器）防止入侵波的保护，是在每路进线和每组母线上安装阀型避雷器或氧化锌避雷器，保护接线如图7 - 26所示。避雷器与变压

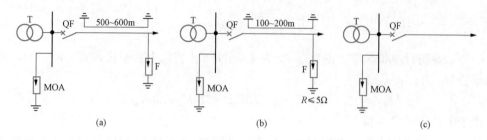

图 7 - 25　35~60kV 变电站的简化防雷接线

(a) 简化接线；(b) 3150kVA 以下时的接线；(c) 100kVA 以下时的接线

器的最大电气距离如表 7 - 1 所示。

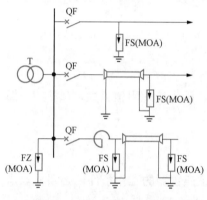

图 7 - 26　3~10kV 配电装置的
防雷接线

表 7 - 1　　　　6~10kV 变压器与阀型避雷器之间的最大距离

雷季运行的线路	1	2	3	4 以上
最大电气距离（m）	15	23	27	30

对于电缆作出线的架空线路，避雷器应装在电缆头附近，其接地应和电缆的外皮相连。当避雷器动作时，电缆对地绝缘受到的电压为避雷器残压与雷电流在接地电阻上的压降之和。当接地和外皮相连时，仅为避雷器残压，其值较低。当出线接有电抗器时，应在电抗器与电缆之间装设一组阀型避雷器或氧化锌避雷器，用以防止电抗器处的反射过电压对电缆绝缘的危害。

2. 变电站内电气设备的防护

变电站内最重要的设备是主变压器，它的价格高、绝缘水平又较低，为了减少变压器所受过电压幅值，避雷器应尽量安装在电气距离靠近主变压器的地方。从保证保护的可靠性来说，最理想的接线方式是把避雷器和变压器直接并联在一起，但是考虑变电站的电气设备在具体布置时，由于在变压器和母线之间还有开关设备，按照设备相互间应留有一定的安全间距的要求，所以安装在母线上的避雷器和主变压器之间必然会出现一段距离 l。当入侵波的波陡度 α 和接线距离 l 较大时，变压器承受的过电压也大。如果这个过电压值超过变压器绝缘的冲击耐压值时，则绝缘被击穿而使变压器破坏。为了避免发生这种事故，避雷器与变压器等有一允许最大距离。氧化锌避雷器与变电站电气设备之间的保护距离如表7 - 2 所示。

表 7 - 2　　　　　　　MOA 到变压器和电压互感器的保护距离（m）

系统电压（kV）	线路进线保护段长度（km）	进线回数			
		1	2	3	4
35	1.0	26	40	48	54
	1.5	40	56	67	76
	2.0	52	77	92	104

续表

系统电压（kV）	线路进线保护段长度（km）	进线回数			
		1	2	3	4
66	1.0	45	67	80	90
	1.5	61	86	103	116
	2.0	80	107	128	144
110	1.0	56	85	103	115
	1.5	88	121	145	164
	2.0	125	169	203	228
220	2.0	127/90	197/139	236/168	265/188

3. 直配电机的防护

旋转电机的绝缘较弱，过高的避雷器残压会使电机的绝缘受到损坏。直接与架空输电线路相连的旋转电机，应根据电机容量，雷电活动强弱和对运行可靠性的要求，采取防雷措施。电机的主绝缘保护是在电机出口处装设一组磁吹避雷器或氧化锌避雷器，并在避雷器上并联一组 0.25～0.5μF 的电容器，以降低入侵波的陡度；对进线采取措施，限制雷电流不超过 3kA；在未直接接地电机中性点装设阀型避雷器或氧化锌避雷器，其额定电压不应低于电机最高运行相电压。

三、对输电线路的防护

输电线路暴露于野外，距离长，落雷几率多，故电网中的雷害事故线路占绝大部分。因此对输电线路应采取妥善的防雷措施，方能保证供电的安全。输电线路的防雷措施对于 110kV 线路在年平均雷电日不超过 15 或运行经验证明雷电活动轻微的地区，可不架设避雷线，但应装设自动重合闸装置。60kV 的重要线路，经过地区雷电日在 30 以上时，宜全线设避雷线。35kV 及以下线路，一般不全线设避雷线，只在进出变电站的一段线路上装设避雷线。进线保护段上的避雷线保护角不宜超过 20°，最大不应超过 30°。

四、防雷装置的接地

防雷保护的基本理论是利用低电阻通道，引导强大的雷电流迅速向大地泄漏，不致引起建筑物、电气设备被破坏、烧毁或人员伤亡事故。因此，为了使雷电流能畅通地泄漏入地，所有防雷设备都必须有良好的接地，才能起到应有的效果。接地电阻的大小是衡量接地装置质量的参数。

各种防雷保护对接地电阻值有不同的要求。一、二类建筑物防直击雷的接地电阻，不大于 10Ω。三类建筑及烟囱，不大于 30Ω。3kV 及以上的架空线路，接地电阻为 10～30Ω。雷电流通过接地体所呈现的电阻叫冲击接地电阻。一方面，由于雷电流幅值大，电流密度大，电场强度高，将接地体附近土壤击穿，产生火花放电，相当于接地体尺寸的加大，使接地电阻减少。另一方面雷电流频率很高，在接地体上产生很大的感抗，特别是对伸长接地体。因感抗的影响，限制雷电流流向远端，而使散流面积比工频电流有所降低，从而使冲击接地电阻比工频接地电阻有所增加。因此在防雷接地装置中，一般由几根垂直接地体与水平连线组成，或由几根水平放射线组成，而不采用伸长接地体的形式。

第六节　变电站的保护接地

电力系统和设备的接地，按其功能分为工作接地和保护接地两大类。为保证电力系统和设备达到正常工作要求而进行的接地，称为工作接地，如电源中性点的直接接地或经消弧线圈的接地以及防雷设备的接地等。为保障人身安全，防止触电等而将设备的外露可导电部分进行接地，称为保护接地。

一、保护接地的基本原理

图 7 - 27 所示为保护接地原理图。从图 7 - 27 可以看出，无保护接地时，当电气设备某相的绝缘损坏时金属外壳就带电。人若触及带电的金属外壳，因设备底座与大地的接触

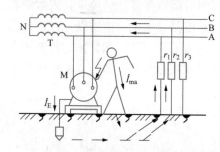

图 7 - 27　保护接地原理图

电阻较大，绝大部分电流从人体流过，人就遭到了触电的危险。装设了保护接地装置时，接地电流将同时沿着接地体（通过电流为 I_E）和人体（通过电流为 I_{ma}）两条并联通道流过。流过每一条通道的电流值将与其阻值的大小成反比，接地体的接地电阻越小，流经人体的电流也就越小。通常人体电阻比接地体的接地电阻大数百倍，所以流经人体的电流也就比流经接地体的电流小数百倍。当接地电阻极小时，流经人体的电流几乎等于零，人体就能避免触电的危险。

二、保护接地的基本概念

1. 接地电流和对地电压

当电气设备发生接地故障时，电流就通过接地体向大地作半球形散开，这一电流称为接地电流，用 I_E 表示。由于此半球形的球面，在距接地体越远的地方球面越大，所以距接地体越远地方散流电阻越小。试验证明，在距单根接地体 20m 左右的地方，实际上散流电阻已趋近于零，也就是这里的电位已趋近于零。电位为零的地方，称为电气上的"地"或"大地"。

电气设备的接地部分，如接地的外壳和接地体等，与零电位的"大地"之间的电位差，称为接地部分的对地电压。

2. 接触电压和跨步电压

人站在发生接地故障的电气设备旁边，手触及设备的外露可导电部分，则人所接触的两点（如手与脚）之间所呈现的电位差，称为接触电压 U_∞。人在接地故障点周围行走，两脚之间所呈现的电位差，称跨步电压 U_{ss}。为保证人身安全，对 U_∞ 及 U_{ss} 均有限值要求。

三、变电站的接地网

为了满足接触电压和跨步电压的要求，同时也是为了便于将电气设备和构架连接到接

地体上，变电站一般设置统一的接地网，它是指接地装置、接地干线和引线的总称，如图 7‑28 所示。接地装置由接地体和连接线组成，接地体又分为自然接地体和人工接地体两种。

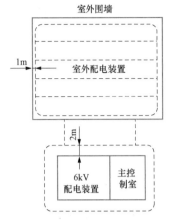

室外围墙

室外配电装置

1m

2m

6kV 配电装置 | 主控制室

图 7‑28 变电站保护接地网

为了节约金属材料和费用，应尽量利用允许利用的自然接地体，如埋在地下的水管、钢管、电缆金属外皮、导电良好的厂房金属结构、钢筋混凝土电杆的钢筋等。也可由自然接地体与人工接地体组成混合接地装置。人工接地体一般由水平埋设的接地体为主，其埋深为 0.6～0.8m（应在地区冻土层以下），敷设面积一般就是变电站的占地范围。有时为了某种目的（如避雷器或避雷针的集中接地）也采用垂直埋设的接地体以及复合接地体等。接地网的外缘应连成闭合形，并将边角处做成圆弧形，以减弱该处电场。接地网内还设有水平均压带，以减小对地电位分布曲线的陡度，并减小接触电压和跨步电压。

保护接地电阻的允许值，随电网和接地装置的不同，应符合如表 7‑3 所示的要求。

表 7‑3 保护接地电阻的允许值

电网名称	接地装置特点	接地电阻（Ω）
大接地电流电网	仅用于该电网接地	$R_E \leqslant 0.5$
小接地电流电网	1kV 以上设备接地	$R_E \leqslant (250/I_E) \leqslant 10$
	与 1kV 以下设备共用时的接地	$R_E \leqslant (120/I_E) \leqslant 10$
1kV 以下中性点接地与不接地电网	并列运行变压器总容量在 100kVA 以上的接地	$R_E \leqslant 4$
	重复接地装置	$R_E \leqslant 10$
煤矿井下电网	接地网	$R_E \leqslant 2$

习题与思考题

7‑1 什么叫内部过电压？引起的原因有哪些？什么叫大气过电压？引起的原因有哪些？哪种过电压对电力系统的危害最大？

7‑2 什么叫直击雷？什么叫雷电入侵波？雷电流波形的特点是什么？

7‑3 雷电波阻抗的物理意义是什么？它与导线阻抗有何区别？

7‑4 什么是雷电流的幅值、波长与陡度？陡度的大小对设备的绝缘有何影响？

7‑5 为什么说避雷针实质上是引雷针？避雷针、避雷线各主要用在什么场所？

7‑6 避雷器的主要功能是什么？阀型避雷器由哪几部分组成？有何特性？

7‑7 一般工矿企业变电站有哪些防雷措施？其重点是保护什么设备？对雷电入侵波如何防护？

7‑8 为什么说变压器与避雷器之间的电气安装距离越远，或入侵波的陡度越大时，变压器所遭受的过电压值就越高？

7‑9 某厂的原油储油罐，直径为 9m，高出地面 8m，为一类防雷建筑物，需用一独立避雷针进行保护，要求避雷针距罐最少 5m。试计算并确定避雷针的高度。

7-10 某企业变电站需要用避雷针保护的面积为 40m×50m 矩形，保护面积内被保护物高度为 7.5m。要求避雷针安装在距保护范围边缘外的距离至少为 1m。试确定并计算避雷针的根数及高度（高度以不超过 25m 为宜）。

第八章 现代供电新技术

随着计算机技术、现代大规模集成电路技术、电力电子技术、通信技术和信号处理技术等发展，各种新技术不断应用到供电系统领域，提高了供电系统的技术水平和综合供电质量管理水平，并促进了配电系统的智能化。

第一节 智能变电站概述

一、智能变电站的概念

智能变电站是在智能电网背景下提出的概念，它是智能电网的重要组成部分。作为衔接智能电网发电、输电、变电、配电、用电和调度六大环节的关键，智能变电站是智能电网中变换电压、接受和分配电能、控制电力流向和调整电压的重要电力设施，对建设坚强智能电网具有极为重要的作用。

智能变电站是指采用先进、可靠、集成、低碳、环保的智能设备，以全站信息数字化、通信平台网络化、信息共享标准化为基本要求，自动完成信息采集、测量、控制、保护、计量和监测等基本功能，并可根据需要支持电网实时自动控制、智能调节、在线分析决策、协同互动等高级功能的变电站。

二、智能变电站的主要技术特征

1. 数据采集数字化

智能变电站的主要标志之一是采用数字化电气量测系统（如光电式互感器或电子式互感器）采集电流、电压等电气量。实现了一、二次系统在电气上的有效隔离，可大大提高设备运行的安全性；非常规互感器送出的是数字信号，以弱功率数字量输出，可以直接为数字装置所用，省去了这些装置的数字信号变换电路，非常适合微机保护装置的需要；增大了电气量的动态测量范围，并提高了测量精度，一个测量通道额定电流可测到几十安至几千安，过电流范围可达几万安；常规的强电模拟信号测量电缆和控制电缆被数字光纤所取代，消除了数据传输过程中的系统误差。

2. 系统分层分布化

智能变电站在逻辑上可以分为过程层、间隔层和站控层三层。

过程层是一次设备与二次设备的结合面，或者说过程层是智能化电气设备的智能化部分，包括变压器、断路器、互感器等一次设备所属的智能组件（用于常规断路器和变压器的智能化），即合并单元（MU）和智能终端等。过程层主要完成与一次设备接口的功能，包括实时运行电气量的采集、设备运行状态的监测、控制命令的执行等。

间隔层设备一般指继电保护装置、测控装置、故障录波、自动控制装置、计量装置等IED设备，实现使用一个间隔的数据并且作用于该间隔一次设备的功能。间隔层一般按断路器间隔划分。

站控层主要设备包括监控主机、操作员工作站、远动通信装置、对时系统等。其主要功能是实现面向全站设备的监视、控制、告警及信息交互，完成数据采集和监视控制（SCADA）、操作闭锁以及同步相量采集、电能量采集、保护信息管理等相关功能。

IEC 61850 标准规定站控层、间隔层和过程层之间通过高速网络连接。连接站控层与间隔层之间的网络称为站控层网络，连接过程层与间隔层之间称为过程层网络，即"三层两网"结构。过程层网络采用 GOOSE 网和 SV 网独立组网。保护装置采用"直采直跳"，不依赖于 GOOSE 网，即保护从合并单元"直接采样"，保护的跳闸回路直接接至智能终端，实现"直接跳闸"。保护装置对一次设备的遥信采集来自 GOOSE 网。测控装置、电能表和故障录波的采样值从 SV 网接收。测控装置的遥信、跳闸，故障录波的其他信息则通过 GOOSE 网完成，如图 8-1 所示。

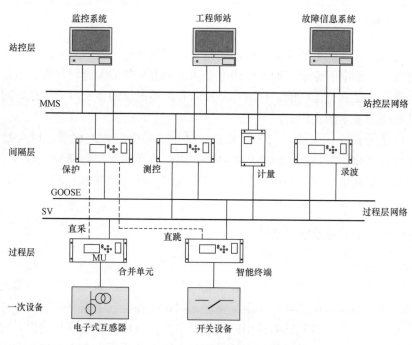

图 8-1 智能变电站分层及典型网络结构图

3. 系统建模标准化

IEC 61850 确立了电力系统的建模标准，为变电站自动化系统定义了统一、标准的信息模型和信息交换模型，其意义主要体现在实现智能设备的互操作性、实现变电站的信息共享和简化系统的维护、配置和工程实施等方面。

4. 信息交互网络化

智能变电站采用低功率、数字化的新型互感器代替常规互感器，将高电压、大电流直接变换为数字信号。变电站内各设备之间通过高速网络进行信息交互，二次设备不再出现功能重复的 I/O 接口，常规的功能装置变成了逻辑的功能模块，即通过采用标准以太网技术真正实现了数据及资源共享。

5. 设备操作智能化

智能断路器二次系统是采用微机、电力电子技术和新型传感器建立起来的，断路器系统的智能性由微机控制的二次系统、IED 和相应的智能软件来实现，保护和控制命令可以通过光纤网络到达非常规变电站的二次回路系统，从而实现与断路器操动机构的数字化接口应用。智能断路器可按电压波形控制跳、合闸角度，精确控制跳、合闸过程的时间，减少暂态过电压幅值；智能断路器的专用信息由装在设备内部的智能控制单元直接处理，使断路器能独立地执行其功能，而不依赖于变电站层的控制系统。

6. 设备检修状态化

在智能变电站中，可以有效地获取电网运行状态数据以及各种智能装置的故障和动作信息，实现对操作及信号回路状态的实时监视。智能变电站中几乎不再存在未被监视的功能单元，设备状态特征量的采集没有盲区。设备检修策略可以从常规变电站设备的"定期检修"变成"状态检修"，从而大大提高了系统的可用性，减少了设备停运次数，降低了检修成本，提高了经济效益。

7. 高级应用互动化

实现各种站内外高级应用系统相关对象间的互动，满足智能电网互动化的要求，实现变电站与控制中心之间、变电站与变电站之间、变电站与用户之间和变电站与其他应用需求之间的互联、互通和互动。

三、智能变电站的关键技术

1. IEC 61850 通信技术体系

随着嵌入式计算机与以太网通信技术的飞跃发展，智能电子设备之间的通信能力大大加强，保护、控制、测量、数据功能逐渐趋于一体化，形成庞大的分布式电力通信交互系统。当前，通信规约多达十几种，变电站在使用不同厂家不同通信规约的产品时，必须进行规约转换，这需要大量的信息管理，包括模型的定义、合法性验证、解释和使用等，这非常耗时而且代价昂贵，对电网的安全稳定运行形成不利影响。

为此，全球统一的变电站通信标准 IEC 61850 受到了广泛的关注，其主要目标是实现设备间的互操作（Interoperability），实现变电站自动化系统的无缝集成，该标准是今后电力系统无缝通信体系的基础。所谓互操作是指一种能力，使分布的控制系统设备间能即插即用、自动互联，实现通信双方理解相互传达与接收到的逻辑信息命令，并根据信息正确响应、触发动作、协调工作，从而完成一个共同的目标。互操作的本质是如何解决计算机异构信息系统集成问题。因此，IEC 61850 采用了面向对象思想建立逻辑模型、基于 XML 技术的变电站配置描述语言 SCL、将 ACSI 映射到 MMS 协议、基于 ASN.1 编码的以太网报文等计算机异构信息集成技术。

与传统 IEC 60870-5-103、IEC 60870-5-104 规约相比，IEC 61850 不是一个单纯的通信规约，而是一个面向变电站自动化系统性的标准，它指导了变电站自动化的设计、开发、工程、维护等各个领域。IEC 61850 内容体系共分为 10 个部分，如图 8-2 所示，其中第 1、2、3、4、5 部分为简单概述、术语、总体要求、系统项目管理、通信性能评估方面内容；第6～9部分为通信标准核心内容；第 10 部分为 IEC 61850 规约一致性测试内容。DL/T 860 等同采用了 IEC 61850 标准。

系统概述	数据模型
1.介绍和概述	变电站和馈线设备的基本通信结构
2.术语	7-4 兼容逻辑节点类和数据类
3.总体要求	7-3 公用数据类
4.系统和项目管理	抽象通信服务
5.功能的通信要求和设备模型	变电站和馈线设备的基本通信结构
配置	7-2 抽象通信服务接口(ACSI)
6.变电站自动化系统配置描述	7-1 原理和模型
语言	映射到实际通信网络
测试	8-1 映射到MMS和ISO/IEC 8802-3
10.一致性测试	9-1 通过单向多路点对点串行通信链路采样值
	9-2 ISO 8802-3之上的采样值

图 8-2 IEC 61850 内容体系

2.电子式互感器技术

互感器是电能计量、继电保护、测控装置提供电流、电压信号的重要设备，其精度和可靠性与电力系统的安全、可靠与经济运行密切相关。传统的电流和电压互感器是电磁感应式的，具有类似变压器的结构。随着电力工业的发展，电力系统传输的电力容量不断增加，电网电压等级也越来越高，电磁式互感器逐渐暴露出一系列固有的缺点。当前，基于光学传感技术的光电电流互感器（OCT）和光学电压互感器（OVT），及采用空心线圈或低功耗铁芯线圈感应被测电流的电子式电流互感器（ECT）和电分压原理的电子式电压互感器（EVT）等电子式互感器已经逐步由试验阶段走向工程应用阶段。电子式互感器的最显著特征是传感精确化、传输光纤化和输出数字化。

与常规电磁式互感器相比，电子式互感器具有下面一系列优点：

（1）优良的绝缘性能。电磁感应式互感器高压侧与低压侧之间通过铁芯磁耦合，它们之间的绝缘结构复杂，其造价随电压等级呈指数关系上升。在电子式互感器中，高压侧信息是通过由绝缘材料制成的光纤而传输到低电位的，其绝缘结构简单，造价一般随电压等级升高线性地增加。

（2）无磁饱和、铁磁谐振等问题。电子式互感器一般不用铁芯做磁耦合，因此消除了磁饱和及铁磁谐振现象，互感器运行暂态响应和稳定性提高，保证了系统运行的高可靠性。

（3）抗电磁干扰性能好，无低压侧开路和短路危险。电子式互感器的高低压之间只存在光纤联系，而光纤具有良好的绝缘性能，可保证高压回路与低压回路在电气上完全隔离，低压侧不会开路或短路；同时也没有磁耦合，消除了电磁干扰对互感器性能的影响。

（4）暂态响应范围大，测量精度高。电子式互感器具有很宽的动态范围，一个测量通道额定电流可达几十安至几千安，过电流范围可达几万安。因此，既可同时满足计量和继电保护的需要，又可避免电磁感应式电流互感器多个测量通道的复杂结构。

（5）频率响应范围宽。电子式互感器的传感器部分频带响应范围宽，实际能测量的频率范围主要决定于电子线路部分，可以测出高压电力线路上的谐波。

（6）没有因充油而产生的易燃、易爆等危险。电磁感应式互感器一般采用充油来解决绝缘问题，这样不可避免地存在易燃、易爆等危险。而电子式互感器绝缘结构简单，可以不采用油绝缘，在结构设计上就可避免这方面的危险。

（7）直接输出数字信号，适应了电力计量与保护数字化、自动化和智能化的发展需要。

电子式互感器的主流产品分类如图 8-3 所示，按原理可以分为有源和无源两大类，有源式互感器的特点是需要向传感头提供电源。由于各类电子式互感器的实现原理、构成、关键技术都有较大的差异，需要较大篇幅，不再——介绍。

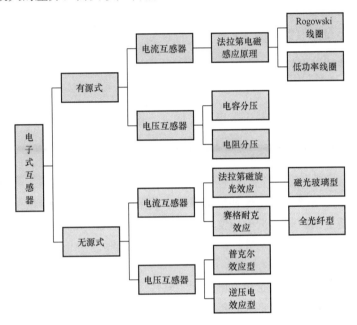

图 8-3　电子式互感器的分类

3. 智能开关设备

鉴于传统开关设备存在的不足且电力系统对设备可靠性及自动化的要求越来越高，随着电子技术的快速发展，催生了智能开关设备的概念。智能开关设备是指具有较高性能的开关设备和控制设备，配装有电子设备、变送器和执行器，不仅具有开关设备的基本功能，还具有附加功能，尤其是监测和诊断功能。

4. 一次设备状态监测

电力设备的劣化、缺陷的发展具有统计性和前期征兆，表现为电气、物理、化学等特性参量的渐进变化。通过传感器、计算机、通信网络等技术，及时获取设备的各种特征参量并结合一定算法的专家系统软件进行分析处理，可对设备的可靠性作出判断，对设备的剩余寿命作出预测，从而及早发现潜在的故障，提高供电可靠性。在线监测的特点是可以对运行状态的电力设备进行连续和随时的监测和判断，为电力设备的状态检修提供必要的判断依据。目前应用比较广泛且比较成熟的有变压器在线监测、GIS 状态监测、避雷器在线监测等。

第二节 智 能 开 关 设 备

智能开关设备（以下简称智能开关）由一次开关电器元件和智能监控器组成。智能控制器不仅可替代原有开关设备二次系统的测量、保护和控制功能，还能记录设备各种运行状态的历史数据、各种数据的现场（当地）显示，并通过数字通信网络向系统控制中心传送各类现场参数，接受系统控制中心的远方操作与管理。智能化供配电系统是指以智能电器元件与智能开关设备为基础，通过现场总线等数字化网络技术，对供配电系统的设备、供用电质量等进行全面监控，实现智能化、自动化管理。

一、智能开关的基本特征

1. 参量获取和处理数字化

智能开关所有功能的实现基于数字化的信息，这是智能开关设备区别于其他采用电子电路实现控制功能的电器和开关设备最重要的标志，因此必须能够实时获取各种参量并加以数字化，这其中包括电力系统运行和控制中需要获取的各种电参量，以及能够反映设备自身状态的各种电、热、磁、光、位移、速度、振动等物理量。另外，各种参量都以数字化形式提供，信息的后续传播与处理也都以数字化形式进行。各种参量全部采用数字化处理，不仅大大提高了测量和保护的精度，减小了产品保护特性的分散性，而且可以通过软件改变处理算法，不需要修改硬件结构设计，就可以实现不同的控制和保护功能。

2. 电器设备的多功能化

以数字化信息为载体，智能开关可以利用软件编制、硬件扩展等多种手段集成用户需要的各种功能，如可实时显示要求的各种运行参数；可以根据工作现场的具体情况设置保护类型、保护特性和保护阈值；对运行状态进行分析和判断，并根据结果操作开关电器，实现被监控对象要求的各种保护；真实记录并显示故障过程，以便用户进行事故分析；按用户要求保存运行的历史数据，编制并打印报表等。

3. 自我监测与诊断能力

智能开关具有自我监测与诊断能力，它可以随时监测各种涉及设备状况和安全运行所必需的物理量，包括机械特性、绝缘特性、开关动作次数等，同时对这些物理量进行计算和分析，掌握设备的运行状况以及故障点与发生原因。

4. 自适应控制与操作

传统电力设备一旦安装就位，其功能参数就固化下来。为了保证安全可靠，很多设备的设计参数存在很大冗余。这样的设计固然能够完成基本功能，但往往存在很大的能源与资源浪费，其功能的实现也不是处于最佳状态的。智能开关依靠数字技术，能够根据实际工作的环境与工况对操作过程进行自适应调节，使得所实现的控制过程和状态是最优的，这不但可以进一步提高电力设备自身的指标和性能，还可以在很大程度上节约原材料和运行所消耗的能源。

5. 信息交互能力

智能开关的重要特征之一在于它的信息能够以数字化的方式广泛而便利地进行传播与

交互。数字化信息传播的重要方式是网络连接，由于智能开关一般都包括微型计算机系统，因此它完全可以作为数字通信网络中的信息交互节点，获取连接于网络的设备提供的任意参数，这样不仅完成了信息传输、实现智能开关设备的分布式管理和设备资源共享，更为重要的是，信息交互为拓展智能开关的功能提供了广阔的空间。目前网络技术正在飞速发展，传播的介质有光纤、电缆、红外和无线方式等，网络的规约不断更新，传播速度不断提升，这些发展与进步也必将不断影响智能开关的发展，甚至包括运行模式、操作方式、管理理念的根本改变。

二、智能开关的基本结构

智能开关由一次电路中的开关（断路器）以及一个物理结构上相对独立的智能监控单元组成，其原理结构如图 8-4 所示。

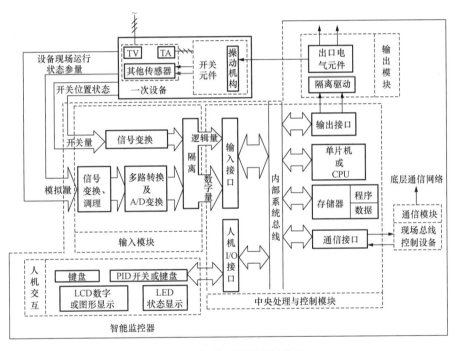

图 8-4 智能开关原理结构图

智能监控单元包括输入模块、中央处理与控制模块、输出模块、通信模块及人机交互模块等。

输入模块主要完成对开关元件和被监控对象运行现场的各种状态、参数和特性的在线检测，并将检测结果送入中央处理与控制模块。来自运行现场的输入参量可以分为模拟量和开关量两类，分别经过相应的变换器转换成同中央处理与控制模块输入兼容的数字量信号和逻辑量信号。为提高中央处理与控制模块的可靠性和抗干扰能力，在变换器输出及中央处理与控制模块的输入接口间必须有可靠的隔离。

中央处理与控制模块基本上是一个以 MCU 或其他可编程数字处理器件为中心的最小系统，完成对一次开关或被保护控制对象的运行状态和运行参数的处理；根据处理结果判断是否有故障，有何种类型的故障；按照判断结果或管理中心经通信网络下达的命令，决定当前是否进行一次开关的合、分操作；输出操作控制信号，并确认操作是否完成。

输出模块接收中央控制模块输出并经隔离放大后的操作控制信号，传送至一次开关的操动机构，使其完成相应的操作。

通信模块把智能开关现场的运行参数、一次开关工作状态等信息通过数字通信网络上传至后台管理系统计算机（上位机），并接收它们发送给现场的有关信息和指令，完成"四遥"功能。

人机交互模块为现场操作人员提供完善的就地操作和显示功能，包括现场运行参数和状态的显示、保护特性和参数的设定、保护功能的投/退以及一次开关的现场控制操作。

三、电器智能化网络的结构和特点

采用现场总线和数字通信网络技术，由系统管理机和现场智能开关组成的网络即可称为电器智能化网络。

1. 结构

电器智能化网络典型结构如图 8-5 所示。可以看出，网络可分为以下两个层次。

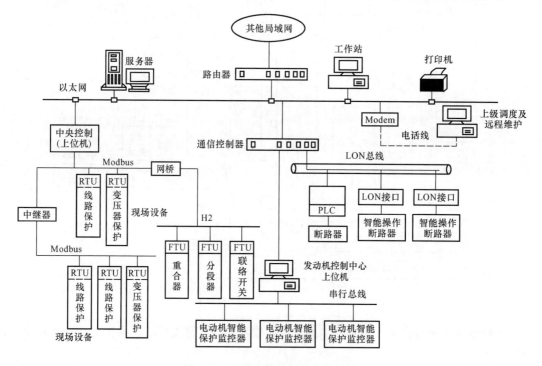

图 8-5　电器智能化网络典型结构

（1）现场设备层。现场设备层是网络中的底层，由不同类型、不同生产厂商提供的智能开关元件、成套开关设备组成。现场设备由选定的现场总线，如图 8-5 中的 Modbus、LON、H2 和串行总线等连成底层网段，它由一个处于管理地位的微机或可编程逻辑控制器 PLC 完成对现场设备的管理。现场设备也可直接受局域网络层的管理。底层网络还可通过中继器、HUB（集线器）、网桥连接，以扩大其覆盖范围。

（2）局域网络层。局域网络层由一些不同总线协议的现场设备层网络和具有独立的协议转换接口的现场设备与系统管理设备组成，它们之间一般采用以太网（Ether-net）连接。其底层网段可采用不同现场总线、不同通信介质和与以太网不同的通信协议。因此，必须通过通信控制器或网关与以太网连接。这一层次网络中的节点可以是现场设备，也可以是底层网段。

多个局域网经路由器连接，可组成更大的网络。也可通过网关和网络互联技术实现各局域网间的互联互访。还可通过调制解调器（Modem）用电话网或无线网与远方的高层管理系统连接。

2. 主要特点

（1）现场设备具有独立的监控、测量、保护、操作功能，并且具有通信能力。

（2）网络允许不同制造商、不同类型的产品互连甚至互访。

（3）能包容采用不同传输介质、不同通信协议的网段或局域网。

（4）保证各类实时数据在网络中传输的实时性、准确性。

（5）通过数字通信和数据库管理系统，智能化网络的上位管理设备能实现对网络中各现场设备运行状态的实时监控和管理，包括对现场设备在网络中地理位置和设备功能的设置，按地理信息显示现场设备运行状态，进行网络结构形式的构建和重组等。

（6）网络运行必须稳定、可靠，以保证现场设备安全运行。

电器智能化网络是实现电力系统变电站自动化、调度自动化、配电网自动化及工业设备供电智能化的基础，通过它可以实现现场用电设备管理的自动化和无人值守，完成用户用电质量和电力系统供电质量的全面管理，提高供电系统可靠性和用电设备的安全性。

四、智能监控单元设计技术

智能控制单元应具有以下功能：

（1）现场运行参量的就地/远程监测；

（2）故障保护；

（3）故障诊断；

（4）就地/远程调控；

（5）一次开关元件运行状态监视及现场运行工况记录；

（6）通信；

（7）一次开关电器元件的在线监测。

1. 智能监控单元的硬件设计

智能监控单元硬件是智能开关设备完成各种功能的物理设备，其主要元件的选择、电路的设计直接影响到产品的功能、可靠性、通用性等综合指标。

多处理器技术是监控单元设计中的一种发展趋势。传感器的数字化和智能化，主令电器及输出控制继电器无触点化和网络功能的开发和应用，可以把现场量的变换和数字计算功能、开关量输出驱动功能，从监控单元中彻底分离出来。采用多处理器技术，则更进一步使监控单元的其他各种功能分散，形成更加独立和完善的功能模块。各处理器间，处理器与输入、输出通道间采用双端口 RAM 连接，甚至采用数字通信网络互连，可组成一个功能高度分散，管理高度集中的新型监控单元。

专用集成控制芯片的开发与推广应用，是智能监控单元硬件结构发展的最具有应用价值的途径。把监控单元中的中央处理模块（包括各种 I/O 接口电路）、通信模块、输出驱动电路等全部集成于一块芯片中，不仅线路简单，体积小，价格低，而且有很强的抗干扰能力。

2. 监控单元软件设计

随着智能开关在供电系统应用领域的发展，监控单元的硬件基本已标准化、通用化，为智能化网络系统嵌入式设计奠定了基础。为此，软件设计方法也必须适应这种变化，以满足系统灵活多变的配置要求。

（1）模块化设计。根据监控单元完成的功能，把软件划分成不同的模块，每一模块对应一种功能，或者说每一个程序模块完成一种指定的工作任务；另一方面，可以用不同的软件设计平台，如实时任务操作系统 RTOS（Real-time Tasking Operation System）、组态式软件设计方法等，在不改变监控单元软件基本结构的条件下，方便地配置智能化系统中各底层设备的控制功能。

（2）嵌入式系统软件设计方法的应用。嵌入式系统软件设计的一个重要特征是在用户与底层现场设备内部的硬件和数据资源之间有一个软件管理系统，用户对这些设备硬件资源的操作和对内部数据的访问，都经过这个软件管理系统来完成，这样，用户不必了解其硬件配置的细节，就可以按智能化系统配置要求，对各底层现场设备进行二次开发。

3. 现场参量测量和保护信息的处理技术

作为供电系统主要设备的开关电器，其智能监控单元不仅要完成电器元件的分、合操作，而且必须完成对现场运行参量的测量，并根据测量结果判断系统是否出现故障。为保证测量和保护精度，在测量通道中，主要采取以下一些措施来控制各个环节的精度。

（1）新原理传感器的开发与应用。

（2）A/D 转换器与处理器或传感器的集成。

（3）提高监控器处理数据的位数和速度。

（4）合理选择数据的采样点数和处理算法。

4. 监控单元的电磁兼容性技术

作为供电系统环境中运行的电子产品，智能监控单元工作在高电压、大电流的现场环境中，受到不同能量、不同频率的电磁干扰，因此对它的电磁兼容性 EMC（Electro Magnetic Compatibility）设计是保证其可靠工作的关键问题之一。EMC 包括电磁敏感性 EMS（Electro Magnetic Sensitivity）和电磁干扰 EMI（Electro Magnetic Interference）两方面的内容，在智能监控单元的设计中，最关心的是如何降低电磁敏感性，提高其抗外部环境电磁干扰的能力。

通常采用以下措施来降低智能监控单元的电磁敏感性：

（1）科学地布置印刷电路板线路。这样，可减少因布线不合理，由电路分布参数耦合产生的干扰。

（2）合理选择和配置线路滤波器。这是抑制电磁干扰最有效的措施之一，滤波器元件的选择和布置不合理会影响干扰抑制效果，甚至带来不可预见的附加干扰，现已开发出专用的线路滤波器模块，可以根据现场情况选用。

（3）采取合理的接地措施。通过接地线把经电路引入的干扰信号旁路入地。

（4）设计可靠的电磁屏蔽。此举可避免空间电磁场对监控单元的干扰，在监控单元本身的物理结构设计中，应将电源模块、继电器输出模块等可能产生电磁干扰的部分与中央控制模块分别安装，并加装电磁屏蔽。

（5）采用各种软件可靠性设计技术。在软件中设计可靠的自检程序模块、采用软件冗余技术、重要数据设置要备份、配置看门狗（watchdog）等，提高智能监控单元软件的抗干扰能力。

第三节 定制电力技术

定制电力（Custom Power）技术是以用户对电力可靠性和电能质量要求为依据，为用户配置特定需要的电力供应技术。主要通过特定的技术手段补偿供电系统电压跌落、抑制电压闪变以及谐波等，解决瞬时供电中断等动态供电质量问题，为敏感用户提供连续、可靠、恒定的优质电力。定制电力技术的主要技术依托是大功率电力电子技术和配电综合自动化技术，定制电力技术主要应用于高科技园区、大型医院、军工单位和重要的政府部门、金融系统的数据中心等重要用户。

一、动态电能质量问题

（一）现代电能质量问题的特点

1. 电能质量问题的主要来源发生变化

过去的电能质量问题主要来源于系统侧。包括系统正常运行方式的改变，如电源投入、有计划投切无功补偿电容器组及大型电动机启动等。系统非正常的发生，如系统元件故障、人员误操作等将给系统带来较大的冲击等。现代社会，用户侧非线性负荷的使用正在快速增加，从低压小容量家用电器到高压大容量的工业交直流变换装置中都存在各种静止变流器，它们以开关方式工作，引起电网电流、电压波形的畸形。此外，大型电弧式设备，如电弧熔炉、弧焊设备等，也成为重要的冲击源和谐波源。可以说，用户负荷正成为电能质量问题，尤其是各种新的电能质量问题的主要来源。

2. 电能质量问题的形式发生变化

供电中断、电压长时间偏高或偏低等供电质量问题，从狭义上讲已不再是电能质量问题的主流形式，现在更多关注的是所谓动态电能质量问题，如周期性的动态电压升高、脉冲、电压跌落和瞬时供电中断等。这些都是近年来随着社会信息化的日益广泛而逐渐暴露出来新的电能质量问题形式，其出现的次数已经超过了传统的供电质量问题。

3. 电能质量问题造成的危害越来越大

电能质量问题造成的危害是多方面的。如电铁牵引负荷产生的谐波和负序分量造成系统解列和无功补偿电容器组不能安全投入运行，其波动性造成的小容量电网频率波动异常，降低了系统运行的稳定性。各种新出现的电能质量问题给用户带来巨大的经济损失，如电压跌落和瞬时供电中断影响大量用电设备的正常、安全运行就是最严重动态电能质量问题。此外，谐波问题造成的变压器、感应电机等重要设备寿命的缩短，三相电流不对称造成的中线烧毁而导致用户设备损坏的事件也时有发生。动态电能质量问题已成为目前影响供电可靠性的主要因素，这是信息化社会供电质量问题不同于以往任何时代的主要特征。

（二）动态电能质量问题的产生原因

1. 电压跌落和瞬时供电中断

雷击引起的绝缘子闪络或线路对地放电是造成系统电压跌落或中断的主要原因之一。由于供电系统暴露在大自然中，在雷雨季节的多雷地区，极易受到雷击干扰。因雷击而引起的电压跌落次数约占电压跌落总次数的 60%，并且持续时间一般超过 5 个周波，所以在方圆几千平方千米内的任意处的雷击都将会影响该地区的任一敏感负荷的正常和安全运行。

系统故障是引起电压跌落和供电中断的另一个主要原因。目前配电系统中的线路主保护是电流保护，该保护最大的缺陷是大部分线路上的故障不能无延时地予以切除。即使是无延时保护，从监测到故障到断路器断开故障，目前最快也需要 3～6 个周波。因此，当在故障线及其附近线路上接有敏感负荷时，敏感负荷将会因电压跌落而退出工作。另外，如果保护动作后伴随有重合闸，则由此引起的电压跌落次数将成倍数增加。

电压跌落已成为影响许多设备，尤其是电子类设备正常工作的严重干扰，而且不同类型，甚至同类型但不同品牌的用电设备对电压跌落的敏感度差异很大，这表明电压跌落所造成危害与设备自身的特性有较大关系。

2. 谐波

谐波主要由用电设备的非线性而产生的，如各种电力电子设备、IT 行业和办公设备中大量使用的开关式电源（SMPS）、电弧式负荷、公共照明系统的荧光灯负荷等。现今谐波问题已成为出现范围最广、危害非常严重的电能质量问题，目前抑制谐波最常用的设备是有源电力滤波器（APF）和传统的 LC 滤波器。

3. 电压波动与闪变

波动与闪变的出现是供电系统的固有特性所造成的，系统中任何用电负荷的改变都会引起电压波动，当负荷在 0.01s 到数十秒的时间内重复变动时，系统电压就会发生波动或闪变。电压波动和闪变造成白炽灯发光不稳定、计算机显示屏闪烁等影响人的视力，高保真音响在电压波动和闪变时会对人体听觉产生损害。

人体能感觉到的照明灯光变化频率在 1～25Hz 范围内，最敏感的频率为 10Hz 左右。交流供电系统中的谐振与系统谐波之间的拍频现象会引起上述范围内的频率波动，如系统谐振产生的 265Hz 谐波会与系统中的 5 次谐波（250Hz）发生拍频，从而产生 15Hz 的频率波动。

二、定制电力技术

1. 定制电力技术研究现状

1988 年美国电力研究院提出了定制电力技术概念，很快得到全世界同行的认可和接受，相关技术的研究和开发发展迅速。定制电力技术所针对的主要对象是配电网的供电可靠性和供电质量两个方面，将基于电力电子技术的静止型调节装置用于配电系统（1～35kV），向用户提供增值的、达到用户所需可靠性水平和电能质量水平的电力。

静止型调节装置是以大功率电力电子开关器件为基础，采用微处理器、光纤通信、数字信号处理等新技术的新型电气设备，如：配电同步补偿器（DSTATCOM）、动态电压恢复器（DVR）、有源滤波器（APF）、固态断路器（SSCB）、固态电源切换开关（SSTS）、固态电流限制器（SSCL）、统一电能质量调节器（UPQC）等。

发达国家的电力部门通过开发 DVR、APF、DSTATCOM 等装置实现了区域电能质量控制，满足了特殊用户对高电能质量的要求，美国国防部和宇航局在很多重要的实验室以及微电子生产厂家都装有 DVR（Dynamic Voltage Regulator）、APF（Active Power Filter）与 WCA（Waveform Correction Absorber）。目前，DVR 产品在国外已得到用户认可，开始得到普遍应用，多个公司，如 ABB、Siemens、S&C 等已经提供动态电压调节器的工业化产品，电压等级从 400V 到 22kV，容量从几十千伏安到几十兆伏安。另外，ABB、Siemens 以及日本三菱电机等公司已经成功开发了 STATCOM 和 APF 产品，并在钢铁厂等重要负荷区得到了较为广泛的应用。

2. 利用并联型装置 DSTATCOM 实现配电网电压无功综合控制

DSTATCOM（Distribution STATic synchronous COMpensator 的缩写，即配电静止同步补偿器）是现代柔性交流输电技术（Flexible AC Transmission System，FACTS）在配电网中应用的主要装置之一。

DSTATCOM 能够快速连续地提供容性和感性无功功率，可以提高功率因数、克服三相不平衡、消除电压闪变和电压波动、抑制谐波污染等，实现电压和无功功率综合控制，保证供电系统稳定、高效、优质地运行。

DSTATCOM 的基本原理就是将自换相桥式电路通过电抗器或者直接并联在电网上，适当地调节桥式电路交流侧输出电压的幅值和相位，或者直接控制其交流侧电流就可以使该电路吸收或者发出满足要求的无功电流，实现动态无功补偿的目的。其原理接线图如图 8-6 所示。

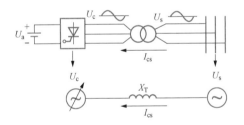

图 8-6 DSTATCOM 的基本原理

DSTATCOM 典型的应用是对钢铁公司的电弧炉等非线性负荷进行补偿。电弧炉是配电网中典型的电能质量问题"污染源"，由于其工作特性，它会造成配电网功率因数低、三相不平衡、电压闪变、电压波动以及严重的谐波等问题，不但影响自身的运行效率，还会严重影响由同一配电网供电的其他电力用户。而 DSTATCOM 具有响应速度快、无功—电压特性好、运行时不产生谐波污染、能有效抑制电压闪变等优势，可有效补偿电弧炉负荷对配电网的冲击，改善电能质量，并能提高生产效率，降低单位产品能耗，具有良好的技术经济效益。

3. 利用串联型装置 DVR 确保敏感负荷的供电电能质量

串联型补偿装置是近年来发展起来的新型定制电力补偿装置，可以有效解决配电网电压跌落对负荷造成影响的问题。其中最典型装置就是动态电压调节器（Dynamic Voltage Regulator，DVR）。DVR 装置串联在系统与敏感负荷之间，当系统电压发生跌落时，DVR 装置迅速输出补偿电压，不仅可以补偿动态的电压跌落或者突升，而且对稳态过电压、欠电压、电压谐波、电压闪变等具有明显的补偿作用，使敏感负荷感受不到系统电压波动，确保对敏感负荷的供电质量。

第四节　快速断电技术

快速断电保护是一门综合性电气安全新技术，可应用于短路、漏电等各种故障的保护装置中，目前只有中国、俄罗斯、美国、德国、波兰等主要产煤国家在从事该项技术的研究工作。快速断电保护的基本功能是在电气故障产生电火花并引爆瓦斯煤尘或引发火灾之前就将电源切断，从而确保安全。

一、快速断电概念

1. 瓦斯爆炸的感应期

瓦斯、煤尘爆炸之前都存在一个感应期，即从爆炸性混合物接触点火源起，到转化为快速燃烧爆炸的时间间隔。感应期的长短与爆炸物的种类、浓度和点火源的温度等因素有关。瓦斯爆炸的感应期在 10ms 以上，煤尘爆炸的感应期一般为 40～250ms。

2. 故障电火花形成时间

当电网发生电气故障时，从故障发生瞬时至形成外露电火花并进一步引爆周围爆炸性气体（如瓦斯：甲烷—空气混合物）或引起电火灾的时间，称为恶性事故形成时间，简称故障形成时间。各类事故故障形成时间分别为：

（1）矿用橡套软电缆的最小着火时间，$T_{xh}=5ms$；

（2）矿用橡套软电缆的故障电火花形成并进一步引爆瓦斯或引起电火灾的时间，$T_{xl}=10ms$；

（3）隔爆外壳内发生弧光短路产生并烧穿外壳喷出电弧的故障形成时间 $T_{xg}=10ms$。

3. 保护装置的全断电时间

从供电系统发生电气故障的瞬时至保护装置切断电源所需的全部时间，称为保护装置的全断电时间，用符号 T_0 表示为

$$T_0 = T_q + T_d$$

式中　T_q——故障信号取样时间，从故障发生到发出跳闸指令的时间，ms；

T_d——开关的全断电时间，从收到跳闸指令到切断电源熄灭电弧的时间，ms。

在快速断电保护装置中，可取允许的全断电时间为系统的最小故障形成时间，即 $T_x=5ms$。因此，只要在发生电气故障 5ms 之内切断供电电源即能可靠地达到防爆防火的要求。

4. 快速断电技术的概念

利用自动装置在发生电气故障后 5ms 内快速切断供电电源，使故障电火花或电弧存在的时间小于点燃瓦斯煤尘所需要的最小时间，即保证在形成外露电火并引爆瓦斯煤尘之前就切断电源的技术称为快速断电技术。

二、实现快速断电的技术途径

（一）短路故障快速检测

1. 利用电网载频保护实现短路故障快速检测

载频保护的基本原理是由电感三点式自激振荡器产生 20～30kHz 的高频检测信号，

经阻容网络耦合到三相电网上，供电电缆未发生短路时，电网相间高频阻抗较高，振荡器作为高频信号电源因负荷较轻而正常工作，其输出的高频信号经 A/D 转换为直流电压较高，不会使鉴别电路翻转。当电缆发生短路时，电缆相间高频阻抗降低，振荡器因负荷过重而停振，使转换后的直流电压为零，从而鉴别电路翻转，该法能在 1ms 内快速检测出短路故障信号。

2. 利用电流变化率实现短路快速检测

用三个二次侧接成星形的电流互感器反应电网短路瞬间的电流变化率 di_k/dt，经三相全波整流、光电耦合器后在取样电阻上获得信号电压，再经电压比较器鉴别发出断电指令，经有关资料的计算论证，该法可保证取样时间 $\leqslant 2.1ms$，而且取样时间 $\leqslant 1ms$ 的概率 > 0.8。

由于按电流变化率取样，故在保护整定方法上、系统抗干扰上还需要在理论和实践中作进一步的分析和完善。

（二）3C-R 型快速漏电故障检测电路

由三个电容 C 和一个电阻 R 组成零序电压滤序器来快速检测漏电故障的电路，如图 8-7 所示，对于井下 660V 中性点不接地的低压电网，取零序电压滤序器的参数 $R_1 = 500\Omega$，$C_2 = 2\mu F$，可保证当发生单相接地故障（漏电故障）时，取样时间不大于 2.4ms，满足快速断电保护的要求。

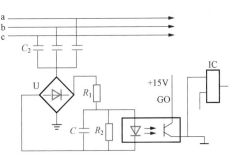

图 8-7　快速漏电保护检测电路

当电网发生单相漏电故障时，故障信号经整流器 U 整流后，在光敏三极管的发射极转变为直流电压，并送到电压比较器的正向输入端，与基准电平进行比较。当光电耦合器 GO 的输入电流大于 9mA 时，其三极管的射极电流也为 9mA，因发射极电阻为 1kΩ，则发射极电压为 9V，大于基准电平。比较器翻转，输出高电平，发出跳闸动作信号。

（三）快速断电开关

1. 半导体快速中性点开关

一般的机电型强电开关，其固有动作时间最快的也是数十毫秒数量级，不能满足快速断电全断电时间（从故障发生到完全断电）小于 5ms 的要求。采用半导体快速中性点开关，可在额定电流条件下，从接受断电指令到完全打开供电变压器二次绕组中性点实现断电，时间 $\leqslant 2ms$，因而与快速取样检测环节和信号处理鉴别环节配合，可以实现在 5ms 内快速断电的功能。

2. 电动直线驱动快速水银开关

目前仅有德国研制的 SS1000 快速断电开关。该开关主要由三相真空水银断路器和电动直线驱动装置组成，其额定电压为 1000V，额定电流 400A，最大冲击电流极限为 21kA，本身固有动作时间 $\leqslant 1ms$。该开关与大功率可控硅电子短路器（三角形接法）配合使用，能在快速断电开关触头刚断开瞬间将间隙上的电压降限制在几伏以内，使之断开时不发生电弧，因而在机械和电气两方面保证了在 1ms 之内完全断电。

三、快速断电在煤电钻综合装置中的应用

煤电钻是井下采掘工作的主要生产工具之一，由于启动频繁、工作环境恶劣并与操作人员直接接触，因而需要安全可靠的供电和保护系统。BZZ-2.5（4）型煤电钻综合装置是由外壳、干式变压器、机芯（本体加电子插件）所组成的三合一式矿用隔爆型电气设备，目前已广泛用于井下127V系统，对手持式煤电钻进行综合的供电、控制与保护。

利用载频快速检测技术和半导体中性点开关可在煤电钻综合装置中实现≤5ms的快速断电短路保护，其简化原理图如图8-8所示。

图8-8中，T2为煤电钻电源变压器127V二次绕组，分别接于三相桥CQ的三个桥臂上。只要CQ导通，三相绕组就通过CQ连成星形点，对电钻电机供电。T1为脉冲变压器。SCR1为主可控硅，只有SCR1导通，CQ才能导通。SCR2为副可控硅，当SCR2导通时，便将电容C上的电压加在SCR1的阴极上造成反压而使SCR1关断。R_1为C的充电电阻，其值远小于放电电阻R_2。载频检测鉴别电路的断电指令是通过三极管V3的截止来实现的，因而速度很快。

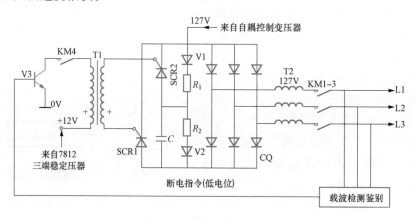

图8-8　煤电钻快速断电保护原理图

系统有电时，来自自耦控制变压器（图中未画）的127V交流电源经V1、R_1向C充电，因$R_2 \gg R_1$，故C很快充至140V左右达到稳定平衡。

煤电钻正常启动时，先导回路（图中未画）接通使主回路交流接触器KM得电，则KM4闭合，使V3饱和导通，并使T1产生脉冲使SCR1导通，则三相桥CQ导通使变压器T2二次侧绕组连成星形，127V三相电源通过已闭合的KM1～KM3主触点向电钻电机供电。

当供电线路发生短路时，断电指令为低电位，三极管V3截止，使T1断电。因而在T1的二次侧非同名端感应出高电位触发SCR2，此时电容C上的电压经SCR2加在SCR1两端形成反压，致使SCR1关断，则三相桥CQ截止。变压器T2二次侧绕组星形点打开，电路断电，实现快速断电。

第九章 特殊行业的安全供电

矿山、化工等企业的工作环境具有特殊性，工作环境恶劣，属于易燃易爆场所，因此对供电系统和电气设备都有着特殊的要求。本章介绍特殊行业对供电系统的要求、矿山井下的供电系统、防爆原理以及防爆设备。

第一节 特殊行业对供电系统的要求

一、电气设备的工作环境

矿山、化工、石油企业等的工作现场，常常处在潮湿、多水的环境里，空气中充斥着粉尘、瓦斯、纤维、腐蚀性气体等易燃易爆物质，特别是矿山企业还会发生冒顶、片帮的事故。这样的环境严重地影响着供电设备工作的安全性和可靠性。

例如，潮湿、导电性粉尘、腐蚀性蒸汽和气体对电气设备的绝缘起破坏作用，大幅度降低其绝缘电阻，可能造成漏电，使电气设备的外壳、机座等金属部件带上危险的电压，并由此酿成触电事故。而在潮湿、高温的环境里，人体电阻降低，将增大触电的危险性。又如，空气中的易燃物质在一定的浓度下遇高温或火花可能产生爆炸；外来的坚硬物体可能对电气设备造成损坏等。这就要求电气设备具有防爆、防潮、密封性好、外壳坚固等性能。

因此，应根据用电环境的特征，选用具有适当防护功能的电气设备。

二、危险环境的划分

为了正确选用电气设备、电气线路和各种防爆措施，必须正确划分其所在环境区域危险程度的大小和级别。

（一）气体、蒸汽爆炸危险环境及非爆炸危险区域

根据爆炸性气体混合物出现的频繁程度和持续时间，将此类危险环境分为0区、1区和2区。

1.0区（0级危险区域）

0区是指正常运行时连续出现或长时间出现或短时间频繁出现爆炸性气体、蒸汽或薄雾的区域。除了封闭的空间，如密闭的容器、储油罐等内部气体空间外，很少存在0区。此外，一些虽然爆炸性气体的浓度不高于爆炸上限，但是可能进入空气而达到爆炸极限范围内的环境仍划为0区。例如，固定盖顶的液体储罐，当液面以上空间未充惰性气体时应

划为 0 区。

2.1 区（1 级危险区域）

1 区是指正常运行时可能出现（预计周期性出现或偶然出现）爆炸性气体、蒸汽或薄雾的区域。

3.2 区（2 级危险区域）

2 区是指正常运行时不出现，即使出现也只可能是短时间偶然出现爆炸性气体、蒸汽或薄雾的区域。

4. 非爆炸危险区域

凡符合下列条件之一者，可划为非爆炸危险区域：

（1）没有释放源，且不可能有易燃物质侵入的区域。

（2）易燃物质可能出现的最大体积分数不超过爆炸下限 10% 的区域。

（3）易燃物质可能出现的最大体积分数超过 10%，但其年出现小时数不超过规定时间。

（4）在生产过程中使用明火的设备附近，或使用表面温度超过该区域易燃物质引燃温度的炽热部件的设备附近。

（5）在生产装置外露天或敞开安装的输送爆炸危险物质的架空管道地带（但阀门处须按具体情况另行考虑）。

（二）粉尘、纤维爆炸危险环境

粉尘、纤维爆炸危险区域是指生产设备周围环境中，悬浮粉尘、纤维量足以引起爆炸以及在电气设备表面会形成层积状粉尘、纤维而可能形成自燃或爆炸的环境。在 GB 4208—2008《外壳防护等级》标准中，根据爆炸性气体混合物出现的频繁程度和持续时间，将此类危险环境划为 10 区和 11 区。

1.10 区（10 级危险区域）

10 区是指正常运行时连续或长时间或短时间频繁出现爆炸性粉尘、纤维的区域。

2.11 区（11 级危险区域）

11 区是指正常运行时不出现爆炸性粉尘、纤维，仅在不正常运行时短时间偶然出现爆炸性粉尘、纤维的区域。

（三）火灾危险环境

火灾危险环境分为 21 区、22 区和 23 区，分别为有可燃液体、有可燃粉尘或纤维、有可燃固体存在的火灾危险环境。

三、对煤矿井下供电系统和供电设备的要求

（一）对供电系统的要求

1. 对各类负荷供电系统的要求

对于 I 类负荷必须采用双回路供电，即来自两个不同变电站或来自同一变电站的不同电源进线的两段母线。当任一回路停止供电时，另一回路应担负矿井全部用电负荷。对重要的 II 类负荷也尽量采用双回路供电或专线供电。供电设备应具备防爆功能。

严禁井下配电变压器中性点直接接地。严禁由地面中性点直接接地的变压器或发电机直接向井下供电。

必须严格遵循国家及部门的有关安全规程和设计规范要求。

2. 井下常用的供电电压

6～10kV 交流电，由地面总降压变电站经下井电缆提供，用于高压供、配电，主要负荷有高压电动机、变流所和动力变压器。

1140V 交流电，由移动变电站低压侧获得，用于综采大型设备及配套运输。

660V 交流电，由动力变压器或移动变电站低压侧获得，为绝大部分低压动力负荷提供电源。

380V 交流电，用于低压动力，已被 660V 交流电取代，现在只有地方小矿井使用 380V。

127V 交流电，由 660（380）/127V 变压器二次降压获得，主要负荷为煤电钻、岩石电钻及照明、信号等小容量设备供电。

3. 对电压等级的有关规定

（1）高压不超过 10kV，低压不超过 1140V。

（2）架线电机车直流电压不超过 600V。

（3）照明和手持式电气设备的供电额定电压不超过 127V。

（4）远距离控制线路的额定电压不超过 36V。

（5）井底车场、主进风巷照明系统的额定电压，采掘设备的额定电压如超过规定，必须报请省部批准。

（二）对供电设备的要求

所有防爆的电动机、开关、控制器都必须分别符合要求。

1. 电动机

电动机的风扇罩内容易落入过大、过多的杂物，从而使电动机受到损坏。尤其是杂物与风扇或风扇罩发生摩擦时将发生大量的热量或火花，可能引起沼气、粉尘爆炸。所以要求防爆电动机的通风孔具有一定的防止外物落入的能力。要求外风扇冷却电动机的进风端的防护等级必须不低于 IP20，出风端的防护等级必须不低于 IP10。

2. 开关及控制器

（1）直流开关，其动、静触点不允许制成油浸结构。

（2）矿用Ⅰ类交流动、静触点开关，只有当额定电压高于 1140V，各极之间相互隔离且每极的油量不超过 5L 时，才允许制成油浸结构。

（3）矿用Ⅰ类开关如设有短路、漏电保护时，保护装置动作机构须采用手动复位的形式，复位装置须有特殊紧固件并设在有保护装置的外壳内部。

（4）控制器手柄如果是可拆卸式的，必须保证在停止位置才可卸下。

（5）矿用Ⅰ类高压油断路器的使用分断容量应为实际最大分断容量的 50%。

第二节　特殊行业的供电系统

在具有爆炸危险的矿山供电系统中，井下用电由地面变电站用两条或多条高压电缆经井筒送至井下中央变电站，然后用成套配电装置配给井下各采区变电站或移动变电站，经降压后向采区低压设备供电。大中型矿井地面变电站，负荷多为Ⅰ、Ⅱ类负荷，如送风机，主、副井提升机等，应由接在不同母线上的双回路供电，以保证供电可靠性，大中型矿井地面中央变电站 6kV 接线如图 9-1 所示。

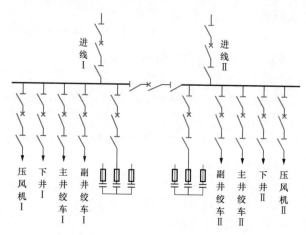

图 9-1　大中型矿井地面中央变电站 6kV 接线

一、井下主变（配）电站

（一）主变（配）电站选择原则

井下主变（配）电站的位置应尽量靠近负荷中心，并综合考虑通风良好、交通方便、进出线易于敷设、顶底板条件及保安预留柱的位置等因素。每个水平一般设一个主变（配）电站。当考虑多水平的某一水平由邻近水平供电在计算上合理时，也可以由附近水平的变（配）电站供电。

（二）硐室要求

硐室用非燃性材料支护，应考虑预留 20％的设备扩充余地。为了便于通风，硐室长超过 6m 时，应在两端各设一个出口：一个与井底车场大巷相通，并装有栅栏、防火两用门；另一个与水泵房相通，应有装栅栏、防火两用门的隔墙。硐室长超过 30m 时，应在中间增设一个出口。硐室温度不超过 30～35℃，并应高出底板 0.5m。

（三）设备布置

井下主变（配）电站内设备间的电气连接，除开关柜内可采用硬母线外，均要采用电缆。高压电缆、低压动力电缆一般可悬挂在墙上。

视硐室长度，开关柜可采用双列布置或单列布置。

对于低瓦斯矿井，可采用一般矿用设备。高瓦斯矿井必须选用防爆型设备。

井下供电系统布置概况如图 9-2 所示。

二、采区变电站

（一）主变（配）电站选择原则

选址应使其位于负荷中心，能保证采区内最远距离、最大容量设备的供电质量，通风、运输方便，顶板稳定，无淋水。

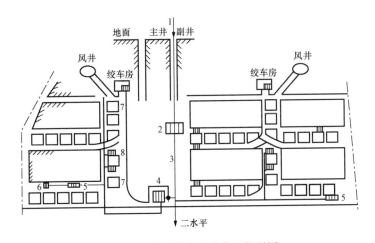

图9-2　井下供电系统布置概况图

1—下井高压电缆；2—井下主变（配）电站；3—高压电缆；4—分区变（配）电站；
5—防爆移动变电站；6—采区配电点；7—采区高压配电点；8—采区变电站

　　采区变电站硐室不得设在工作面顺槽中，一般设在盘区运输斜巷与轨道斜巷之间的横管内。这样可以利用两斜巷的煤柱而不需另留保安煤柱。

　　对向掘进工作面供电的变电站，在开拓采区工作面巷道时，一般由采区变电站供电，不另设掘进变电站。当掘进大巷时，可利用横管作变电站供电；若掘进速度较快，既无永久性变电站又无横管作掘进变电站时，可采用移动变电站供电或制定安全措施，并经有关部门批准，利用临时变电站供电。

　　（二）供电系统

　　采区变电站是采区的供电枢纽，接受井下主变（配）电站送来的高压电能，并变换成低压供给采掘区工作面配电点及用电设备。

　　近年来，随着采掘机械化的迅速发展，工作面电气设备总容量和采煤机组的单机容量均有较大幅度的增加，井下采区采用了新的供电系统，即提高供电电压，6～10kV高压电送到靠近负荷的防爆移动变电站，经防爆移动变电站变换成低压送至配电点或用电设备。这种使高压供电深入工作面的供电方式，大大缩短了低压供电距离，提高了供电质量和容量。图9-3所示为采区变电站—工作面配电点供电系统，由井下变电站送6～10kV高压电到采区变电站。这种供电系统所用电缆、

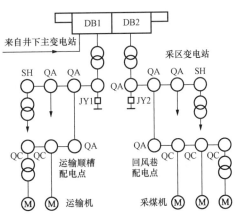

图9-3　采区变电站—工作面配电点供电系统

DB1，DB2—高压矿井配电箱；QA—自动馈电开关；
SH—手动启动器；JY1、JY2—检漏继电器；
QC—磁力启动器

开关较多，使供电系统相对复杂，低压电缆长，供电容量受到限制，且电能损耗大。

　　图9-4所示为采区变电站—移动变电站—工作配电点供电系统。这种供电系统是将高压电直接送到靠近用电负荷的移动变电站，由移动变电站变换成低压向采区负荷供电。高

压深入工作面，简化了低压供电系统，减少了电能损耗，保证了电能质量。移动变电站可根据需要在轨道上移动，不需要建硐室。但是，由于高压直接深入到采区工作面附近，对安全不利，因此应在移动变电站两侧装设漏电保护装置，以保证安全。

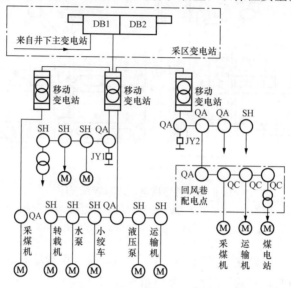

图9-4 采区变电站—移动变电站—工作面配电点供电系统

三、工作面配电点

工作面配电点接受由变电站或移动变电站送来的低压电能，通过控制开关、磁力启动器及矿用电缆向回采或掘进工作面的机电设备供电。同时它利用干式变压器将电压降到127V，供电钻、照明和信号使用。

工作面配电点是开关的集中处，由于经常要随着工作面移动而搬迁，故不设专用硐室。回采工作面配电点通常设在邻近的运输平巷的槽龛内或平巷的一侧，距工作面50～70m。对于无瓦斯、煤尘等突出危险的矿井，机采工作面配电点可放在回风巷内，掘进工作面配电点大多设在掘进巷一侧，距掘进工作面80～100m处。

对于工作面配电点直接控制的各种用电设备，应用经直接接在该配电点母线的专用磁力启动器控制。

工作面配电点距采区变电站较远，并且负荷重、启动频繁，随着工作面的推进面移动，一般在每个配电点加设一台电源进线自动馈电开关。

四、整流变电站

整流变电站是向电机车供电的井下整流、配电中心。井下每一生产水平一般设为1个整流变电站；当采区上山有运输材料的小蓄电池电机车时，可在采区上部另设1个供小电机车充电的整流变电站。

（一）设备组成

整流变电站的设备有整流变压器、照明变压器、高低压开关柜、整流柜或充电设备、检漏继电器、照明灯具等。当整流变电站与井下主变电站联合时，照明变压器、检漏继电器等和井下主变电站共用。整流变电站设在井底车场时，选用设备的型式和井下主变电站的设备型式相同。蓄电池电机车的整流变电站一般设在运输大巷的采区上、下山附近，此时，设备均须采用防爆型。

（二）电压源路径

整流变电站的电源电缆通常设两回路，由井下主变电站引入；当变电站设在采区附近时，电源电缆也可由采区变电站引入。

（三）接线

高压电源进线一般不设进线断路器，直接接至整流变压器。变压器低压侧设出线开关，用电缆接至整流柜（或各防爆馈电开关）。低压线采用单母线分段接线，母线间设联络开关，正常时分列运行。

（四）硐室构造

整流变电站设在井底车场时，硐室构造的要求与井下主变电站相同。变电站设在采区附近时，硐室构造与采区变电站相同。

（五）设备布置

设备布置的要求也和井下主变电站相同。架线式电机车的整流变电站多和井下变电站联合，单独设置时其布置也和井下主变电站类似。

蓄电池电机车的整流变电站，除变压器室、整流设备室外，还有充电室、储液室。充电室两侧布置充电台，中间铺设轨道以便电机车进出，顶部设起重装置以便搬运蓄电池箱至充电台上。电机车整流变电站及设备布置示例如图 9-5 所示。

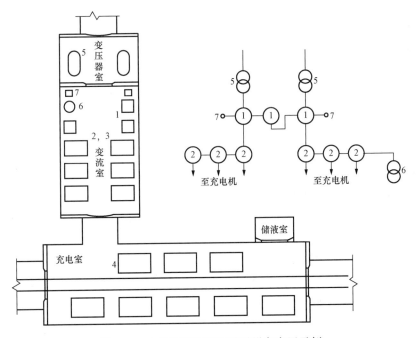

图 9-5　电机车整流变电站及设备布置示例

1—馈电开关；2—磁力启动器；3—充电机；4—充电台；5—整流变压器；
6—照明变压器；7—检漏继电器

第三节 矿 井 供 电 设 备

煤矿井下环境条件与地面差异较大，因此所用电气设备必须适应井下的特殊条件，以保证井下供电系统的安全与可靠。随着煤炭生产机械化程度的迅速提高，井下生产设备的容量越来越大，供电电压不断升高，因而井下电气设备的种类、型号越来越多。本节将根据各类设备的基本原理介绍几种常用的高低压电气设备。

一、电气设备的类型及防爆原理

井下供电设备的工作环境与井上相比具有以下特点：

（1）井下巷道、硐室和采掘工作面的空间狭窄，人体触及电气设备的机会多。

（2）由于煤层和岩石的压力以及爆破等影响，井下的电气设备受到掉矸和片帮砸压的机会较多。

（3）井下空气潮湿，经常出现水滴、淋水现象，因此电气设备容易受潮。

（4）有些巷道及机电硐室内空气流通不畅、温度高，电气设备散热条件差。

（5）有些巷道及机电设备移动次数多、启动频繁、负荷变化大、过载机会大。

（6）井下含有瓦斯、煤尘，当达到一定量值时遇有电弧、电火花及局部高温时，将会引起燃烧和爆炸。

（一）电气设备的防爆

瓦斯和煤尘的爆炸具有极强的破坏性，是井下最严重的恶性事故，井下电气设备必须具有防爆性能，故要求设备既能防止电弧和电火花的外露而引发瓦斯、煤尘的爆炸，又要保证爆炸后不会使设备外壳变形。

1. 矿井瓦斯和煤尘

瓦斯、煤尘爆炸时会产生巨大的冲击力，它不仅使设备损坏、人员伤亡，甚至还会造成整个矿井报废。

瓦斯是煤炭开采过程中从煤层、岩石中涌出来的一种气体。它包括甲烷、乙烷、一氧化碳、二氧化碳和二氧化硫等气体，但主要是甲烷（CH_4），又名沼气。这是一种无色、无味、比空气还要轻的可燃性气体。在正常温度和压力下，当瓦斯浓度的含量达到 5%～15% 时，遇到点燃源就会爆炸。另外，根据实验表明，当电火花和灼热导体的温度达到 650～750℃ 及以上温度时，也会引起瓦斯爆炸。电火花最容易引起瓦斯爆炸的浓度是 8.5%，而爆炸力最强的瓦斯浓度是 9.5%。

井下煤尘粒度在 $1\mu m$～1mm 之间，挥发指数（即煤尘中所含挥发物的相对比例）超过 10%，且飞扬在空气中的含量达 30～2000g/m³ 时，遇到 700～800℃ 及以上的点燃温度时，就会发生煤尘爆炸，爆炸后还生成大量的一氧化碳。它比瓦斯爆炸具有更大的危害性，爆炸最猛烈的煤尘含量是 112g/m³。

当井下瓦斯中含有煤尘时，会使爆炸浓度下限降低。表 9-1 是瓦斯和煤尘同时存在时的爆炸浓度下限。由于两者互相影响，瓦斯、煤尘同时存在时爆炸的危险性更大。

表 9 - 1　　　　　　　　　瓦斯、煤尘同时存在时的爆炸浓度下限

| 甲烷浓度下限（％） | 0.5 | 1.4 | 2.5 | 3.5 | 4.5 |
| 煤尘浓度下限（g/m³） | 34.5 | 26.4 | 15.5 | 6.1 | 0.4 |

2. 电气设备的防爆途径

矿井中能引起瓦斯、煤尘爆炸的火源很多，其中电火花、电气设备中的电弧及过度发热的导体是主要的引火源，因而应对电气设备采取以下措施：

（1）防爆外壳。井下电气设备采用防爆外壳，就是将电气元器件装在不传爆的外壳中，使爆炸只发生在内部。这种隔爆外壳多用于井下高低压开关设备、电动机等。

（2）增安。所谓增安就是对一些电气设备采取防护措施，制定特殊要求，以防止电火花、电弧和过热现象的发生，如提高绝缘强度、规定最小电气间隙、限制表面温升及装设不会产生过热或火花的导线接头等。这些措施用于电动机、变压器、照明灯等。

（3）本质安全电路。本质安全电路外露的火花能量不足以点燃瓦斯和煤尘。由于这种电路的电压、电流等参数都很小，故只限用于通信信号、测量仪表、自动控制系统等。

（4）超前切断电源。利用瓦斯、煤尘从接触火源到引起爆炸需要经过一定时间的延迟特性，在电气设备在正常和故障状态下产生的热源或电火花在尚未引爆瓦斯、煤尘之前切断电源，达到防爆的目的。

（二）矿用电气设备的分类

根据矿用电气设备使用场所的环境、条件以及设备结构、性能、用途及不同的要求，矿用电气设备分为两大类：一类是矿用防爆型电气设备，另一类是矿用一般型电气设备。

1. 矿用防爆型电气设备

防爆型电气设备又称爆炸环境用电气设备，它是按规定标准设计制造的。这种电气设备在使用中不会引起周围爆炸性混合物的爆炸。

防爆型电气设备在其外壳的明显位置处设置了清晰的永久性凸纹标志"Ex"。防爆电气设备按防爆形式又分为隔爆型、增安型、本质安全型、正压型、充油型、充砂型、浇封型、无火花型、气密性和特殊型等。

（1）隔爆型电气设备。这种电气设备具有隔爆外壳，该外壳既能承受其内部爆炸性气体混合物引起爆炸产生的爆炸压力，又能防止爆炸产物穿出隔爆间隙点燃外壳周围的爆炸性混合物。其代表符号为"d"。

（2）增安型电气设备。这种电气设备在正常运行条件下不会产生电弧、火花或可能点燃爆炸性混合物的高温，但在设备结构上采取措施提高安全程度，以避免在正常和认可的过载条件下产生火花、电弧或高温。其代表符号为"e"。

（3）本质安全型电气设备。这种电气设备的全部电路均为本质安全电路。所谓本质安全电路，是指在规定的试验条件下，正常工作或规定的故障状态下产生的电火花和热效应均应不能引燃周围环境爆炸性混合物的电路。其代表符号为"i"。

（4）正压型电气设备。这种电气设备具有正压外壳，即设备外壳内充有保护性气体，并保持其压力（压强）高于周围爆炸性环境的压力（压强），以阻止外部爆炸性混合物进入。其代表符号为"p"。

（5）充油型电气设备。这种电气设备的可能产生火花、电弧或危险高温的全部或部分部

件浸在油内，使设备不能点燃油面以上或外壳以外的爆炸性混合物。其代表符号为"o"。

（6）充砂型电气设备。这种电气设备外壳内充填有砂粒材料，使设备在规定的条件下壳内产生的电弧、传播的火焰、外壳壁或砂粒材料表面的过热温度，均不能点燃周围爆炸性混合物。其代表符号为"q"。

（7）浇封型电气设备。这种电气设备将其本身或其部件浇封在浇封剂中，使它在正常运行和认可的过载或认可的故障下不能点燃周围的爆炸性混合物。其代表符号为"m"。

（8）无火花型电气设备。这种电气设备在正常运行条件下，不会点燃周围爆炸性混合物，且一般不会发生有点燃作用的故障。其代表符号为"n"。

（9）气密性电气设备。这是一种具有气密性外壳的电气设备。其代表符号为"h"。

（10）特殊型电气设备。这种电气设备不同于现有防爆形式，它是由主管部门制定暂时规定，经国家认可的检验机构检验证明具有防爆性能的电气设备。这种防爆电气设备必须报国家技术监督部门备案。其代表符号为"s"。

2. 矿用一般型电气设备

矿用一般型电气设备是专为煤矿井下条件生产的不防爆的电气设备。这种电气设备与通用设备比较，对介质温度、耐潮性能、外壳材料及强度、进线装置、接地端子都有适应煤矿具体条件的要求，而且能防止从外部直接触及带电部分及防止水滴垂直滴入，并对接线端子爬电距离和空气间隙有专门的规定。其代表符号是"ky"。

由于这种电气设备没有任何防爆措施，所以只能用在井下通风良好且没有瓦斯积聚和尘土飞扬的地方。

3. 矿用电气设备的使用范围

矿用一般型电气设备与防爆型电气设备相比，具有造价低廉、维护方便的特点，所以在井下能用一般型电气设备的场所尽量不使用防爆型设备，以便降低煤炭生产的成本。但从煤矿安全的角度出发，不同类型的电气设备的使用场所，必须按《煤矿安全规程》中的有关规定执行。对不同等级的瓦斯矿井，在不同地点允许使用的电气设备类型如表 9-2 所示。

表 9-2　　　　　　　　　矿井中不同地点允许使用的电气设备类型

使用场所\\类别	煤（岩）与瓦斯（二氧化碳）突出矿井和瓦斯喷出区域	瓦 斯 矿 井				
		井底车场、总进风巷和主要进风巷		翻车机硐室	采区进风巷	总回风巷、主要回风巷、采区回风巷、工作面和工作面进回风巷
		低瓦斯矿井	高瓦斯矿井			
1. 高低压电机和电气设备	矿用防爆型（矿用增安型除外)①	矿用一般型	矿用一般型	矿用防爆型	矿用防爆型	矿用防爆型（矿用增安型除外）
2. 照明灯具	矿用防爆型（矿用增安型除外)②	矿用一般型	矿用防爆型	矿用防爆型	矿用防爆型	矿用防爆型（矿用增安型除外）
3. 通信、自动化装置和仪表、仪器	矿用防爆型（矿用增安型除外）	矿用一般型	矿用防爆型	矿用防爆型	矿用防爆型	矿用防爆型（矿用增安型除外）

注　使用架线电机车运输的巷道中及沿该巷道的机电设备硐室可以采用矿用一般型电气设备（包括照明灯具，通信、自动化装备与仪表、仪器）。

①　煤（岩）与瓦斯突出矿井的井底车场的主泵房内，可使用矿用增安型电动机。

②　允许使用经安全检测鉴定，并取得煤矿矿用产品安全标志的矿灯。

（三）电气设备的防爆性能

1. 爆炸压力

浓度为9.8%的甲烷空气混合气体在常温、常压下放入密闭容器并在绝热条件下试验，其高温爆炸温度可达2650℃，一般在2100～2200℃之间。由于高温产生高压，则在一定容积下爆炸压力单位面积所承受的压力的理论值可达0.82～0.85MPa，爆炸后的温度在1850℃左右。同时，实验还证明，爆炸压力与容积的大小、形状、接合面的间隙等因素有关。当容积相同时，容积形状与压力的关系如表9-3所示。

表9-3　　　　　　　　　　　　容积相同时容积形状与压力的关系

外壳形状	圆球形	正方形	圆柱形	长方形
单位面积承受的压力（MPa）	0.71	0.61	0.54	0.50

由表9-3可见，圆球形容器承受的爆炸力最大，而长方形容器最小。这是因为它们的散热面积（表面积）不同所致，即容积相同时，散热面积越大，承受的爆炸压力越小。

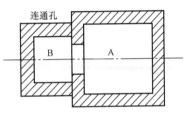

图9-6　连通空腔示意图

理论和实验证明，容器内发生爆炸时，容器所受的爆炸力与容器原来的压力成正比。如容器内原来的压力为0.1MPa，爆炸压力为0.8MPa；当容器内原来的压力变为0.2MPa，爆炸压力将变为1.6MPa。由于爆炸的这一特性，所以防爆外壳不能做成多个空腔。在图9-6所示的2个连通空腔中，A腔内发生爆炸后，压力通过连通孔传到B腔，使B腔的压力增大；当A腔的火焰随后传来引起B腔爆炸时，爆炸压力将增大很多倍。这就是所谓的"压力重叠现象"，显然这是非常危险的。因此，防爆外壳一般都做成单腔。若确实需要多腔时，应尽量增大连通孔的面积，以使两空腔中的爆炸性气体同时爆炸。

2. 隔爆外壳的性能

隔爆外壳有两个作用：一是有足够的机械强度，即当壳内出现较强的爆炸时，不会使外壳损坏和变形；二是内部产生爆炸时的火焰不会引爆外壳周围的瓦斯、煤尘，即防爆外壳必须有耐爆性和隔爆性。

（1）耐爆性。耐爆性主要指防爆外壳的机械强度。为保证外壳能承受爆炸高温、高压的冲击，井下大多电气设备的外壳都是用抗拉强度和韧性较高的钢板、铸铁焊接制成。对常用的隔爆型电气设备，当外壳直径在400～600mm之间时，其壁厚一般选在3～6mm范围（具体厚度通过力学分析和试验确定）。对于手持式或支架式电钻及其附属插销和携带式仪器的外壳，都采用抗拉强度较高的铝合金材料制成。

（2）隔爆性。隔爆性是指设备外壳各部件间的接合面应符合一定的要求，以保证外喷火焰或灼热的金属颗粒不会引起壳外的可燃性气体爆炸。外壳的隔爆程度是由外壳装配接合面的宽度、间隙和表面粗糙度来保证的。这是由于火焰和爆炸生成物通过接合面向外传播时，接合面具有熄火作用和对高温金属颗粒的冷却作用，致使火焰温度降至点燃温度以下而起到隔爆作用。因此，防爆面需要有适当的接合面宽度、间隙及表面粗糙度。

隔爆接合面的结构主要分为静止和活动两大类。静止接合面又分为平面对口式和止口式两种，如图 9-7（a）～（d）所示，如防爆开关、接线盒等。活动接合面均为圆筒式结构，如电动机的轴和轴孔、操纵杆和杆孔等，如图 9-7（e）、（f）所示。它们的结构参数必须符合表 9-4 的规定。但快动式门（或盖）和插盖式接合面的最小有效长度 L 须不小于 25mm。

表 9-4   Ⅰ类隔爆接合面结构参数

接合面型式	L （mm）	L_1 （mm）	W （mm）	
			$V \leqslant 0.1L$	$V > 0.1L$
平面对口、止口或圆筒结构	6.0	6.0	0.30	—
	12.5	8.0	0.40	0.40
	25.0	9.0	0.50	0.50
	40.0	15.0	—	0.60
带有滚动轴承的圆筒结构	6.0	—	0.40	0.40
	12.5	—	0.50	0.50
	25.0	—	0.60	0.60
	40.0	—	—	0.80

注 L—接合面的最小有效长度；L_1—螺栓通孔边缘至接合面边缘的最小有效长度；W—接合面的最大间隙或直径差；V—外壳容积。

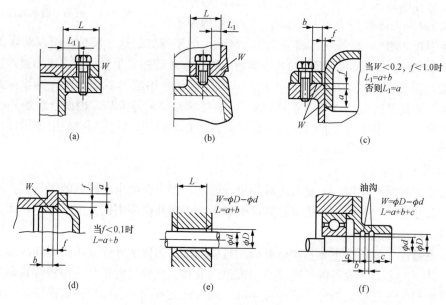

图 9-7 结合面的结构型式
（a）、（b）平面对口式；（c）、（d）止口式；（e）、（f）圆筒式

3. 隔爆外壳材料

隔爆型设备外壳一般采用钢板或铸钢制成，但容积不大于 2L 的设备外壳允许采用塑料制品，容积不大于 0.01L 的设备外壳允许用陶瓷材料制作。对于煤矿采用的手持式或支架式电钻及其附带插销、携带式仪器仪表、灯具等的外壳，可用铝合金作外壳，但其抗拉强度不得低于 117.6MPa。

二、矿井高压变电站配电设备

矿井高压变电站配电设备包括高压配电箱和动力变压器，根据设备应用场合不同，可分为矿用一般型和矿用隔爆型两种。

(一) 矿用高压配电箱

1. 用途及类型

高压配电箱是将高压开关（断路器、隔离开关）和保护装置（互感器和保护插件）组合在一起的成套配电装置，用于控制、保护高压设备（高压电动机、变压器）以及高压线路。

根据配电箱外壳的差异，可分为矿用一般型和矿用隔爆型两类。矿用一般型与非矿用配电箱相比，外壳坚固、封闭，能防尘、防滴、防溅；绝缘防潮性能更高；与开关连接采用专门的开关接线盒或插销装置，没有裸露接头；接线端子相互之间及其和外壳之间，有增大的漏电距离和电气间隙；有防止从外部直接触及壳内带电部分的机械闭锁装置。但此类配电箱不具有防爆功能，只能用于无瓦斯、煤尘喷出的井底车场、中央变电站、总进风巷等场所。矿用隔爆型配电箱采用隔爆外壳，具有隔爆性和耐爆性，可以用于井下任何场所。

2. 型号及选择

井下中央变电站可以选择矿用一般型，也可以选择矿用隔爆型；采区变电站必须选择隔爆型。高压配电柜的型号含义如下。

(1) 矿用一般型高压配电箱型号含义如下。

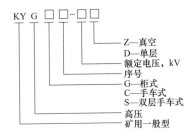

(2) 矿用隔爆型高压配电箱型号含义如下。

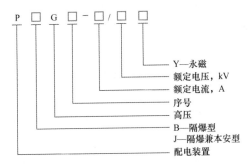

3. 设备结构

各类高压配电箱的结构大同小异，以常用的 PJG25－630/10（6）Y 型矿用隔爆兼本质安全型高压真空配电箱为例，该配电箱由隔爆外壳和机芯小车两部分组成，如图 9-8 所示。

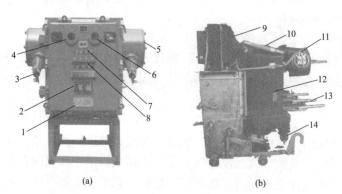

图 9-8　PJG25-630/10（6）Y 型矿用隔爆兼本质安全型高压真空配电箱
(a) 箱体正面；(b) 机芯小车
1—防爆标志；2—铭牌；3—进线嘴；4—液晶显示窗；5—接线筒；6—状态显示窗；
7—MA 标志；8—操作按钮；9—电压互感器；10—熔断器；11—电流互感器；12—真空断路器；
13—隔离开关动触头；14—压敏电阻

防爆外壳为一长方形箱体，箱体中间由隔板分为前、后两腔。前腔装有机芯小车，小车上装有真空断路器、隔离插销动触头、电流互感器和三相电压互感器等，可通过导轨方便地抽出及推入。前腔还装有导轨、操作机构、接地导杆等装置。后腔又分为上下两腔。上腔为电源进线腔，进线电缆由接线嘴经贯穿母线接至上隔离插销；下腔为负荷出线腔，出线电缆由下隔离插销经零序电流互感器接至出线嘴。

箱体正面设有液晶显示窗、状态显示窗、操作按钮、防爆标志、铭牌、MA 标志等；箱门背面安装有智能综保器、液晶显示器等；箱门左右两边同时设置偏心轮把手，开门时同时提起两边把手，使箱门脱离锁块后绕门轴旋转即可；箱体左右设有出线嘴、进线嘴及其接线筒。

（二）矿用变压器及其组合装置

1. 用途及类型

矿用变压器用于将地面 10kV 或 6kV 电压变换成井下设备用的 1200V、690V 或 400V 电压，或者把 1140V、660V 电压变换成所需电压向井下负荷供电。

矿用变压器分为一般型和矿用隔爆型，前者为油浸式，易引发火灾，目前已禁用；后者为干式变压器，分为独立式、组合移动式（即移动变电站）、综合移动式（即动力中心，又称负荷中心）。

独立式用于固定设置的井下变电站，将井下高压降低并与隔爆高、低压开关配合，向井下动力设备供电；对机械化程度较高的采区，特别是综合机械化采区，设备较多且装机容量很大，采区范围广、回采速度快，使用固定变电站供电距离远、线损大，必须采用隔爆移动变电站；对于特大型综采（综掘）工作面多电压设备集中控制和程序控制，可以采用具有多电压输出的动力中心。

2. 型号及选择

井下变电站内选择 KBSG 型隔爆变压器；至于工作面平巷选择 KBSGZY 型隔爆移动变电站、KJSGZD 型隔爆兼本安型动力中心，前者用于综采或综掘工作面供电，后者用于高产高效矿井综采或综掘工作面供电。矿用变压器及其组合装置型号含义如下：

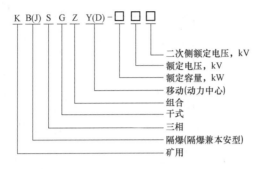

3. 设备结构

(1) 隔爆变压器结构。隔爆变压器由隔爆外壳与器身组成，外形如图 9 - 9 所示。

隔爆外壳为长方体结构，由钢板焊接而成。外壳两侧为 4mm 厚钢板压制成瓦楞形状以增加散热面积，箱顶和箱底用 6mm 厚钢板完成拱形，前后端有高、低压隔爆接线盒分别与配套的高、低压开关连接，顶端有高压侧分接盒可调节分接头。高压接线盒内设有终端元件与急停按钮，可通过其控制电缆引入装置与高压开关连接；低压接线盒内有温度继电器接线柱，用于和保护电路连接。

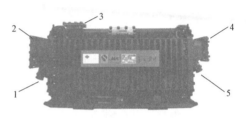

图 9 - 9 隔爆变压器外形图

1—高压电缆引入装置；2—高压接线盒；
3—分接盒；4—低压接线盒；
5—低压电缆引入装置

器身由铁芯和三相高低压绕组组成。铁芯采用损耗很小的冷轧硅钢片垒成，绕组一般由 H 级聚酰亚胺复合漆包扁铜线绕制而成。铁芯顶部设温度继电器或铂热电阻以监视绕组温度。高压绕组为星形联接，可通过分接板上的连接片调压；低压绕组有星形和三角形两种接法。

(2) 隔爆移动变电站结构。隔爆移动变电站是在隔爆变压器两端分别增加了一台高压装置（俗称高压头）和低压装置（俗称低压头），以及托撬下直径为 200mm 的有边滚轮，可在轮距为 600mm 或 900mm 的轨道上滚动，以便随采煤工作面的推进不断移动。隔爆移动变电站的外形如图 9 - 10 所示。

1) 高压头。高压头可以是隔爆高压负荷开关箱，也可以是隔爆高压配电箱。

隔爆高压负荷开关箱：开关箱包括高压负荷开关和两只电缆连接器，是变电站高压侧的配套开关，用作闭合和分断隔爆移动变电站的空载电流。开关箱由钢板焊接成的箱体、电缆连接器、压气式负荷开关及操动机构等组成。箱体通过螺钉与隔爆变压器进线盒法兰面连接。

箱内压气式负荷开关的灭弧装置由压气装置及喷嘴组成，分闸时，其气缸绝缘子内的压缩空气从灭弧喷嘴中强烈喷出，可迅速熄灭电弧。但由于灭弧能力有限，该负荷开关不允许带负荷操作，更不能切断变压器短路电流。

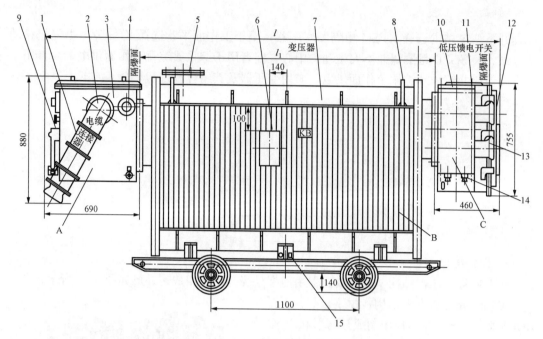

图 9-10 KSGZY 型移动变电站外形结构图
A—隔爆负荷开关；B—干式隔爆变压器；C—低压隔爆开关
1—高压电缆连接器；2—弯接头；3—高压负荷开关；4—观察窗；5—高压接线盏；6—铭牌及电气系统图；
7—RSGB 型干式变压器；8—吊环；9—高压操作手柄；10—低压馈电开关；11—低压接线箱；
12—仪表；13—电力电缆出线嘴；14—控制电缆接线嘴；15—外部接地螺栓

隔爆高压配电箱：隔爆高压配电箱采用了真空断路器，可以直接通断负荷，并且变压器发生短路、漏电时可以直接跳闸实现保护。只是为了便于安装在变压器的高压侧，其后侧接线箱需要与变压器一次侧接线箱匹配，直接通过法兰盘和螺栓与变压器一次侧接线盒连接。

2）低压头。高压头为高压负荷开关时，低压头必须配隔爆自动馈电开关；高压头为隔爆高压配电箱时，低压头可配隔爆低压综合保护箱，也可配隔爆馈电开关。隔爆低压综合保护箱与隔爆馈电开关不同的是没有真空断路器，只有其中的保护装置。当发生漏电或短路时，可以接通高压头的高压配电箱内脱扣线圈，通过使高压配电箱跳闸实现漏电、短路保护。

3）隔爆动力中心结构。隔爆动力中心又称隔爆负荷中心，由高压配电箱、干式变压器、低压组合开关 3 部分组合而成，其结构如图 9-11 所示。与隔爆移动变电站不同的是变压器为多绕组多电压输出，隔爆主腔采用多电压分腔技术，可同时输出 3300V、1140V（660V）、127V 电压，向综采（掘）工作面的电气设备及照明供电，低压头不是馈电开关而是组合开关。

动力中心用组合开关整合了低压保护箱和多回路电磁启动器的功能，变压器低压输出的总保护如过载、断相、漏电、短路等作为多路电磁启动器的后备保护，与高压输入保护单元共同组成多级保护，并可远方控制或程序控制采掘、运输、泵站等电气设备。

由于减少了不同输出电压的隔爆移动变电站数量和各路低压馈电开关数量及其之间的

图 9 - 11　KJSGZD 型隔爆动力中心外形图

连接电缆，从而降低了故障率，缩短了移动列车长度，减少了电缆连接和设备搬迁以及安装维修的工作量，因此隔爆动力中心可以取代隔爆移动变电站和隔爆组合开关。

三、矿用隔爆馈电开关

1. 用途及类型

隔爆馈电开关是将转换开关、真空断路器、保护装置组装在隔爆外壳内的一种成套配电装置，用于接受和分配低压电能、控制和保护低压动力线路。主要应用于井下变电站或配电点，作为低压配电总开关或分路开关使用，也可作隔爆移动变电站低压侧配电开关用。采用电子或智能保护装置，可实现过负荷、断相、短路、漏电等多种保护及闭锁功能。

2. 型号及选择

目前大部分隔爆馈电开关已经将总开关和分开关合二为一，只需通过调整"总、分"选择开关实现总开关与分开关的选择。用作移动变电站低压侧总开关时，应选择与移动变电站配套的隔爆馈电开关。需要注意的是，BKD9 系列矿用隔爆真空馈电开关及 DW80 系列矿用隔爆空气馈电开关属于国家明令淘汰设备，严禁使用。

矿用隔爆馈电开关型号含义如下：

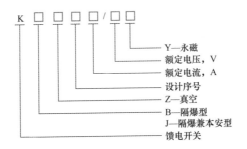

3. 设备结构

隔爆馈电开关由隔爆外壳及本体组成，KJ2 - 500/1140 型隔爆馈电开关外形如图 9 - 12 所示。

（1）隔爆外壳。隔爆外壳包括隔爆接线盒和隔爆主腔。

隔爆接线盒位于外壳顶部，两侧设有 4 个动力电缆接线引入装置（又称接线嘴，俗称喇叭嘴），其中后面两个为电源进出线喇叭嘴，前面两个为负荷出线喇叭嘴。接线盒前面一般设有控制电缆接线嘴，接风电闭锁、远方分励、辅助接地引出线。接线盒内设有各电缆的接线柱，实现引入电缆与主腔内原件的连接。

隔爆主腔位于开关中部，主要放置开关本体。主腔内壁顶部设有与接线腔连接的端

图 9-12 KJZ-500/1140 型隔爆馈电开关外形

1—接线盒；2—观察窗；3—闭锁机构；4—按钮排；5—前门把手；6—喇叭嘴；

7—隔爆主腔；8—真空断路器；9—电流互感器；10—综合保护器

子，右侧设侧板，前门为铰轴平移快开门。前门右侧有转换开关操作手柄与前门闭锁螺栓实现机械闭锁，保证在合闸（通电）状态下无法开门。前门主要装有综合保护装置及其外围设备：综合保护装置是具有过流保护、漏电保护、欠压保护等功能的继电保护装置，往往作为电气开关的部件插装在开关内；液晶显示器和观察窗可观察开关工作状态及查询故障；"分闸""合闸""向上""向下""复位""确认"等操作按钮可进行开关操作和液晶显示器中的菜单操作。前门还装有隔爆设备标志 ExdI、煤矿矿用产品安全（简称煤安）标志 MA（无此标志者不可在煤矿井下使用）等。主腔的下方为托撬以便开关拖动，托撬侧面还有接地螺栓，实现外壳与接地极的连接。

（2）本体。本体由真空断路器、电流互感器、零序电流互感器等组成。

真空断路器正常情况下用于接通、断开主回路负荷；故障情况下执行保护命令，断开主回路，并切断负载电流和短路电流产生的电弧。电流互感器用于向过流保护及监测装置提供主回路电流信号。零序电流互感器将主回路一次侧三相电流相量和变换为二次侧零序电流信号，为有选择性漏电保护装置提供信号。

四、隔爆电磁启动器及其组合装置

1. 用途及类型

隔爆型电磁启动器是一种组合电器，它将隔离开关、接触器、按钮、保护装置等元件装在隔爆外壳中，适用于含有爆炸性气体（甲烷）和煤尘的矿井中。在额定电压为3300V、1140V、660V、380V，电流在 400A 以下，用于控制和保护矿用隔爆型三相异步电动机，控制方式分为就地控制（近控）、远方控制（远控）和连锁控制（智能型启动器为程序控制）。由于控制方便、保护完善，所以在煤矿井下广泛使用。

矿用隔爆电磁启动器的类型较多，按结构特点可分为：隔爆空气型（已淘汰）、隔爆真空型和隔爆兼本安真空型，均可用于井下电动机控制和保护。

按电压可分为：高压电磁启动器和电磁启动器，前者可用于 10kV、6kV、3.3kV 高压设备的控制和保护，后者用于 1140V、660V 设备的控制保护。

按功能特点可分为：智能型、可逆型、双速型、软启动器、分级闭锁型和组合型。

智能型具有就地控制、远方控制、程序控制、红外遥控等多种控制方式，过流、过压、欠压、漏电闭锁等多种保护类型，以及菜单化整定操作、工作故障参数显示以及环境监测和联网通信功能，用于现代化煤矿井下电动机控制保护。

可逆型具有频繁换向控制功能，用于井下小绞车控制保护；双速型具有低速和高速两组接触器，用于有双速电动机的刮板运输机控制保护。

软启动器具有降压起动功能，用于重型运输机降压起动控制。

分级闭锁型具有电源接线盒与负载接线盒的分级闭锁功能，防止带电检修。

组合型电磁启动器又称组合开关，它将多路电磁启动器组装在隔爆外壳中，具有多台设备集中程序控制和保护功能，用于工作面设备的集中控制。由于它集中控制、功能多、保护全，免去多台启动器之间的连接，减少故障发生率和移动列车长度，减少电缆连接和设备搬迁以及安装维修的工作量，所以在煤矿井下将取代电磁启动器而广泛使用。组合开关按电压可分为高压组合（10kV、6kV、3.3kV）和低压组合（1140V、660V），按组合路数可分为2、4、6、7、8、9、10、11、12、14组合等。

2. 型号及选择

电磁启动器的型号含义如下：

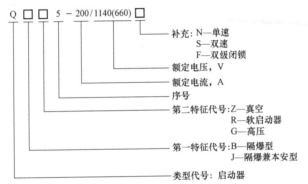

QC8、QC10、QC12系列电磁启动器，采用CJ8、CJ10系列接触器及JR0、JR9、JR14、JR15、JR16系列热继电器的矿用隔爆型电磁启动器和综合保护装置，国家已明令淘汰，严禁使用。

隔爆组合开关的型号含义如下：

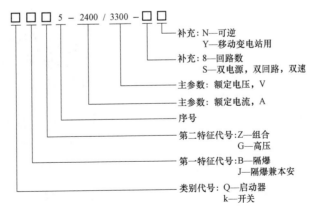

组合开关的选型参考如下：

（1）对于需要集中程序控制的综采工作面设备采用QJZ型或KJZ型多路组合开关，对于高压设备采用QJGZ型高压组合开关。

（2）对于需要经常正、反转运行的多台调度绞车集中控制选用隔爆型真空可逆绞车控制组合开关，如 QBZM-120/1140（660）N 型。

（3）对于起动阻力较大的多台重型输送机（大型可弯曲刮板输送机、带式输送机）的控制，应选用 QJR 型软启动组合开关。

（4）对于需要双电源自动切换的多台局部通风机的控制，应选用隔爆兼本质安全型双电源 2 组合开关，如 QJZ8-2×60/660（380）S 型。

（5）应根据所控电机数量确定组合路数。如控制采煤机、可弯曲刮板输送机、转载机就需要 4 组合，因为刮板机为双机拖动；如果综放工作面为前后刮板机，则需要选择 6 组合。

图 9-13　QJZ-400/1140 型电磁启动器外形
1—主回路引入装置；2—接线腔；
3—控制回路引入装置；4—主腔；
5—停止按钮；6—隔离开关手柄；7—滑撬；
8—按钮排；9—前门手把

3．设备结构

（1）电磁启动器。电磁启动器由隔爆外壳和机芯本体组成。

1）隔爆外壳。隔爆外壳分为主腔和接线腔两部分，QJZ-400/1140 型电磁启动器外形如图 9-13 所示。

主腔内放置机芯本体，采用平移式快速开门机构。前门与隔离开关之间具有可靠的机械联锁。保证在隔离开关处于接通位置时，前门不能打开；在前门打开时，用常规的方法，隔离开关不能接通。

开门操作时，在外壳右面，按下总停止按钮，把隔离开关手柄打向停止位置，向内旋进闭锁销，向外拉动前门上的手柄，前门即可打开。关门时，进行与上述相反的操作，但须注意防止门体与壳体法兰隔爆面的碰撞。

主腔前门上设有起动按钮、停止按钮，试验按钮和手动高速按钮。前门上的观察窗装有保护器，用以观察保护信号及运行情况。前门内侧的控制芯板装有各种继电器、转换开关、先导组件等。控制芯板的安装为合页式，拆装方便。

接线腔在壳体的上部。接线腔盖板与壳体的联接为螺栓紧固结构。接线腔左、右两侧为主回路进出线引入装置，前侧为控制回路进出线引入装置，腔内布置主回路和控制回路接线端子。

2）机芯。机芯安装有启动器的大部分组成元件，主要有：隔离换向开关、真空接触器、电流互感器、控制变压器、智能综保器等，QJZ-400/1140 型电磁启动器机芯如图 9-14 所示。

机芯通常安装在可移动机芯小车上，

图 9-14　QJZ-400/1140 型电磁启动器机芯
1—中间继电器；2—真空接触器；3—分控开关；
4—控制变压器；5—电流互感器

启动器前门打开后，放倒小车前档的导轨，松开小车紧固螺栓，拉动小车拉手，小车即可沿导轨滑出，方便安装和检修。

（2）组合开关。

组合开关由隔爆外壳与内部元件组成，QJZ-400/1140-4型组合开关如图9-15所示。隔爆外壳分为进线腔、主控腔和出线腔，其中主控腔装有组合开关所有的主回路和控制保护元件，其内部结构及工作原理不再赘述。

图9-15　QJZ-400/1140-4型组合开关

附录　电力变压器技术参数

附表 A　　　　10kV 级立体卷铁心油浸式变压器技术参数（S13 型）

型号	电压组合及分接范围			联结组标号	空载损耗（kW）	负载损耗（kW）	空载电流（%）	短路阻抗（%）	总质量（%）	外形尺寸		
	高压（kV）	高压分接范围（%）	低压（kV）							长（mm）	宽（mm）	高（mm）
S13-M·RL-30/10	10	±5 ±2×2.5	0.4	Dyn11 Yyn0 Yzn11	0.08	0.63/0.60	0.30	4.0	375	1025	680	1200
S13-M·RL～50/10					0.10	0.91/0.87	0.24		435	1025	680	1225
S13-M·RL～80/10					0.13	1.31/1.25	0.22		550	1095	720	1315
S13-M·RL～100/10					0.15	1.58/1.50	0.21		605	1095	720	1335
S13-M·RL～160/10					0.20	2.31/2.20	0.19		800	1080	935	1440
S13-M·RL～200/10					0.24	2.73/2.60	0.18		940	1110	960	1445
S13-M·RL～250/10					0.29	3.20/3.05	0.17		1090	1200	1040	1460
S13-M·RL～315/10					0.34	3.83/3.65	0.16		1270	1275	1105	1470
S13-M·RL～400/10					0.41	4.52/4.30	0.16		1440	1305	1130	1540
S13-M·RL～500/10					0.48	5.41/5.10	0.16		1870	1480	1285	1590
S13-M·RL～630/10					0.57	6.20	0.15		2085	1395	1210	1650
S13-M·RL～800/10					0.70	7.50	0.15	4.5	2480	1525	1320	1710
S13-M·RL～1000/10					0.83	10.30	0.14		3000	1720	1490	1730
S13-M·RL～1250/10					0.97	12.00	0.13		3450	1710	1480	1830
S13-M·RL～1600/10					1.17	14.50	0.12		4460	1880	1630	1940

注　对于 500kVA 及以下的变压器，表中斜线上方的负载损耗值适用于 Dyn11 联结组，斜线下方的负载损耗值适用于 Yyn0 联结组。

附表 B　　　　10kV 级油浸式变压器技术参数（S13 型）

型号	电压组合及分接范围			联结组标号	空载损耗（kW）	负载损耗（kW）	空载电流（%）	短路阻抗（%）	总质量（%）	外形尺寸		
	高压（kV）	高压分接范围（%）	低压（kV）							长（mm）	宽（mm）	高（mm）
S13-M-30/10	6 6.3 10 10.5 11	±2×2.5 ±5	0.4	Dyn11 Yyn0	0.08	0.63/0.60	1.6	4.0	290	810	450	1010
S13-M-50/10					0.10	0.91/0.87	1.6		395	885	615	1055
S13-M-63/10					0.11	1.09/1.04	1.5		560	940	680	1125
S13-M-80/10					0.13	1.31/1.25	1.5		565	930	635	1140
S13-M-100/10					0.15	1.58/1.50	1.4		630	790	715	1155
S13-M-125/10					0.17	1.89/1.80	1.3		775	900	680	1235
S13-M-160/10					0.20	2.31/2.20	1.3		910	945	830	1255
S13-M-200/10					0.24	2.73/2.60	1.2		1055	960	820	1275
S13-M-250/10					0.29	3.20/3.05	1.1		1180	990	830	1330
S13-M-315/10					0.34	3.83/3.65	1.1		1415	1035	925	1395
S13-M-400/10					0.41	4.52/4.30	1.0		1635	1485	1015	1385
S13-M-500/10					0.48	5.41/5.15	0.9		2155	1160	975	1605

续表

型号	电压组合及分接范围			联结组标号	空载损耗(kW)	负载损耗(kW)	空载电流(%)	短路阻抗(%)	总质量(%)	外形尺寸		
	高压(kV)	高压分接范围(%)	低压(kV)							长(mm)	宽(mm)	高(mm)
S13-M-630/10					0.57	6.20	0.8		2385	1650	1185	1455
S13-M-800/10					0.70	7.50	0.8		3290	1560	920	1900
S13-M-1000/10	6 6.3				0.83	10.3	0.8	4.5	3540	1040	1075	2045
S13-M-1250/10	10	±2×2.5 ±5	0.4	Dyn11 Yyn0	0.97	12.0	0.7		3950	1690	1015	2015
S13-M-1600/10	10.5 11				1.17	14.5	0.6		4840	1805	1250	2180
S13-2000/10					1.26	17.82	0.4		5950	2310	2140	2460
S13-2500/10					1.48	20.7	0.4	5.0	7275	2480	2200	2570
S13-3150/10					1.75	24.3	0.4		9360	2670	2340	2700

附表C　　**35kV 油浸式有载调压电力变压器技术参数（SZ13 型）**

型号	电压组合及分接范围			联结组标号	空载损耗(kW)	负载损耗(kW)	空载电流(%)	声功率级dB(A)	短路阻抗(%)	总质量(%)	外形尺寸		
	高压(kV)	高压分接范围(%)	低压(kV)								长(mm)	宽(mm)	高(mm)
SZ13-2000/35					1.73	19.23	0.50	65		7340	3215	2790	1980
SZ13-2500/35					2.04	20.64	0.50	67	6.5	8590	3179	2915	2050
SZ13-3150/35				Yd11	2.42	24.70	0.45	70		10250	3310	2880	2010
SZ13-4000/35	35				2.90	29.15	0.45	72	7.0	11640	3380	2940	2215
SZ13-5000/35					3.48	34.20	0.40	73		11780	3480	2930	2250
SZ13-6300/35			6.3 6.6		4.22	36.76	0.40	74		13675	3720	3180	2215
SZ13-8000/35		±3×2.5	10.5		5.90	40.61	0.40	75	7.5	18610	4230	3675	3720
SZ13-10000/35			11		6.96	48.05	0.40	76		22100	4775	3600	3605
SZ13-12500/35					8.21	56.85	0.35	77		26260	5015	3910	3545
SZ13-16000/35				YNd11	9.88	70.31	0.35	78		30560	5140	4220	3500
SZ13-20000/35	38.5				11.68	82.78	0.30	80	8.0	40695	5600	4325	4430
SZ13-25000/35					13.79	97.81	0.30	81		48080	5680	4230	4460
SZ13-315000/35					16.38	117.38	0.30	83		62650	5880	4760	4180

附表 D   35kV 油浸式无励磁调压电力变压器技术参数（S13 型）

型号	电压组合及分接范围			联结组标号	空载损耗（kW）	负载损耗（kW）	空载电流（%）	声功率级dB(A)	短路阻抗（%）	总质量（%）	外形尺寸		
	高压（kV）	高压分接范围（%）	低压（kV）								长（mm）	宽（mm）	高（mm）
S13 - 630/35	35	±2×2.5	3.15	Yd11	0.62	7.87	0.90	60	6.5	3700	2410	1330	2560
S13 - 800/35					0.74	9.41	0.80	62		4195	2490	1560	2495
S13 - 1000/35					0.86	11.54	0.70			4445	2495	1540	2630
S13 - 1250/35					1.06	13.94	0.60			5070	2430	1560	2685
S13 - 1600/35					1.27	16.67	0.50	65		5360	2470	1790	2755
S13 - 2000/35					1.63	18.38	0.50			6360	2560	1895	2810
S13 - 2500/35			6.3		1.92	19.67	0.50	67		7495	2630	1980	2990
S13 - 3150/35					2.28	23.09	0.45	70	7.0	8405	2790	1920	3005
S13 - 4000/35			6.6		2.71	27.36	0.45	72		9640	2805	2050	2070
S13 - 5000/35			10.5		3.24	31.38	0.40	73		10950	2890	2147	3160
S13 - 6300/35			10		3.94	35.06	0.40	74		13665	3315	2260	3270
S13 - 8000/35					5.40	38.48	0.40	75	7.5	16475	4010	2700	3380
S13 - 10000/35			11		6.53	45.32	0.40	76		19605	4200	3600	3425
S13 - 12500/35	38.5	±5		YNd11	7.56	53.87	0.35	77		23080	4275	3710	3740
S13 - 16000/35					9.12	65.84	0.35	78		31275	4350	4100	4050
S13 - 20000/35					10.80	79.52	0.35	80	8.0	32340	4400	4175	4160
S13 - 25000/35					12.77	94.05	0.3	81		38630	4605	4210	4205
S13 - 31500/35					15.17	112.86	0.3	83		43430	4870	4295	4570

参 考 文 献

[1] 邹有明 . 现代供电技术 . 北京：中国电力出版社，2008.

[2] 王崇林，邹有明，等 . 供电技术 . 北京：煤炭工业出版社，1997.

[3] 杨振宽 . 电工最新基础标准应用手册 . 北京：机械工业出版社，2003.

[4] 范瑜 . 电气工程概论 . 3 版 . 北京：高等教育出版社，2021.

[5] 邹有明，张根现，等 . 工矿企业漏电保护技术 . 北京：煤炭工业出版社，2004.

[6] 李俊 . 供电网络及设备 . 2 版 . 北京：中国电力出版社，2007.

[7] 刘介才 . 工厂供电 . 6 版 . 北京：机械工业出版社，2015.

[8] 张根现，邹有明，等 . 矿山过流保护技术 . 北京：煤炭工业出版社，2005.

[9] 唐志平 . 供配电技术 . 4 版 . 北京：电子工业出版社，2019.

[10] 赖昌干，等 . 矿山电工学（修订本）. 北京：煤炭工业出版社，2012.

[11] 谢小荣，等 . 柔性交流输电系统的原理与应用 . 2 版 . 北京：清华大学出版社，2014.

[12] 杨奇逊，黄少锋 . 微型机继电保护基础 . 3 版 . 北京：中国电力出版社，2007.

[13] 丁书文 . 变电站综合自动化原理与应用 . 2 版 . 北京：中国电力出版社，2010.

[14] 黄益庄 . 智能变电站自动化系统原理与应用技术 . 北京：中国电力出版社，2012.

[15] 冯军 . 智能变电站原理及测试技术 . 北京：中国电力出版社，2011.

[16] 宋政湘，张国钢 . 电器智能化原理及应用 . 北京：电子工业出版社，2013.

[17] 中国煤炭教育协会职业教育教材编审委员会 . 煤矿供电技术 . 北京：煤炭工业出版社，2007.

[18] 王红俭，等 . 煤矿电工 . 北京：煤炭工业出版社，2017.